庆祝河南大学建校 110 周年

内容提要

本卷选编自《河南大学学报（社会科学版）》"编辑学研究"栏目2010至2021年所刊文章。所选22篇文章，涵盖编辑学理与编辑学家、编辑史与出版史、期刊史等研究，既呈现学术创新、学术坚守，也彰显赓续发展、薪火相传。从中既可以领略不同学者的治学门径，了解本栏目的风格风尚与品质品格，又可以管窥这10余年来中国编辑学理论和历史研究的发展脉络。

总 主 编　李伟昉
副总主编　赵建吉　张先飞

编辑学理与出版史论
教育部学报名栏编辑学研究卷1

主编　姬建敏

静斋行云书系

河南大学出版社
HENAN UNIVERSITY PRESS
·郑州·

图书在版编目(CIP)数据

编辑学理与出版史论：教育部学报名栏编辑学研究卷.1/姬建敏主编.--郑州：河南大学出版社，2022.12

(静斋行云书系；5)

ISBN 978-7-5649-5394-2

Ⅰ.①编… Ⅱ.①姬… Ⅲ.①编辑学-中国-文集 Ⅳ.①G232-53

中国版本图书馆CIP数据核字(2022)第256246号

责任编辑	马　博　时二凤
责任校对	肖凤英
封面设计	陈盛杰
封面摄影	郭　林

出版发行　河南大学出版社
　　　　　地址：郑州市郑东新区商务外环中华大厦2401号　邮编：450046
　　　　　电话：0371-86059701(营销部)
　　　　　　　　0371-22860116(人文社科分公司)
　　　　　网址：hupress.henu.edu.cn
排　　版　郑州市今日文教印制有限公司
印　　刷　广东虎彩云印刷有限公司
版　　次　2022年12月第1版　　　印　次　2022年12月第1次印刷
开　　本　787 mm×1092 mm　1/16　印　张　25
字　　数　443千字　　　　　　　　定　价　698.00元(全8册)

(本书如有印装质量问题，请与河南大学出版社营销部联系调换)

序

从1912年到2022年,河南大学走过了110年不平凡的发展历程,《河南大学学报》伴随着河南大学的发展也度过了88个春秋,并将迎来90周年刊庆。值此之际,河南大学学报编辑部编选的"静斋行云书系"也将面世。这既是对学校110周年庆典的献礼,又是对新世纪第二个十年学报编辑工作的回顾和小结。

"静斋行云书系"共分8卷,分别是《新时代、新理论、新思维(哲学、政治与社会学卷)》《城乡经济发展与转型(经济学管理学卷)》《法律的理论之思与制度之辨(法学卷)》《上下求索的文明考辨(历史学卷)》《品风骚之美　鉴思辨之光(文学艺术学卷)》《教育转型与教育创新(教育学卷)》《编辑学理与出版史论(教育部学报名栏编辑学研究卷1)》《媒体变革与编辑创新(教育部学报名栏编辑学研究卷2)》,其中所编选的论文均刊发于2010年至2021年的《河南大学学报(社会科学版)》。这些论文对近年来相关学科领域所关注的理论问题、学术热点多有反映和探讨,具有一定的代表性。我们之所以取新世纪第二个十年这个节点来编选该套书系,主要是因为中国在这十年里,方方面面都发生了有目共睹的巨大变化,特别是进入了习近平中国特色社会主义新时代,我们正面临的这个百年未有之大变局的动荡变革期,为中华民族伟大复兴的战略全局提供了难得的历史机遇。中国所倡导的和平发展、积极构建人类命运共同体的价值理念,因顺应当今人类社会的大趋势和总主题而不可逆转。在这一现实环境下,《河南大学学报(社会科学版)》在原有基础上迎来了新的发展与突破,获得了良好的学术品牌和学术影响,先后入选中文社会科学引文索引来源期刊(CSSCI)、教育部高校哲学社会科学学报名栏建设期刊、"中国人文社会科学综合评价AMI"核心期刊、中国人民大学《复印报刊资料》重要转载来源期刊、河南省哲学社会科学基金资助期刊，荣获了"全国高校文科名刊""致敬创刊七十年"（社会科学版与自然科学版）等荣誉称号。

这套书系按学报设置栏目为类别分别编辑，论文收录每卷控制在20篇上下。这些论文既有来自著名学者的力作，也有出于年轻学者的新构，都体现了鲜明的问题意识和创新意识，某种程度上代表着各自相关学术领域创新的思考，其中多篇被各种相关转载机构的期刊所转载。而且，透过这些学术文字，可以感知社会的发展，时代的进步，变化的焦点等等。虽然说这是对学报目前已有成绩的阶段性展示，不过，成绩面前，我们丝毫不敢懈怠自满，我们清醒地认识到，在不少方面尚有待继续改进和提升。"坚守初心、引领创新，展示高水平研究成果"，这是习近平总书记给《文史哲》编辑部的回信中对编辑工作者的殷切期望，他明确指出了期刊引领创新的重要价值和意义，为办好哲学社会科学期刊指明了方向。我们当牢记这一嘱托，提高政治站位，坚持高质量办刊，让期刊发挥支持培养学术人才成长、展现文化思想价值、促进文明交流互鉴的功能与作用。

这里有必要交代一下该套书系为何取名"静斋行云"。从河南大学南门进入右转，前行十余米，即可看到一条向北延伸的林荫小路。这条小路叫"静斋路"，路边由南向北依次排列着十幢三层斋楼，古朴典雅，别有韵味，东临明清城墙，北望千年铁塔。这十幢斋楼和周边的大礼堂、6号楼、7号楼等构成全国重点文物保护的"近代建筑群"。其中的东二斋就是编辑部的办公地址。"行云"寓意时间如空中流动的云烟，喻指过去的十年时光与绵延的思绪。常年工作在东二斋的编辑们，和这所大学里的老师们一样，有着自己的职业追求，有着编辑的智慧和情怀，同样有"又得书窗一夜明"的辛勤付出。他们怀着一颗虔诚之心，默默耕耘，敬畏学术的神圣，呵护学人的平台，坚守学报的初心，守望可期的未来。他们持之以恒地每天都做着同样单调的事情：审文稿，纠错字，改标点，核注释，通语句，润文笔，他们不人云亦云，随波逐流，却常常在文中与作者对话，在深思熟虑中帮助作者提升文章的高度与深度，带着宽阔的学术视野与前瞻眼光，用追求完美的工匠精神甘为他人作嫁衣裳。这是一种状态,一种生活,一种修炼,一种境界。"静斋"默默地矗立在"行云"般流动的岁月里,或无语沉思,或静默遐想,"静斋""行云"相看两不厌,唯有执着情。自然,这套小书凝结着编辑们的辛勤汗水,见证着他们的认真严谨。愿这套小书成为他们精神世界的折射和内心追求的表征。

明天适逢教师节、中秋节并至,借此机会,向编辑部全体同仁道一声:双节快乐!

书系编选过程中,分管学报工作的孙君健副校长很关心这项工作,多次问询进展情况,并给予出版经费鼎力支持,在此表示由衷的感谢!

是为序。

李伟昉

2022年9月9日

目 录

学理与学家

论编辑思想形成的外部作用	吴 平（3）
论媒介融合视域下编辑活动的"主体间性"特征	段乐川（20）
论"大文化、大媒体、大编辑"的理论现状与实践走向	张国辉（32）
博客、编辑与网络虚拟社会的整合	余德旺（49）
阙道隆的编辑学研究及其贡献	姬建敏（60）
戴文葆的编辑学研究及其思想论要	刘 洋（78）
论王振铎的编辑学研究及其理论建树	段乐川（92）

编辑史与出版史

中国编辑史研究30年回顾	姬建敏（109）
论古籍编撰活动中的编辑思想	吴 平（135）
我国编辑出版学教育30年研究	王建平（154）
略论民国时期的大学出版	范 军（178）
论商务精神的传承：以张元济和王云五的交往为中心	金炳亮（198）
沈知方晚清时期出版活动考论	王鹏飞（217）
泮林革音：出版评论与民国出版文化观的形塑	曾建辉（232）
论出版人的文化类型	范 军（249）

论中国印刷史研究的现状及其重构的基点 …… 郭平兴　张志强（265）

期刊史与高校学术期刊史

"读书无禁区"：《读书》创刊影响分析 ………………… 李　频（279）
中国期刊媒介研究的学术脉络与拓展进路 …………… 吴　赟（307）
谈谈坚守以学术为立刊之本
　　——纪念中国高校学报诞生110周年引发的思考
　　………………………………………………… 潘国琪（325）
中国高校学报发展的回顾与展望
　　——对中国高校学报诞生110周年的总结与思考
　　………………………………………………… 乔家君（335）
在学术与政治之间
　　——以《文史哲》的历史变迁为个案 …… 刘京希　郭震旦（354）
改革开放40年高校哲学社科学术期刊的分期、特征与经验
　　………………………………………………… 姬建敏（368）

学理与学家

论编辑思想形成的外部作用

吴 平①

编辑思想是社会的产物,也是出版实践的必然要求。社会政治、经济、文化、科技的变化是它产生与发展的外部环境。当外界环境促使其产生与发展时,它作用于图书出版实践,顺利产生与社会和谐发展的文献作品,正如汉初疆域改变、民众迁徙、郡国地志之书始得兴盛一样;当外界环境不利于它发展时,它依然存在,或曲折或顽强地通过言论、作品表现出来,会变得丰富与深刻,产生的作品意义更加深远,影响力更大。因此,它是政治、经济、文化、科技、出版业综合发展的产物。

关于编辑思想的基础研究很少。20世纪80年代,胡光清先生曾在《编辑之友》上发表过《中国古代编辑活动和编辑思想的一般特点》《中国古代编辑思想史论》等系列文章,产生了长久的影响。吴道弘先生也曾提出将编辑史与编辑思想结合研究的观点。曹之的《中国古籍编纂史》(武汉大学出版社,1999年)、韩仲民的《中国书籍编纂史稿》(中国书籍出版社,1988年)、姚福申的《中国编辑史》(复旦大学出版社,1990年)、靳青万的《中国古代编辑史论稿》(河南大学出版社,1992年)等著名学者的研究成果中都不同程度地涉及思想在编辑活动中的作用,为本文研究提供了重要的参考。2007年,笔者所在的研究团队申请到教育部人文社科课题"中国编辑思想史研究",即展开了关于中国编辑思想史的系统研究。本文为编辑思想形成之部分研究内容,其研究无论对于编辑学的内容拓展,还是编辑史的深入探索均具有历史意义和现

---

① 作者简介:吴平,理学博士,武汉大学信息管理学院教授,博士生导师,武汉大学副校长。研究方向编辑出版学。

实意义。

一、政治制度在编辑思想形成与发展中的作用

编辑思想离不开时代政治的影响。人的意识、社会上层建筑往往受制于国家政治。"盖孔子之政治思想固显然以承认现政权,维持周制度为出发点"①的原因,正是商周之际由部落社会逐渐进入封建专制社会。秦始皇吞并六国,为统一安邦,定天下为郡县,定君主为专制,诸子百家纷纷表现出相关的适应性,儒家以其雄厚的实力最终战胜了法、墨、道诸家,儒家思想成为两千年之正统主流学派,也才有了"定儒术为一尊"的编辑出版思想。

《管子》一书虽然没有明确说明是谁写谁编,然司马迁谓:"吾读管氏《牧民》《山高》《乘马》《轻重》《九府》及《晏子春秋》,详哉其言之也。"②又谓"至其书,世多有之"③,证明确有其书。书中政治思想与编辑思想统一,内容紧贴春秋时代。《任法》篇说"生法者君也"④,《君臣下》说"赏罚以为君"⑤,人君是治国安邦之重要角色,安乎国家社稷之大事,故"安国在乎尊君"⑥。这种至高无上的尊君思想与封建宗法历史背景有着密切联系。"尊君"之外,"顺民"思想也在《牧民》《形势解》《君臣》中多处体现。"人主之所以令则行,禁则止者,必令于民之所好而禁于民之所恶也。民之情莫不欲生而恶死,莫不欲利而恶害。故上令于生利人则令行,禁于杀害人则禁止。令之所以行者必民乐其政也。"⑦如此等等,即构成管子重视民意之编辑思想。因为民有根本之

---

① 萧公权:《中国政治思想史》,沈阳:辽宁教育出版社,1998年,第21页。
② 司马迁:《史记》卷62《管晏列传第二》,上海:上海古籍出版社,1997年,第1664页。
③ 司马迁:《史记》卷62《管晏列传第二》,上海:上海古籍出版社,1997年,第1665页。
④ 《二十二子·管子》卷15《任法》,上海:上海古籍出版社,1986年,第152页。
⑤ 《二十二子·管子》卷11《君臣下》,上海:上海古籍出版社,1986年,第134页。
⑥ 《二十二子·管子》卷5《重令》,上海:上海古籍出版社,1986年,第111页。
⑦ 《二十二子·管子》卷20《形势解》,上海:上海古籍出版社,1986年,第167页。

利益,得民意则国力增,若人君之政令与民意相违背,则国家覆亡可待。此外,管子以"尊君"为政治目的,"以法治国"为重要方法,对朝廷、对国家、对百姓之法治思想也十分明确。《重令》篇曰:"朝有经臣,国有经俗,民有经产。"①在国家政治制度下,编辑思想也十分明确。《管子》86篇,其中约1/4的篇章是论述"民有经产"理财思想与观点的。

　　从书籍内容来说,写什么、不写什么,是以政治作标准的;从文献书目来说,哪类图书进入书目,哪类图书不得进入书目,也是以政治作标准的。从编撰著述来说,选题更是直接受政治因素的影响。如兵书的题材与出版兴盛,多发生于战争频繁、烽烟四起的年代。《汉书·艺文志》中,著录兵书53家,790篇,图43卷;先秦兵书共165部,830多卷。先秦兵书出版数量之多,即是因为春秋战国时代各诸侯国兼并、战争不断,也正是社会对军事书籍重视的表现。再如,秦代文书档案多于图书著述的现象即是秦朝中央集权的需要。秦时,许多的政治、经济制度要建立,规章制度要颁布,各种会计记录、簿册、户籍、田亩制度等需要审核查对。《商君书》载:"四境之内丈夫女子皆有名于上者著,死则削。"②其时是根据户籍来制定赋税徭役,故而形成大量户籍文献。

　　北宋,由于统治者滥设机构,增设科举名额,官员数量增大,机构臃肿,办事效率低下。巨额官费负担削弱了国家实力,加之官员腐败,内忧外患,冗官、冗兵、冗费带来一系列连锁反应,民族矛盾、社会矛盾突显,从朝廷命官到士人无不感受到国家积弱积贫的压力,上下改革思潮已经形成。熙宁六年(公元1073年),神宗下诏设置经义局,重新训释经义,命时相王安石为提举,统领修撰《周礼义》《诗义》《尚书义》等三经,作为科举考试之定本。为此,王安石明确了编辑原则:破除"伪说",教育士子,使其符合"盛王"时的做法;恢复经文本义,打破疏不破注的成法,反对汉以后烦琐的章句传注致使源流失正的陋习;阐明经文义理,反对曲解、烦琐经义学风。熙宁八年(公元1075年),《周官新义》《诗经新义》《书经新义》完成,合称《三经新义》,其中《毛诗义》20卷、《尚书义》13卷、《周官新义》16卷。后者成为托古改制"熙宁变法"的理

---

① 《二十二子·管子》卷5《重令》,上海:上海古籍出版社,1986年,第111页。
② 《二十二子·商君书》卷5《境内》,上海:上海古籍出版社,1986年,第1112页。

论根据。《三经新义》完成后,由官方在全国正式颁行,"一时学者,无敢不传习,主司纯用以取士,士莫得自名一说,先儒传注,一切废不用"①。一个月后,《三经新义》颁赐给宗室、大学及诸州府学,作为全国学生必读的教科书和科举考试的依据。

代表明代大一统成就的《永乐大典》,如果不是符合朝廷治国思想与编纂思想,一定得不到国家支持,也就难以完成。明王朝为了维护文化正统的垄断地位,高度重视搜集图书、编撰典籍。明成祖朱棣对《永乐大典》的期望是"惟有大混一之时必有一统之制作"②,希望通过大规模的编纂"稽古右文",表明自己重视文化的功绩。

政治不仅对文献出版产生极大影响,也成为编辑判断正确与否之重要标准。在引用、著录文献时,编辑还要仔细考虑是否于政权统治有利,若不利,文献内容也要删改、修正。公元1725年,陈梦雷、蒋廷锡等续编《古今图书集成》,在食货典、考工典中的很多内容取自《天工开物》,但凡有"北虏"等反清字样,一律被改为"北边"。18世纪后半叶,四库馆修《四库全书》时,在江西进献的书籍中,发现宋应星的哥哥宋应升的《方玉堂全集》、宋应星友人陈弘绪等人编辑的一些著作中有反清思想,遂决定《四库全书》不收宋应星的《天工开物》,影响了《天工开物》在清代的进一步流通与传播。

政治影响编辑,政治制度影响编辑思想,书籍编撰、文献传播也影响政治。如萌芽之始便带有强烈政治色彩的中国史学,其发展就是国家政权与制度的伴随物,史学书籍中的编辑思想受政治的影响更是十分明显。《春秋》"惩恶而劝善"的编辑思想,旗帜鲜明地维护了周天子的统治。司马迁说:"春秋者,礼义之大宗也","夫不通礼义之旨,至于君不君,臣不臣,父不父,子不子。夫君不君则犯,臣不臣则诛,父不父则无道,子不子则不孝。此四行者,天下之大过也"。③ 鲜明的政治伦

---

① 脱脱等:《宋史》卷327《列传第八十六·王安石》,北京:中华书局,1977年,第10550页。
② 解缙:《永乐大典》第10册,北京:中华书局,1982年,第1页。
③ 司马迁:《史记》卷130《太史公自序第七十》,上海:上海古籍出版社,1997年,第2485页。

理性自然得到统治者的赞赏。司马迁著《史记》"述往事,思来者",即是为了"网罗天下放佚旧闻,考之行事,稽其成败兴坏之理",①理性的编辑思想对于国家的长治久安也是十分有用的。史籍的这种政治伦理色彩在宋元时代更加突出。如"以表彰道学为宗"的《宋史》,在儒学之外又立"道学传",对中国封建社会后期更加精致的伦理化政治思想的宣扬起到重要作用。

二、社会文化化育编辑思想

中国文化源远流长,几千年的文化发展进程产生了丰富的文献典籍著述,影响了图书文献出版,历代编辑出版家们在中国社会文化的沃土中吸取精华,孕育编辑思想,形成富有中国传统文化特色的出版文化。古代典籍汗牛充栋,无论经、史、子、集均是社会政治、文化、学术的产物,也是中国传统宗教观念、政治观念、文化观念的代表。中国学术的发展,在先秦,是诸子百家之学,"昔仲尼没而微言绝,七十子丧而大义乖,故春秋分为五,诗分为四,易有数家之传,战国从衡,真伪纷争。诸子之言纷然淆乱"②。在两汉,是经学;而后又有魏晋玄学、隋唐佛学、宋明理学、清代朴学。但从客观上去考察,自汉代以后,一直到五四新文化运动之前,中国两千余年的学术发展,以经学为一大主流。中国文化的发展,不论是哲学、史学、教育学、政治学、社会学、宗教学,还是医学、科学和艺术,都与经学有着十分密切的关系。

自商周形成有体系的文字——甲骨文后,为文化积累与传播提供了有力的工具。古典教育体制与教育内容的产生以及《易经》的出现都包含着丰富的思想内容,成为中华民族发展的一个思想源头。春秋战国时期是社会变革与文化发展的"轴心时代"③,也是中国学术文化大发展的时代。《大学》篇中所说的"格物、致知、诚意、正心、修身、齐家、

---

① 班固:《汉书》卷62《司马迁传》,北京:中华书局,2007年,第622页。
② 班固:《汉书》卷30《艺文志第十》,北京:中华书局,2007年,第324页。
③ 德国现代哲学家雅斯贝斯认为以公元前500年为中心,从公元前800年到公元前200年这一历史时期为"轴心时代"。

治国、平天下"八项是古人锤炼自身、以天下为己任的修养目标。《诗经》三百首,所谓"国风好色而不淫,小雅怨诽而不乱""哀而不伤,乐而不淫""温柔敦厚,诗教也",既是对《诗经》内容的提炼与评价,也是对中国人忠厚真挚情感的歌颂、宗教敬畏之心的真实描写和不偏不倚、悲天悯人同情心的肯定。这是中国人特有的一种生活境界,也是长久历史积淀而形成的一种深厚社会文化。这种文化渗透在古代作品中,当然,也渗透在编辑古代作品的思想中。钱穆先生曾说"我们要懂中国古代人对于世界、国家、社会、家庭种种方面的态度与观点,最好的资料,无过于此《诗经》三百首",他认为孔子编《诗经》"一言以蔽之,曰'思无邪'"的选择境界符合中国古代人心中的价值标准,"思无邪"是"人类情思之自然中正合乎规律而不致放肆邪僻的境界"。①

秦汉时代建立了中国统一的封建大帝国,文化上出现了空前的繁荣。从秦始皇到汉武帝,学术界、思想界与社会政治都逐渐调整,趋于统一。因而,在这一过程中,《吕氏春秋》《淮南王书》《小戴礼记》等先后出现,文化思想上也有了多种探索,从试图统一儒、道、墨诸家到试图以道家为主统一儒、墨及其他各家,直至最后终于形成以儒家为主而调和统一道、墨及其他各家,学术书籍与编辑思想同时发展。这一时期是中国文化史发展的第一个黄金时代,在中国编辑思想史上也具有深远的意义。

玄学风靡,名士清谈,尽管魏晋南北朝是中国历史上一段乱世,但学术文化和文学艺术依然有长足的发展。其中宗教文化,如域外文化对中国编辑思想的形成与发展也产生影响。域外文化进入中国后,大都逐步中国化,融入中国文化而成为其一部分,最有代表性的是佛教文化的传入和中国化。佛教在公元1世纪的两汉之际开始传入中国,佛教思想中的"慈悲""平等"观念与中国崇拜圣贤的传统观念十分相近,因而在中国的传入与传播也十分融洽。东汉牟融撰《牟子》(也称《理惑论》)一书,即是因为笃信儒学,经历世乱,"于是锐志于佛道,兼研老子五千文,含玄妙为酒浆,玩《五经》为琴簧,世俗之徒多非之者"②。《牟

---

① 钱穆:《中国文化史导论》修订本,北京:商务印书馆,1994年,第67页。
② 僧祐编撰,刘立夫、胡勇译注:《弘明集》,北京:中华书局,2011年,第9页。

子》是中国早期论证佛教教理的著作,书中多引用孔子、老子之观点以论述佛教与儒家、老庄思想的一致性,是外来文化融入中国的代表。《弘明集》是研究中国佛教史的重要材料,其载文183篇,涉及人物122人。据其后序所说,此书的编辑思想即是破除世人之疑惑,"疑经说迂诞,大而无征";"疑人死神灭,无有三世";"疑莫见真佛,无益国治";"疑古无法教,近出汉世";"疑教在戎方,化非华俗";"疑汉魏法微,晋代始盛"。① 到了中唐,韩愈提出道统说,力图以崇尚儒学而代替佛学与道教,其弟子李翱既崇儒又善于吸收佛学思想。就在印度高僧东渡翻译佛教典籍、中国僧人西行求法过程中,佛教一部分变为中国化的宗教(如禅宗),一部分融入宋明理学,成为中国文化的一部分。宋朝提倡三教兼容与合流,于儒学,印行了《九经疏义》;于佛学,出版了《大藏经》;于道教,修纂了《道藏》。早在程颐、程颢及朱熹之前,宋真宗赵恒的《崇儒术论》就表明了儒佛"迹异而道同""三教之设,其旨一也"②的思想,宋仁宗时周敦颐的《通书》和《太极图说》便是以儒学为主体兼收佛、道之学的产物。"三教合一"的社会思想在书籍出版中成为指导出版的编辑思想,它们随着宋代高度集中和中央集权的君主专制制度的建立而产生,随其社会发展而发展,并自成体系以适应时代需求。

中国文化史上鼎盛时期还数隋唐时代。作为传统农业文化的国家,唐代疆域广阔,国力强盛,艺苑斗妍,百花齐放,中外交流频繁,与学术文化有关的科举考试制度,增加了社会政治文化性,既达到了政治目的,又朝着社会文化目标迈进。印刷术的发明,扩大了传统文化传播范围,加深了传统文化对国民的影响力,培养了无数作家与读者。从清人编辑的千卷《全唐文》中可查有作者3042人,收集作品18488篇。唐代形成文学作品辈出、作家辈出、编辑家辈出的局面,归功于文化的飞跃发展。文学、文化大发展催生并影响着编辑思想的发展与成熟。

宋代,在雕版印刷术的推动下,书籍出版普及,传播日广,文化进一步发展。儒学上出现了集大成的宋学即理学,佛教出现了本土化的禅宗。伴随新儒学兴起的书院制度,讲学之风盛行,为教育与新儒学的推

---

① 僧祐编撰,刘立夫、胡勇译注:《弘明集》,北京:中华书局,2011年,第120页。
② 李焘:《续资治通鉴长编》卷81,北京:中华书局,1985年,第1853页。

行发挥了作用。继唐代诗歌、书法绘画等文学、艺术的大发展之后,以宋词、元曲、陶瓷、丝织、雕刻、建筑等为标志的中国文化突飞猛进。

明清文化中最能表现编辑思想的是集大成著作《永乐大典》《古今图书集成》《四库全书》等。这是中国古代文化的最后一个高峰,各领域都出现了总结性的著作。这一时期引入的外国文化,为中国传统文化以及编辑思想的更新带来些许生机。

1840年鸦片战争以后,受近代西方文化对中国传统文化的影响,中国编辑思想经历了西学东渐、"师夷长技以制夷"、书院改制、新学堂成立、近代报刊发行及出版机构建立……许多新的文化因素的影响,在前所未有的嬗变与更新中获得新的发展条件,并在压力与机会并存的环境中走进20世纪。

其实,各朝各代以及当今社会涌动的各种阅读热点和文化思潮,大都与当时的编辑思想互动:五四时期白话作品的出版,推进了新文化运动;20世纪30年代以鲁迅为代表的左翼文学的传播,促进了新文学的发展和繁荣;改革开放以后,重视出版邓小平理论研究著作、反映当代生活的文学作品以及传播科学文化知识的读物,就是为了促进社会主义精神文明和物质文明的建设。

三、科学技术发展对编辑思想的影响

中华民族辉煌的历史不仅表现在悠久典雅的古代文化上,在科学技术方面也取得十分巨大的成就。18世纪以前,中国在丝绸、茶、瓷器、天文、历法、算数、医药、水利工程、工艺制造等方面的科学技术都领他国之先。

中国古代科学技术发展具有实用性的特点。各时期科技文献出版内容都侧重于具体实践。春秋时期,记述官营手工业各工种规范和制造工艺的《考工记》对生产工具、乐器、建筑、交通运输、皮革制造、染色、玉器等36项专门实用工艺技术进行了记录,是中国古代第一部工程技术知识的总汇。《墨经》的作者墨翟本人就是鲁国的手工业者,他精通木工,长于实践。秦统一后,明确"天下敢有藏《诗》、《书》、百家语者,悉诣首、尉杂烧之……所不去者医药卜筮种树之书"①，所谓"医药卜筮种树之书"是指的有实用价值的书，也就是说有实际价值的书才得以在"焚书坑儒"中被保留。

古代文献在记载科学技术成果、传播科学技术成就中发挥了巨大的作用。如关于磁石以及指南针的理论在《管子》《名医别录》《梦溪笔谈》等多种文献中都有过记载。还有很多属于应用科学的，如《本草纲目》《农政全书》《天工开物》等。因为战争和社会发展的需要，医学得到充分的发展。战国名医扁鹊发明了"四诊法"并出版了《内经》；西汉时编定的《黄帝内经》是现存较早的重要医学文献；西汉马王堆汉墓出土的帛书《医方经》记载了几百个药方；第一部完整的药物学著作是东汉时的《神农本草经》；"医圣"张仲景的《伤寒杂病论》、隋太医巢元方的《诸病源候论》以及《千金方》（唐孙思邈著）、《四部医典》（吐蕃元丹贡布编）以及《唐本草》等书籍在国内外均产生过重要影响。分科的医学著作也有出版，如儿科，有《小儿药证直诀》；产科，有《十产论》；法医，有《洗冤录》。特别是明李时珍的《本草纲目》记载药物1800多种，方剂10000多个，成为历史上医药学著作的典范。因为实用的需要，数学书籍大量出版。如为了解决土木工程中计算土方的问题、分工与验收的问题以及仓库和地窖的计算问题，《缉古算经》得以出版传播。西汉末年天文学著作《周髀算经》在数学方面也取得重要成就。经几代人整理修订而成的《九章算术》形成了以筹算为中心的数学体系。唐朝，多种实用算术书籍出版；太史令李淳风等人编纂注释的《算经十书》还成为算学馆中学生的专用课本。农学是农业大国发展之必需。《诗经》中10多篇专门叙述农事的诗说明周代农业已经达到相当高的水平。悠久的历史丰富了农学和农业技术知识理论。据不完全统计，古籍中现存和已经散失的农书共376种。《神农》《野老》是战国时期的专门农书（已散失）；《吕氏春秋》中的《上农》《任地》《审时》等篇都是关于农业的，书中的"上（尚）农"理论，推行以农业为本、工商为末的"崇本抑末"政策。贾思勰的《齐民要术》系统总结了公元6世纪以前黄河中下游地区农牧

---

① 翦伯赞主编：《中国史纲要》上册（修订本），北京：人民出版社，1995年，第91页。

业生产经验、食品的加工与贮藏、野生植物的利用等。这些书籍均对中国古代农学的发展产生重大影响。

中国古代科技发展的实用性特点反映在书籍出版中即是偏重于对生产、生活实践中的丰富经验予以记载与总结。如，天文学中有关天象观测的记载十分详尽准确；医书更注重医疗经验的积累，《神农本草经》记载了各种药物365种，分成上、中、下三档，并详细说明了每味药的产地、性质、采集、功能等，是对中国中草药的第一次系统总结。

尽管中国古代科技的发展存在理论之不足，但也还有相当一部分典籍注意概括、抽象，自成体系。如《山海经》《禹贡》《管子·地员》等地学著作，已从地理资料的积累上升到综合论述与区域对比，具有理论价值。《黄帝内经》等医学著作，将人体器官整体观、阴阳五行论与脏腑经络学说结合，总结人体解剖、生理、病理、病因诊断等实践经验，构成中国医学基础理论体系。《九章算术》《周髀算经》以算盘为计算工具，形数结合，形成数学算术化的独特体系。古代卓越的科学家赵友钦在天文学、数学、光学等方面都取得了很大成就。他以数万言的篇幅为《周易》作注，著有《革象新书》《金丹正理》《盟天录》《推步立成》等书（除《革象新书》外，其他都已散失）。赵友钦既重视实验，又重视理论探索。在安排实验步骤时，每个步骤都确定一个因素作为研究对象，而将其他的因素控制不变。这种思想方法十分科学。

中国古代重经史轻科技，在藏书体系上表现得十分明显，即无论官方还是私人，收藏重点都是以经、史、文学书籍为主，农工类科技书籍不受重视。这一状况在出版上自然也表现为重经史类书籍出版，轻科技类文献编辑，编辑思想倾向性很明显。典型的例子是明代初期，兵器制作专家薄珏，除出版了《浑天仪图说》《格物测地论》等著作外，还亲自校订了25种重要著作，后者却因无人刻印未能出版。

明末清初，重文轻理愈来愈甚，重文学轻科技变本加厉。因为轻视科技，不少重要的科技发明创造得不到记载推广，往往只能从一些笔记散文中偶然窥见。如《阅微草堂笔记》中提到有人曾发明一种能连发28发的"鸟铳"："凡火药铅丸皆贮于铳脊，以机轮开闭。其机有二，相衔如牝牡，扳一机则火药铅丸自落筒中，第二机随之并动，石激火出而铳发矣。计二十八发,火药铅丸乃尽。"①

综上,中国古代科学技术的发展必然影响书籍编辑思想,当科学技术发展快时,反映科学技术成果的文献书籍出版也快,当科技发展慢时,书籍出版速度减缓。古代科学技术侧重实用,于是,书籍编辑思想也偏重典籍整理、经验总结。

四、出版实践践诺编辑思想

中国图书出版历史悠久,源远流长。自殷商以降,许多朝代都将文献出版、典藏、聚散作为文化发展的标志。尽管不时遭遇到火焚战厄等天灾人祸的打击,但总体仍然辉煌灿烂。纸张取代竹帛成为通行的载体材料后,大规模地生产图书、满足平民百姓文化需求成为可能;早期刀刻锥画的图书生产方法发展为雕版印刷、活字印刷后,不仅缩短了图书生产周期,更发展了图书出版技术;原刊本、朱墨本、套印本的出现,图书出版艺术性与技术性大大提高;在出版物种类越来越丰富、图书普及性大大增强后,自然而然产生了类书、丛书及书目提要类工具性书籍;上述种种条件的形成,才有了官方刻书、私人刻书和书坊刻书三大出版体系,进而形成皇室藏书、政府藏书、私人藏书等大规模藏书体系。

图书出版是在某种编辑思想下进行的一系列科学性、艺术性、实用性的工作。伴随图书出版数量、种类的不断增加,编辑经验日益丰富,认识不断提高,由初期浅意识逐渐形成鲜明的编辑思想。不同性质的书籍出版有不同的要求,如普通图书、辞书、书目等在出版时要求各不相同,即使是同一类型的书,如工具书又可分为单科性的和综合性的,每一种要求也不相同,或者同一种书在每一个编辑手中处理时又会因编辑个体理解、认识、思想的差异发生改变。因此,从古到今,卷帙浩繁,品种多样,思想丰富,编辑方法也不同。如编辑类书、丛书,类分图书,编写叙录、提要,编制索引……编辑思想隐藏在每一种具体出版工作中。它看不见、摸不着,但每一本出版物中都存在。可以说,出版物是编辑思想的体现,出版实践践诺编辑思想,编辑思想推动出版实践发

---

① 纪昀:《阅微草堂笔记》,上海:上海古籍出版社,1980年,第479页。

展;丰富的出版实践是编辑思想的源泉,也是编辑思想的最终落脚点。

如类书的编排。类书是一种按不同的门类(事、字或韵)编排起来的工具书。一般以事而分的类书,有兼收各类,有专收一类。以字而分的类书,有的齐句首之字而分,有的齐句尾之字而分。史料记载,中国最早的类书是三国时期编纂的《皇览》。《三国志·魏书·文帝纪》中说:"帝好文学,以著述为务,自所勒成垂百篇。又使诸儒撰集经传,随类相从,凡千余篇,号曰《皇览》。"①《皇览序》说"其书采集经传,以类相从,实为类书之权舆"②。显然,"随类相从"是《皇览》的编撰原则,也是图书出版实践中编辑出版人总结类书编撰的编辑思想。

"随类相从"必须搜集大量的图书文献,以《皇览》为例,它包括了五经群书后,分成了40多部,每部数十篇,共集1000多篇、800多万字的规模得以完成。再如《古今图书集成》,共聚胤祉特拨的"协一堂"藏书和家藏书15000余卷才完成分类编辑。三如《太平御览》,该书共引用了1699种图书,如再加上杂书、诗、赋、铭、箴等,实引书2579种。③ 类书虽说都是"随类相从",但"前辈缀集,各抒其意",即每本书的编辑思想不同,各书编排也不相同。如《文苑英华》是按文体分成的赋、诗、歌行、杂文、中书制诰、翰林制诰等39类(如把谥册和哀册合并则为38类),每类之中又按题材分若干子目,如赋类下再分天象、岁时、地、水、帝德、京都等42小类。《太平广记》则是按主题区分的92大类,大类下又分150多小类,例如"畜兽部"下又分牛、马、骆驼、驴、犬、羊、豕等细目。

类书纂修体例前后有很大变化。欧阳询在《艺文类聚》序中称,"流别文选,专取其文。皇览遍略,直书其事。文义既殊,寻检难一",故自《艺文类聚》始"诏撰其事且文,弃其浮杂,删其冗长,金箱玉印,比类相从"。④ 这是类书编制体例上的一大变革。故《四库提要》称"是书比类

---

① 陈寿:《三国志》,北京:崇文书局,2010年,第41页。
② 孙冯翼辑:《续修四库全书·类书类》第1212册,上海:上海古籍出版社,2003年,第1页。
③ 马念祖编:《水经注等八种古籍引用书目汇编》,北京:中华书局,1959年,第1页。
④ 欧阳询撰,汪绍楹校:《艺文类聚》,上海:上海古籍出版社,1982年,第27页。

相从,事居于前,文列于后,俾览者易为功,作者资其用,于诸类书中,体例最善"①。而后,颜真卿撰《韵海镜源》分韵而隶事,成为唐代类书编写体例上的又一创新,在巨型类书门类至多至繁的情况下,提供读者按字检索之便。《古今图书集成》的分类编排、随类相从也十分典型,它将每一部古籍的内容离析之后,依主题类聚成篇。计分 6 种汇编、32 典、6117 部,亦即每一汇编下再分 32 典,典下又分部,形成汇编、典、部的三层结构。

从出版实践中提炼编辑思想是编辑思想形成的重要方面。如"辨章学术,考镜源流",其本是清代史学家、思想学家章学诚在《校雠通义》中对汉代刘向、刘歆父子编撰《七略》的评价。《校雠通义·自序》中说:"刘向父子部次条别,将以辨章学术、考镜源流,非深明于道术精微、群言得失之故者,不足与此。"②刘向父子编的《七略》是我国第一部分类目录,章氏对它"部次条别"的方法极为赞叹,认为可达到"辨章学术,考镜源流"的目的。这八个字的通俗释义即辨别学术并揭示其源流。它是书目编制的要求,也是章氏关于书目类图书出版标准的编辑思想。

我国古代目录类出版物数量多,种类丰富,无论官修目录、史志目录、私人藏书目录,还是综合目录、专科目录、特种目录,也无论《隋书·经籍志》《崇文总目》,还是《直斋书录解题》《经义考》等,直至清代撰修的《四库全书总目》,都是按一定次序编排而成的检索工具,是一种专门的出版物类型。书目的产生与发展自《七略》始。刘向、刘歆父子于西汉成帝河平三年(公元前 26 年)受命主持了我国历史上第一次大规模整理群书的工作。每整理一部书,刘向便撰写一篇叙录,记述其作者、内容、学术价值及校雠过程。所有这些叙录后来汇集成我国第一部图书目录——《别录》。刘向殁后,刘歆把《别录》各叙录的内容加以简化,把所著录的书分为"六艺略""诸子略""诗赋略""兵书略""术数略""方技略"和带有总论性质的"辑略",即《七略》。"辨章学术,考镜源流"的

---

① 纪昀、永瑢等编:《文渊阁四库全书》第 887 册,台北:台湾商务印书馆,1983 年,第 137 页。

② 章学诚著,王重民通解,傅杰导读,田映曦补注:《校雠通义通解》,上海:上海古籍出版社,2009 年,第 1 页。

思想正是源于《七略》。《七略》用"六略""三十八类"的分类方法，对先秦到西汉各种文化学术流派条分缕析；用"辑略"的方法，对各种文化学术的兴衰分合整体评述；用"叙录"的方法，具体细致地介绍了各种学术文化著作的优劣、真伪。《隋书·经籍志》中记载："汉时，刘向别录、刘歆七略，剖析条流，各有其部，推寻事迹，疑则古之制也。自是之后，不能辨其流别，但记书名而已。"①所谓"剖析源流""辨其流别"即是"辨章学术，考镜源流"编辑思想的具体实践。

"辨章学术，考镜源流"思想的基础还包括类分图书方法。在历史长河中，书目类出版物类分图书方法的变化与发展，实与学术的分承转合之发展变迁、社会思想更迭之发展影响密切相关。看似图书分类，实质是通过书目书写学术史，反映学术思想，为"辨章学术，考镜源流"作准备。

自刘向《七录》创立七分法，经荀勖的甲、乙、丙、丁四部分类；到《隋书·经籍志》将"史"部前移；再到清代纂修《四库全书》正式确立了经、史、子、集四部分类的统治地位。类例既分，学术自明。类例即类别与体例。在书目中主要包括类名选用、类目设置、前后次序、文献归类等内容。东汉、三国之后，随着图书数量和品种的大量增加，"六略""三十八类"已不能满足所有书目分类，"凡一切古无今有、古有今无之书，其势判如霄壤，又安得执《七略》之成法以部次近日之文章乎？"②。于是，班固"删其要，以备篇籍"编撰了《汉书·艺文志》。《汉书·艺文志》保留了《七略》"种别"图书的内核，将《辑略》打散列为小序，用分类、大小序、小注的形式，保存了《七略》的分类、辑略、叙录的大概面貌；补入了西汉末年杜林、扬雄、刘向等数家；调整了《七略》中归类不当之处。如，将《司马法》从原"兵书略"的"兵权谋"类改归"六艺略"的"礼"类；把《伊尹》《太公》《管子》《蒯通》《孙卿子》等从原"诸子略""兵书略"全部移入"诸子类"，使之归类更科学。它开创了史志目录体例，揭示了文化学术发展脉络，与"辨章学术，考镜源流"思想十分吻合。阮孝绪在《七录·序》中提出了"流略之学"，他"斟酌刘王"（刘歆《七略》、王俭《七志》），在

---

① 长孙无忌等编：《隋书》卷32《经籍志》，北京：商务印书馆，1955年，第270页。
② 章学诚著，王重民通解，傅杰导读，田映曦补注：《校雠通义通解》，上海：上海古籍出版社，2009年，第6页。

类目设置和类名选用等方面提出了自己的看法。著名史学家、目录学家郑樵在《校雠略·编次必谨类例论》中指出:"类例既分,学术自明,以其先后本末具在。观图谱者,可以知图谱之所始。观名数者,可以知名数之相承。谶纬之学盛于东都,音韵之书传于江左,传注起于汉魏,义疏成于隋唐,睹其书可以知其学之源流。"①郑氏为南宋之人,与随后清代章氏"辨章学术,考镜源流"编辑思想如出一辙。难怪章学诚对郑樵《校雠略》大加赞赏。郑樵校雠学理论中的"类例"包含同样内容,如"书之不明者,为类例之不分也";"类例分,则百家九流各有条理";"类例既分,学术自明"等,也突出强调通过类例达到辨别学术之目的。

从类分图书、编写叙录等方法到"辨章学术,考镜源流"编辑思想的形成其间各类书目编撰都做了积极探索。《崇文总目》"凡一书大义,必举其纲,法至善也"②。《郡斋读书志》"书名之后,或具作者之始末;或论书中之要旨;或详学派之渊源;或斠篇章之次第。每览一书,辄详本末,其所发明,有足观者"③。《直斋书录解题》"古书之不传于今者,得藉是以求其崖略;其传于今者,得藉是以辨其真伪,核其异同。亦考证之所必资"④。在专科目录中,释道安《二教论》中也说"详览载籍,寻讨源流",明确提出揭示源流的重要性。至清修《四库全书总目》,"四部之首各冠以总序,撮述其源流正变,以挈纲领。四十三类之首亦各冠以小序,详述其分并改隶,以析条目。如其义有未尽,例有未该,则或于子目之末,或于本条之下,附注按语,以明通变之由"⑤。诸如此类,为"辨章学术,考镜源流"编辑思想的形成奠定了基础,也是出版实践为编辑思想作的最好注释。

书目编制可部次条别体现学术源流。章氏认为《七略》之《辑略》最能体现学术源流。"其叙六艺而后,次及诸子百家,必云某家者流,盖出

---

① 郑樵:《通志》卷7《校雠略》,北京:中华书局,1995年,第1806页。
② 袁咏秋、曾季光主编:《中国历代图书著录文选》,北京:北京大学出版社,1997年,第104页。
③ 汪辟疆:《目录学研究》,北京:商务印书馆,1955年,第42页。
④ 纪昀总纂:《四库全书总目提要》,石家庄:河北人民出版社,2000年,第2219页。
⑤ 纪昀总纂:《四库全书总目提要》,石家庄:河北人民出版社,2000年,第45页。

古者某官之掌，其流而为某氏之学，失而为某氏之弊。其云某官之掌，即法具于官，官守其书之义也；其云流而为某家之学，即官司失职，而师弟传业之义也；其云失而为某氏之弊，即孟子所谓'生心发政，作政害事'，辨而别之，盖欲庶几于知言之学者也。由刘氏之旨以博求古今之载籍，则著录部次，辨章流别，将以折中六艺，宣明大道，不徒为甲乙纪数之需，亦已明矣。"①

编撰书目撰写小序和提要也可达"辨章学术，考镜源流"之目的。序，"讨论群书之旨"，"最为明道之要"；提要，"推论其要旨，以见古人所谓言有物而行有恒者，编于著录之下，则一切无实之华言，牵率之文集，亦可因是而治之，庶几辨章学术之一端矣"。②余嘉锡先生也认为综览书目之体例："大要有三：一曰篇目，所以考一书之源流；二曰叙录，所以考一人之源流；三曰小序，所以考一家之源流。二者亦相为出入，要之皆辨章学术也。"③余氏对书目任务与价值以及编撰具体之方法都表述得十分清晰，"辨章学术，考镜源流"，也说明了书目与学术史之间的密切关系。

书目编撰还可以采用互著别裁的方法达到"辨章学术，考镜源流"之目的。章氏认为："至理有互通、书有两用者，未尝不兼收并载，初不以重复为嫌；其于甲乙部次之下，但加互注，以便稽检而已。"④又说："书之易混者，非重复互注之法，无以免后学之抵牾；书之相资者，非重复互注之法，无以究古人之源委。"⑤关于别裁，章氏认为："古人著书，有采用成说，袭用故事者。其所采之书，别有本旨，或历时已久，不知所出；又或所著之篇，于全书之内自为一类者；并得裁其篇章，补苴部次，

---

① 章学诚著，王重民通解，傅杰导读，田映曦补注：《校雠通义通解》，上海：上海古籍出版社，2009年，第4页。

② 章学诚著，王重民通解，傅杰导读，田映曦补注：《校雠通义通解》，上海：上海古籍出版社，2009年，第10页。

③ 余嘉锡：《目录学发微 外一种：古书通例》，长沙：岳麓书社，2010年，第28页。

④ 章学诚著，王重民通解，傅杰导读，田映曦补注：《校雠通义通解》，上海：上海古籍出版社，2009年，第15页。

⑤ 章学诚著，王重民通解，傅杰导读，田映曦补注：《校雠通义通解》，上海：上海古籍出版社，2009年，第21页。

别出门类,以辨著述源流。"①其实,章氏所有书目编撰方法均是从"辨章学术,考镜源流"引申而出的。

书目编撰还可编制群书索引。章氏认为:"校雠之先,宜尽取四库之藏,中外之籍,择其中之人名地号,官阶书目,凡一切有名可治、有数可稽者,略仿《佩文韵府》之例,悉编为韵;乃于本韵之下,注明原书出处及先后篇第。自一见再见以至数千百,皆详注之,藏之馆中,以为群书之总类。至校书之时,遇有疑似之处,即名而求其编韵,因韵而检其本书,参互错综,即可得其至是。"②

综上所述,中国古代图书编辑出版实践既是产生编辑思想的发源地,也是编辑思想的践诺者。"随类相从"只是类书编辑必须遵循的原则,但它代表了各类型图书出版都必须具有编辑思想,诸如"述而不作"、"经世致用"、求实精神等;以"辨章学术,考镜源流"为代表的章学诚编辑思想正是在总结历代图书编辑方法,特别是书目类文献编撰的基础上,才得以形成的。历代书目文献编撰中所进行的区分类目,明确类例,撰写小序,编写提要、叙录、解题,编制索引,互著,别裁等方法均统一于章氏"辨章学术,考镜源流"思想之下,它是目录类图书编辑实践的最好诠释。除此之外,以司马迁为代表的"究天人之际,通古今之变"的编辑思想、以郑樵为代表的"会通"思想、以朱熹"惟本文本意是求"的解经思想等都在中国古代出版实践中留下了辉煌的篇章。

原载于《河南大学学报(社会科学版)》2013年第2期,人大复印报刊资料《出版业》2013年第5期全文转载

---

① 章学诚著,王重民通解,傅杰导读,田映曦补注:《校雠通义通解》,上海:上海古籍出版社,2009年,第24页。
② 章学诚著,王重民通解,傅杰导读,田映曦补注:《校雠通义通解》,上海:上海古籍出版社,2009年,第38页。

论媒介融合视域下编辑活动的
"主体间性"特征

段乐川[①]

编辑活动的主客体关系始终是编辑活动规律论的重要认识内容。传统编辑学研究对编辑活动主客体关系进行了较为深入的研究，提出了诸多编辑活动规律论。如王振铎的媒介文化缔构律、靳青万的编辑五体"推拉创革"律、邵益文的编辑活动"二优"律、任定华的信息智化传播律等。这些编辑活动规律论，有的是基于部门编辑学的视角，有的是立足普通编辑学的观念，都从不同程度上揭示了编辑主客体的作用关系，对于深入认识编辑活动规律具有重要思想价值。但是，从整体上来看，这些编辑活动规律论都是传统媒介时代的产物，尽管一些认识是基于普通编辑学视角，甚至提出贯通融合不同媒介形态的编辑活动规律论，如王振铎的媒介文化缔构律，可由于时代所限，这些论者并没有认识到媒介融合实践可能给整个传媒业态带来的革命性影响，也没有感受到媒介融合给编辑实践形态带来的深刻影响，尤其是编辑主客体作用关系的重大转型。在认识融合传播环境下编辑活动主客体作用关系上，笔者认同王振铎提出的"间性"视角和媒介交互思维，认为"间性"概念的提出较好地概括了编辑活动主客体元素作用的基本特征。在此基础上，笔者在相关文章中提出并论述过编辑活动的"媒介间性"和"主媒间性"特征，分别阐述了融合传播环境下编辑活动的客体元素"间性"作用机制和主客体两大元素的"间性"作用特征。必须承认的是，编辑活

[①] 作者简介：段乐川，编辑出版学博士，河南大学新闻与传播学院教授。研究方向编辑出版学。

动的主体元素编者、作者和用户同样存在"间性"作用特征,并在融合传播环境下发生了很大变化。该如何认识编辑活动的"主体间性"内涵,如何认识这种作用关系呢?本文认为,"间性"是编辑活动主客体作用关系的基本特征,编辑活动有"媒介间性"和"主媒间性"特征,更有"主体间性"特征,并且融合传播环境下编辑活动的"主体间性"特征更为突出、更为鲜明。

一、编辑活动"主体间性"内涵

众所周知,"主体间性"是现代西方哲学的一个新概念,后来被社会学、政治学、美学、文学等学科所借用,从而成为西方现代文化理论的一个重要范畴。从胡塞尔到拉康、萨特,再到马丁·布伯、巴赫金等,都对这一概念有过论述,但德国哲学家哈贝马斯是这一概念认识的集大成者,他不仅赋予这一概念以哲学的价值观照,而且确立了这一概念的理论体系。最早提出"主体间性"概念的是法国现象学大师胡塞尔,作为先验自我哲学的大师,胡塞尔主要关注的是先验自我的"主体间性"问题,也就是"在自我与他人之间,一个共同的客观的世界是否可能"。在这种主体存在性争论中,他提出"自我"与"他人"的关系是认识主体与客体关系的重要前提。他认为,主体之间交往行为性质,影响着与主体密切相关的客体世界的存在性质。从这个角度出发,他提出用"主体间性"概念来思考自我与他人的联系。他认为,"自我"与"他人"的主体交互性,决定着交互主体构造世界的存在。他说:"在构造中属于每一个东西的,不仅是关于我此刻'从这里出发'的诸显现系统,而且也是与那种把我放置到那里去的位置变化完全确定一致的诸显现系统。"① 由此可见,胡塞尔的"他人"有着鲜明的"先验自我"的相对视域,这也决定了他的主体交互性具有了"先验自我"的特征。如同有论者所言:"由于整个胡塞尔现象学的核心范畴是'先验自我',可以想见,'主体间性/交互主体性'所涉及的自我与'他人/他者'关系的处理,必然会返回到先验

---

① 胡塞尔著,张廷国译:《笛卡尔式的沉思》,北京:中国城市出版社,2002年,第160页。

自我去寻求解决,这是胡塞尔'主体间性'理论的最大特色。"①拉康是法国著名的精神分析学家、心理学家和思想家,也是一位重要的主体理论研究者。以镜像理论为基础,他提出了系统的主体建构理论,既有"空缺主体论",也有"感性主体论",认为主体是在社会交往中建构起来的。他认为,"主体间性"是主体之间的相互关系和交互作用,是主体性建构的机制。"主体间性",即主体利用语言媒介,形成主体自我认知,并影响主体性质。他说:"语言使他(主体)有可能将自己看作是个机关布景操作手。"②通过主体与语言的关系分析,他认为主体意识的产生离不开语言能指链条的直接作用。俄罗斯著名文艺理论家巴赫金同样对"主体间性"有很多论述,在其对话理论中,他认为人的主体是通过与他者的对话建构起来的,只有对话交流才能建构主体意识和观念。他说:"作为客体被理解的言语(客体性言语也一定要求理解,否则它就不是言语了,不过在这一理解中对话的因素相当微弱),有可能被纳入因果关系的阐释中去。无客体的言语(纯粹表意的、功能性的言语)则依然处在未完成的指物的对话中(例如科学研究)。"③关于"主体间性"理论,德国哲学家哈贝马斯是集大成者,在他的《交往行为理论》一书中,他认为当今人类社会面临着合法性危机,这种危机主要肇始于人类交往的异化,以工具理性为主旨的社会交往扭曲了社会主体性之间的关系。要解决这种矛盾,必须重建交往理性。他认为,真正的交往应该是"主体间性"的平等的对话、协商和交流。不同于主体性哲学,"主体间性"哲学是将自我与他人的社会交往看作生活在同一世界内的交往共同体,不是一种将"他者"看作自己的交往对象,而是作为交往主体的另一个自我存在。由此可见,"主体间性"哲学是一种不同于主体性哲学的新的认识论,它打破了传统哲学认识论中主客体二元对立的主体关系立场,强调自我主体与对象主体、自我与他人、自我与社会的共在共

---

① 徐瑾、戴茂堂:《主体间性:胡塞尔与萨特、哈贝马斯、马里坦的比较》,《中国现象学与哲学评论》,2011年第12期。
② 拉康著,褚孝泉译:《拉康选集》,上海:三联书店,2001年,第577页。
③ 巴赫金著,白春仁、晓河、潘月琴等译:《巴赫金全集》第4卷,石家庄:河北教育出版社,2009年,第312页。

存和交互交融,是一种新的主体哲学。"主体间性"理论是对传统主体理论反思的产物,同时也是对工具理性盛行带来的主体异化的批判性认识。"主体间性"理论既是一种新的社会交往理论,也是一种全新的世界观、认识论和方法论,是对于后工业社会现代性危机的反思。当然,"主体间性"理论也是一种语言哲学,哈贝马斯意识到语言媒介在社会交往中的重要作用,觉察到了交往实践和话语之间的内在关联,认为语言媒介的社会交往的"主体间性"更需要给予关注和阐释。哈贝马斯的交往行为理论具有理想性,在他看来,社会主体通过"主体间性"而互动交流,在平等理性交往中达到"理解",再由"理解"而形成社会"共识",从而进行实践。既然编辑活动是一种主体性的媒介文化创构活动,是以编者、用户和作者等主体元素为中心的社会交往实践,那么就必然具有"主体间性"特征。从"主体间性"理论视角来看,编辑活动就是一种以符号媒介为场域的社会交往过程,是一种"自我主体与对象主体、自我与他人、自我与社会的共在共存和交互交融"的媒介信息生产传播过程。在这一社会交往过程中,编辑主体元素之间具有彼此交互作用的复杂多变的"间性"关系,这种"主体间性"构成了编辑活动的基本特征,并成为一种规律决定着编辑实践的开展以及实践的进程和效果。这种"主体间性"至少表现在以下三个方面:

一是交往对话的交互作用。之所以说编辑活动是一种主体性的社会交往活动,是因为编辑活动首先离不开编辑主体元素的参与,无论是在传统环境下,还是在融合传播环境下,编辑活动都是一种主体创构活动。在传统环境下,编辑主体元素构成相对确定,主体元素角色界限相对清晰,主要以读者、编者和作者构成为主,同时也有编辑辅体的存在,比如"排版、制版、印刷、装订、物流、发行、征订、销售、贸易、广告、传播、财务、会计等编辑活动环节中的人员"[①]。从主体性角度来看,编辑活动开展的过程就是以上这些编辑活动主体元素交互作用的过程。在整个编辑实践中,离开以上编辑活动主体元素的任何一方,编辑活动都没有办法有效地开展。在融合传播环境下,尽管编辑主体发生了很大变化,出现了很多新的编辑主体元素构成,如数据编辑等,但是编辑主体

---

① 靳青万:《编辑五体研究》,长春:东北师范大学出版社,2010年,第216页。

交往对话的交互关系没有变化。如果说有变化,那就是这种交往对话的程度要更深入、层次要更鲜明、力度要更强大、方式要更直接。如同有论者所说:"编辑活动的社会交往在媒介融合之前就已经存在,并以协同共处的模式成为媒介生产的重要活动形态。媒介融合的出现,从深层上改变着传统编辑主体社会交往的模式,使得传统编辑社会交往的广度、深度和厚度都在发生着前所未有的巨大变化。"①此外,必须认识到,编辑主体构成元素的交互关系是一种社会交往性质的交互关系,社会交往性构成了编辑主体元素交互作用的重要特征。一方面,编辑主体元素具有很强的社会性,以用户为例,是具有大众传播意义的受众概念,不仅有着社会统计学的个体差别,而且有着社会学意义的阶层群体差异,这就决定了这些主体元素的交互方式、交互程度和交互内容千差万变;另一方面,编辑活动中的编辑主体元素的交互是一种交往活动,具体地说是一种物质交往和精神交往共存并置,但以精神交往为中心的社会交往活动。这种社会交往,尤其是精神交往主要表现在彼此之间的对话沟通和交流上。在编辑活动中,编辑和编辑之间、编辑和作者之间、编辑和用户之间都无时无刻不存在着彼此对话交流和沟通的关系。

  二是需求与满足的交互特征。如上所述,编辑活动中的编辑主体元素的社会交往具有交互作用性。这种社会交往尽管主要是三个主体的多元交互,但是,交互主体主要是媒介产品的供给者和媒介产品的消费使用者。一方主要负责媒介产品的生产传播,另一方则主要是媒介产品的需求和使用,这种需求和满足的关系、生产和消费的关系,构成了编辑活动中编辑主体元素社会交互的主要内容。从编辑和作者角度来说,发现和满足用户的媒介产品信息需求是编辑实践的天职;从用户角度来说,寻找和消费应用媒介信息产品是自己的社会存在方式。这就决定了编辑活动的过程也是一个媒介信息产品生产和传播的过程,是一个需求发现和需求满足的过程。媒介信息产品的编辑过程,存在着媒介信息产品的供需双方的需求和满足的交互性。与此同时,这个

---

① 路畅:《媒介融合视域下编辑社会关系论》,《河南大学学报(社会科学版)》,2017年第4期。

过程具有无限往复的特征,因社会时代的变迁而不断地发生着变化,从而具有了一种无止无境的动态性特征。在认识编辑活动规律时,有很多学者意识到了这一点。比如,靳青万从编辑用体也就是用户的角度提出了编辑用体"拉动律",他说:"编辑用体与编辑活动之间的这种需求与被需求、拉动与被拉动的联系,正是关于'规律'的定义中所说的那种'内在的本质联系',是'不断重复出现,在一定条件下经常起作用,并且决定着事物必然向着某种趋向发展'的联系,因而这种联系也正是一种规律。"①在融合传播环境下,因为需求与满足的交互更加便捷和即时,编辑用体的拉动律要更鲜明、更突出和更深入。编辑主体元素之间的这种需求和满足的交互,只是编辑活动中编辑主体元素社会交往内容的一个方面。与此同时,还存在着其他社会交往的内容。比如编辑与编辑之间的日常沟通交流、编辑与作者的精神和物质交往等,这些都构成了编辑主体元素之间社会交往的重要内容。以编辑和作者的交往为例,两者之间围绕媒介产品生产的交往,构成了彼此交互作用的主要内容。同时,也不可忽视彼此之间的其他社会交往内容,比如,日常性的社会关系维持,甚至物质性礼节来往,其实也是彼此交互的重要内容,有时还可能成为影响彼此交往效果的重要构成。但是,总体上来看,用户媒介信息产品的需求与满足实现,始终是编辑活动主体交往的主要内容。

三是协调与生成的交互形态。如上所述,编辑主体的社会交往具有交互性特征,这种交互的实践价值是用户媒介信息产品需求的满足,而要实现这个目标,则离不开作为编辑主体的编辑对作者和用户两个主体元素的协调交往:一方面,编辑要对用户媒介产品需求进行调查发现,力求发现用户的真正需求,确立编辑实践的逻辑起点;另一方面,编辑要对作者的媒介产品生产进行策划组织协调,并积极参与到媒介产品的生产完善之中,力争使得其达到尽善尽美的境地。在编辑活动中,编辑始终发挥着主体性、主导性作用,通过与用户和作者的协调沟通对话,来策划组织媒介信息产品生产,并在此基础上进行分发传播。编辑活动主体元素的交互性,最终是表现在编辑、用户和作者围绕媒介产品

---

① 靳青万:《编辑学基本原理》,长春:东北师范大学出版社,2003年,第122页。

的生产传播的社会交往之中的。这种主体交互性尽管是三元甚至多元互动的,但是编辑主体的中介主导、主体作用却不可忽视。尤其是在媒介融合环境下,这种主导主体性不仅没有削弱,相反,因为媒介信息数量暴增和媒介信息生产中主体解放,而使得编辑主体的价值选择和精品呈现显得更加急迫,由此也带来了编辑主体地位的强化,以及融合媒介产品生产传播方式的变革。

二、编辑活动"主体间性"作用机制

从本质上说,编辑活动的"主体间性"就是编辑主体元素的交互作用性。"间性"即交互作用性,这种交互作用性构成了编辑活动的动力之源,是编辑实践创新发展的主体性力量,也是编辑活动的重要特征。如前所述,编辑主体元素之间的"间性"具有社会交往的特征,有着鲜明的编辑实践形态内涵。从传统媒介环境到融合传播环境,编辑活动的"主体间性"更加强化,其作用机制也更加完善。主要体现在以下几个方面:

一是媒介信息产品的创构生成传播。编辑活动主体元素的交互作用不是无的放矢,而是目的明确,它有着很强的目标指向性。也就是说,包括作者、编者和用户在内的编辑主体交互,始终是以媒介信息产品的创构生成为中心的。媒介信息产品的创构生成,不仅构成了编辑活动的实践目标,而且构成了编辑活动"主体间性"的主要活动场域。王振铎曾经提出编辑活动"六元"论,他说:"以'六元'构成的编辑活动,实际上是作者、编者和读者以'媒体'〔稿本(＋)定本(＋)定本〕为中心,共同参与文化创构、文化积累和文化传播的生生不息的'活动场'。"①场域这个概念的提出,是为了说明编辑实践活动的动态性、范围性和实在性;场域不仅是编辑活动开展的实在空间,更是编辑活动"主体间性"的存在机制。正是因为以媒介信息产品创构为目的的编辑活动场域的存在,编辑主体元素之间的交互作用才能发生。从另外一个角度上来说,编辑活动主体元素之间交互作用的发生,才导致媒介信息产品的创

---

① 王振铎:《编辑学原理论》(修订版),北京:中国书籍出版社,2004年,第63页。

构生成。离开了媒介信息产品的创构生成,编辑主体元素之间的社会交往便不复存在。或者说,编辑主体元素的社会交往仍然存在,但已经失去了编辑活动的性质。比如,不再从事编辑工作之后的编辑主体与用户和作者的交往,已经没有编辑社会交往的性质。作为一种编辑主体元素交互作用机制,媒介信息产品创构生成具有明显的阶段性特征,也就是具有过程性、动态性和系统性。在编辑过程的前期准备阶段,编辑主体元素之间的交互作用程度、方式和价值,不同于编辑过程的中期实施阶段,也不同于编辑过程的后期跟进阶段。前期阶段,编辑选题策划的编辑活动主体元素交互的多向性比较集中,中期实施阶段主体元素的交互性主要体现在作者和编者之间,后期传播阶段主体元素的交互性则主要体现在编者和用户之间。但是,无论哪一个阶段的编辑活动主体元素交互都是以媒介信息产品的生产传播为中心的。也就是说,媒介信息产品的生产传播过程是编辑主体元素交互作用的最重要场域和最重要机制。媒介信息产品的生产传播具有过程性、阶段性的特征,由此也决定了编辑主体元素的交互作用性具有阶段性、动态性和过程性的特征。生产阶段的编辑活动"主体间性"作用不同于传播阶段,与此同时,生产阶段不同环节的编辑活动的"主体间性"作用也不相同。

二是网络平台的社交连接。尽管我们提出了编辑活动的场域概念,认为编辑活动场域是一个实在性的空间,但是,也要看到,这个实在性空间在不同的媒介环境中形成不同的交往方式,进而影响到编辑活动的"主体间性"作用程度。在传统媒介环境下,编辑主体元素之间社会交往和主体交互客观存在,但由于平台技术支撑的缺乏,彼此之间交往交互的程度要少得多,交往交互的方式要单一得多,交往交互的效果要不理想得多。以传统媒介环境下的编辑与读者的交往为例,主要靠书信、电话等方式维持,交往的时空极其有限,交往的内容相对简单,交往程度自然不高。读者与作者的编辑活动性质的社会交往更是如此。彭兰在论述互联网的本质时提出了"连接"的概念,她说:"互联网的本质是'连接'。互联网的演进也是'连接'的演进。从这个角度看,目前互联网发展经历的阶段及其主要特征是:前 Web 时代是机器连接构成'终端网络';Web1.0 时代是超链接形成'内容网络';Web2.0 时代是个体连接形成'关系网络'。Web2.0与Web1.0并不是一个相互取代的关系,这两者的结合,带来了'内容网络'与'关系网络'的融合及交互。"①融合传播环境的到来,互联网尤其是移动互联网的深入发展,使得"连接"无所不在、无时不有,进而也导致编辑活动主体元素的社会交往发生着根本性变化,即编辑、作者和用户之间的交往交互日渐走向多元、多向。因为互联网平台的社交连接,媒介社会关系发生着根本变革,用户作为编辑主体元素参与媒介产品生产传播的方式发生了变化,用户、编辑和作者之间的交互作用不仅变得更加多维、多元、多向,而且彼此交互作用的过程也变得更加无限。反过来也就是说,这种"媒介关系"的结构性变革,似乎也可以看作是编辑活动"主体间性"作用深化的产物。因此,在融合传播环境下,网络平台的社交连接成为编辑活动"主体间性"作用的新机制,使得传统的编辑主体元素交互作用更加直接、更加深入、更加丰富、更加即时。由此是不是可以这样说,融合传播环境下编辑主体元素的"连接",既是编辑活动"主体间性"的作用机制,更是编辑实践的现实形态。

　　三是媒介产品的交易和反馈。传统编辑学认为,编辑主体元素的交互作用主要表现在媒介信息产品的创构和生成上,更多的是一种精神交往。实际上,编辑主体元素之间的社会交往不仅是一种精神交往,更是一种物质交往。突出的表现是,媒介信息产品大部分是以交易方式来满足用户需求的,这种交易方式,或者是市场性质,或者是公益性质,但是,无论哪一种方式,媒介信息产品都是以物质交往方式来满足用户需求的。在市场经济环境下,媒介信息产品在编者、作者和用户之间的物质交换性质要更明显、更突出,这种物质交往也是编辑主体元素的交互作用方式,并且成为检验彼此交互作用效果的重要因素。也就是说,媒介信息产品满足用户越好,在媒介市场上越受欢迎,意味着编辑主体元素的交互作用可能发挥得比较到位。反之,媒介信息产品用户满足度不够,在媒介市场上不受欢迎,必然是因为编辑主体元素之间交互作用不够深入。在媒介信息产品的生产阶段,编辑主体元素之间

---

① 彭兰:《"连接"的演进:互联网进化的基本逻辑》,《国际新闻界》,2013年第12期。

的精神交往可能多一点。到了传播交易阶段,彼此之间的精神交往更多地开始向物质交往转向,物质交往不仅成为这一阶段编辑主体元素交往的主要形态,而且也成为检验前期精神交往成败的重要因素。因此,媒介产品的交易和反馈也是编辑主体元素彼此交互作用的重要方面,是编辑活动"主体间性"的重要机制。可以这样说,编辑活动"主体间性"不仅有精神交往的机制,也有物质交往的机制,这两个机制之间,既相互区别,又紧密联系;既相互关联,又相互作用。编辑活动主体元素的"物质交往"构成了精神交往的前提基础,精神交往则是"物质交往"的意旨所在。忽视编辑活动"主体间性"的物质交往,就不能深刻地把握其精神交往,同样,离开了编辑活动"主体间性"的精神交往,物质交往的意义也不复存在。

三、编辑活动"主体间性"意义

"主体间性"是编辑活动的重要特征,是对表现在编辑活动主体元素之间作用关系的一种规律性认识,具有客观实在性。现有编辑学理论更多强调编辑活动矛盾论的分析,认为编辑活动矛盾的呈现是编辑活动规律认识的重要理路。在这种观念左右下,现有大部分的编辑活动规律论都拘泥于编辑活动的矛盾论视角。如前所述,也有提出编辑活动主客体关系的规律认识论,但是,没有将两者的关系上升到哲学的角度来认识。"主体间性"概念的借用,一方面是强化编辑规律认识的哲学观照,强调编辑规律认识更加抽象、更加辩证;另一方面,是突出编辑活动的主体性特征,强调编辑活动作为主体性文化创构的内在机制。提出编辑活动"主体间性"概念,至少有以下三个方面意义:

一是深化了对编辑活动主体元素作用规律的认识。此前的编辑活动规律论也认识到编辑活动的主体性特征,甚至提出了较为系统的编辑主体关系论,但都没有从哲学层面来探讨这种主体性交往的本质、内容和方式。编辑活动"主体间性"概念的提出,用"间性"这个概念来涵盖编辑主体元素的复杂作用关系,有利于更深入地认识编辑活动主体元素交互作用的历史演变、形态方式、程度力度、效果和作用。

二是丰富了编辑主体交互作用的内涵。传统编辑理论将编辑主体交往限定在精神交往的范畴，尽管也有学者提出了编辑活动的社会性问题，但在对编辑主体元素的交往内涵的认识上还比较狭隘，更多的是将编辑主体元素之间的交往限定在以媒介创构为中心的精神交往范围之内。通过对编辑活动"主体间性"机制的深入认识，指出编辑活动"主体间性"社会交往的双重属性，即物质交往和精神交往的并置共存，由此提出了编辑活动主体元素交互作用的基本方式。这些认识无疑进一步丰富了编辑活动主体元素交互作用的内涵，对更好地认识编辑活动主体元素的交互作用具有很大认识价值。与此同时，通过对融合传播环境的观照透视，确认了互联网平台连接赋能之于编辑活动"主体间性"变化的重要作用，这无疑进一步开拓了编辑活动主体元素交互作用认识的新方向，对于更好地认识在融合传播环境下编辑活动"主体间性"特征有着弥足珍贵的思想价值。

三是揭示了编辑活动主体作用的内在机制。"主体间性"是编辑活动主体元素交互作用的一个抽象概括，这一概念的核心在于"间性"，即交互作用性。"交互作用"构成了编辑活动主体元素的存在方式、实践形态和内容表现。聚焦于编辑活动的"主体间性"，能够更深入地阐释媒介信息产品生成传播方式的重大变化以及导致这一变化的多重原因。正是通过对编辑活动"主体间性"机制的深入分析，使得我们认识到编辑活动主体元素交互作用对编辑活动展开的重要意义。即它是编辑实践展开的重要前提，是具有客观规律性的编辑实践运行机制。

余 论

"主体间性"是编辑活动主体元素交互作用的规律性概括，但只是编辑活动规律论的一个方面，它和"媒介间性""主媒间性"共同构成了编辑活动规律的基本内容。"媒介间性"是编辑活动客体元素的交互性，"主媒间性"是编辑主体和客体之间的交互性。"主体间性"发挥作用，离不开"媒介间性"，"媒介间性"深入呈现则是"主体间性"的结果，"主体间性"和"媒介间性"交互作用的同时呈现出"主媒间性"。换言之，编辑活动主体、客体和主客体之间的"三律互动"，才完整地构成了编辑活动的主客体的"间性"作用内涵，这也是我们对融合传播环境下编辑活动规律论的新认识。媒体融合并没有改变编辑活动主客体的"间性"特征,而是强化了这种"间性"作用机制,使"三律互动"更活跃、更强烈、更鲜明。反过来说,编辑活动主客体的"间性"特征,也是媒体走向融合的根本原因所在。正因为有"主体间性""媒介间性"和"主媒间性",再加上互联网的连接赋能,媒体融合才能深入地开展、推进。

原载于《河南大学学报(社会科学版)》2019年第1期,《新华文摘》2019年第10期论点转载

论"大文化、大媒体、大编辑"的理论现状与实践走向

张国辉[①]

引 言

"大文化、大媒体、大编辑"的理念是中国编辑学会在2008年4月举办的首届"中国编辑高层论坛"上提出来的,旨在推动国内编辑界"以'深入文化层面,把握历史高度,开拓宽广视野,服务广大人民'的精神,对文化、媒体和编辑三者关系进行再考察和再思考"[②],使研究者和实践人士能够站在时代前沿,理性定位自身角色,明确目标任务,从而为实现社会主义文化的大发展、大繁荣以及更高层面上的民族文化勃兴做出积极贡献。此理念一提出,即受到专家、学者、业界人士的高度重视。他们结合各自的专长,从政治、经济、文化、科技等不同角度,运用政治经济学、社会文化学等各种理论方法展开了深入的多维论述,阐发出大量新颖深刻的见解,尤其对提出这一理念的及时性、必要性和科学性众口一词,认为这是一个与时俱进、契合时代并符合编辑理论、实践自身发展规律的正确理念。

"大文化、大媒体、大编辑"理念的提出是一个循序渐进的过程,最终在首届"中国编辑高层论坛"上以相对完备的形式被提出,可以说是

[①] 作者简介:张国辉,河南大学编辑出版研究中心研究员,河南大学副处级巡察专员。研究方向编辑出版学。

[②] 桂晓风:《大文化·大媒体·大编辑》,《中国编辑》,2008年第3期。

一个由量变到质变、由潜流到显学的过程。围绕这一主题的研究也基本上呈现出同样的特点。有所不同的是，对"大文化""大媒体"和"大编辑"的研究基本上是分开来进行的，而且时间进程也并不一致。最早以"大"视角被研究的是文化，这方面的研究成果自20世纪末便开始逐渐涌现，但这些研究视角驳杂、论点不一，即使纯粹从文化角度进行的研究，更多地也只是主张将常规形式的不同文化形态从时间和空间两种维度上加以整合，其所依托的仍然是旧有的文化理解模式，缺乏比较中西的世界性眼光和将所有文化内容贯通一气的信息化视角。"大媒体"方面的研究是伴随着新媒体的方兴未艾而产生并日渐形成潮流的。但由于起步较晚，成果也相对有限，较有代表性的著作是傅玉辉的《大媒体产业：从媒介融合到产业融合》(中国广播电视出版社，2008年)、《今日美国》资深记者凯文·曼妮(Kevin Maney)的《大媒体潮》(时报出版社，1996年)以及王菲的《媒介大融合：数字新媒体时代下的媒介融合论》(南方日报出版社，2007年)。这几部著作的共同特点是从信息化、产业化的角度论述媒介融合问题，且既有理论探讨，也有实践概括，可以说一定程度上代表着"大媒体"研究的主流取向。"大编辑"的提法得以出现，从实践层面上说是"大文化""大媒体"的现实发展趋势使然，从理论上来说则是一种实践催动下的方法借鉴，从时间上来说，这方面的研究是最后出现的。截至目前，关于"大编辑"的研究已有若干论文提及，相关著作尚付阙如。

"大文化、大媒体、大编辑"理念的提出可谓顺势应时，在学界和业界均广受认可，少有异议和反对之声。研究者们结合时代要求、媒介现状和技术趋势不断阐述和丰富这一理念的内涵，并着重探讨如何将这一理念付诸具体实践，或者说如何以"大文化"的视野，运用"大编辑"的才技，合理高效调度运用"大媒体"资源，实现文化大发展、大繁荣的终极目的。

一、一种视域与一种方法论导向

"大文化""大媒体""大编辑"这几个概念并不是孤立的，它们之所以作为一种理念体系被提出，就在于彼此间是相互牵涉、相互制约的辩证关系。这一理念体系中的"大编辑"是理念得以贯彻实施的落脚点，而其中的"大文化"是贯彻理念的一种文化世界观，或曰一种文化视域，"大媒体"则是从可操作的、方法论的层面上进行的一种方向性规范和导引。

（一）"大文化"的文化背景与"大媒体"的媒体现状

任何一种理念的提出本质上都是时代发展的产物，是对实践领域或相关联社会活动的因应性反应，当它科学、客观地反映了本领域实践活动发展的规律和趋向时，可以指引、促进实践的向前发展；反之，则会误导和阻碍相应实践活动的发展。"大文化"与"大媒体"概念的提出，也是如此。

1. 文化产业化进程加快

随着人类社会的发展，文化在民族和国家发展中所起的作用越来越直接，越来越巨大，日益成为国际竞争的核心要素，成为一个国家软实力的集中体现，成为民族凝聚力和创造力的基础和源泉。改革文化体制，创新文化活力，解放和发展文化生产力是任何一个国家想要获得长远发展和繁荣兴旺的不二法门和制胜利器。在文化大普及、大繁荣的 21 世纪，文化与政治、经济的结合变得史无前例地紧密，彼此间的相互依赖深入到一个新的层面，文化不再单一地凸显其意识形态本质，其作为经济领域一个重要产业的特点逐渐被强化，文化要想获得更好的发展，更强有力地发挥其对社会的影响作用，就必须将意识形态特点与经济产业化特征结合起来，两种属性互为表里，相互推动。

美国学者罗杰·皮尔逊把社会文化的传递方式分为两类：纵向的"社会遗传"和横向的"文化扩散"，"当文化在同一社会内部从一代传至另一代时，我们称这一过程为'社会遗传'。但当文化从一个群体传至另一个群体，从一个社会传入另一个社会时，我们就习惯用这样的术语：'文化扩散'"①。在全球一体化的今天，文化扩散的现象更为普及，并且成为衡量一种文化自身生命力和竞争力的重要指标，同时也是纵

---

① 冯利、覃光广编：《当代国外文化学研究（译文集）》，北京：中央民族学院出版社，1986年，第159页。

向的"社会遗传"得以持续下去的重要保障。而要保障文化"社会遗传"与"文化扩散"的有力进行就必须实现文化的产业化,壮大文化产业的规模。因为将全球联结成为一体的最根本要素是经济,政治、文化等其他各个方面的全球性交流都是在经济这一基础平台之上并且围绕着这一核心进行的,文化也不例外。既然具有特殊存在形态的文化在遵循这一规律的过程中无法超脱,就必须顺其道而行,强化自身的经济属性,也就是在更好地遵循经济规律的前提下来实现自身的传播目的,为自身的传播、扩大、发展、繁荣提供一种强大的经济动力。

在西方发达国家,文化产业在整个国民经济中所占的比重是非常大的。正因如此,文化产业在壮大国民经济中发挥了自身不可替代的优势,起到了巨大的作用,文化自身才借此获得了强大的发展动力,增强了自身的遗传和扩散能力,并以这样的方式进一步扩大了相应国家的政治、经济在全球范围内的影响力。相较于西方,我国文化产业化的进程略显滞后,但各种改革转型也在稳步推进之中,"2010年,全国所有的经营性出版社都完成了转企改制,进一步在市场竞争中实现了资本重组",但"转企改制后的出版社要真正建立现代企业制度还需要经历一个过程"。[①]

2. 信息数字化愈演愈烈

人类社会发展到今天,最显著的两大趋势就是经济全球一体化和信息化,并且,这二者本身就是密切联系,互为因果的。推动人类历史跨越式发展的几次科技革命均有其各自的特征。第一次工业革命以蒸汽机的发明和广泛应用为标志,使人类社会的生产、生活发生了历史性的大跃进,机器大生产取代了传统的工场手工业;继之而后的第二次工业革命以电力的大范围应用为标志,使人类社会在发展进程上再一次突飞猛进。历史发展到20世纪四五十年代,原子能、电子计算机、微电子技术、航天技术等领域取得重大突破,尤其是计算机的发明、互联网的普及,将信息的重要性和广泛性凸显出来。信息不再仅仅被视作单一的消息,而是成为渗透在日常生活、经济生产、社会活动等人类活动

---

① 张文彦、肖东发:《提升文化软实力打造出版强国之策略研究》,《河南大学学报(社会科学版)》,2012年第2期。

各个领域、各个层次中的必要元素,成为决定着这些不同领域发展方向和运作效率的核心元素,整个社会因之成为一个信息社会。在此背景之下,一个社会对信息的重视程度,相应技术手段的发达程度决定着这个社会在全球范围内的竞争力和其发展前景。在这股世界范围内的信息化浪潮中,任何国家要想获得长久发展动力,都不能置身其外。

(二)"大文化"与"大媒体"的内涵解读

文化的概念可以从很多的层次上来界定和理解。广义的文化可谓无所不包,将人类所创造的一切物质的、精神的文明形态悉数涵括;狭义的文化也并不唯一,审视的角度不同,划定的外延也就不尽一致。一般地,我们把文化理解成一个国家或民族的历史、地理、风土人情、传统习俗、生活方式、文学艺术、行为规范、思维方式、价值观念等,更多地指的是一些人文性的精神创造物。"大文化"的提法是"大文化""大媒体""大编辑"三个概念中最早出现的,而且并不是最早出现在传播学领域。但不管哪一个领域所提出的"大文化",其刻意表达的都是一种文化视野的扩大,强调的是不同学科之间、地域之间、国家之间、时代之间文化的融会贯通,系统把握,综合运用。在信息传播领域,"大文化"概念是应全球一体化背景下文化交流日益频繁、信息流通速度加快、信息传播技术革新、信息存在价值增加的趋势而提出的。

媒体亦称媒介、传媒,指的是信息传播的载体,即信息传播过程中从传播者到接受者之间携带和传递信息的一切形式的物质工具。1943年美国图书馆协会的《战后公共图书馆的准则》一书中首次使用该词,后来,渐成为术语。媒体的内涵是相对稳定的,但其外延却随着时代和技术的进步在时刻发生变化。在纸介质和印刷技术为物质载体和技术支撑的时代,媒体的形式比较单一,及至大众传播的鼎盛时代,也不过是图书、期刊、报纸和电视、广播之类,媒介形式有限,功能趋同,编辑工作的一致性较高。在世界范围内,及至20世纪七八十年代,国内则自90年代以后,以计算机技术和微电子技术为基础的新媒体纷纷涌现,使媒介领域发生了根本性改变。旧有的媒介理论和思维模式已无法囊括和有效应对纷繁多样的媒介形式,打破思维条块,从最本质的一致属性上把握和整合多种媒介,提高信息选择、传播和使用效率的现实需求使"大媒体"理念应运而生。"大媒体"理念并不是简单地强调对媒介的关注要不分彼此,巨细无遗,而是要求以有机辩证的眼界和思维来整合多种媒介的功用,实现媒介整体运作效率的最大化。

无论是"大文化"还是"大媒体",都不能从相加求和的维度上去简单理解,因为在通过直观即可获得的表层意义之外,这两个概念包含着多维度、多层次的意蕴。

1. 作为一种文化视域的"大文化"

正是文化的产业化以及全球化、信息化、数字化这些当今社会的发展趋势使得文化这一概念突破了其传统的内涵和外延,与政治、经济的融合变得更加紧密,对社会的推动和形塑作用更加深入,在核心竞争力打造中所占的位置更加关键,甚至可以说文化已经无所不包、无所不在,其存在和显现形式更加多样化,新的衍生和变异成分更加纷繁,演化和创新速度更加迅速快捷。凡此种种,都决定着不能再用简单的旧的文化视角来审视和对待文化,而必须以宏阔的眼界、多维的视角、丰富的手段来加以引导、选择和整合。中国编辑学会会长桂晓风于2010年5月8日在江苏南京召开的第十四届国际出版学术会开幕式上将"大文化"的含义解释为两个方面:一是新世纪中国编辑应当有更高的为文化服务的自觉性,二是要有更加宽广的文化视野。其实也就是要求新时代的编辑既要有"大文化"的意识,又要有经营"大文化"的具体能力和综合素质。

为文化服务的自觉性要建立在清醒的文化自觉上面。所谓的文化自觉,"指的是生活在一定文化中的人对其文化有'自知之明'……指的又是生活在不同文化中的人,在对自身文化有'自知之明'的基础上,了解其他文化及其与自身文化的关系"[①]。这种既了解自身,又知晓周边的状态才是我们所强调的"大文化"视野,只有具备了这样的"大文化"视野,才可能具备为文化服务的充分自觉性,培养出运用、缔构"大文化"的能力和素质。

这种"大文化"意识以及相应的能力具体体现为文化传承意识、文

---

① 费孝通:《文化自觉 和而不同:在"二十一世纪人类的生存与发展国际人类学学术研讨会"上的演讲》,《民俗研究》,2000年第3期。

化创新意识、文化产业意识和文化安全意识。文化是一个民族之所以成其为自身的最重要特质之一,同时也是一个国家保持认同感和凝聚力,绵绵不绝,长盛不衰,兴旺发达的基础和根源。因此,即使是在文化大扩散、大融合的当今时代,保持自身民族文化的优良特质,壮大自身民族文化的生命力,使其不断传承,不断发扬光大仍然是"大文化"意识的前提。而一种文化生命力的保持在于吐故纳新,吸取精华,去除糟粕,这就使得创新意识成为任何文化得以生存和不断发展的根本动力,也成为"大文化"意识的最重要内涵。而全球经济的一体化使得各民族文化的传播方式发生了根本变化,文化与政治、经济的结合程度更深、更广,其产业性愈发突出,一种文化要想获得大发展、大繁荣,获得强劲的核心竞争力,就必须顺应潮流,不断增强自身的产业性,以文化产业的眼光、思路来审视文化,以产业化的方式、方法来经营增值文化,这是壮大文化实力,保持文化活力的现实需要。文化与政治、经济结合的愈加深入,其对社会发展、国家强盛推动作用的日益明显,在国际竞争各要素中所占比重的逐渐增大都使得文化作为一个民族、一个国家的标志性存在和生存命脉的色彩越来越浓炽,文化安全也就成为一个无法回避的议题,这是"大文化"意识得以发挥积极作用的外围保障。

2. 作为一种方法论导向的"大媒体"

媒介的发展进程是与人类科技的进步紧密相连的,科技的每一次历史性突破都会促使传媒领域发生相应的革命。印刷技术的发明开启了大众传媒时代,继之的广播、电视技术进一步加强了这种趋势,使大众传媒的覆盖能力达到了前所未有的高度。大众传媒时代的技术决定了传媒的大众化倾向,却无法实现其向小众化趋势的反向发展。社会经济的进步,使社会分工进一步细化,社会群体也进一步"小众",大众传媒的不适宜性越来越突出。正是在这样的背景下,互联网引领的数字技术出现了,以最快的速度颠覆了传媒的旧有格局,旧的媒介形式重新划分领地,新的传媒形式不断涌现,层出不穷。海德堡公司对全球印刷媒体和数字媒体的市场份额所进行的统计分析表明,1995年印刷媒体所占市场份额为70%,电子媒体只占市场份额的30%。此后的十几年中,印刷媒体每年的增长幅度为3.5%,电子媒体增长幅度为9.5%。

到 2010 年印刷媒体的市场份额为 48%，而电子媒体已占到 52%。①同时，不同形式媒体间的融合成为潮流，媒介融合带来了大媒体时代，并在微观传播层面实现了最精细的"小众化"传播。

新技术催生出的新媒体具备了传统媒体缺少的一些优良特质，主要包括传播载体的无纸化、信息形式的数字化、获取方式的多元化、传播速度的光速化、传受双方的互动性以及信息推送的个性化，等等。这些新的特质决定了新媒体具有迥异于传统媒体的媒体精神，主要表现为创新精神、平等精神和商业精神。在这样的背景下，媒介融合才是新旧媒体发展的正确方向，立足内容这一基础平台，充分发挥新旧媒体的优势，以大传媒的意识来整合资源，探索新的更多的行之有效的文化传播渠道。"打破出版载体界限"，"以互联网为平台，以图文、音频、视频等形式，对出版内容资源进行全方位、立体式、深层次开发利用"，"实现一次性生产、多媒体发布"。②

"大媒体"就是"媒体多层次、多种类、多机制的有效整合"。③ 在这方面，西方业界的相关运作已较为成熟，国内也有成功案例。长江文艺出版社和"中文在线"曾在 2008 年尝试将冯小刚的长篇小说《非诚勿扰》以图书、网络、掌上阅读器、手机阅读等版本形式同步出版，取得了较好的效果。这就是大媒体时代成功的新旧媒介运作案例。新旧媒介之间的关系并不是谁取代谁那么简单，也不只是将旧媒介的内容换上新媒介的形式，单纯地加以包装，而是要以内容为基础将新旧媒介真正地整合起来，发挥出更大的合力。《国家"十一五"时期文化发展规划纲要》明确要求要在"十一五"期间"推动产业结构调整和升级，加快从主要依赖传统纸介质出版物向多种介质形态出版物共存的现代出版产业转变"。这种引导性政策正是在国家层面顺应"大媒体"发展形势的一种体现。

---

① 孙忠：《侵蚀与抵抗：数字时代传统出版社的突围：以大英百科全书为例》，《出版发行研究》，2010 年第 6 期。

② 新闻出版总署：《新闻出版总署关于进一步推动新闻出版产业发展的指导意见》，2010 年 1 月 1 日。

③ 张增顺：《大媒体与科学发展观》，《中国编辑》，2008 年第 5 期。

二、"大编辑"的内涵解读和特质分析

由于编辑学是一门后起之学,关于编辑这一概念的定义林林总总,为数众多,并未形成认可度特别高的统一认识,但这种莫衷一是的状态反映的只是对编辑概念具体描述的看法不一,在对编辑概念内涵的意会性认识上,学界的看法是趋向一致的,即普遍承认编辑活动是一种有明确意识和具体指导思想的、对既有文化作品进行采集、鉴审、选择、加工、编排,并借助一定载体形式予以传播的创造性文化实践活动。最近一二十年时间里,新媒体形式次第产生,电子出版方兴未艾,编辑对象、编辑手法、编辑规范等一应范畴随之面临新的命题与挑战,编辑理念需更新,编辑手段需进化,编辑模式需改革,这就逐渐催生出了"大编辑"的理念。"大编辑"的提法虽然新颖,但在本质上,它仍脱不开编辑概念的核心内涵,说到底,它只是一种被附加了许多时代性意蕴的历史性概念,是"在信息获取、处理与传播方式、资源占用与使用方式等面临巨大变迁的情势中,媒体在编辑理念、编辑组织方式、编辑手段等方面进行全面革新,以创造更大信息价值、提升媒体竞争力、提高媒体对于时代发展的适应性能的新的编辑思想与行为模式"①。

(一)"大编辑"之大

编辑在人类文化进程中所起到的重要作用已不必赘言,"从对原始符号的编辑、整理、规范、优化到形成文字,从彝族的太阳历到夏代的夏历(天文历法),从贾湖遗址的七孔骨笛到《高山流水》《广陵散》等优美的中国古琴音乐旋律"②,可以说自从人类文化开始具备雏形到日后的纷繁复杂,异彩纷呈,其中从未缺少过编辑的身影,编辑于其中所进行的审鉴、选择、加工、缔构工作,对于文化发展的积极推动、形塑作用是任何其他工作性质都不能替代的。只不过在不同历史阶段,编辑这一

---

① 谭丰华、易冰源:《"大编辑"理念初探》,《出版科学》,2010年第1期。
② 靳青万:《编辑学应是一门独立学科:论刘杲先生的编辑学学科思想》,《河南大学学报(社会科学版)》,2012年第4期。

角色的呈现形式是不尽相同的,在骨、木、石、金作为信息载体的时代,编辑是负责镌刻文字、集纳规整文字版牍的巫师、工匠;在简牍、丝帛作为文字载体的时代,编辑是秉笔直书的史官,如孔子一般的"述而不作"者;在印刷术勃兴、纸质图书大量流通的时代,编辑是学富五车、精通考据、训诂、文献等学问的鸿儒大家,如萧衍、刘歆、司马光,等等;待到科技催生出电、光、磁、网络这些更新形式、更多样化的文化载体之后,编辑的角色也变得更加细化和丰富了,有传统的图书、期刊编辑,也有广播、电视编辑,及至后来的网络编辑。相较于以前,编辑的工作内容和应用手段已发生了巨大改变。但无论编辑的角色如何演化,编辑缔构社会、文化大厦,引领文明发展方向的根本职责却从未变化。通过审视编辑角色的历史演变过程,我们会发现编辑角色的变化是与时代的文化特征、科技推动下的媒介进步息息相关的,可以说是一种因果关系。基于此,在"大文化""大媒体"盛行的当下,"大编辑"成为一种必然的选择。

桂晓风将"大编辑"的内涵解释为两个方面:一是编辑工作和编辑工作者重要,二是编辑工作的面越来越宽。或者也可以概括为:具有"大文化"视野、怀有"大媒介"理念、具备"大文化"素养、掌握"大媒介"技能的新型编辑。

(二)"大编辑"的特质

"大编辑"并非人为凭空倡导的一种理想概念,它是编辑实践及实践环境发生变化直接导致的结果,或者说是"大媒体"背景下编辑角色和编辑实践的题中应有之义。编辑欲成其为"大编辑",必须主动调整角色、提高素养、熟悉媒体、丰富技能,只有充分具备了颠覆既有观念、契合时代潮流的一些全新特质时,才堪称"大编辑"。

1. 全面扮演编辑角色

在网络信息时代,编辑的角色是集成了多层身份的,也就是说其身份是全方位的。传统编辑往往只要做好案头工作,至多再对编辑环节之外的上下游环节有所了解即可,而"大文化""大媒介"背景下的编辑却远非如此。从横向上来看,首先,"编辑也一直被视为精神食粮的生产者、先进文化的传播者、民族素质的培育者和社会文明的建设者……

'文化人'的角色是一直被反复强调和一再托举的标杆"①。因此,当代编辑的第一重身份是社会文化的把关人、文化高地上的引领者,必须具有一定的文化理想和职业操守。最后,编辑还应该是精熟各种媒体运用的技术人员,其工作不限于文字上的把关修校,还应该对音视频制作、电子出版物制作、多媒体技术综合运用、电子出版物不同终端推送等都有所了解或掌握。最后,编辑还应该是一位营销高手,从制作到宣传推介,到出版销售,甚至于对外围衍生产品的设计和开发,都应该思维敏锐,手法灵活,对产业规律把握娴熟,对市场信息反应灵敏,具有前瞻性的经济眼光。从纵向上而言,编辑角色的全方位还体现在新媒体中编辑与受众之间的角色往往是交替转换的,这是由新媒体超强的互动性、极度个性化的特质决定的。而从某种程度上来说,编辑在这种角色转换中的熟练和深入程度往往决定着其所开发的媒介产品的人性化程度,同时也就决定了产品竞争力的大小。

2. 全面具备编辑素养

即使是作为传统编辑,素养上的全面也从来都是做好本职工作的首要前提,"大文化"背景下的"大编辑",这种特征更加突出。"业界普遍认为,21世纪的编辑出版人才,必须是掌握先进的网络数字出版技术、懂得经营管理、能够驾驭多种媒体编辑工作、能够撷取当代人类最优秀文化加以传播的复合型人才。"②首先,新时代的"大编辑"要具有完整坚实的知识结构,对各个领域的信息均有所涉猎,对各个学科的知识均有所掌握,能文能武,亦文亦理,唯其如此,才能够扩大自己的文化视野,也才能以高人一等的眼光鉴别优劣,去芜存精。其次,全面深厚的知识储备之外,对新媒体技术的全面掌握也是"大编辑"应具备的素养之一,这是随着各种新媒体的出现提出的新要求。因为新媒体的载体形式不同以往,其编辑手段也因之发生颠覆性的改变,不掌握这些全新的编辑技术,就如同传统编辑不会阅读、不会写字一样,是无法将本

---

① 黄娴、程婷:《可怕的断裂:论新一代编辑人的文化失守》,《编辑之友》,2008年第5期。

② 王勇安:《编辑出版学专业课程建设的逻辑误区》,《河南大学学报(社会科学版)》,2012年第1期。

职工作做好的。再次,"大编辑"要具备营销技能。文化产业化是当今时代文化发展的必然趋势,也是实现文化大发展、大繁荣的必然选择,作为从事文化工作的编辑,只有培养自己的市场营销素质,才能够在实践中顺应潮流,把握契机,事半功倍,取得良效。此外,产业化的基础其实就是市场化,而市场精神的一项重要内容便是制度化、法制化。尤其是在全球一体化的背景之下,世界范围内的不同经济体互相合作,彼此交流,这些交互行为都是在一系列制度、机制的框定下展开的,法制观念已从社会政治层面扩展深入到经济文化层面。随着全球不同地域间文化交流的增多,文化产业化趋势的渐趋加强,诸如知识产权保护、文化产品出口引进等方面的法律、法规会越来越多,越来越完善,只有充分了解这些相关的政策法规,才能够在这场世界范围内的文化大博弈中既不犯规出局,又能抢占先机。最后,"大编辑"还应该有的一项最重要的素质便是创新能力。这种创新能力是建立在前面几种基本素质的基础之上的,同时也是较之更为关键的一种素质。新媒体使信息传播的速度跨越式地达到了光速,使信息的内容供给达到了海量,也使信息的推送过程实现了史无前例的个性化和人性化,凡此种种都使媒体形式和信息内容的更新更加快捷,以往依托内容资源、传播渠道、信息介质等建立起来的独家优势都消失了,创新成为不同信息发布者唯一的资源,兴衰成败,均赖于此。

3. 全面覆盖编辑对象

编辑对象的扩大一是指编辑在工作中涉及的知识面更宽泛了,二是指编辑实践中所面对的媒体形式、技术领域都更多了。前者是由信息化背景下各学科知识的日益交融,旧有的专业分工逐渐被打破导致的。在新形势下,编辑对象不再是单一的书籍或报刊了,而是无处不在、无所不含的信息。后者的变化则是由新的媒介形式不断涌现决定的。在纸媒为主的时代,编辑工作的主要内容就是纸质图书、期刊、报纸文字上的加工优化,以及版面排布、书籍装帧等其他一些环节,至于组稿、推介环节上的撰写提要、书评等也是围绕着加工文字内容这一中心进行的。在多媒体并存的数字信息时代,编辑对象无限扩大化了。尽管一切工作仍然是围绕着内容来展开的,但工作对象的横向范围和纵向空间都得以扩展延伸了。文字之外,尚有各种音频、视频材料,版式排布、装帧设计之外,更有信息层次架构设计、信息推送流程安排、互动反馈模式构建,等等。

4. 全面掌握编辑手段

编辑手段的多寡和形式完全是由编辑工作的内容来决定的,传统编辑的内容决定了传统的编辑手法,约稿、组稿、校对、制版、登载广告、参加书展,基本不外乎此。而在"大媒体"背景下,就不能因循这些单一的方法了。作者、编辑、读者之间的交流完全可以借助网络进行,既提高了效率,也扩大了交流范围。各种网上数据库的建立极大地节省了编辑为核对、纠正一些基本知识点所花费的时间和精力,同时也可以最客观地鉴定编辑对象的原创和新颖程度。整个编辑流程得以简化,并变得快捷高效。先进的计算机技术不仅使作品的出品过程极大提速,也使作品的呈现形式更加丰富多彩,传统图书、线上版本、多媒体光盘、博客、论坛、手机推送,等等,既是载体,也是渠道,极大地丰富了编辑手段和作品的发行途径。"大媒体"的精髓即在于各种媒体各取所长,交相为用,其发展的最终趋势是媒介融合,生产出真正的整合一致的多媒体文化产品。

三、信息媒介的发展方向

"大文化、大媒体、大编辑"是基于现今时代文化、媒介、编辑领域的变化提出的创新理念,它所代表的是相应领域的发展趋势,在这一理念的指导下,文化与传媒将循着自身的发展规律不断呈现出新的态势。

(一)媒介融合终成大势

截至目前,业界关于新旧媒介的关系究竟是取代还是并存的问题仍没有形成定论。其实媒介之间的取代关系本质上是不存在的,任何一种媒介的出现都是时代的产物,同时,一种新媒介的所有特性不可能是与过去媒介截然割裂的,而是对旧有媒介的一种创新和发展,甚至只是一种简单的变型。任何一种媒介,在其某一种优势被新媒介彻底吸收取缔之前都不会消失,即使它消失了,也并不是真的消失,而是转化融入了新媒介中。基于此,多元并存的媒介在未来一段时间内将会走向融合,融合的过程实质上是一个整合的过程,在这一过程中,不同媒介间互相借鉴,取长补短,摒弃过时的特性,发扬应时的优点,并在更远的终极实现真正的一体化。目前,媒介融合已是大势所趋,学界甚至有了专门指称这种现象的名词——intermediationality["它出自中国人自主创新的编辑学理论研究过程,正像 1998 年创造英文形式的 redactology(编辑学)一样,具有学术独创性。2010 年为了能同国外朋友讨论清楚媒体与媒体之间的复杂而多样的关系,先使用 Inter-mediality,后来经过第 14 届国际出版学术会议讨论,把 media 变为复数形式,指称媒介,才创造了这个英文形式的媒介交互性(intermediationality)"①]。媒介融合的过程基本上可以概括为两个方面,一方面是技术层面的融合,一方面是制度层面的融合。

　　技术层面的融合较早即已起步,将会经历一个从单纯的相互嫁接到深度融合的过程。1995 年 10 月 20 日,《中国贸易报》创办网络版,成为内地第一家上网报纸,其后《广州日报》《杭州日报》《人民日报》纷纷效仿,一时成为流行,但这一现象只是新旧媒体间的简单嫁接,是纯粹的换汤不换药。2000 年以后,新闻性质的综合网站开始涌现,并积极利用网络的多媒体特性、互动机制不断开发具有独特优长的应用模式,从这时开始,网络新闻才具有了一定的独立性质。手机报的出现可谓媒介融合的又一新作,而且更具创新色彩。手机报的迅猛发展又使得电信网络与互联网的进一步融合成为需要。

　　正是技术层面融合的不断深入,催生了多媒体制度层面融合趋势的出现,目前正大力倡导并已进入实施阶段的"三网融合"便是其中的表征。在世界范围内,"三网融合"是信息产业发展的一个主流趋势,美国早在 2003 年即已完成了有线电视网络的升级改造。截至目前,美、英、日、意、加、澳等国都已将电信与广播集中到一个统一的监管实体之中。我国目前在这方面的技术条件和市场需要也已成熟。数字技术、光通信技术、波分复合技术、统一的 TCP/IP 协议和软件技术的飞速进步已经为"三网融合"提供了必要的技术基础,使得在同一个网络同时

---

① 王振铎:《媒介交互视野中的比较新闻学研究:从〈中俄现代新闻理论比较〉谈起》,《河南大学学报(社会科学版)》,2012 年第 5 期。

开展语音、数据和视频等多种不同业务，亦即国际上通称的Triple-play成为可能。物联网、图文电视、VOIP、视频邮件、网络游戏等各种新的信息服务和网络衍生增值业务代表着网络融合后新兴业务的雏形，其自身商业性的深入开掘和扩展需要三网间资源的进一步整合。国家"十一五"规划中明确提出要加强宽带通信网，数字电视网和下一代互联网等信息基础设施建设，推进"三网融合"。2010年1月13日，国务院总理温家宝主持召开国务院常务会议，决定加快推进"三网融合"进程，并承诺将从政策、金融、财政、税收等方面给予大力支持。

（二）信息服务渐趋精细

无论媒介的种类如何多样，也无论媒介的交融如何深入，媒介的基本功能——传播信息——是不会发生变化的，它将继续充任各种媒介的安身立命之本，只不过相较于传统媒体的信息服务功能，未来大交融背景下媒介的信息传播功能将从方方面面发生程度不一的嬗变。

1. 信息服务功能的变化——从推送到导引

一般来说，传统媒介的信息服务都具有点对面的特点，传导方向也主要是单向度的，在大众传媒时代，这种特点尤其突出，信息从产生到进入传输渠道，全程都在传者一方的控制之下，受众的选择权是有限的，这与媒介种类的匮乏、传播渠道的单一以及信息量的有限是有关系的。在"大媒体"背景下，受众不再是单纯的被动接受者，信息的传播渠道无限丰富起来，由以往的点对面的线性传输演变为多点交互的网络化传输模式，传者与受众之间的角色定位不再像过去那样一成不变，而是处于随机互换之中。在这种情形之下，媒介传统的信息推送功能等于被无限多的信息发送个体分解掉了，变得微弱且缺乏特别的优势。然而，从另外一个角度来看，信息来源的多元化、信息传受主体间的交融也导致了新问题的出现，即信息的泛滥、择取难度的上升，造成这种情况的直接原因就是作为以往信息传播主体的媒介的权威被极大地弱化了，而媒介要想重新树立起自身的权威，解决之道就在于放弃对信息垄断的坚持，转而发挥引导作用，即用最经济有效和可信的方式为特定的信息受众择取对方最想获取的有价值的信息，这是媒介在信息服务功能上的出路和必然趋势。

2. 信息服务取向的变化——从大众化到个性化

以往的传播格局是垂直式的层级格局,在互联网等新媒体诞生之后,传播格局中的层级逐渐消弭了,信息传播世界变成了一个缺少中心的扁平组织,造成这种转变的原因就在于传统媒体的权威性身份遭到解构,以往的信息受众群体不再以一个群体的身份出现,个人凸显出来,成为传受一体的信息中心,借助网络获得了充分的自足性。正因如此,未来信息服务的终极取向不再是针对某一群体的"点对面"传播,而是会转变为注重个性化的"点对点"或"面对点"传播,以往的大众传媒模式以一种倒置的形式再次出现,只不过那种大生产式的信息推送、消费情形不复存在,注重质量和针对性的个性化服务将成为主流。

3. 信息加工制作的变化——从"宏大"制造到"精微"开发

正因为信息服务取向存在着从大众化到个性化的转变,媒介的信息开发也将不得不随之改变。大众传媒下的信息经营模式是大生产、大放送,正因为是"点对面"的传播模式,同一内容的信息要尽可能做到适应最大多数的受众接受特点,出于这种需要,信息开发中势必要去除个性化的存在,无论是内容择取还是形式设计都力求取受众需要的最大公约数,说到底这是一种集约化的信息生产方式。而在讲求针对性、注重个性化的信息服务时代,信息开发将朝着精与深的维度不断发展。随着内容资源开发的重点由"巨内容"向"微内容"转移,即那些具有普遍兴趣和意义的内容尽管是重要的,但它们仅仅是参与竞争的"及格线"标准,真正能够在及格线之上加分的内容将主要取决于对于分众的、个性化的丰富内容资源的有效开发与利用。[①] 信息开发的精细化也是出于信息服务取向从推送到导引这一变化的需要。因为信息导引成功进行的前提是要对信息进行整理,建立起逻辑性的结构索引,要完成这样的索引工作,就必须对信息进行尽可能深入的细化,直至知识元这一逻辑深度,如此才能将海量的信息归纳整理、条分缕析,最终建立起一个能负载起导引功能的信息逻辑体系。

---

① 喻国明:《传媒发展:从"内容为王"到"产品为王"》,《北京印刷学院学报》,2008年第3期。

结　语

"大文化、大媒体、大编辑"理念的提出,既是学界主动对相关实践领域的理论总结,也是业界实践发展催动而生的必然结果,其科学性需要通过实践加以检验,其完善性需要在实践中不断得到提高。理论与实践从来都是互生互动互存的,但一个正确完备的理论无疑可以更好地引导实践更好、更快地向前发展。

原载于《河南大学学报(社会科学版)》2013年第6期,人大复印报刊资料《出版业》2014年第3期全文转载

博客、编辑与网络虚拟社会的整合

余德旺①

引　言

博客是网络进入Web2.0时代的产物,Web2.0最核心的观念就是——"Web,作为平台"。平台的意义类似于一种操作系统,与操作系统平台不同的是,Web平台不为任何人所拥有,它是通过分享或参与体系搭建起来的,借助用户参与体系,使得服务器抵达整个网际的边缘。博客就是这种"当家做主"的一种表现形态。博客,英文"Blog"的音译,又被称为网络日志。就目前来说,可以依据博客主人(简称"博主")和博客内容的不同而将博客大致分为这样几种类型:官方博客,如中国记者网等;组织类博客,主要是一些非官方、非社会性的企业和民间团体开设的博客;个人专业博客,如点击量过百万的记者个人博客网站——"记者的眼睛"、吉拉德报道;自由人博客,以平民身份开设的记述个人历史或对社会现象予以生活化评述的博客,如知名度较高的徐静蕾博客,这类博客是博客世界的主体,最能利用并体现博客所独具的优势,代表了博客发展的趋向。第二届中美互联网论坛(2008年11月7日)公布的数据显示,迄今为止,中国博客数量已经达到1.07亿,网民拥有博客的比例高达42.3%。

追溯博客发展的历史,即使在世界范围内,它也是一种新生事物,具体诞生的时间在1997年前后,其被引入中国则是在2002年,与此同

---

① 作者简介:余德旺,《中学生学习报》总编辑,编审。研究方向编辑出版学。

时获得了"博客"这一中文译名。围绕着博客的学术研究也是随着2002年8月创办的"博客中国"网站掀起的博客热潮出现的。在10多年的时间里，博客研究随着博客发展而不断拓展，研究成果明显呈现出理论研究进程与博客现实发展的同步性。早期研究往往停留在概念诠释、技术引介方面，具有知识普及色彩；经历过这一阶段之后，新旧媒体特性的比较研究开始集中出现，与之同时存在的是围绕着博客功用外围拓展的研究，诸如商业化运作、新旧媒体整合等；再后来的研究渐趋深入，其表现是研究视域不断扩大，研究方法逐渐多样，对博客的审视突破了互联网空间的局限，开始被置入社会史、技术史的宏观视野。也就是说，针对博客的研究正逐渐脱出纯技术研究语系，向人性化的社会视角靠拢，这种研究取向的转变昭示着现实中博客对社会反作用力的加强，而在这种技术与社会的对接融合中，博客编辑恰恰是一个不可或缺的调控因素。

截至目前，与博客相关的文献有8000多篇，但从传媒出版专业角度进行研究的文献只占1/10左右，具体到研究博客与编辑关系的文献，笔者看到的则只有王晓翠的《编辑与新兴媒介文化建设——以博客文化为例》(《今传媒》2008年第5期)、周睿的《新闻类博客编辑选题策划活动的特点》(《今日南国》理论创新版2008年第8期)区区2篇；以博客为研究对象的著作虽然不少，比如方兴东、王俊秀的《博客——e时代的盗火者》(中国方正出版社，2003年版)；美国人休伊特著，杨竹山、潘浩译的《博客：信息革命最前沿的定位》(中国铁道出版社，2006年版)；田炳信的《私权媒体——博客：是太阳给你的一个影子》(汕头大学出版社，2008年版)等，但在研究视域的排布上与文献类研究成果情形类似，缺乏对博客与编辑关系的研究。

事实上，作为一种个性化十足的新兴网络信息载体和传递形式，博客与诸如报刊、广播电视甚至网站、网页等传统的编辑对象有着一些深层次的区别，正是这些区别对编辑的工作模式与工作机制，具体的技术手法和操作方式都提出了全新的挑战；基于同样的原因，一些对编辑角色的认知和博客性质了解不全面的人，对博客领域编辑存在的必要性提出了质疑。如此，从编辑学的视角对博客的特点进行考量，对博客编辑存在的必要性进行辨析，对编辑在博客领域的地位以及具体的编辑模式和工作机制进行探索，对博客编辑的新内涵进行阐述，才能对发展势头正健的博客更进一步的良性发展起到及时有效的调控作用，也才能为编辑的不可缺失正名。

一、编辑权力消解论产生的缘由

为什么在博客世界里会出现编辑权力消解论呢？这主要是因为，面对迥异于传统媒体的博客，传统媒体中编辑角色所具有的功能受到了挑战。

传统媒体中编辑角色具有怎样的功能，王振铎先生在《编辑学原理论》中如是说，编辑作为一种随历史不断传承的职业，一个随时代不断演化的现象，编辑活动就必然有其内在同一性和客观规定性。他将这种内在的同一性和客观规定性总结为社会文化缔构，并将文化缔构的最一般、最基本的原则概括为积淀性原则、选择性原则、系统性原则和传导性原则，并由此引申出编辑的几大功能：一是引导性。社会文化大厦的缔构是通过文化的系统性积淀得以实现的，编辑通过对文化的发展施加引导来发挥角色作用。因为社会文化的发展需要有一个方向，但社会文化全局却是驳杂无序、良莠相间的，科学的、健康的、有生命力的文化与各种俗浅的、消极的、狭隘的文化以及异文化，甚至反文化并存，整体的文化走向需要一种能够洞察全局的力量加以把握，编辑引导性不可或缺。二是选择性。人类的文化积淀既经几千年之久，数量蔚为壮观，信息数量的无限制增加意味着某一具体信息可利用效率的显著下降，作为编辑，去伪存真，汰劣去废，表面上是削减了文化的数量，实际上则是增加了存留文化的价值。这种有意识地选择对于保持社会文化的先进性、多样性和文化格局的合理性至关重要。三是中介性。编辑在社会文化缔构中的作用虽然不可或缺，但其自身并不是文化创造的主体，其作用的发挥体现在于文化信息流通节点上充任中介角色。一个文化信息从传者到受者，一种文化产品从无形到有形的过程总会出现编辑的影子，在不同的媒体形式中，编辑的这种参与程度不一，时间长短不定，但其所充任的桥梁作用无论对于传者还是受者来说都是无可替代的。①

虽然传统媒体编辑的这些作用已经被多少年的历史事实证实,但博客毕竟不是传统媒体,博客媒体形式一出现,对博客编辑存在的必要性的质疑便激烈上场,其原因在于:

(一) 个性化冲击引导性

大众传播的显著特征就是点对面的单向度传播,尽管整个过程中也有反馈,但受渠道与速度的限制,反馈的功效是有限度的并且不具备强制性与压迫力。所以,传统媒体可以轻而易举地通过议程设置和培养,以设置议程和营造拟态环境的方式传播既定思想与文化;受众的群体特点又以信息压力、趋同心理等方式瓦解了受众中部分成员对传播思想多元化的追求。但在博客世界里,单向度的点对面传播变成了多维度的点对点传播,互动性和反馈机制都达到了一个前所未有的高度。每一个博客成员都成了可以独立发出自己声音的主体,并且随时可以在作者与读者的两重角色之间切换。博客世界里"去中心化"的信息传播结构使信息的"发送者变成了接收者、生产者变成了消费者、统治者变成了被统治者,这样,用来理解第一媒介时代的逻辑就被颠覆了"②。传统大众媒介运用得得心应手的议程设置功效被严重削弱,既有的二级传播结构遭到瓦解。传者、受众双重角色合一,信息的传播、接受、反馈过程杂糅一体的格局,使得昔日的把关人插手尚难,又遑论引导?

(二) "去中心化" 虚化把关人

目前,最流行的博客理论是博客的"四零说",即博客作者进入传播领域的零技术、零成本、零编辑、零形式。这种观点认为,博客托管服务网站以提供免费的用户注册发表程序和简单易用的博客文章写编模板的形式,让只要具备写作能力的个人就可以自编、自导、自演地在作为

---

① 王振铎、赵运通:《编辑学原理论》,北京:中国书籍出版社,1997年,第89—96页。

② 马克·波斯特著,范静晔译:《第二媒介时代》,南京:南京大学出版社,2001年,第45页。

公共舆论空间的博客世界里言己之所欲言,抒胸中之块垒。技术的便捷不仅保证了作者本人可以实时地对自己的作品进行修改完善,即使读者也可以通过留言反馈,提出改正提高意见。这种门槛的降低和操作上的简便,以及博客成员无意于高声大论的低姿态,使得他们可以自由自在地登堂入室,作为传统媒体把关人的编辑倒似乎一时间无处设卡审查了。也就是说,博客世界中的低技术准入褫夺了编辑传统的技术把关权,文本形式和网页模板的预先设定削夺了编辑的形式加工权,零成本特性则使作者一跃而至消息发布、推介的最前沿,网络载体上信息符号的可修改性、信息内容消费的一次性,又使得博客文本的规范标准被极大降低,编辑的作用再一次被弱化。

(三)虚拟空间对编辑权力的弱化

在传统媒体里,编辑毫无疑问是沟通作者与读者的中间渠道,一方面要想作者之所想,另一方面又要急读者之所急,两相权衡,上奉方针,下循技巧,八面玲珑,左右逢源。而网络媒体的虚拟性和互动性一下子无限缩小了作者与读者之间的时空距离,他们以一种虚拟的方式实现了面对面,而且作者与读者之间的身份具有了交替性,不再各司其职、一成不变。网络的超文本载体具有的无边际链接、在线编辑特性消解了编辑对作者的传统控制,网络世界里时间、空间界限的消弭,使传者与受众实现了零接触,进而又取缔了编辑传统的中介角色。传统视域里的编辑在博客世界里似乎阵地尽失,处境尴尬。

凡此种种,就给对编辑的作用和博客自身特性了解不深的人造成了一种假象,似乎编辑的地位在博客世界里被架空了,变得可有可无了,没有了编辑,博客成员们照样可以"玩"得开心,"玩"得无拘无束。

二、博客编辑不可或缺

没有了编辑,博客成员们真的就可以想怎么玩,就怎么玩,而且玩得开心了吗?回答是否定的。

（一）把关性依然

首先，博客世界固然具有低限准入的特点，而且博客成员具有相当大的自主权利，但这也并不是说博主们可以随心所欲。实际上，仍然要有一种外部力量来对博客行使审查引导的作用，这就是博客编辑的任务。其次，博客的网站托管商在运营之前必须申请 ICP 证，而且根据相关法律规定，博客服务提供商不得在已知或应知拟从事非经营性互联网信息服务的组织或者个人的备案信息不真实的情况下，为其代为履行备案、备案变更、备案注销等手续。在博客网站的具体管理中，博客编辑要对博客成员的博文进行审查，对违法违规 ID 进行封闭、记录和上报，对触动敏感词汇而进入"待审"状态的内容进行审核，删除垃圾帖子等。因为越是自由化程度较高的团体或社区，越是需要严格的规范和限制，自由与约束总是相辅相成、辩证统一的。在博客世界里也是如此。而这种把关审查者的角色正是由编辑来充当的。

（二）引导性仍在

在博客世界里，编辑的主要任务不再是议题的设置和对传播的干预，而是怎样发掘优秀观点及重要事实。而优秀观点和重要事实的评判，则需要一定的评价标准。针对网络传播的特性，虽然更多地看重和强调作品的原创性、首发性，但在追求主题新颖、形式活泼的同时，注意深度上的拓展与价值取向的引导，是保证博客世界健康发展、良性循环的前提；这种中心任务的转变和价值评价体系的重构，只有高瞻远瞩、从大局出发的编辑才能胜任。

（三）中介性犹存

当博客时代到来之后无限拉近，与其说消解了编辑作为二者中介的依据，不如说是编辑的传统角色部分地消融在了作者与读者群体中，处于一种更为隐性的身份状态。编辑的中介作用不再局限于创造作者与读者的沟通渠道和交流载体，而是扩大化为对所有博客成员间关系的协调经营。编辑在此一方面的中介作用，具体表现之一就是制造博客世界成员的个人链接体系，立体化活跃的有价值的博客成员，让他们的链接网包含他们本人更多的作品、背景资料,这样既可以增强博客成员参与的积极性,又可以增进成员间的了解,营造和谐的博客空间。从更深一层的意义上讲,博客编辑的中介作用还延展为"技术与人文之间的桥梁"。他们不仅是技术平台的使用者、操作者,也是信息人文价值的开掘者。

显而易见,对博客世界中编辑存在的必要性的否定缺乏合理性,可以很肯定地说,博客世界中的编辑不可或缺。

三、博客的特点、现状与博客编辑的责任

既然博客编辑不可或缺,那么博客作为网络中一种独特的传播载体,必然要求有特定的编辑宗旨及编辑规律与这种新兴的编辑对象相对应。要探索出针对博客的编辑特点和编辑规律,并在更深的层面上确定博客编辑的内涵,明确其职责,就必须充分了解博客的特点、现状,审视博客在技术发展史上的地位以及博客在特定历史背景下所承载的社会使命。

(一) 博客的特点

1. 博客具有自我完善性、稳定性和自组织性

博客用户在网络上一经注册,就会获得一个独有的网络域名,这一网络域名具有网络资源定位的唯一性;不同于 BBS、OICQ 等网络交际工具中个人的碎片、零星化呈现,博客中大量、有深度的文字是一种理性表达,立体而全面地勾勒出一个人的完整形象。

2. 博客是主体社会性的网际延伸

博客作为现实社会的网际延伸主要体现在两个方面:一是博客个体将自己的真实社会关系带入博客世界中。毫无疑问,在博客世界中,大多数博客的受访者都来自博主现实中的亲人、朋友、同事等熟人圈,博客世界里每天发生着的互访、信息交流过程是他们现实交际的一种替代和延伸。二是现实社会中的权力关系仍然会投射到博客世界中。尽管博客世界具有"去中心化"和"平权"特性,但这只是在一定范围内存在的表征和一个理想化的终极趋势,至少就目前来看,现实社会中的

等级化权力关系仍然鲜明地体现在博客世界中。

3. 以博客为载体的人际交流更加深入，主体的自我呈现更加充分

梅罗维茨将现实中的场景分为"表演的前台"和"生活的后台"，然而电子媒介的发展使得公共生活的"前台"与私密活动的"后台"得以融合，从而产生一种介于两者间的"中区"区域。① 博客对于网络主体来说便是一种再完美不过的"中间"区域。首先，对于博主来说，要通过博客来进行形象管理，这意味着其书写传达行为是前台性质的表演；其次，他又要通过部分地释放隐私并通过受众反馈来获取社会认同，同时还要满足受众借助博客中的隐私化内容来进行自我认知、平衡心理的需求，因此博主必须适时地进入"后台"，展示真实的自我。这种深浅结合的呈现方式，可以使传受双方的交流更加深入而卓有成效。

4. 博客富有强烈的情感、文化色彩

默克罗比认为，在后现代主义社会，个体的身份形式不再是单纯围绕着工作、阶级和社团建构起来的，而是围绕着其他一些具有浓厚的文化意义的"星座"而建构起来的，它们包括身体、性别、种族、时尚、图像甚至亚文化等。② 传统的大众媒介是工业化社会背景下等级社会结构的体现，其点对面的信息传播形式决定了其刻板、僵硬的机械化面孔，为个体所体验的情感与文化元素普遍缺失。博客作为一种传播工具，情感、文化等体验性的因素势必会上升为信息传达中的重要因素，一改大众传媒时代模式化的呆板叙述，更加富有人性化色彩，这恰恰是网络主体进行角色再确认的一个前提。

总之，博客以一种"定居"的方式对个体进行了"固化"，现实角色、社会关系等现实因素被带入到虚拟网络中，使人们的位置感、归属感得以重新确立，"原子"化存在的个体被逐渐"化合"，构建起一个个首属群体，通过博客集结成稳定而相互依赖的社会网络。

---

① 约书亚·梅罗维茨著，肖志军译：《消失的地域：电子媒介对社会行为的影响》，北京：清华大学出版社，2002年，第4页。

② 王名编著：《非营利组织管理概论》，北京：中国人民大学出版社，2002年，第10页。

(二) 博客发展的现状

当下的博客世界正处于发展的转捩点上,这是与整个网络世界的大环境相契合的。经过最初的摸索和全民皆"博"的狂欢之后,博客世界在拐点上向我们展现了一幅新的景观:博客的"四零"特征(零编辑、零技术、零成本、零形式)使得博客的涉入门槛被无限放低,几乎绝大多数的社会成员都可以于中一试身手。介入者身份的五花八门和层次素养上的高低不等,使得博客内容泥沙俱下,优劣并存。更有甚者,借助博客的门槛低、受众多的特点,少数博主不惜以裸露、情色、揭露隐私、攻讦他人的方式哗众取宠,制造噱头,吸引关注,博取上位。例如木子美、流氓燕、竹影青瞳、舞女木木,等等;一些博客以"骂客"自居,时发"惊世骇俗"言论,践踏他人尊严以为个人扬名之用,如"炒作大王"宋祖德,"炮口"对准娱乐圈,所言无非名人绯闻、明星丑闻和无中生有的八卦新闻,引发口水仗不断;另外一些博客引发的事件,如"韩白之争""中国博客第一案""郭德纲与汪洋",等等,恶炒、粗俗之风弥漫博客世界。

博客发展到当今为什么会出现这些问题呢?笔者认为,互联网"去中心化"的平权特征以及虚拟性使得进入其间的社会人的社会性被消解,在获得几乎不受限的表达自由的同时,现实中完整、理性的个人变得支离破碎,自主意识逐渐淡薄,社会规范的约束作用趋弱,这就造成了网络中行为主体的乏理性、乏道德,言语、行为过于恣意,缺乏责任感。

(三) 博客编辑的责任

要根本扭转上述局面,博客编辑所肩负的责任重大,可发挥的作用重要,但究竟应该怎么做呢?笔者以为,必须以有效且适宜的方式打造网络世界中的道德精神和行为规范,在网络世界中重建行为主体的社会性。

1. 打造人文化规范体系

我们知道,"自我"由"主我"(I)和"客我"(Me)两部分构成,"主我"是自发的,为自我和人格的发展提供动力;"客我"则是内化的社会要求和社会期待,是在社会互动过程中形成和发展起来的。引导塑造网络世界里的"客我"是博客编辑的职责。对"客我"塑造力量的建设应该结合博客世界的特性来进行。一方面，博客世界的主体广泛平等性决定了这种作为塑造力量的规范由博客世界内部较之从外部施与更加合理；另一方面，博客世界的基础特质是人文精神，它决定了这一规范体系有必要围绕着这一特质进行搭建。

博客具有传统媒介所传递的信息中不具备的人文情怀和强烈、鲜明的个性化色彩，这是 Web2.0 媒介的一种显著特色，也是时代发展到今天社会主流价值观中逐渐得以强化的因素。中国新华社驻加沙记者、"战地玫瑰"周轶君在谈及开博客的初衷时说："我在加沙的工作主要是写新闻……而新闻背后有更多人性化的故事，可是没有办法用报道承载。我当时想，应该把这些报道背后的故事记录下来，所以才做起了博客。"周轶君的这番话恰恰道出了博客相较于新闻独有的人文特质。只有当这种人文精神被深入挖掘并彰显出来并形成一种共识时，身兼传者与受者双重身份的博主们才能自发地形成一套约束自身、评判他者的规范，进而使博客世界的运作进入到一种良性发展的生态体系之中。

当然，规范并不代表对自由的任意褫夺，对博客世界而言尤为如此。因为自由是博客媒体的生命所在，灵魂所依。鉴于此，博客编辑在打造规范的同时，还应着力维护博客世界的自由性，贯彻自组织的管理原则；要充分注意到博客的个性化和多元化特点，减少传统的议题设置和传播干预，以发掘原创经典和优秀思想为己任，将传统的修改加工转变为甄别遴选和推荐引导；要努力营造和谐便利、自由有序的自组织博客传播环境。

2. 塑造社会化网络主体

鉴于博客世界的特点，遵照博客编辑的编辑原则，博客编辑的任务重心不再是对物化或将要物化的精神文化成果进行加工修改，而是要对博客世界中传受双方主体进行人本身与人际关系的编辑。这在博客发展的不同阶段具有不同的具体要求。

博客发展的初始阶段，真正意义上的自组织尚未形成，在这种背景下博客编辑的主要工作任务就是选拔优秀内容和推举优秀作者，同时编辑人际关系，协调读者与读者，读者与博客，博客与博客，读者、博客与编辑全方位的关系，营造出一个具有吸附力和归属感的系统群体。

同时直面博客作为一种传播体系在组织、机制、管理、激励、制约等方面提出的新挑战,参与体制、观念、编辑原则与编辑技术、运作模式、管理机制、互动渠道等多方面变革的设计。这可以说是一个开山辟路、纲举目张的阶段。

整个博客世界是一个虚拟的社会,经历过一个阶段的发展整合,它自然要衍生出无数个社区和群体,每一个人在某个社区与群体中都应该拥有自己的位置。只有拥有了自己的角色并对此角色具有合适的满意度,博客参与者才会对博客世界具有归属感和踊跃参与的热情。因此,当博客发展到群体化和社区化阶段后,博客编辑就应该把自己工作的重心转移到引导、协助博客成员营造自己的交际圈子上,帮助他们打造网络社区,这是对博客世界人际关系更深层次的一种编辑,是实现博客成员们各得其所、各尽所能、和谐共处、关系融洽的前提条件。

每个博客参与者在博客世界中确立了自己的身份角色后,随着博客成员生存记录的累积,会经历一个性格成型期(或者说性格塑造期)以及人际关系深化期,每个博客个体变得更为人性化、立体化。同时由于博客成员间点对点的多向度交叉互动,每个个体会参与不止一个网络群落,从而具有角色的多重性,不同群落间的互动影响也会更加复杂多变。值此时刻,博客编辑的任务重心就是调适个体不同角色的心理,促进不同群落间的良性交流及融合,协调他们的矛盾、增强互动。此时的博客编辑就是博客世界里的管理者和操控者。他们通过对博客个体和个体间关系的编辑,无形却有力地控制着整个博客世界的健康发展与未来走向。

总而言之,一个合格的博客编辑不仅仅是要在具体操作技术上达到要求,更重要的是还要有对人文精神的理解力,对个体价值的把握力,对网络人际关系的调控力以及对文化趋向的洞察力。博客编辑非但是新媒体时代的把关人,更是一位思想者,是虚拟领地里当之无愧的王者,其存在的必要性无须商榷,其存在的重要性不容置疑。

原载于《河南大学学报(社会科学版)》2011年第4期;《新华文摘》2011年第21期论点转载,《中国社会科学》2011年第11期论点转载

阙道隆的编辑学研究及其贡献

姬建敏①

  阙道隆作为编辑学研究的思想者、开拓者之一，是我国当代著名的编辑家和编辑学家。他1928年出生于湖南省桃源县，1947—1949年在武汉大学法律系学习，并参加中国共产党。1954年10月调入中国青年出版社工作，历任编辑组长，编辑室副主任、主任、副总编辑、总编辑。在长达40年的编辑生涯中，他编辑出版了《红岩》《焦裕禄在兰考》《诗词例话》等一大批脍炙人口、影响深远的精品佳作，他策划出版的《青年文摘》《青年文学》以及"青年文库"丛书、"祖国丛书"等影响了一代又一代读者。20世纪80年代编辑学研究在中国兴起，他率先投入编辑学研究，作为中国出版发行科学研究所首批研究员，他发表了《编辑活动的起源和本质特征》《编辑活动的性质和社会功能》《试论编辑基本规律》等一大批编辑学研究文章，出版了《实用编辑学》、《书籍编辑学概论》（合著）等诸多研究著作。尤其是他撰写的《编辑理论纲要》（以下简称《纲要》），首次形成了一个较为完整和系统的编辑学理论框架，在编辑研究思想史上具有重要的理论价值和标志性意义。2009年阙道隆逝世，中国编辑学会第一任会长刘杲送这样一副挽联："壮年编书老年立学知行结合垂后世 诗论吐凤文论雕龙师友长逝恸余生"来表达对阙道隆的深切怀念。从"壮年编书"到"老年立学"，阙道隆"知行结合""诗论吐凤文论雕龙"，为我国编辑出版事业和编辑学理论研究及学科建设，做出了无与伦比的卓越贡献。本文不以他"壮年编书"成就卓著为

---

  ① 作者简介：姬建敏，河南大学二级教授，河南大学学报编辑部编审。研究方向编辑出版学。

重点,偏重于他"老年立学"的编辑学研究及其建树。

一、编辑学基本理论问题的全面探讨

阙道隆作为我国最早投入编辑学研究的为数不多的几个人之一,长期的编辑实践经验加上对编辑学学科、学术的敏锐感知、深入思考,使他的编辑学研究内容丰富,研究对象广泛。尤其在编辑学理论研究方面,不仅有引领一个时代的相对系统完整的学科体系构建,而且大凡关涉编辑学理论架构的基础性元件、核心要素等基本理论问题,他都有涉猎、有新见。

(一)探究编辑活动的起源和本质特征

关于编辑活动的起源和本质特征,在 20 世纪 80 年代编辑学研究初期既是热点问题,也是焦点问题。阙道隆认为,编辑活动的产生需要具备一定的社会条件。这个社会条件,一是文字,二是文化传播社会化,三是媒介。① 在他看来,有了文字,信息才能通过统一、公认的符号予以记载和流传,编辑活动才有了可加工的素材;有了传播的社会化,文字资料才能不被王室贵族垄断,不被贵族垄断,才能进入流通渠道,传之愈远,受者愈广;有了媒介,文字符号才能承载其上,编辑活动也才可以运作其上。至于编辑活动开始的时间,在《编辑活动的起源和本质特征》一文中,阙道隆明确指出:"书籍和编辑活动是同时产生、同步发展的。先秦时期出现公开流传的书籍的时候,编辑活动也就产生了,产生的时期不会晚于春秋时代。"②不同于其他研究者的是,阙道隆在论述先秦典籍时非常注意当时编辑、编著有别的状况,他将当时的书籍分为三大类:一是在已有资料基础上编纂而成的,如《诗》《书》;二是个人或群体著作之书,如《老子》《荀子》为个人所著,《论语》《孟子》为群体合著;三是编著合一之作,如《周易》,既辑录有前人的成果,也有作者自己的著述。他说:"无论是选编的作品还是著作的作品,都需要经过编辑

---

① 阙道隆:《编辑学理论纲要(上)》,《出版科学》,2001 年第 3 期。
② 阙道隆:《编辑活动的起源和本质特征》,《出版科学》,1996 年第 3 期。

活动才能流传保存下来,否则就会散失湮没。这种编辑活动,就是为了传播人类创造的文化成果,对文献资料或他人的作品所进行的选择和整理加工工作。"①显然,阙道隆是从"同为书籍"的角度而非"成书的过程"来关注著述活动与编著活动的。他不仅认为,编辑活动的起源与编辑活动的产生是同源的,编辑活动起源的时间"不会晚于春秋时代",而且他还认为,无论是以编为主,还是编著合一,在古代图书的生产活动中都离不开编辑这一环节。他强调,不管古代编辑活动还是现代编辑活动,从本质上来讲都是文化活动,传播、积累文化是它的天职。在他看来,编辑活动和著作活动的根本区别在于,编辑活动是以选择和加工为根本任务的文化活动。换言之,选择和加工是编辑作为文化活动的根本特征。他说:"编辑活动是一种以选择加工为特征的文化活动,因而和著作活动有区别。它不是直接创造文化成果,而是按照一定的标准和体例,选择已有的文献资料和他人的作品,进行加工整理,以供复制和向社会传播。传播积累文化是它的基本任务,选择加工是它的本质特征。"②阙道隆认为编辑活动以选择加工为本质特征的观点,在编辑学研究的早期影响很大,尤其是在20世纪八九十年代的编辑学基本理论论争中,以阙道隆为代表的"选择优化派"与"媒介文化缔构派""信息智化派""中介服务派"等成为我国编辑学理论研究中重要的流派。③

(二)揭示编辑活动的性质和功能

阙道隆认为,编辑学的研究离不开对编辑活动性质和功能的揭示,而揭示编辑活动的性质和功能又离不开对编辑活动起源和概念的考量。在《编辑活动的性质和社会功能》一文中,阙道隆在阐述编辑活动起源和概念的基础上指出,作为一种社会文化活动的编辑活动,具有中介性、创造性和思想倾向性三大性质。他说:编辑活动的中介性体现在两个方面:一是编辑活动是连接精神生产和物质生产的中间环节,二是

---

① 阙道隆:《编辑活动的起源和本质特征》,《出版科学》,1996年第3期。
② 阙道隆:《编辑活动的起源和本质特征》,《出版科学》,1996年第3期。
③ 姬建敏:《中国编辑学研究60年(1949—2009)》,北京:社会科学文献出版社,2015年,第230—240页。

编辑活动是连接读者和作者的中间环节。在他看来,就书籍生产来说,它一头连接着作者的著作活动,一头连接着印刷厂的生产活动,作者的著作原稿需要经过编辑这个环节,才能印刷、复制,使精神产品物化在一定的物质载体上。就传播环节来说,读者的需要并不能直接反馈给作者,作者的作品也不能一次性、大量向社会传播,这就需要编辑人员通过一系列的编辑活动将读者意见传递给作者,将作者的作品经过编辑、审查、复制之后传播给广大读者,编辑人员要充当两者的桥梁和纽带。他强调,编辑活动"是一种以规划、选择、加工为特征的社会文化活动,是文化创造、文化传播、文化积累过程中不可缺少的环节"①,这里的"不可缺少的环节"指的就是编辑活动的中介地位和中介作用。至于编辑活动的创造性和思想倾向性,阙道隆也不乏精辟见解。他认为,创造性既表现在编辑活动的整体社会功能上,也表现在具体编辑成果的功能上。他说:"编辑活动的创造性表现在整个社会文化的创造过程中,也表现在每一种具体作品的创作过程中。"②由此出发,他提出编辑构思、编辑艺术和编辑风格都与编辑活动的创造性密切相关。在谈到思想倾向性时,他指出:"编辑活动的思想倾向性是客观存在的现象。每个出版机构都有自己的编辑宗旨,都按照一定的编辑方针取舍稿件。编辑活动的思想倾向性反映编辑部和编辑个人的思想观点。孔子修《春秋》,历代王朝编丛书、类书,都寓有宣传政治主张和教化的目的。"③另外,他还指出,编辑活动具有商业性、社会性。商业性就是编辑活动的经济性。编辑活动的商业性是市场经济条件下的产物。

不仅如此,阙道隆还对编辑活动的社会功能进行了深入探讨。他认为,编辑活动的社会功能有两个认识维度:一是从出版物的生产和传播过程本身来说,编辑活动具有设计、组织、优化和协调等功能;二是从精神产品传播后的社会影响角度来看,编辑活动具有创造出版文化的重要功能。他说:"就出版行业来说,编辑活动最直接的影响便是出版文化的形成。我把出版文化理解为通过书籍等出版物记载的知识体

---

① 阙道隆:《编辑活动的性质和社会功能》,《出版发行研究》,1991年第1期。
② 阙道隆:《编辑活动的性质和社会功能》,《出版发行研究》,1991年第1期。
③ 阙道隆:《编辑活动的性质和社会功能》,《出版发行研究》,1991年第1期。

系。这是一个自成系统的文化世界,具有稳定性的特点;不仅能传播文化,还能积累文化,发展文化。这是出版文化特有的优越性。"①可见,阙道隆对编辑活动性质和功能的审视和认知,已经具有文化学、社会学的理据和思维。

(三)确立广义和狭义的编辑概念

但凡编辑学研究都绕不开编辑概念这个门槛。概念是理论建构的源头,是编辑学研究的起始点和出发点。学界尽管都知道编辑概念的重要,也知道编辑概念的对象理所当然的是"编辑",但在 20 世纪八九十年代,由于研究者的理论背景、视角方法不同,对编辑概念的认知也就不同。面对当时五花八门的编辑概念,阙道隆"首先择要介绍了几种有代表性的观点,然后用广义编辑概念和狭义编辑概念加以整合"②,明确了自己的编辑概念。

在《纲要》一文中,他在分析编辑活动起源、本质、性质、功能、基础后指出,作为成书方式的古代编辑活动与近现代、当代的专业编辑活动在工作内容和外在形式上存在着极大差异,同时二者又"有共同的本质,都是对已有作品的选择加工;同时两者有一脉相承的联系,后者是从前者发展来的"③。基于此,他巧妙地将编辑概念界定为广义与狭义两个层面:"广义的编辑指以传播信息、知识为目的,设计、组织、选择、加工整理作品和资料的再创造性智力活动。利用媒介传播信息、知识,是编辑活动的目的;再创造性智力活动是编辑活动的性质;设计、组织、选择、加工整理作品和资料,是编辑活动的内容和特征。狭义的编辑指媒介组织中的一种专业工作,其任务和内容是,按照一定的方针、计划,策划、组织作品和资料,经过选择、加工,形成可供复制、传播的定稿或文本文件;是一种再创造性智力活动和联系作者与读者(受众)、文化生产与文化消费的中介和枢纽。"④两个层面相结合,比较全面深入地描

---

① 阙道隆:《编辑活动的性质和社会功能》,《出版发行研究》,1991 年第 1 期。
② 阙道隆:《编辑学理论纲要(下)》,《出版科学》,2001 年第 4 期。
③ 阙道隆:《编辑学理论纲要(上)》,《出版科学》,2001 年第 3 期。
④ 阙道隆:《编辑学理论纲要(上)》,《出版科学》,2001 年第 3 期。

述出了编辑活动的内涵,客观明晰地限定了编辑活动的外延,其优点在于不仅最大限度地包容了各家之说,而且在从不同角度开展的各种研究中可以灵活地加以应用,最为关键的是回避了当时学界关于编辑概念"泛化""狭化"之争,它本身不会因为"泛化"或"狭化"造成理论逻辑关系的混乱;其缺点正如蔡克难、任定华批评的那样,广义、狭义概念基本上没有实质区别,缺乏理论上的严谨性。① 应该说,阙道隆的广义、狭义编辑概念,在当时引起了不小的论争,这不能不说阙道隆编辑概念的影响之大。

实事求是地说,阙道隆这一编辑概念的形成是一个循序渐进的过程。这个过程,从具体到抽象、从局部到全面、从表象到实质,历经20世纪80年代中后期的"摹形"阶段、20世纪90年代前后的"释性"阶段、20世纪90年代后期开始的"诠理"阶段,通过对编辑活动的历时性考察和全方位审视,逐渐辩证深化,认识趋于深入。换言之,如果说在"摹形"阶段,阙道隆在《实用编辑学》《谈谈编辑劳动和编辑家》等论著中,将"编辑"的概念集中于"编辑劳动"或"编辑工作",认为"编辑"是对"思维成果进行选择、整理和加工,并以文字图画等形式公诸于世,流传后代"②,并"按照一定的方针计划,对原稿及资料进行选择、设计、加工,使之适合传播目的与复制要求的一种精神劳动"③是一种就事论事、摹形成像的界定方式的话,那么在"释性"阶段,阙道隆认为,编辑活动不是一时一地的活动,应该以历史的、发展的眼光来辩证地予以审视;编辑活动不仅仅是单纯的"规划、选择、加工"过程,更重要的是具有中介性、创造性和思想倾向性的论述,则从形而下上升到了形而上层面。至于"诠理"阶段,阙道隆对编辑概念提出的广义、狭义界定,相较于"释性"阶段,除了描述本身更贴近编辑活动的本质、凸显编辑活动的属性外,将广播、电视等媒介领域的编辑活动也纳入了考量范围,概念的外延也更大、更丰富了,概念本身的层次也更立体、更凸显了。

---

① 姬建敏:《中国编辑学研究60年(1949—2009)》,北京:社会科学文献出版社,2015年,第229页。
② 阙道隆:《谈谈编辑劳动和编辑家》,《出版发行研究》,1985年第2期。
③ 阙道隆主编:《实用编辑学》,北京:中国书籍出版社,1986年,第37页。

（四）阐明编辑活动的基本规律

编辑规律的研究是编辑理论的核心命题之一。阙道隆对此高度重视，在撰写《纲要》初稿时，他在总结学界相关规律的基础上，大胆提出了编辑活动的三条普遍规律——尊重作者个性与编者选择把关相统一规律，传播已有文化成果与文化创新重构相统一规律，保证文化产品质量与掌握最佳传播时机相统一规律。① 在此之后，他又从规律的概念本身入手，深化了自己对规律的认识。他认为，规律本身有层次之分和范围之别，只有弄清了规律本身的层次和范围，才能更深入准确地认识编辑活动规律本身。

在《试论编辑基本规律》一文中，他明确指出，编辑规律有三个层次，即基本规律、普遍规律和特殊规律（或称具体规律）。在他看来，基本规律是根本，普遍规律是表现，特殊规律是分支。他说："特殊规律是某一媒介或某一工作环节的编辑规律，如图书编辑规律、辞书编辑规律、审稿加工规律等。普遍规律是编辑活动某些方面、某些层次的规律，如《纲要》中提出的三条编辑规律。基本规律则是决定编辑活动发展的一切主要方面和主要过程的规律，是最高层次的编辑规律。"②阙道隆认为，从数量上看，特殊规律最多，普遍规律其次，基本规律只能有一条；就其相互关系而言，特殊规律和普遍规律在"缩小的范围"内，可能会成为基本规律，但基本规律的概念却是确定的，是编辑活动的最高层次规律。他说："编辑活动的基本规律和普遍规律、特殊规律不是绝对对立的，它们是共性与个性、整体与局部的关系。基本规律寓于普遍规律和特殊规律之中，普遍规律、特殊规律反映基本规律的要求，不能违反它的要求。"③也就是说，特殊规律、普遍规律的性质具有相对性，随着其适用对象、活动的范围而变化，但基本规律却是绝对的，具有最大程度的规定性。同时，特殊规律、普遍规律在较小的范围和较低的层次上体现着基本规律，基本规律寓于特殊规律与普遍规律之中，即三者

---

① 阙道隆：《试论编辑基本规律》，《出版科学》，2002年第3期。
② 阙道隆：《试论编辑基本规律》，《出版科学》，2002年第3期。
③ 阙道隆：《试论编辑基本规律》，《出版科学》，2002年第3期。

间具有辩证统一关系。

应该说,在编辑规律研究的过程中,阙道隆较早地深入到规律概念本身,并由此出发提出基本规律、普遍规律和特殊规律这一层次的内涵和范围的区别,这为后来编辑规律探讨的深入开展提供了重要的认识前提。其后,有关学者对编辑规律内部和外部的划分,以及普遍和特殊的界定,都与阙道隆这一认识密不可分。

二、编辑学理论体系的系统建构

自20世纪80年代我国编辑学研究兴起以来,投身编辑学研究的学者不胜枚举,成家成派者亦大有人在,但在推动编辑学研究从局部向整体、从表象向实质、从分散向统一迈进,并取得公认的实质性成果的,阙道隆是最有代表性的一位,他是最早开始尝试构建编辑学基本理论框架、形成普通编辑学思想的研究者之一,一部《纲要》奠定了他在这一领域的编辑学大家地位。

《纲要》作为阙道隆的扛鼎之作,是由发表在2001年《出版科学》第3期、第4期的两篇文章构成的。全文约5万字,分导言和正文13章,13章内容依次为编辑概念、编辑活动、编辑过程、编辑工作者、编辑与作者、读者(受众)、编辑与传播媒介、编辑与社会、编辑规律、编辑价值、编辑模式、编辑规范、编辑风格。《纲要》作为阙道隆众多研究的集大成者,规模虽然不是最大,创见性成分也不是最多,但在编辑学研究历程中起到了适时的归纳概括和提炼整合作用,上承往学,下启后进,具有里程碑式的重要地位,对我国编辑学的深化和拓展有不可估量的重要作用。

(一)首次形成了一个较为完整和系统的编辑学理论框架

《纲要》的最大价值,就是通过对编辑学20多年发展历程的梳理,形成了一个编辑学研究的理论框架。这个理论框架,既从宏观的角度全面总结了编辑学研究的基本问题,又从微观角度抽象出了编辑学研究的基本范畴。概念范畴是构成编辑学理论的基石,理论的大厦,往往是由一系列紧密相关的范畴体系构成的。阙道隆在《纲要》中对我国编辑学理论的范畴体系第一次进行了全面的梳理和总结,这个范畴体系,就是它13个方面的主题。对于这个理论体系的构建,阙道隆在谈到《纲要》的撰写思路时说道:"本文建构编辑理论框架的具体思路是:建立编辑学的概念系统;分析各种基本概念的相互关系,提出编辑活动的原理原则,揭示编辑活动的发展规律;按照基本概念及原理原则的逻辑关系,将以上内容组织成具有内在联系的理论体系。"①遵循这样的思路,阙道隆首先是对最基本的概念和范畴在概括归纳的基础上加以提炼和统一,最终形成内涵明确、外延清晰的概念和范畴体系;其次是对这些命题式的概念、范畴进行展开式论述,进一步发掘其内在的本质和规律,进而发现并串联起各个基础概念之间的内在逻辑关系,结构成一个有机的圆融的理论体系,使之具备一门完整学科基础理论体系起码应该具备的各种要件。

《纲要》通篇遵循罗列既有研究成果、理性评价界说、提出个人化精炼观点的原则,既是中国编辑学研究20年精华性成果的述评总结,也是一个集大成式的升华,更是我国编辑学研究的一个理论体系。正是在这个意义上,一些学者认为,《纲要》本身就"堪称一座理论大厦",是"中国编辑学开始走向成熟的一个标志"②。

(二)首次对论争中的重要理论问题进行了归纳、总结、廓清

《纲要》作为普适性和整合性比较强的集大成之作,研究方法的科学性是它的一大特点。阙道隆作为20世纪八九十年代编辑学基本理论论争的参与者、见证者、亲历者,在总结编辑学现有研究成果的过程中,特别强调对前人成果、今人成就的全面总结和条分缕析。比如,针对编辑概念这个问题,阙道隆详尽地收集了当时学界中30多种有代表性的编辑概念认识,并在此基础上列举了8种最有代表性的观点,然后分别分析它们的共性和个性,再由此提出自己对这一问题的认识。再如,对编辑规律的研究,阙道隆不厌其烦地总结编辑规律的研究现状,

---

① 阙道隆:《编辑学理论纲要(上)》,《出版科学》,2001年第3期。
② 程绍沛:《倾心执著编书 潜心研究立学:怀念编辑出版家阙道隆》,《中国编辑》,2009年第5期。

他将徐柏容、胡光清、向新阳、逸士等有代表性的观点悉数列出,然后在此基础上分析他们的优点和问题,再由此提出自己对这一问题的独特认识。正如他所说:"将分散的理论研究成果系统化,形成编辑学的理论框架。""吸收相关学科的理论知识是必要的,但要把这些理论知识和编辑实践结合起来,经过消化吸收后融入到编辑学的理论框架中。"①这样一种认识方法,使得《纲要》呈现出一种特有的开放性和集成性,既没有回避主要问题的争论,把主要争论一一列出,又在此基础上进行评说、创新,显现出一种特有的集成性和总结性的认识特征,尊重前人,又不拘泥于前人,有继承,又有创新,难能可贵。

(三) 开创性地提出了一些新观点和新思想

《纲要》的另一大特点,就是具有创新性,既开创性地拓展了编辑学研究的新领域,又创新性地提出了很多对编辑问题的新认识。比如,阙道隆提出的编辑价值、编辑模式、编辑规范和编辑风格等几个概念范畴,都极具开创意义。以编辑模式、编辑价值为例,这两个独创的概念,既有丰富的内涵,也彰显了阙道隆编辑理论研究中异于常人的历史唯物主义视角和社会价值取向。阙道隆认为,编辑模式是编辑学研究的一个重大命题,是认识编辑活动形态和样式的重要途径。他说:"编辑模式是编辑活动的标准形式或样式,具有普遍性、代表性,可供人们学习和仿效。"②在他看来,模式是建构理论前的"预演",以这种简洁凝练的"前理论"展现编辑活动的结构和要点,掌握其中的联系和规律,从而做出判断。他认为,研究编辑模式可以选择不同的角度,角度不同,形成的模式类型也就不尽相同,倘若结合社会制度对编辑模式加以分类,则可以分为古代封建主义编辑模式、现代资本主义编辑模式和当代中国社会主义编辑模式。从根本上说,这是一种偏重从社会学角度加以审视,以编辑活动外部规律特点为标准,辩证的历史的划分方法,这种划分标准强调的是编辑活动的外部社会语境,带有一定的意识形态色彩。如果说阙道隆的编辑模式是对编辑活动的社会学阐释的话,那么

---

① 阙道隆:《编辑学理论纲要(下)》,《出版科学》,2001年第4期。
② 阙道隆:《〈编辑学理论纲要〉构想》,《出版科学》,1999年第1期。

他的编辑价值范畴就是编辑活动的伦理学演绎。阙道隆认为，编辑活动的价值"在于它能满足读者（受众）和社会的需要"①。这种满足通常是通过选择、传播和积累文化成果，建构社会文化体系，传播社会的主导价值观三种主要形式来体现的。在他看来，编辑活动说到底是主体作用于客体、客体反作用于主体的一个逻辑辩证过程，这里面发挥能动作用的是作为主体的编辑，这是一个根本的、关键的要素。因此，他强调，编辑主体的价值观尤为重要。在《纲要·后记》中，他曾明确提及编辑价值的重要性——"编辑活动的基本社会功能是传承文化，文化价值是它的本位价值"②，当各种价值观发生矛盾冲突时，应该将坚持本位价值观作为首选。这是阙道隆的创新，也是他坚持的原则。

至于《纲要》中的编辑规范问题，首次被作为一个编辑理论基本范畴予以系统论述，其中无不闪烁着阙道隆理论创新的思想火花和清晰简明的认识逻辑。他对编辑规范下了这样一个定义："编辑规范是人们在编辑活动中共同遵守的各种标准，分道德规范、工作规范、语言文字规范和技术规范等。"③这个定义既简明扼要，又严谨准确，几乎成为编辑学界认识编辑规范的一个共识。可以说，《纲要》的意义并不仅仅在于它是一个集大成的理论总结，还在于它"归纳出一定的概念系列，界说了编辑学的基本范畴，努力构成完整的理论体系，奠定了普通编辑学的科学基础"④，它的发表"反映了我国编辑学研究20年来的长足进步，并在研究的核心领域填补了空缺，因而具有里程碑的意义"⑤。

三、编辑学学科思想的鲜明呈现

建立普通编辑学的呼吁早在20世纪90年代初就在学界达成共

---

① 阙道隆：《编辑学理论纲要（下）》，《出版科学》，2001年第4期。
② 阙道隆：《编辑学理论纲要（下）》，《出版科学》，2001年第4期。
③ 阙道隆：《〈编辑学理论纲要〉构想》，《出版科学》，1999年第1期。
④ 王振铎、朱燕萍：《普通编辑学理论体系的雏形》，《出版科学》，2002年第2期。
⑤ 林穗芳：《对我国编辑学理论研究深化的重大贡献：喜读阙道隆〈编辑学理论纲要〉》，《出版科学》，2001年第4期。

识,其时以刘杲为首的中国编辑学会高瞻远瞩,大声疾呼,发挥了统筹引领作用。1996年,编辑学会正式提出编写"编辑学理论框架"的任务,为建立普通编辑学奠定了理论基础。在当时,各方研究者针对这一议题,通过理论研讨会、专门座谈会等形式集思广益,提出了很多真知灼见。阙道隆作为有着高度理论自觉与文化自觉的大家,对于构建普通编辑学理论体系认知鲜明,尤其是在编辑学研究中,他始终将编辑学理论研究和编辑学学科建设统一起来,学科观念明确。

(一)强调编辑学学科建设

在《建立和完善编辑学的学科体系》一文中,阙道隆指出,编辑学研究不能为理论而理论,理论研究要服务于学科建设。他说:"没有学科体系的构想,研究工作也会陷于盲目零散的状态。"[1]他认为,学科建设和理论研究不是相互割裂而是相辅相成的。基础理论研究与学科体系设计是相互促进的关系。以体系设计指导、推动理论研究,以理论研究的成果修改、完善体系设计,两者互为补充,相辅相成。在他看来,加强编辑学学科体系建设,是出版事业和编辑学专业教育发展的必然要求。他说:"出版业作为一种文化产业的兴起,呼唤着比较成熟的编辑学学科体系的诞生。高校编辑专业的诞生和发展,则使建立编辑学学科体系的任务更加具有紧迫性。"[2]他强调,像其他人文社会学科一样,编辑学应该涵盖史、术和论三个方面的内容。这三个方面的内容,也可称作"三大模块"。他说:"编辑学学科体系是编辑学特有的知识体系,是由不同部分、不同层次的知识构成的。编辑学学科体系包括哪些内容呢?我赞成有些研究者的意见,它是由编辑史、编辑业务知识和编辑理论知识构成的。"[3]他还指出:"编辑史研究编辑活动的发展过程及其规律,反映不同历史时期的编辑思想、编辑理论和编辑实践活动。编辑业务是编辑实践中的应用知识,包括编辑过程中各环节的工作原理、方法和其他有关的知识技能。编辑理论是在编辑史和编辑业务研究的基础上

---

[1] 阙道隆:《建立和完善编辑学的学科体系》,《编辑学刊》,1998年第1期。
[2] 阙道隆:《建立和完善编辑学的学科体系》,《编辑学刊》,1998年第1期。
[3] 阙道隆:《建立和完善编辑学的学科体系》,《编辑学刊》,1998年第1期。

进行抽象、概括所得出的基本范畴、基本原理和基本规律。"①实事求是地说,阙道隆这一提法谈不上新颖,也并非首创,但编辑学学科体系的建设应该围绕这三个方面展开,高校的编辑学专业课程也应该围绕这三个方面建设,对于扭正此前学界普遍存在的史、术、论不分,各种研究课题混同杂糅的状况非常必要。

(二)厘定编辑学与其他学科的关系

在编辑学学科建设研究中,阙道隆极其重视编辑学与其他学科的关系。他认为,厘清编辑学与相邻学科的关系,是科学界定编辑学研究的必然要求,是深入研究编辑学理论问题的客观需要。在《编辑学学科建设中的三个问题》一文中,阙道隆提出了两个问题:一是编辑学与出版学的关系,二是编辑学、出版学与新闻学的关系。对于前者,他明确表示不同意编辑学和出版学相互隶属的观点。他指出,编辑学和出版学是两门相互独立又相互联系的学科。"编辑学和出版学是互相交叉,又各自独立的学科,出版编辑学既是出版学的分支学科,又是编辑学的分支学科。"②在他看来,之所以说编辑学和出版学互不隶属,是因为编辑学和出版学两个概念的内涵和外延各不相同。他说:"编辑学以编辑活动为研究对象,出版学以出版活动为研究对象。"③这就决定了编辑活动和出版活动既有联系又有区别,也决定了编辑学和出版学相互交叉而又相互独立。对于后者,阙道隆指出,这三门学科也相互交叉、相互独立。他说:"编辑学和新闻学的研究对象、研究任务既有交叉又有区别。"④他认为,编辑学是出版学、新闻学的灵魂;编辑活动是新闻传播、出版传播工作的中心工作。应该说,对于编辑学与出版学及其他学科的关系,以刘杲、阙道隆为首的新中国第一代编辑学家早有定论,学界也基本上认同了他们的观点,但时至今日仍有个别研究者纠结于编辑学与出版学的关系中不能自拔,是不是有点吊诡?

---

① 阙道隆:《建立和完善编辑学的学科体系》,《编辑学刊》,1998年第1期。
② 阙道隆:《编辑学学科建设中的三个问题》,《中国编辑》,2006年第5期。
③ 阙道隆:《编辑学学科建设中的三个问题》,《中国编辑》,2006年第5期。
④ 阙道隆:《编辑学学科建设中的三个问题》,《中国编辑》,2006年第5期。

(三) 尝试普通编辑学理论构建

构建普通编辑学学科体系,建立普通编辑学,对以阙道隆为代表的老一代编辑学家来说,并不是新课题。从20世纪八九十年代开始,他们就孜孜以求,为实现这个目标潜心探索,从未间断。2007年,《中国编辑》编辑部组织了《构建普通编辑学:任重而道远》专题笔谈,阙道隆作为被约的4个专家之一,对普通编辑学的含义、与分支编辑学的关系、应用价值、发展前景、理论构建模式提出了自己独特的看法。他认为,普通编辑学是分支编辑学的理论概括。普通编辑学与分支编辑学的关系是共性与个性(即一般与个别)的关系。在他看来,普遍、深入地开展分支编辑学研究,有助于推动普通编辑学的发展和完善。他同意刘杲会长"普通编辑学的成熟可能在21世纪中叶"的看法,他说:"普通编辑学的完善和成熟,需要一个较长的探索过程,不可能一蹴而就。我们既要坚定信心,坚持以建立普通编辑学为最终目标,又要看到实现最终目标的艰巨性、长期性。"①为此,他指出,在学科体系还不成熟的现阶段,普通编辑学理论模式建构必然存在多种模式,要让各种观点自由发表和争鸣,争取在交流中趋向统一。

实际上,阙道隆在撰写《纲要》时,无论是编辑概念的定义、编辑规律的探讨,还是编辑活动中各要素、环节之间关系的剖析等,都有着成系统的理论认知背景,抱着构建普通编辑学理论体系的终极愿景。在1998年发表的《建立和完善编辑学的学科体系》一文中,他总结了编辑学理论研究的"12个议题",并认为倘若对这些议题进行研究,"就可以逐步形成一种或几种比较公认的编辑理论框架和理论模式。到那时,编辑学就会真正成为一门被学术界公认的成熟的学科"②。他在1999年发表《〈编辑学理论纲要〉构想》时,又把这12个议题作了调整,比如将"编辑活动"置换成了"编辑",去掉了作为"编辑活动"研究内容的"编辑活动的发展规律",新增了"编辑活动的社会功能"等。到了2001

---

① 邵益文、阙道隆、王振铎等:《构建普通编辑学:任重而道远》,《中国编辑》,2007年第5期。

② 阙道隆:《建立和完善编辑学的学科体系》,《编辑学刊》,1998年第1期。

年《纲要》问世时,他又调整了上述议题,把作为"编辑"议题下研究内容的"编辑概念"和"编辑活动"独立成章;"编辑对象"换成了"编者、作者和读者";"编辑原则"换成了"编辑价值";新增了"编辑规律"议题;12个议题变成了13个议题。可见,他对普通编辑学的建构始终是自觉的、有目的的,由系统到框架、由框架到局部、由局部到细微,框架既成,再以实际的具体研究来校正、完善,予以微调,自上而下、高屋建瓴。诚如他自己所言"以体系设计指导、推动理论研究,以理论研究的成果修改、完善体系设计"①,学科体系建设思想鲜明而突出。

四、编辑实践问题的理性升华

阙道隆从1954年进入中国青年出版社负责编写中学政治教材开始,到后来因连续编辑出版《红岩》、《李自成》(第一卷)、《朝阳花》等名著而声誉日隆,乃至新时期成功策划打造了《青年文摘》、"青年文库"丛书、"祖国丛书"等重要选题、重要图书品牌,阙道隆的编辑学研究之路可以说是一个"编而优则研"的过程。与其他学人研究风格截然不同的是,他对编辑学的认知,对编辑理论的总结、提炼和升华,都是遵循着从实践中来、到实践中去的路径,实践既是他理论研究的起点,也是他理论研究的旨归。

(一) 突出编辑学研究中的实践环节

编辑学是一门实践性很强的学科,对编辑实践研究的重视是编辑学研究之初研究者的普遍特色。尽管阙道隆在编辑学理论研究上建树多多,但在他众多的研究成果中,无论是著作,还是论文,也还有很大一部分都是探讨编辑工作的,尤其是在他初涉编辑学研究的20世纪80年代,这种倾向尤为明显。如著作中的《实用编辑学》、《书籍编辑学概论》(与徐柏容和林穗芳合著),虽然有理论上的概括和升华,但存在大量的业务性描述,从选题到审稿,从编辑加工到发稿、校对,乃至样书检查、装帧设计,巨细靡遗,无所不包。前者被认为是一部极具实用性和

---

① 阙道隆:《建立和完善编辑学的学科体系》,《编辑学刊》,1998年第1期。

针对性的编辑工作"教科书";后者被称为中国编辑学研究 60 年(1949—2009)来"编辑实践研究的代表性论著"①。至于阙道隆发表的论文,也大多是对编辑实践工作的具体总结,《谈审稿》《选题丛谈》《论总编辑的选题决策》《关于出好青年读物的几个问题》《出好普及读物》《出版经营六法》《审稿五题》《论编辑构思》《图书编辑工作的基本原则》等,仅看题目,实践性特色一目了然。如《选题丛谈》《论总编辑的选题决策》等文章,集中讨论了选题的内涵、意义、原则、要求,选题的设计与征集、论证与决策,再版书的选题以及选题策划的方针、方法和需要处理的关系等。阙道隆认为,如果将编辑工作划分为"编辑活动前、编辑活动中、出版发行后"三个阶段的话,选题就是"编辑活动前"的设计规划阶段。宏观意义上的选题要综合自身资源,着眼长远规划,形成特色风格;微观意义上的选题则是瞄准市场热点、紧盯读者需求、抢抓行业空档,占取先机,出奇制胜。选题在微观层面可决定一部书的成败,中观层面可影响出版社的兴衰,宏观层面则关系着社会主义精神文明建设。它既关系出版的方向,也关系着出版事业的发展状况和整个社会的精神风貌。阙道隆曾一度强调要将选题当作一个专门的、突出的课题来研究,这种务实、实用的立场在整个编辑学界都是罕见的。

另外,伴随着编辑实践的发展,阙道隆对编辑具体工作的思考和研究也是与时俱进的。在《出版经营六法》一文中,他结合自身的出版实践,总结出了"品格为灵魂,策划为先导,质量为基础,风格为标志,销售为关键,效益为目的"的经营六法。在《书籍质量为何不断发生问题?》一文中,他针对出版实践中图书质量问题严重的现象,提出编辑质量是评判编辑工作成绩的主要标准。他认为,忽视编辑工作、忽视审稿加工、忽视出版特点和忽视文化积累这四个"忽视"是造成图书质量滑坡的重要原因。在《关于出版体制的几点想法》一文中,他提出出版体制改革必须处理好计划管理和市场调节、管住管好和放开搞活、行政手段和法律手段、出版要求和出版投入这几对关系。他认为,只有这样,出版体制的改革才能符合中国实际。可以说,编辑出版实践始终是阙

---

① 姬建敏:《中国编辑学研究 60 年(1949—2009)》,北京:社会科学文献出版社,2015 年,第 126 页。

道隆编辑学研究关注的一个重点,从选题,到审稿,到编辑方法,再到出版体制改革等方方面面,他的编辑实践研究具有相当的广度和深度,实用性与理论性并重,专业性与学术性结合,值得称道。

(二)注重理论联系实际的价值取向

中国人讲究学以致用、知行统一。阙道隆丰富多彩的编辑实践经历,使他的编辑学研究在重视形而上的理论问题基础上,对形而下的编辑实践问题格外关注,尤其是他的编辑实践研究价值取向偏于实用,并且这种实用并不是无意为之,而是一种主动追求。在1986年出版的《实用编辑学·前言》中,阙道隆将编辑学定义为"一门实用性很强的学科",旨在"解决编辑实践中提出的问题"。在他看来,如果脱离编辑工作的实际进行学院式的研究,编辑学就丧失了生长的土壤和活力。显然,阙道隆不仅提倡理论研究要针对实际问题,服务于现实业务,而且旗帜鲜明地反对"学院式的研究",认为那是脱离实际,并且会行之不远。在他的代表作《纲要》中,他更是开宗明义地指出:"编辑学直接面向编辑实践,有具体的应用目的。它要为编辑活动提供原理、原则和方法技能,为编辑教育提供专业教材。因此,编辑学属于应用科学,不属于基础科学。"[①]这里且不说阙道隆对学院派研究看法的对错,只说他编辑学研究价值取向的鲜明实践色彩,颇得学界同人的认可。华然在评价《实用编辑学》一书时曾说过,"它的理论意义和实用价值将会随着时间的推移日益显示出来"[②]。丛林主编的《中国编辑学研究述评1983—2003)》在评价《书籍编辑学概论》时,也认为"主要方法是从编辑实践经验中提升基本理论"。王振铎亦指出:"用实践的历史方法,把具体经验上升到普遍理论,较之用科学的逻辑方法,将集纳起来的资料分类辨析,抽象出一般原理再引申出规律,更容易构成理论体系。"[③]也就是说,务实实用、理论联系实际是阙道隆编辑学研究的价值选择。

---

① 阙道隆:《编辑学理论纲要(上)》,《出版科学》,2001年第3期。
② 华然:《简评〈实用编辑学〉》,《编辑学刊》,1987年第3期。
③ 王振铎、朱燕萍:《普通编辑学理论体系的雏形》,《出版科学》,2002年第2期。

总之,作为中国编辑学会第一、二届副会长,享受政府特殊津贴的阙道隆,其编辑学研究大体经历了"从工作总结到理论探索;从重大理论课题的思考到学科体系的构想;从研究书刊编辑学到研究涵盖多种媒介的普通编辑学"①三个过程,从一定程度上反映了20世纪80年代以来我国编辑学研究的进程,代表了我国编辑学研究的成就。

原载于《河南大学学报(社会科学版)》2020年第6期;人大复印报刊资料《出版业》2021年第5期全文转载,《高等学校文科学术文摘》2021年第1期论点转载,《北京大学学报》"文科学报概览"2021年第1期论点转载

---

① 程绍沛:《倾心执著编书 潜心研究立学:怀念编辑出版家阙道隆》,《中国编辑》,2009年第5期。

戴文葆的编辑学研究及其思想论要

刘 洋①

引 言

近半个多世纪以来,编辑学研究取得了长足的发展。作为一门新兴学科,编辑学从无学到有学,从初步构想到日臻成熟,不仅是社会文化发展的必然要求和结果,同时也凝聚了众多编辑学研究者的心血,戴文葆先生便是其中之一。戴文葆(1922－2008)是我国当代著名的编辑家、编辑学家,首届"韬奋出版奖"获得者,入选"新中国60年百名优秀出版人物"。自20世纪80年代以来,作为中国编辑学学科开创期的代表人物,戴文葆一直致力编辑理论研究与编辑学学科建设。他的编辑生涯为当代编辑工作者留下了丰富的精神遗产,他关于编辑学元范畴的界定为编辑学的创立夯实了基础,他的"编辑学者化"以及"读者审读"的编辑理念,在当下仍具有极强的现实意义。

目前,国内学界对于戴文葆的研究尚处于起步阶段,现有的研究成果多为回忆性文章。特别是在戴文葆先生谢世后,学界为其撰写了大量的悼念性文章,其中涉及戴文葆的一些编辑主张以及他对编辑出版专业的贡献。在这些悼念性文章中,宋应离的《筚路蓝缕启山林 创榛

---

① 作者简介:刘洋,文学博士,浙江社会科学杂志社副编审。研究方向文学、编辑出版学。

辟莽开先路——忆戴文葆先生对编辑出版专业建设的贡献》①提及戴文葆对于编辑学学科发展的卓越贡献,充分肯定了其开创之功,具有一定的代表性。近年来,随着我国编辑学研究的相对深入,对戴文葆的研究热度呈上升趋势,相关学者开始意识到戴文葆编辑思想的独特价值。比如,《盐城师范学院学报(人文社会科学版)》作为戴文葆的家乡学刊,2012年第1期推出了"戴文葆研究专辑",李频、刘光裕、吴道弘、弘征分别撰写文章,从不同角度探索了戴文葆的编辑实践和编辑思想。其中,李频的《戴文葆研究的价值认同与路径选择》②提出应该在20世纪中国出版业业态变迁中审视戴文葆的社会认知与编辑出版行为,为戴文葆研究提供了新的思路。2013年,章宏伟发表的《戴文葆先生与编辑史研究》③一文论述了戴文葆在编辑史研究上的开拓性成就。除此之外,一些青年学者也加入了戴文葆编辑思想的研究阵营,徐大庆、黄俊剑的硕士学位论文分别对戴文葆的编辑思想进行了初步的学理性探讨。

从总体上看,目前对戴文葆的研究多集中于对其编辑生涯的梳理与编辑思想的简单描述上。作为编辑家的戴文葆,其编辑生涯、编辑思想已经得到学界的关注,然而,作为编辑学家的戴文葆,其对于编辑学的开创之功虽然已获充分肯定,但至今尚无一篇专题探讨其编辑学思想的学理性文章,不免令人感到遗憾。笔者认为,形成这种尴尬研究局面的主要原因是,戴文葆对于编辑学思想的探讨多散见于内部刊物与内部讲稿上,文章也多以论文的形式在杂志上刊发,尚未结集成书。其对编辑学的一些想法零星地记录于《新颖的课题》《编辑工作基础知识》《寻觅与审视》等著作中,资料整理工作颇为困难,在一定程度上增加了研究的难度。本文在现有研究的基础上,从戴文葆大量的讲话、序跋、

---

① 宋应离:《筚路蓝缕启山林 创榛辟莽开先路:忆戴文葆先生对编辑出版专业建设的贡献》,《中国编辑》,2008年第6期。

② 李频:《戴文葆研究的价值认同与路径选择》,《盐城师范学院学报(人文社会科学版)》,2012年第1期。

③ 章宏伟:《戴文葆先生与编辑史研究》,《济南大学学报(人文社会科学版)》,2013年第1期。

札记、书信、论著中搜集整理资料，提炼观点，尝试逐步呈现其编辑学思想的建构过程。实际上，戴文葆对于编辑学的构想并非凭空而来，而是经历了一个从实践到理论的渐进式过程。戴文葆数十年的编辑出版实践为编辑学的构建提供了基础，其对于中国历代编辑家的专题考察在凸显了编辑主体的文化价值与历史地位的同时，也为编辑学学科建设提供了历史维度。在理论与实践交互融合的基础上，戴文葆探讨了编辑学最根本的基础理论问题，界定了属于编辑学元范畴的有关概念，形成了符合编辑学学理的逻辑体系。

一、身先士卒的编辑实践家与学科建设者

戴文葆，江苏阜宁人，原名戴文宝，曾用笔名慕松、郁进、丁闻葆。戴文葆在16岁时便与编辑工作结缘，在当地的《淮滨商报》担任义务编辑。中学期间，还在文艺副刊《七月》担任过编辑。在重庆复旦大学政治系学习时，戴文葆负责编辑校内的进步墙报，向广大同学揭露国民党反人民、反民主的真实嘴脸，传播民主自由的理念。1944年，戴文葆被推举为《中国学生导报》主编。《中国学生导报》在当时的中共中央南方局书记周恩来的关怀下创办，是"国统区"传播学生正义呼声和进步要求的报纸。1946年，戴文葆出任《大公报》国际版主编，同时还担任社评委员、副编辑主任和管理委员会委员。

由于工作上的杰出表现，在北京相关领导的一再要求下，戴文葆于1951年调至人民出版社工作。在人民出版社期间，戴文葆先后任政治书籍编辑室、国际问题编辑室负责人，编辑了《国际重要文献》和《反对美国武装日本》等大量时政类图书，并撰写了《欧洲社会党真相》的第一章"总论"。1954年，为配合周恩来总理出席日内瓦国际会议，戴文葆编辑了《亚洲和平与安全问题大事纪要（1945—1954）》一书，并负责编写了第一部分。此后，戴文葆紧跟形势，组织翻译了印度总理尼赫鲁的《印度的发现》，并亲自翻译了中文版序言。1954年，戴文葆被聘为三联书店编辑部副主任，编辑出版了《隋唐制度渊源略论稿》《中国史纲（上古篇）》《中国报学史》《中国古代史》《经济侵略下之中国》《语言与思维》《国史旧闻》等一大批极具文化价值的著作，充分彰显了出版事业的

社会文化功能。1955年,他协助范长江编辑出版了三卷本的《韬奋文集》,并撰写了《编者的几点说明》。

1958年,戴文葆被错划成右派。20世纪60年代初平反后,因编制问题,他被借调到中华书局工作。在中华书局时,戴文葆组织并拟订了近代思想家文集出版计划。他为吴晗先生整理与查补了《朝鲜李朝实录中的中国史料》,并改编了方行、蔡尚思编辑的《谭嗣同全集》,校勘了其中的《仁学》;他还编辑了《严复集》《樊锥集》,并根据毛泽东主席的指示,编辑了《蒋介石言论集》。"文化大革命"期间,戴文葆主动请求下放到阜宁老家。在艰苦劳动的同时,他通过访问故旧、实地考察等方式,搜集整理了乡邦文献,用文言写成约20万字的《射水记闻》。1978年,落实政策的戴文葆被调回北京工作。重返岗位的戴文葆十分珍惜难得的工作机会,更加忘情于工作,编辑出版了大批极富学术价值的著作,其中包括《鲁迅选集》、12册的《朝鲜李朝实录中的中国史料》以及"宋庆龄系列""学记系列""胡愈之系列"等文集。他还主编了"世纪风铃丛书""传世藏书""书海浮槎文丛"与"勿忘国耻历史丛书",为中华文化的积累与传承做出了杰出贡献。

戴文葆有着深厚广博的文化素养,尤其擅长处理编辑难度大的书稿,在编校个人文集方面有着丰富的经验。从编辑成果来看,文集类作品占了相当大的比重,体现出了戴文葆独特的编辑风格。有学者评论道:"没有人给戴文葆'中国社会科学出版的策划师'这样的任命,但在许多中国知识分子的眼里,这一称谓实至名归。半个多世纪以来,戴文葆一直为繁荣我国哲学、社会科学著作译作的出版,默默地贡献着自己的力量。"①

在倾心编辑出版工作的同时,戴文葆还致力于编辑学学科的建构与发展。1986年,应中国出版工作者协会的请求,戴文葆历时三年多主编了《编辑工作基础教程》。该书于1990年出版后广获赞誉,"这部书可视为我国改革开放以来较早的富有理论与实践特色又具较高权威

---

① 甘险峰:《一群高擎火把的人:改革开放30年编辑出版界点将录》,《编辑之友》,2008年第6期。

的编辑出版专业教科书"①。1988年,戴文葆应《中国大百科全书·新闻出版》卷主编许力以之约,为该书撰写"编辑"与"编辑学"两个词条,共计一万两千多字,这是我国较早对编辑学学科内涵做出的准确而全面的界定。戴文葆还致力于青年编辑队伍的培养建设,多次受邀在全国各地的编辑业务培训班授课,在课堂上,戴文葆常常发表对编辑史与编辑学的一些看法,影响了很多青年编辑,当时的授课讲义也成为日后研究戴文葆编辑学理论的重要材料。1984年,教育部在胡乔木同志的倡议下,在一些高等院校试办编辑学专业,戴文葆对于编辑学专业建设倾注了极大的热忱,不仅帮助筹划课程设置、撰写教材,还亲自担任北京大学与南开大学的授课教师,不计报酬地长期奔波于京、津两地,讲授"中国编辑出版史"。

作为一名学者型编辑,编辑史研究一直是戴文葆着力之处,他的《历代编辑列传》(30余万字)以中华文化发展的脉络为线索,论述了从孔丘到章学诚共37位编辑家的编辑贡献,堪称我国第一部纪传体编辑史。此外,戴文葆还刊发了《"简单的重复劳动"者的咏叹调》《为了忘却的纪念》《编辑工作的重要意义》《编辑学二三问题管窥》《编辑学研究问题答客问》《编辑与编辑学——为〈中国大百科全书〉而作》等多篇关于编辑学与编辑理论的学术论文,在当时均产生了巨大影响,即使在今天,也仍具有一定的实践和理论意义。

二、编辑史研究:以编辑主体为中心

任何一个学科的创立与发展,都要以坚实的历史研究为基础。编辑史是编辑活动产生、发展、演变的历史,是编辑学研究的重要组成部分,它可以为编辑实务与编辑理论的研究提供历史经验。"但回观我国编辑学研究的历史,给人的总体印象是理论、实务研究众声喧哗,成果卓著,独有编辑史的研究略显冷清,既迟缓又单薄,远远没有达到其应

---

① 宋应离:《筚路蓝缕启山林 创榛辟莽开先路:忆戴文葆先生对编辑出版专业建设的贡献》,《中国编辑》,2008年第6期。

有的高度和厚度。"①在为数不多的研究成果中,戴文葆算得上是中国编辑史研究的领军人物,他早在20世纪80年代便意识到编辑史研究对于编辑学学科建构的重要意义,并率先开展学术探索。

戴文葆博学多识,有着广阔的历史视野,有学者评论戴文葆"编书偏重史学,他想从中国历史文化的积淀中为人们提供更多的值得思考的东西"②。戴文葆对于史学的重视,不仅体现在编辑工作中,而且在中国编辑史研究上也用力颇深。中国有着五千年的文明历程,在现代印刷技术应用以前的漫长历史中,优秀的文化典籍能够流传至今,与历代编辑的创造性劳动密不可分。戴文葆凭借着雄厚的史学积淀筚路蓝缕,率先展开中国编辑史研究,为编辑学学科建设提供了有力的史料支持。

研究编辑史,首先要解决的问题便是探讨编辑活动的起源问题。自20世纪80年代以来,关于编辑活动的起源就成为众多研究者探讨的课题。厘清这个问题,不仅可以追本溯源,在编辑活动发生发展的历史中正确认识它的本质特征,更是编辑学学科建设所必须解决的首要问题。对此,学界存在不同的认识。1987年,刘光裕先生在《论编辑的概念》一文中指出孔子修六经的编纂工作,并非编辑行为。因为编辑是随着出版业的兴起而逐渐产生的,有出版才有编辑,真正的编辑应当产生于宋代。编辑产生的最重要的社会条件是物质生产部门是否为生产传播工具(最早是书籍)提供了先进技术和设备,这个社会条件在雕版印刷发达的宋代才逐渐成熟起来。在此之前,只有零星编辑活动。③刘光裕所指的"编辑",其实更接近于现代意义上的职业编辑的概念。

戴文葆对此持不同看法。他在学术论文与培训讲稿中多次重申,恪守田园农业的中华文明得以源远流长、绵延不断,有赖于历史文化典籍的传播与保存。有书籍,就必然有编辑活动的存在,这些文化典籍无不凝结着编辑的创造性劳动。戴文葆认为,我国最早的编辑工作起始

---

① 姬建敏:《中国编辑史研究30年回顾》,《河南大学学报(社会科学版)》,2014年第6期。
② 落瑛:《漂泊的舟》,香港:华南图书文化中心,1993年,第23页。
③ 刘光裕:《论编辑的概念》,《编辑学刊》,1987年第3期。

于殷商时期,"我国最初的编辑是:卜筮官、史官、乐师……他们是知识的权威,重要文献的记录整理保管者,政务活动的参加者,也是学术文化的研究者和传播者。他们是我国最初的编辑"①。卜筮官将甲骨片按照一定次序连缀在一起;史官记事言事,保管与整理简册;乐师搜集歌谣与乐谱,整理编制乐章,这些都属于编辑活动。针对学界对孔子修六经是否属于编辑活动的争议,他明确指出,编纂也属于编辑行为的一种,孔子是我国第一位大编辑家。

戴文葆的编辑史研究有着广阔的学术视野与深厚的文化底蕴,他在对编辑活动追根溯源中,并不纠结于编辑形态的各个时期的表象,而是将编辑工作作为文化传承的途径,"从历代学术演进的大势及其在文化上的贡献,来观察中国编辑工作发展的历史过程,从而说明编辑工作对文化发展与提高的作用"②。由此出发,戴文葆指出了编辑在保存和发展文化中的重大作用,进而提出了"编辑史就是学术文化史的重要组成部分之一"③的观点。正是因为他的文化史的视野,才使得其编辑史研究呈现出超越具体编辑形态的宏阔气度。

除此之外,对于编辑主体的关注,也是戴文葆编辑史研究的一大特色。作为中国文化史发展的重要参与者,编辑的主体地位与话语权力长期以来为公众习焉不察,只能被视为"简单的重复劳动",以"剪刀加糨糊""为人做嫁衣者""助产士"等形象"缄默"地附着于文化产品的外围。针对此情况,从1986年开始,戴文葆连续5年在《出版工作》杂志上发表了30余万字的《历代编辑列传》系列文章。他以编辑家为本位构筑编辑史,采用纪传体手法为中国古代历史上37位编辑家立传,彰显其编辑主体意识。这些编辑家分别为:孔丘、吕不韦、刘安、刘向、刘歆、班昭、许慎、刘义庆、萧统、徐陵、颜之推、僧佑、欧阳询、房玄龄、刘知几、吴兢、杜佑、赵崇祚、李昉、欧阳修、司马光、李焘、朱熹、袁枢、元好

---

① 戴文葆:《中国编辑史初探》,载戴文葆:《寻觅与审视》,北京:中国华侨出版公司,1990年,第440—441页。
② 戴文葆:《关于中国编辑史的二三问题》,载戴文葆:《寻觅与审视》,北京:中国华侨出版公司,1990年,第486页。
③ 戴文葆:《关于中国编辑史的二三问题》,载戴文葆:《寻觅与审视》,北京:中国华侨出版公司,1990年,第469页。

问、欧阳玄、王祯、解缙、徐光启、冯梦龙、陈子龙、顾炎武、黄宗羲、方苞、姚鼐、纪昀、章学诚。《历代编辑列传》是戴文葆编辑史研究的代表性成果,"是我国最早也是最系统的研究中国古代编辑史的著作"①,具有开创性意义。

戴文葆的编辑史研究自有其独到之处,他将历代编辑家的具体编辑思想与编辑行为,放置于中华学术文化发展的脉络中展开动态考察,尤其注重史料的搜集与辨伪,考证功力可见一斑。在写作体例方面,《历代编辑列传》首先介绍编辑家的生平经历与时代背景,并总论其在中国编辑史上的地位及其文化贡献;然后,介绍其所编辑的作品,并从编辑学的角度评价其体例编排之优劣,见解独到。他在评价其编辑成就时,旁征博引,力求公正地给予每一位编辑家以恰当的历史定位。

令人遗憾的是,戴文葆如此重要的中国古代编辑史研究成果,竟为学界所遗忘了。2004年,丛林主编的《中国编辑学研究述评(1983—2003)》一书曾经对中国编辑史研究现状进行过总结,其中提到"20世纪80年代及其以前,可以说没有一部系统完整的编辑通史研究论著,进入90年代后,这种空白现象得到了填补"②,并且在《中国编辑史研究》③一章中只字未提戴文葆的开创性探索。也许戴老的《历代编辑列传》以论文连载的形式刊出,并不属于学术专著,但其研究价值为当下学界忽视,不能不让人扼腕叹息。值得庆幸的是,《历代编辑列传》之于中国编辑史研究的独特价值,现在已为章宏伟、姬建敏等学者所重视④,期待对《历代编辑列传》的深入探讨可以在日后的研究中全面

---

① 章宏伟:《戴文葆先生与编辑史研究》,《济南大学学报(社会科学版)》,2013年第1期。
② 丛林主编:《中国编辑学研究述评(1983—2003)》,济南:齐鲁书社,2004年,第344页。
③ 丛林主编:《中国编辑学研究述评(1983—2003)》,济南:齐鲁书社,2004年,第340—371页。
④ 章宏伟的《戴文葆先生与编辑史研究》对戴文葆的《历代编辑列传》进行了专题探讨。姬建敏在《中国编辑史研究30年回顾》一文中介绍了戴文葆的《编辑学与编辑史探讨》与《历代编辑列传》,并肯定了其在中国编辑史研究中的独特地位。他们的研究对本文有很大的启发意义。

展开。

三、编辑有学：编辑学元范畴的界定与学科建构

在20世纪80年代，针对一直以来"编辑无学"的现状，戴文葆在总结编辑工作实践与编辑史研究经验的基础上，逐渐形成了对编辑学的理论建构。他坦言自己的认识是一个渐进式的过程，"先以为编辑学似属应用科学范围内的学问，进而日益体会其深刻丰富的内容，认为应有其理论科学体系，将随着编辑实践的发展，工作经验的总结，而不断趋于完善"；他对于将编辑学作为一门学问来研究的提法无比振奋，"一经倡议，四方响应，足见人心蕴涵已深，渴望已久"；他认为编辑学"学科虽新，根柢久远"。① 在他看来，编辑这门学问，先于目录、版本、校勘、辑佚诸学。然而，古代致力编辑事业者，多编纂书籍，而将自己的认识编成专著者甚少。关于编辑学的见解，多散落于自序、书录、题记、书后、奏议文书以及与友人论学的文章中，或见于序言、释名、辨伪、文论、校勘记中，只是未经系统整理与评价罢了。为此，1990年，戴文葆为《中国大百科全书·出版卷》撰写"编辑"和"编辑学"条目时，首要的就是辨析、整理这些资料。

在编辑学的范畴体系中，"编辑"无疑是其元范畴，即基本范畴。编辑主体、编辑客体以及编辑活动则是由此衍生的关键范畴，以此铺展编辑学理论体系。戴文葆首先从"编辑"一词的词义演变史入手，参考《说文解字》《汉书注》《韩非子·说林下》《汉书·艺文志》中对"编""辑"二字单独的解释，考察出"编辑的古义，是顺其次第，编列简策而成书"②。在他看来，中国最早的编辑工作可以追溯到殷商时代。商代已有文字纪录的典册，由专人负责编辑整理，这一编辑工作主要由当时的史官、

---

① 戴文葆：《编辑学二三问题管窥》，《出版发行研究》，1987年第3期。
② 戴文葆：《编辑与编辑学：为〈中国大百科全书·出版卷〉而作》，《编辑之友》，1991年第1期。

卜筮官、乐师等文化官员兼任，大多述而不作，还不是职业化的编辑①。通过分析古典编辑与近现代编辑的共通之处，戴文葆将"编辑"这一元范畴定义为"使用物质文明设施和手段，从事组织、采录、收集、整理、纂修、审定各式精神产品及其他文献资料等项工作，使之传播展示于社会公众者"②。戴文葆还根据现代编辑的特点，介绍了编辑的分类、编辑在现代的多义性以及国内外编辑职务的级别，并强调了确定这一概念对于学术交流与编辑学学科的建立与发展的重要意义。戴文葆对于"编辑"这一元范畴的阐释，引起了当时学界的强烈共鸣，成为编辑学研究的奠基性成果。此后学者多参考该词条对"编辑"进行定义。

不仅如此，戴文葆还对编辑学的性质、编辑学学科的研究对象、研究范围进行了界定。他认为编辑学（science of editorship）是"编辑基础理论研究、编辑活动规律及编辑实践管理的综合性学科，属于人文科学范畴……从实际工作出发去探讨，编辑学是研究编印书籍、期刊、报纸和图录、画册等出版物以及利用声音、图像等宣传手段的学问，特别着重于选题、组稿、写作、审核、加工整理及美术设计等环节。因而被认为是一门应用学科"③。

一门学科的基本理论建立在研究对象基础之上，不同的研究对象决定着不同学科属性与研究方法。在探讨编辑学的研究对象时，戴文葆提倡多维度的视角：从出版物的学科属性来看，"编辑学以自然科学和社会科学两大门类出版物（包括电子出版物）的编辑工作为研究对象"；从出版物编辑工作的角度而言，"把出版物由书稿的规划、征求、选择、鉴定、校核、加工、整理，直至投入印刷生产之前的一系列工序中追加于作品本身的精神活动，作为编辑学的研究对象"；从出版物这一社会精神产品的生产过程来考察，"研究原始形态的精神产品（原稿），如

---

① 戴文葆：《编辑与编辑学：为〈中国大百科全书·出版卷〉而作》，《编辑之友》，1991年第1期。

② 戴文葆：《编辑与编辑学：为〈中国大百科全书·出版卷〉而作》，《编辑之友》，1991年第1期。

③ 戴文葆：《编辑与编辑学：为〈中国大百科全书·出版卷〉而作》，《编辑之友》，1991年第1期。

何通过编辑工作成为具有社会属性的精神产品(或商品),即是编辑学的研究对象","编辑学的研究对象,总的说来,就是作为社会文化现象的整个编辑活动,不仅指著作物转化为出版物的过程,而且包括著作物完成以前及出版物产生以后的全部编辑活动,不仅指对著作物的内容进行编辑加工的活动,而且包括对著作物的形式进行编辑加工的活动(如版式设计和封面设计等)"。①

戴文葆还总结了近年来关于编辑学的一些讨论,在博采众长的基础上,将编辑学的研究范围归纳为以下几项:(1)编辑理论;(2)编辑工作发展史;(3)编辑业务与作者、读者、编者三角结构的掌握;(4)版本、校勘、目录、辑佚等学问的研讨;(5)宣传、评论与推广的关注。他同时指出,编辑学的研究范围将伴随着改革的需要而日益明确,并不局限于上述领域之内。

戴文葆对于编辑学基础理论问题的探索,经历了时间的洗礼与实践的淬炼,他的学术观点是伴随着编辑实践与理论研究的发展而不断深化的。直到晚年,他仍对编辑学的基本理论问题进行着修正,其研究推动着编辑学基础研究进一步走向深化。

四、"编辑学者化"与"读者审读"的编辑理念

戴文葆不仅对编辑学基本理论有独创的见解,他的一些编辑观点在今日看来仍然发人深省,具有极强的现实指导意义。

"编辑学者化"是戴文葆编辑思想的一大特色。早在1984年,戴文葆便提出了"编辑学者化"的命题。他在内蒙古的"编辑学与编辑业务"讲习班上提出:"编辑本身学者化、作家化,编辑本人就是某一学科的学者,某一种类作品的作家。同时,学者、作家也有一定的时期到出版社来担任编辑,到杂志社和报社来担任记者和编辑。"②戴文葆的编辑学

---

① 戴文葆:《编辑与编辑学:为〈中国大百科全书·出版卷〉而作》,《编辑之友》,1991年第1期。

② 戴文葆:《编辑学与编辑业务》,载戴文葆:《寻觅与审视》,北京:中国华侨出版公司,1990年,第396页。

者化理念根植于中国古代编辑史研究的经验基础之上。在《历代编辑列传》中,戴文葆选择的 37 位古代编辑家大都是当时的知名学者,他在评述他们的编辑成就时,也多立足于当时的学术研究现状,从编辑活动与研究工作的互动关系中,来评价他们编辑成果的高下。在戴文葆看来,"在我国编辑工作开展的历史中,有一个显著的特点,就是国家重视保存和整理文化典籍与历史文献,负责官员领衔督理,专家学者主持其事。编辑大都是大学问家,大著作家,有道德的人,热爱学术文化并愿为之献身的有事业心的人"[1]。"研究与编辑合而为一;编辑活动促进研究工作的深化,研究成果经由编辑工作而总结。"[2]

在今天,学界对"编辑学者化"这一提法有着诸多分歧,讨论者众多,却尚未取得共识。戴文葆的倡导对今天的论争而言,存在着一定的借鉴意义。戴文葆强调的是一个"化"的过程,一个艰苦而长期的"学者化"过程,他反复强调"编辑必须奋力提高自身的素质,逐步成为具有高度理论和专业知识修养的人才"[3]。他数十年的编辑理论研究和编辑实践也印证了这一点。戴文葆对于古典学术的专注,使他的编辑史研究有了浓厚的历史文化底蕴。在艰苦的"文革"劳动教养期间,在无数个"寂寞得与死接近"[4]的夜晚,戴文葆读书著述,抄录陆游、鲁迅等人的诗文,并将《史记》反复阅读了 10 遍。他始终认为"编辑的生涯,就是一个不断学习、不断思考、不断追求、寻觅又不断审视、不断觉得不足的长期过程"[5]。正是靠着这样的苦功,戴文葆在古典史学、文学、政治学、编辑学等学科均有极深的造诣,尤其擅长编辑难度大、专业性强的文稿。

---

[1] 戴文葆:《编辑学与编辑业务》,载戴文葆:《寻觅与审视》,北京:中国华侨出版公司,1990 年,第 391 页。

[2] 戴文葆:《历代编辑列传(二十九)徐光启(1562—1633 年)(上)》,《出版工作》,1988 年第 6 期。

[3] 戴文葆:《编辑学与编辑业务》,载戴文葆:《寻觅与审视》,北京:中国华侨出版公司,1990 年,第 392 页。

[4] 戴文葆:《〈为了忘却的记念〉抄后记》,《鲁迅研究月刊》,2004 年第 1 期。

[5] 戴文葆:《编辑学与编辑业务》,载戴文葆:《寻觅与审视》,北京:中国华侨出版公司,1990 年,第 341 页。

在数十载的编辑生涯里,戴文葆工作一丝不苟、兢兢业业,尤为重视图书的编辑质量。即便是这样,也难免有失误的时候。在编辑《宋庆龄选集》时,他在注释中写错了宋庆龄致史迪威将军一封信的写作时间。后经读者指出,戴文葆深切自责,如坐针毡,马上在《书屋》杂志上撰文坦承自己的错误:"粗略的知情,并不确切记得月日,就动笔写去,酿成错误,惭愧惭愧!""何以发生这样的错误?完全是望文生义,主观妄断,失于查考所致。"①

戴文葆对于自己的要求达到了近乎苛刻的程度,他尤为重视读者审读的监督作用。他认为,我们通常所进行的经历初审、复审、终审三个环节的审读过程,只是常规的审读过程,对于保证出版物质量而言是远远不够的。从编辑出版的长过程来看,还要有先期审读和读者审读两类②。读者审读是指"出版物发行以后,它在社会上传播,广大读者和书评家进行审读。从某种意义上来说,这第三种审读才是真正的终审。图书是思想和知识的不知疲倦的翅膀,它在广大读者中间盘旋飞翔,为读者阅读、欣赏和检验,为图书评论家分析和衡量"③。即使有些作者的作品在当时不为大众所理解,为读书界冷漠视之,但真正有价值的作品,终究不会被历史湮没,后世的读者终会给予其应有的评价与地位。"评价人仍然是读者。这便足以说明第三类审读,亦即社会审读的重要性。"④戴文葆在这里强调的是编辑要有一种打造传世之作的意识,这不仅得益于他长期对于中国古典编辑家的研究,也是他对中国数千年学术文化依靠典籍流传得以绵延不绝的深刻感悟。

---

① 戴文葆:《我的菲礼》,《书屋》,1995年第1期。
② 戴文葆:《审读的意义与方法》,载戴文葆:《寻觅与审视》,北京:中国华侨出版公司,1990年,第515页。
③ 戴文葆:《审读的意义与方法》,载戴文葆:《寻觅与审视》,北京:中国华侨出版公司,1990年,第516页。
④ 戴文葆:《审读的意义与方法》,载戴文葆:《寻觅与审视》,北京:中国华侨出版公司,1990年,第517页。

结　语

当代著名编辑学家宋应离先生在纪念戴文葆的纪念文章中,对其为编辑出版专业建设所做出的贡献,饱含深情地写下了"筚路蓝缕启山林 创榛辟莽开先路"[①]的评语。这句评语无疑是极其贴切的。戴文葆光辉曲折的编辑生涯,见证了我国编辑出版形态的历史性变迁,也见证了编辑学学科从无到有的建构历程,为当代编辑学研究留下了丰富的精神遗产。

1990年,戴文葆在文集《寻觅与审视》的卷首写了这样的感言:"翻检近年部分杂稿,我又看见了自己。在这字字行行间,有我寻觅的足印,审视的目光。又是一长串岁月消逝在背后了,我究竟在哪里?……不禁举手问天,云海苍茫,我怎样去找到一个再出发的起点呢?"[②]临近古稀之年的戴文葆,在回首编辑生涯时做出了这样的哲理性思考。戴文葆先生为之奋斗终生的编辑学事业,现在已经获得空前发展,学科体系日臻成熟。戴老所寻觅与审视的"再出发的起点"实际上就在我们每个编辑学研究者的脚下。在老一辈学科开拓者奠定的基础上,继续将学科建设做大做强,是我们后辈研究者可以告慰先贤的唯一方式。

原载于《河南大学学报(社会科学版)》2015年第4期,人大复印报刊资料《出版业》2015年第11期全文转载

---

① 宋应离:《筚路蓝缕启山林 创榛辟莽开先路:忆戴文葆先生对编辑出版专业建设的贡献》,《中国编辑》,2008年第6期。

② 戴文葆:《寻觅与审视》,北京:中国华侨出版公司,1990年,第1—2页。

论王振铎的编辑学研究及其理论建树

段乐川①

从1949年3月李次民出版《编辑学》算起，编辑学在中国诞生已半个多世纪了。作为一门独立的学科，编辑学从无到有，从小到大，经历了一个不平凡的发展历程。在编辑学学科成长的历程中，有一大批筚路蓝缕、以启山林的学者，为这门学科的创建、发展和完善做出了居功至伟的贡献。在这一大批学者中，王振铎先生以编辑理论研究的独特建树而广受赞誉。胡海娜在《滚动的转笼——记全国高校文科学报研究会学术委员会副主任河南大学学报主编王振铎教授》一文中，对王振铎先生20世纪90年代中期之前的编辑学研究历程有过一个简要分析；秋夫在《王振铎和他的"文化缔构编辑观"》一文中，重点总结了王先生早期的编辑学研究路程以及"文化缔构编辑观"在其早期编辑学研究中的地位和影响。此外，还有相当一批文章对王振铎先生的文化缔构编辑观进行过或褒或贬的论述。应该说，新中国编辑学研究60年，王振铎先生是一个绕不过去的中心人物。从早年提出文化缔构编辑观，到编辑活动"三原理"、编辑活动"六元"论，再到编辑活动的"媒介间性"特征和"主体间性"特征，他每一个独特的创论，都在编辑学研究的园地里产生过不可忽视的重要影响。更为重要的是，他的编辑学研究，形成了一个以编辑创造媒介为核心的、相对独立而又比较完整的普通编辑学理论体系。然而，对于王先生创构的这个理论体系，学界更多地还是停留在对他早年文化缔构编辑观的认识层面，缺乏对其后续理论成果

---

① 作者简介：段乐川，编辑出版学博士，河南大学新闻与传播学院教授。研究方向编辑出版学。

的系统剖析,更少见对其理论体系的全面观照和整体审视。因此,从历史和实践两个层面来探讨和总结王振铎先生编辑学研究的成果和贡献,无疑是编辑学理论研究的一个重要任务。

一、提出了编辑创造媒介的编辑本质论

一个学科理论的建构总是围绕一些基本概念和学科范畴展开的。"编辑"概念是编辑学研究最重要的一个学科范畴,它既是编辑学研究的逻辑起点,也是编辑学理论建构的基石。在编辑学创立初期,老一代编辑学人围绕"编辑"概念进行了深入探讨,形成了各具特色的"编辑"概念。比如,王华良先生认为,"编辑"概念只能是作为出版工作一部分的"编辑",从出版中间环节的角度出发,他给编辑下了这样一个定义:"编辑,是适应精神文化领域里生产和消费的社会化需要而逐步形成的一种社会分工。编辑活动是属于出版(传播)活动一部分的,以协调、沟通传者(作者)和受众(读者)的供求关系为基本目的,以发现、选择、组织、优化精神文化产品以供复制、发行的文化专业活动。"[①]林穗芳先生从编辑工作的内容构成出发,下了这样一个定义:"依照一定的方针开发选题,选择和加工稿件以供复制向公众传播。"[②]与以上编辑概念不同,王振铎先生的编辑概念是从文化视角出发,最后落脚到媒介,前后经历了一个不断深入和完善的过程。1988年,在《文化缔构编辑观》一文里,他提出了文化缔构是编辑活动的本质属性。他说:"作为一种社会活动,编辑把人类个体的、分散的、独特的精神创造物,如原始文献、档案资料、著作手稿等符号系统,按照一定的社会规范和价值标准,有目的地加以审理组织、分类编排,缔结构造成为整体的、社会通行的文化知识建筑物。"[③]在他看来,编辑活动只有放入文化学的视野里审视

---

① 蔡克难、杨焕章、王华良等:《众说纷纭话"编辑"》,《中国编辑》,2002年第1期。

② 蔡克难、杨焕章、王华良等:《众说纷纭话"编辑"》,《中国编辑》,2002年第1期。

③ 王振铎:《文化缔构编辑观》,《河南大学学报(哲学社会科学版)》,1988年第3期。

才能抓住其本质属性。他说:"我们从人类文化建设的实践角度来考察编辑学,很容易从宏观方面认识它的文化缔构的特征。编辑学研究的重点,正是人类运用文字图像等符号系统进行文化缔构和文化传播的基本规律。"①从文化学的视角来认识编辑活动,不仅更容易抓住编辑活动的宏观特征,而且能更准确地认识编辑活动的作用和价值。在《编辑学通论》一书中,他说:"考虑到在出版业之前和出版业之外还大量地存在着编辑活动,也考虑到单纯地为出版而从事的编辑活动的商品生产的局限性,我们强调编辑活动在缔构社会文化方面的整体价值。"②由此可见,文化缔构编辑观,最初是从编辑活动的社会功能和价值的角度来认识编辑活动本质的。这样一个认识视角,一开始就赋予了它大编辑的认识视野,使得论者跳出出版来认识编辑活动。但是,由于文化概念本身的宽泛性,文化缔构编辑观一提出,就遭到学界一些学者的质疑。他们认为,这一观点在编辑工作对象界定上先天地存在着概念"泛化"的问题。比如,王华良先生在《试论界定"编辑"概念的方法论问题》一文中提出,编辑概念的界定要注意方法论问题,要努力从编辑活动和著作活动的区别和联系中探寻编辑活动特有的属性。他认为,现实中的编辑理论研究存在着概念界定泛化的问题。他以文化缔构编辑观为例,指出"作者把编辑活动这个概念泛化为人类的文化缔构活动",最终导致的结果可能是"整个研究的对象和目标就发生了明显的转换和错位"。③ 王华良先生的这一疑问,实际上是对文化缔构编辑观编辑活动缔构特性的疑问。换言之,编辑的文化缔构和作者的文化创构有什么区别,编辑活动文化缔构的结果是什么?针对王华良先生的疑问,在《编辑学学科建设与编辑概念的发展——兼答所谓编辑概念泛化问题》一文中,王振铎先生给予了积极的回应。他说:"我们强调编辑的组织缔构作用,并不容易同文化创造(著作活动)、文化接受(阅读活动)相混

---

① 王振铎:《文化缔构编辑观》,《河南大学学报(哲学社会科学版)》,1988年第3期。
② 王振铎、司锡明主编:《编辑学通论》,开封:河南大学出版社,1989年,第16页。
③ 王华良:《试论界定"编辑"概念的方法论问题》,《编辑学刊》,1990年第4期。

淆。因为'缔构'最突出、最显豁的意思是缔结构成为整体。我们如果把著作－编辑－阅读这一精神文化活动的全过程比作整个机器生产过程的话,著作如同对各个部件的生产(从无到有的创造),编辑犹如对各个部件的检验和组装(把已有的东西挑选,组装成新的、可用的整体),阅读则像对机器的使用(享用现成的整个产品并提出反馈需求)。"①在王振铎先生看来,文化缔构编辑观不仅没有混淆编辑活动和著述活动的区别,恰恰相反,文化缔构这一编辑本质特征的提出,更加鲜明地说明了编辑活动和著述活动共同作为文化创造活动的不同特性,那就是作者的著述活动更多的是一种零部件性的单个产品的创构,而编辑活动则是在作者创构基础上的单个产品的缔构集成。

在《编辑学原理论》一书中,王振铎先生总结了此前对文化缔构编辑观的论述,并在此基础上明确地提出了"编辑"的概念。他说:"编辑,审选设计精神产品,编构传播媒体的文化缔造活动。"②在这里,他已经意识到编辑文化缔构的范围和属性问题,即媒介文化是编辑活动的根本对象。不仅如此,在这个概念中,他还进一步阐释了媒介文化与人类整个精神文化结构的关系,他说:"编辑是通过稿本、定本和文本,与作者、读者互相交流的创造性社会文化活动,其结果是造成人类精神文化结构。"③2009年,王振铎先生又进一步完善了他的文化缔构编辑观,并将其发展为编辑活动的本质是创造媒介。在《编辑创造媒介论》一文中,他明确地提出编辑创造媒介论。他说:"编辑的工作就是对人类精神文明成果进行鉴审,去粗取精,去伪存真,遴选、整合,并作整体性提高,而后创造成新的媒介,传播文化于社会。"④对此,他进一步解释到,编辑缔构文化活动的过程,从本质来讲就是创造媒介的过程。"对于编辑来说,任何既有的作品都是他创造媒介的零部件。新生代编辑把一切既有的文化产品都视为重新创造而需要开发的各种资源,通过全新

---

① 王振铎:《编辑学学科建设与编辑概念的发展:兼答所谓编辑概念泛化问题》,《编辑学刊》,1991年第2期。
② 王振铎:《编辑学原理论》(修订版),北京:中国书籍出版社,2004年,第74页。
③ 王振铎:《编辑学原理论》(修订版),北京:中国书籍出版社,2004年,第74页。
④ 王振铎:《编辑学理与媒体创新》,开封:河南大学出版社,2010年,第256页。

的媒介技术，构成更新的媒介整体。"①正是从这个意义上，王振铎先生认为，创造媒介是编辑活动的本质，创新媒介是编辑的历史使命。

显然，从文化缔构编辑观到媒介文化缔构，再到创造媒介编辑论，王振铎先生的编辑本质论经历了一个不断修正和完善的过程。在创造媒介编辑本质论确立之后，原本宽泛的文化缔构被较为明确的媒介文化限定，原本模糊的文化缔构目标被确定为媒介，由此实现了他的编辑概念认识的一个质的飞跃。

二、探索了编辑创造媒介的基本规律

在编辑学研究中，编辑规律的认识和探究是一个核心命题，也是编辑理论体系逻辑建构的主要内容。编辑学研究的根本目的是探究编辑活动的基本规律，从而更好地指导现实中的编辑活动，增强编辑人从事编辑工作的理论自觉性。在文化缔构编辑观提出之后，王振铎先生又提出了符号建模编辑论和讯息传播编辑论。在《编辑学原理论》一书中，他将这三个论述整合为三条原理，并将之当作编辑活动的基本规律。他说："编辑学的基础理论应包括三个基本原理：文化缔构原理、符号建模原理和讯息传播原理。一切编辑活动大体上都是以这三条原理为基础的。这三条原理可以说概括了编辑活动的普遍规律。"②编辑学三原理的提出，是王振铎先生在编辑概念基础上对编辑学研究的进一步拓展和深化，标志着他向着编辑学理论体系逻辑建构的努力。在这三条原理中，文化缔构编辑原理是对编辑本质的认识，被称为"第一原理"或"最基本原理"，规定着另外两条原理的存在和运行。对此，王振铎先生这样说："文化缔构编辑观，不同于那种就事论事把目光盯注于具体编辑经验的观点，主要从宏观上考察和研究编辑活动，抓住了编辑

---

① 王振铎：《编辑学理与媒体创新》，开封：河南大学出版社，2010年，第256页。

② 王振铎：《编辑学原理论》（修订版），北京：中国书籍出版社，2004年，第17—18页。

活动的缔构特性,即组织整合构成的特性,确定了编辑活动的本质意义。"[1]在对文化缔构这一最基本原理的论述中,王振铎先生主要论述了两个问题:一是文化缔构的基本原则,二是文化缔构的基本类型。他认为,编辑活动在文化缔构过程中主要遵循四条原则:积淀性原则、选择性原则、系统性原则和传导性(或教育性)原则。这四个原则是他对编辑活动整体文化缔构功能性质的一种认识,它实际上赋予了编辑活动的文化缔构方式的四种不同认识视角,即分别从文化传承、文化扬弃、文化空间和文化传受的视角来认识编辑活动的文化缔构功能属性。在此基础上,他还总结了编辑文化缔构的三种基本类型:创构类型、组构类型和集成类型。王振铎先生认为,创构类型文化更注重文化产品的首创性或独创性;组构类型文化,更强调对现有文化产品的组合构造;集成类型文化,更注重囊括所有的集合整编。很显然,他对文化缔构类型的划分更多的是从传统图书出版的角度来进行的。这就造成这种类型划分过于简单化,同时无意地忽略了其他媒介形态的文化缔构特征。事实上,即使这三种类型的划分,从概念上也与编辑文化缔构本质特征认识存在着逻辑矛盾。因为"缔构"一词已经明确了编辑产品的创造类型,即是在作者既有产品基础上整体组装构造。从组构类型本身来讲,好的组构,本身就可能是一种创构,而再好的编辑创构也是对作者现有作品的组合加工。

符号建模编辑原理的思想资源主要来源于符号学,是从符号学视角对编辑活动基本规律探索的一个大胆尝试。正如王振铎先生所说:"编辑活动,从符号学的视角来看,主要是应用种种符号来建造各种文体模式与媒体模式,即创造媒介载体的活动。"[2]符号建模原理的主要内容是,编辑缔构文化的过程在符号学的视野下就是运用各种符号来创造媒介的过程,而这种创造媒介的过程又包括两个步骤:一是建构各种文体模式,二是建构各种媒体模式。王振铎先生认为,所谓文体模式

---

[1] 王振铎:《编辑学原理论》(修订版),北京:中国书籍出版社,2004年,第19页。

[2] 王振铎:《编辑学原理论》(修订版),北京:中国书籍出版社,2004年,第20—21页。

就是构成媒体内容的各种具有规范性和契约式的作品体裁模本或样式，而媒体模式则是在文体模式的基础上综合创构的各种媒介类型。从本质上来说，符号建模原理是从编辑学的角度探讨符号与媒介的关系，指出编辑活动从某种意义上来说就是一种符号媒介化的过程。在符号媒介化过程中，编辑活动起着不可或缺的重要规范和创构作用，是符号形成媒介的一个重要的力量源泉。这样一种认识视角，无疑拓展了编辑活动认识的理论视野，将丰富多彩、形态多样的编辑活动的对象确定到人们可以共同认知把握的符号概念上来。更重要的是，在分析符号媒介化过程中，王振铎先生认识到贯通各种形态编辑活动的一个共同的概念就是由符号经过编辑缔构而成的媒介，而这正是其文化缔构编辑观发展到编辑创造媒介论的一个至关重要的思想来源。

讯息传播原理是从信息论和控制论的角度对编辑基本规律的一种把握。王振铎先生认为，从信息论和控制论的角度来看，编辑过程就是一个运用媒介更好地进行信息传播的过程。他说："编辑活动遵循着讯息传播原理运行，便形成这样一条规律，即采集有关讯息，选其所需要者，加以智化整理并且编为特定的符号模式，构成完整的传播媒体，借以实现最佳的传播效果。"[①]在对这一原理论述的过程中，王振铎先生创造性地提出了两个问题：一是编辑工作在信息传播的系统控制中发挥着无可替代的重要作用。他认为，这一点主要表现在编辑活动实现了信息传播中从无序到有序、从不确定到确定、从不规范到规范这些方面。二是编辑活动与信息传播的三个"度"有着密不可分的关系，那就是编辑活动直接影响到媒介信息传播的速度、广度和深度问题。从本质上来说，讯息传播原理实际上是在探讨编辑活动的价值实现问题，或者说是编辑活动的目的问题。如果将王振铎先生的编辑活动三原理综合考察，可以看出，文化缔构编辑原理是在探讨编辑活动的本质，符号建模原理是在分析编辑活动的过程，讯息传播原理是在认识编辑活动的目的，由此形成了一个层次分明的规律体系。

如同编辑概念的认识一样，王振铎先生的编辑学规律研究也经历

---

① 王振铎：《编辑学原理论》（修订版），北京：中国书籍出版社，2004年，第25页。

了一个不断修正、完善的过程。尽管编辑学三原理分别从编辑活动本质、过程和目的三个层面,从文化学、符号学和信息论三个视角对编辑活动的基本规律进行了深入探索,但是,这种探索更多的是基于编辑活动的内部运行机制而言的,无意中忽略了编辑活动与外部社会活动的作用关系。2005年,在《编辑活动的规律和特点》一文中,王振铎先生进一步修正和完善了他对编辑活动基本规律的认识。从辩证唯物主义出发,他指出规律是一种不以人的意志为转移的事物运动过程中本质的、必然的联系,这种联系有主次之别、内外之分。因此,编辑活动的基本规律也有内外之分、主次之别。他认为,编辑活动作为整个社会的一个小系统,不可避免地要受到其外在社会环境的影响。他指出,编辑活动的外部规律就体现在编辑活动与外在社会的政治、经济、文化、科技等活动之间的联系和矛盾中,外在社会活动制约着编辑活动的整体运行,同时,编辑活动又反作用于其他社会活动。他说:"编辑活动的外部规律是编辑活动跟其他社会活动之间的相关性规律,也就是编辑和其他事物之间相关联的本质关系。"[1]在此基础上,他还指出了编辑活动外部规律和内部规律之间的关系。他说:"外部矛盾是其存在的条件,内部矛盾是其存在的根据。编辑活动的外部规律是其普遍性的表现,内部规律是其特殊性的表现。两者相辅相成,构成编辑活动基本规律或整体规律。"[2]这样,王振铎先生的编辑规律研究就形成了一个内外结合、主次分明的有机体系。在这个体系中,以"三原理"为核心的内部规律是其研究的着力点,显示了他对编辑活动内部特殊矛盾的对立统一关系的一种深刻认识和把握。当然,相对于内部规律的研究,外部规律的研究显得稍微薄弱。比如,他虽然指出了编辑活动与政治活动、经济活动和科技活动的相互作用问题,但没有深入揭示这种双向作用的机制,以及这种作用对编辑内部规律的影响问题。

在王振铎先生的编辑规律研究中,还有一个不可忽视的独特创论,那就是编辑活动"六元"论。"六元"论是从矛盾论视角对编辑创构媒介过程的一个微观透视。王振铎先生认为,从矛盾论视角出发,编辑活动

---

[1] 王振铎、胡义兰:《编辑活动的规律和特点》,《出版科学》,2005年第5期。
[2] 王振铎、胡义兰:《编辑活动的规律和特点》,《出版科学》,2005年第5期。

又是一个由编辑活动主客体元素交互作用的矛盾运动过程,编者、读者和作者构成了编辑活动的主体元素,文本、稿本和定本构成了客体元素。为了更清晰地分析"六元"的交互作用,他借鉴几何学中的黄金分割原理,创造性地绘制了一个"六元"交互作用的场景模式图。他认为,编辑"六元"交互作用的过程,实际上就是编辑协同作者和读者共同缔构媒介的一个过程。他说:"以'六元'构成的编辑活动,实际上是作者、编者和读者以'媒体'〔稿本(+)定本(+)文本〕为中心,共同参与文化创构、文化积累和文化传播的生生不息的'活动场'。"①透过这个"六元"交互作用的场景图,可以看出,媒介在三个主体元素的缔构过程中,经历了一个从文本到稿本,再到定本这样一个交复往返的螺旋式上升的转换生成的过程。编辑活动"六元"论的提出,对于编辑活动基本规律的研究有着相当重要的意义。一是它将马克思主义矛盾论中的主客体概念引入了编辑学研究,更加深入地展现了编辑活动的内部形态构成;二是"六元"交互作用的场景模式图,第一次尝试以数理形式来认识编辑活动内部规律的微观运行机制,为媒介文化缔构的发生机制的认识,提供了一个更加细微和直观的视角。因此,如果说,"三原理"是王振铎先生对编辑活动内部规律的一种宏观层面的认识的话,那么,"六元"论就是对"三原理"运行机制的一种微观呈现,它构成了王振铎先生编辑活动内部规律认识的一种有效补充和深入拓展。至于编辑活动"六元"论是如何形成的,换言之,王振铎先生是受到什么启发而在编辑学研究中创构了这样一个带有浓郁数理色彩的场景模型图呢?事实上,编辑活动"六元"论并不是王振铎先生一蹴而就的即兴创构,这种通过场景模型的图解方式来认识事物运动过程的思维,在他早年的文学研究中就有不少痕迹。1998年他的《文学导论》一书出版,他就用图解的方法创构过一个"文学构成的场景模式图"。在这个场景模式图中,他大胆地借鉴了美国著名文艺理论家阿姆斯特丹《镜与灯》一书中将文学创作的过程视为由"现实—作家—作品—读者—现实"这样一个循环

---

① 王振铎:《编辑学原理论》(修订版),北京:中国书籍出版社,2004年,第63页。

递进作用的过程的观点。① 所不同的是,他吸收了阿姆斯特丹的这一文学活动"四元"构成要素论,但是却将"四元"循环递进的作用关系提升到一个交互作用关系的认识层面。在此基础上,他创构出了文学创作的"四元场景图"。很显然,编辑活动"六元"论,正是他对文学活动"四元"论的一种再造和借鉴。但是,在绘制"六元"作用关系图的过程中,王振铎先生似乎存在着一个不容忽视的概念疏漏。按照他的观点,文本是既有的文化结构,稿本是作者的产物,定本是编辑作用的产物,在"六元"活动场中,虽有读者活动一元,但是却没有与之对应的客体元素指称。实际上,读者活动的对象既是编者的"定本",又不是"定本",它是读者在接受媒介过程中按照自己的人生经历、阅读体验而形成的一个"读本"。这个"读本",既不是文本,也不是稿本,它是属于读者接受的一个"读本",这个"读本"对作者的创作、编者的编辑工作,都发挥着不可忽视的作用。如果不承认读者"读本"存在,在编辑活动"六元"中就存在一个读者主体作用对象缺失的问题,同时,也难以回答或说明读者在编辑创造媒介过程中的作用问题。

三、发现了编辑活动原理的哲学依据

在编辑学理论体系建构的过程中,王振铎先生还开创性地提出了编辑活动原理的哲学依据问题,即如何从更高的抽象层面来认识编辑活动的基本原理。为此,他提出了"主体间性"和"媒介间性"两个概念。其中,"主体间性"是西方现代哲学的一个专业术语,意在指主客体各种元素关系的平等视野和交互作用,它是对传统哲学中将主客体关系对立观念的一种反驳,认为主体元素之间,甚至主客体元素之间不是一种对立的关系,而是一种交互作用的关系。到了德国哲学家哈贝马斯那里,"主体间性"成为他的人类交往行为理论的一种重要思想资源。他认为,主体之间的平等交流对话,才是人类一种理想的交往模式,是人类社会走向和谐大同的必由之路。王振铎先生将"主体间性"理论运用到编辑规律的研究中,提出编辑活动也具有"主体间性"特征,并认为

---

① 王振铎、鲁峡:《文学导论》,郑州:文心出版社,1998年,第6页。

"发现了编辑活动的'主体间性'特征,找到了编辑科学的学理"是中国编辑学研究60年的一大发现。他说:"编辑主体在其从事的创构文化媒介活动中,都充溢着、发散着一种被称为'主体间性'或'交互协同性'的差异互补或矛盾统一的文化共处相生哲理。"①他对编辑活动原理"主体间性"的观照,实际上是从哲学抽象的层面来认识编辑"六元"主体构成元素的作用关系。他认为,在共同缔构媒介的过程中,编者、作者和读者"三元"之间不是一种各自为政的互不相通关系,而是一种协同创造的交互作用关系,这种交互作用关系用抽象的哲学术语来指称就是"主体间性"。对于编辑活动"主体间性"特征的内涵,他深入地分析到:"编辑主体创造媒介的过程,从来不是孤立的,而是与作者主体、阅读主体交互创造于一个共通的时空场境之中。"②

与编辑活动的"主体间性"概念相比,"媒介间性"概念更有创造性,是王振铎先生对编辑活动原理哲学观照的一个创造性认识。如果说,"主体间性"是对编辑"六元"主体构成元素关系的抽象概括的话,那么,"媒介间性"特征则是从整体视野对编辑"六元"客体构成元素关系的抽象概括。在谈到什么是"媒介间性"这一问题时,王振铎先生这样说:"在不断解构老媒介、缔构新媒介的交互过程中,新媒介总是神不知鬼不觉地悄悄吸收着并消化着老媒介中'味道鲜美的肉',形成日新又日新的文化内容。在'逝者如斯'的人文传播历史中,图书、报纸、期刊诸版本,广播节目,电影银幕,电视、网络频道与手机荧屏等各种媒介载体,无不突出显示着应该称之为'媒体间性'的多重交互性特征。"③从本质上来说,王振铎先生的所谓编辑活动的"媒介间性"关系,就是指不同的编辑客体——媒介——在共时和历时的编辑实践中存在着交互作用的关系。这种作用关系表现在三个方面,一是共存互补性,二是交互作用性,三是转换生成性。共存互补性是指无论是共时的编辑实践,还是历时的编辑实践,由编辑主体元素所创构的编辑客体——媒

---

① 王振铎:《编辑学理与媒体创新》,开封:河南大学出版社,2010年,"自序"第8页。

② 王振铎:《编辑学理与媒体创新》,开封:河南大学出版社,2010年,"自序"第8页。

③ 王振铎:《编辑学理与媒体创新》,开封:河南大学出版社,2010年,"自序"第12页。

介——都不是相互排斥的,而是共容互存的。从历时的角度来看,一种媒介的出现,并不是以另一种媒介的必然消亡为前提的,相反,新媒介的出现总是离不开旧媒介的影响和推动。交互作用性是指编辑活动所缔构的媒介,不仅具有静态意义的共存互补性,而且具有动态意义的交互作用,它们之间不仅互补,而且互动,不仅共存,而且共生,转换生成性是编辑活动"媒介间性"特征的最高层次,意谓不同媒介在编辑主体元素的主导作用下可以相互转换形态,实现同一主题或相近主题内容的不同媒介形态表达。当下流行的"全媒体"出版,由编辑主导将同一主题内容的出版物以传统书籍、网络、电子书和手机等不同媒体形态同步出版发行,实际上正是媒介间转换生成性的表现形式。"媒介间性"概念是王振铎先生在提出编辑活动"主体间性"概念,即主体交互作用关系后的又一创见。

在谈到为什么要创造这两个概念时,王振铎先生说到了两个原因:一是中国编辑学研究与西方传播学研究进行学术研究接轨的需要。在他看来,在西方传播学研究和哲学社会科学研究中存在着"主体间性"和"文本间性"的概念,谈的正是编辑活动规律的主客体元素关系问题。当然,为什么要进行这种接轨,深层原因则与他对编辑学与传播学两个学科关系的认识有着密切关系。二是"从更高的科学理论视角考察和认识目前世界面临文化媒介产业的理念创新与技术创新的现代化进程"的需要。这种更高的科学理论视角就是哲学视角,即更高的抽象层面来认识编辑活动的基本原理。编辑活动基本原理的哲学观照,的确是编辑学下一步研究的一个重要方向。因为只有从哲学层面来认识编辑活动的基本原理,编辑理论的逻辑建构才能有更深广的理论厚度和思想视界。当然,需要指出的是,"主体间性"和"媒介间性"这两个概念还不足以涵盖编辑活动主客体构成元素的交互作用关系,在编辑活动的主体元素和客体对象媒介之间,也有着交互作用的关系。编辑活动的主体既创造了媒介,同时又不可避免地受到媒介的反作用,从这个角度来说,是不是还应该创造一个"主媒间性"概念来抽象编辑活动的主客体作用关系呢?

四、论述了编辑学学科体系的基本构成

在涉足编辑学研究之初,王振铎先生就有着鲜明的学科意识。他

认为，编辑学是一门独立的学科。针对当时社会盛行的"编辑无学"观念，他从历史和现实两个层面给予了详尽的批判。他认为，编辑活动作为人类一项基本的社会实践活动，在中国有着源远流长的文化传统。中国历史上关于编辑工作的学问，举不胜举。但是，在他看来，"编辑的学问并不等于编辑学"。编辑学更多的是一种学科概念，是"与其他学科并存的一门新的学科"。这门学科不仅在中国有着丰厚的历史文化传统，而且有着"鲜明的时代特点和科学特点"，是一门正在方兴未艾的新兴学科。在谈到编辑学学科性质时，他认为编辑学是一门综合性的人文社会学科。他说："编辑学是一门社会文化缔构工程科学，它兼有社会学、文化学、工程学的一些特性。"[1]

作为一门独立学科，编辑学由哪些学科内容构成的呢？王振铎先生认为，编辑学学科体系，不仅包括编辑学基本理论、编辑历史和编辑业务研究，还包括各种不同媒体的部门编辑学或分支编辑学。在他看来，分支编辑学虽然术业不同，门类繁杂，但是它们在整个编辑学学科体系中也有着重要地位。他说："如果说整个编辑学的学科体系是一棵树，编辑学的基本理论是它的树根和主干，各种部门编辑学及其编辑活动的历史，则如它的枝叶，根干、枝叶互相依存才是一个有生命力的体系。"[2]在分析编辑学学科体系的过程中，有一个无法回避的问题，就是编辑学与出版学、传播学以及相邻学科的关系。王振铎先生不认同编辑学从属于出版学的观点。他认为，编辑学和出版学是相互联系却内容不同的两门独立学科，他说，编辑学的研究对象是普遍存在于古今中外各种媒介活动中的编辑实践，而出版学是研究书刊印刷、出版管理和发行经营的。研究对象的不同，决定了编辑学和出版学是两门内容不同的学科。在王振铎先生看来，编辑学和出版学虽然各自独立，但是又在研究内容上紧密相连，是一种"共生与耦合"关系，这种"共生与耦合"主要表现在"编辑的审选编校等业务流程与出版的排、印、装、发等工作

---

[1] 王振铎、司锡明主编：《编辑学通论》，开封：河南大学出版社，1989年，第20页。

[2] 王振铎：《编辑学理与媒体创新》，开封：河南大学出版社，2010年，第400页。

环节又彼此联系、相互生发、互动推进"①上。正是在这个意义上,他提出编辑学和出版学是一个学科链,可以合并为"编辑出版学"。在《编辑学学科体系已臻成熟——纪念中华人民共和国成立60周年之编辑学研究》一文中,他从学科建设高度对编辑学研究60年的历史进行了回顾。他认为,经过30年的发展,编辑学概念已构成范畴体系,编辑学的学科链条已臻于形成,编辑学学科发展已"三十而立"。在此基础上,他明确建议国家在修订"新闻传播学"这个学科专业目录时,应该将编辑出版学单列设置,作为一个一级学科来建设和发展。王振铎先生的这些学科思想,是与其长期从事编辑出版教育的实践密不可分的。在进入编辑学研究之始,他就注意到要将编辑实践、编辑学研究和编辑学教育贯通起来,大力提倡产、学、研一体化发展,尤其是要有独立自主的学科意识。他认识到,学科建设在贯通编辑实践、编辑学研究和编辑教育中发挥着不可替代的引领作用,这一学科思想,既是三十多年来中国编辑出版教育实践的产物,也是中国编辑出版教育健康发展的灵魂。

结　语

王振铎先生的编辑学研究已形成了一个初步相对完整的理论体系。这个理论体系以普通编辑学研究为目标指向,编辑创造媒介为思想核心,编辑活动规律探究为主题脉络,编辑哲学观照为逻辑依归。这个理论体系对编辑活动原理的探究,既有宏观层面的俯视,也有中观层面的平视,还有微观层面的透视。这个理论体系,既包括了编辑概念、编辑本质、编辑学性质等一些学科基本问题的探索,还包括编辑活动基本规律这一深层问题的认识,更包括他对编辑活动的哲学观照,是一个具有内在逻辑性、内涵丰富、思想创新的理论体系。当然,这个理论体系只是有中国特色编辑学研究的一个方面,并没有达到尽善尽美的境地。比如,在内在逻辑建构上还存在着这样那样的问题。但是,作为一个相对完整的理论体系,尤其是一个普通编辑学理论体系,它对中国编

---

① 王振铎:《编辑学理与媒体创新》,开封:河南大学出版社,2010年,第404—405页。

辑学研究的贡献是具有开拓性和创新性的。

在当代媒介融合不断深化,以及不同媒介编辑形态的边界日益模糊的情况下,普通编辑学研究已成为摆在编辑学研究同仁面前的一个重大而紧迫的理论命题。编辑学有必要回答:媒介为什么走向融合、如何融合,以及不同媒介编辑形态为什么出现交叉一体化和如何交叉一体化运行。与此同时,回答媒介融合背景下不同编辑形态的共同运行规律等问题,都是编辑理论建设的题中应有之义,也是普通编辑学研究的重要范畴。而在这个问题上,王振铎先生开创的普通编辑学理论体系,对今后的研究是有着重要的认识和启发价值的。

原载于《河南大学学报(社会科学版)》2014年第1期;人大复印报刊资料《出版业》2014年第4期全文转载,《北京大学学报》"文科学报概览"2014年第2期论点转载

编辑史与出版史

中国编辑史研究 30 年回顾

姬建敏①

编辑史研究作为我国编辑学研究的重要内容之一,它与编辑理论研究、编辑实务研究一起,几乎撑起了编辑学研究的一统江山。但回观我国编辑学研究的历史,给人的总体印象是理论、实务研究众声喧哗,成果卓著,独有编辑史的研究略显冷清,既迟缓又单薄,远远没有达到其应有的高度和厚度。而中国又是个文明古国,悠久光辉的历史、纷繁灿烂的文化、浩如烟海的典籍,都离不开历朝历代编辑的积累、传播之功。因此,对编辑史进行整理和研究,不仅有助于进一步清理我国的文化遗产,认识编辑工作对人类社会、科学文化发展的重要作用,而且还有助于继承和发扬其优秀的编辑传统,提高现代编辑工作的质量,即有利于编辑理论和编辑实务的开展。难怪中国编辑学会第一任会长刘杲同志曾说:"为编辑史、出版史研究服务是我们的责任。"②为了尽到"我们的责任",本文拟对我国的编辑史研究爬梳整理、总结观照,以期为今后我国的编辑史研究多出成果、出好成果提供指导,为我国的编辑学研究及其学科建设提供借鉴。

---

① 作者简介:姬建敏,河南大学二级教授,河南大学学报编辑部编审。研究方向编辑出版学。
② 刘杲:《重视编辑史、出版史研究》,载刘杲:《出版笔记》,石家庄:河北教育出版社,2006 年,第 329 页。

一、编辑史研究的历程

人类在社会文化的建设和文化传播中,虽然已有几千年的编辑活动历史,积累了丰富的编辑实践经验,但与编辑活动悠久历史不相对称的是,作为一门独立学科的编辑学直到1949年才在我国诞生,编辑学研究也可以说从那时才开始。编辑史作为编辑学三大构成要件(史、术、论)之一,其研究相较于1949年以后慢慢起步的编辑理论研究和编辑实务研究来说,起步更晚。

(一)自发、零星的初始阶段

1978年党的十一届三中全会以后,改革开放成为国策,我国的编辑学研究也乘着改革的东风迅速进入"热闹状态"。编辑史研究的正式开启也是在20世纪的80年代,但与编辑学理论研究一经掀起热潮便如火如荼、经久不息的状况不同,编辑史的研究略显冷清和沉寂。并且,编辑学与出版学一直以来纠缠不清的关系在两个学科历史研究领域中的体现更为严重,以致大量的编辑史研究都是在"出版学""编辑出版学"这些含混、笼统的提法下进行的。回顾编辑史研究的历程,标志性的事件应包括1985年中国出版科学研究所成立,并于1989年、1991年分别在湖南和山西先后两次召开的中国近现代出版史学术讨论会。虽然会议的口号是"出版史",但其中的很多研究内容均涉及编辑史。两次研讨会广泛涉及晚清官方出版、外国传教士在华出版、民国时期的出版和革命根据地及解放区的出版等领域,诸多最新研究成果交相辉映,一些研究重点也随之凸现出来成为热点,为编辑史下一阶段的研究开拓了思维广度,提供了新的视角,确定了科学的方向。

至于在此之前,正规的编辑史研究究竟起于何时、何处,学界并没有形成一个统一的、公认的看法。目前,能发现的、最早的、对外发表的编辑史研究成果是1984年面世的两篇论文,它们分别是林辰的《古代编辑工作的启示》①与文超的《中国古代编辑事业发展概况述评》②。前者主要是通过历朝历代编辑家的编辑活动,像先秦的孔子、两汉的"三郑"(郑玄和郑兴、郑众父子)与"三刘"(刘安和刘向、刘歆父子)、魏晋南北朝的萧统等,论述了古代编辑的经验对现代编辑工作的启示。比如,汉代的编辑成就给现代编辑的启示是:编辑工作必须具有时代特点;唐代编辑的《艺文类聚》《初学记》《花间集》给现代编辑工作的经验是:编书要有创见、要创新;而古代编辑家欧阳询、纪昀、李昉等都是大学问家,他们给现代编辑的启示是:现代编辑要比古人知识更渊博;如此等等,古为今用思想颇明显。后者以朝代更替、社会发展为线索,通过对我国古代编辑事业发展情况及与之相关的书籍的演变与发展的整理和探讨,描述了我国古代编辑事业发展的基本脉络,揭示了其发展过程中的特点和规律。像先秦孔子编《诗经》、两汉刘向和刘歆父子编《七略》、魏晋南北朝萧统编《文选》以及唐朝编的《艺文类聚》、宋朝编的《资治通鉴》、明朝编的《永乐大典》、清朝编的《四库全书》及造纸术的发明、印刷术的发展等,论述言简意赅,颇具价值。但是,它们只是当时学界中零散的、随机性的研究,真正开始有意识地提出、呼吁和从事编辑史研究并取得标志性成果的人物,故宫博物院的章宏伟归之为戴文葆先生。

  章宏伟是首届"韬奋出版奖"获得者、资深编辑家戴文葆的传记作者。他自20世纪80年代结识戴文葆先生开始,多年来对其编辑实践、编辑思想、编辑理论深有研究。他指出,1984年的9月,内蒙古社会科学院曾在呼和浩特举办过一次"编辑学与编辑业务"讲习班,包括中华书局前任副总编辑张先畴、人民出版社副总编辑吴道弘、作家出版社副总编辑龙世辉、《光明日报》社秘书长卢云等众多业、学两界人士参加,当时在人民出版社工作的戴文葆也应邀参加。会上众多发言者的发言材料即研究成果被整理后编印为《编辑学与编辑业务》作内部发行之用,戴文葆的讲授材料是《编辑学与编辑史探讨》,全文长16万字,开篇以"编辑史初探"为题略述中国编辑活动的发展历史,继而围绕孔子、萧

---

① 林辰:《古代编辑工作的启示》,《出版工作》,1984年第3—4期。
② 文超:《中国古代编辑事业发展概况述评》,《齐齐哈尔师范学院学报》,1984年第2—3期。

统、赵崇祚、陈子龙、纪昀、魏源等历史上功绩卓著的大编辑家的编辑活动展开论述，介绍古代典籍编辑的源起、传承、环节，并有论有据地评价这些典籍的特点和影响。章宏伟称这部讲稿为"中国第一篇编辑史讲稿"。但由于是讲习班上的授课材料，且只被收入了供内部发行的《编辑学与编辑业务》论集中，因此，该项研究成果一直默默无闻，隐而不彰，未引起更多注意。两年之后，戴文葆的编辑史研究成果《历代编辑列传》开始在《出版工作》上连载。这一研究专题，主要是围绕历史上在编辑实践中具有大成者进行人物纪传式的探究，共遴选包括孔子、吕不韦、刘歆、萧统、刘知几、司马光、解缙、纪昀、章学诚等在内的37位历史人物，述其编辑实践，论其编辑思想，剖析其所编辑作品的时代特点和历史影响，归纳各自开创的编辑体例、编辑方法，梳理一脉相承的编辑理念和编辑传统，并以历史唯物主义的视角将编辑活动置于政治、经济、文化、科技的社会有机网络中加以考察，辩证审视，科学透析，以求得出编辑活动历史的、本质的、客观的规律。该编辑史研究成果在《出版工作》上连载两年，至1988年方结束，共计约40万字。可惜的是，《出版工作》也是国家出版局于1978年创办的一份内部刊物，较之公开发行的学术期刊，影响力受到很大局限，以致戴文葆先生的这一重大研究成果仍未在学界引起大的反响。但不管怎么说，这一研究成果的取得，显然与《编辑学与编辑史探讨》具有连贯性，证明戴文葆先生至迟在20世纪80年代的中期即已开始了有意识的、系统的编辑史研究工作。因而，章宏伟认为"《历代编辑列传》是第一部以人物为主线的中国古代编辑史"，"是我国最早也是最系统的研究中国古代编辑史的著作，具有开创性"。①

此外，整个20世纪80年代关于编辑史的研究，见诸媒体的还有陆平舟的《先秦编辑事业改略》（《编辑之友》1986年第2期）、姚福申的《有关中国编辑史若干问题初探》（《编辑学刊》1986年第2期）、燕平的《我国古代编辑工作概述》（《上海大学学报》1987年第4期）、靳青万的《论我国古代的两大文明与编辑活动之关系》（《许昌师范专科学院学

---

① 章宏伟：《戴文葆先生与编辑史研究》，《济南大学学报（社会科学版）》，2013年第1期。

报》1988 年第 4 期)、胡益祥的《孔子编纂学探微——中国编辑史研究之一》[《河南大学学报(社会科学版)》1989 年第 1 期]和《诸子文化与〈吕氏春秋〉——中国编辑史研究之二》(《南都学坛》1989 年第 2 期)以及 1989—1990 年胡光清发表在《编辑之友》上的《中国古代编辑思想史论》系列论文 10 篇等,它们都算得上是比较早的编辑史研究成果了。值得一提的是,胡光清的系列论文之一是《叙论》,论的是中国古代编辑活动和编辑思想的一般特点;之二到之十,分别从"述而不作""辨章学术""部次条别""沉思翰藻""以类相从""举撮机要""编次之纪""经世应务""互注别裁"出发,论述了中国古代编辑思想的核心价值。《编辑之友》从 1989 年第 1 期起开始连载,至 1990 年第 6 期才发完,为时两年 12 期(之一、之二分为上、下两篇),并发了编者按:"作者的立论是构建于翔实的史料之上,且其内容没有空泛的'议',而是扎实的'论';文章展示了一个新颖而具体的研究课题('中国古代编辑思想'及其相关种种),这表明作者已在向学科研究的纵深挺进。"①足见其分量之重、研究之深。

(二) 有组织、有计划的自觉阶段

如果说 20 世纪 90 年代以前的编辑史研究属于自发的、零星的个人行为,研究的形式算作单打独斗的话,那么,90 年代之后,尤其是中国编辑学会的成立,则标志着中国的编辑史研究已经进入了有组织、有计划的自觉研究阶段。

1992 年,随着编辑实践的发展,编辑学研究者研究热情的高涨,地方编辑学会的造势和推动以及全国范围内编辑学研究的持续升温,起着组织、领导、团结、凝聚、协调、引领作用的中国编辑学会在北京成立。② 学会不仅下设编辑出版史专业委员会,而且还定期召开编辑史研讨会、座谈会,出版编辑史研究论文集等。据不完全统计,学会成立

---

① 胡光清:《论中国古代编辑活动和编辑思想的一般特点:中国古代编辑思想史论之一·叙论(上)》,《编辑之友》,1989 年第 1 期。

② 姬建敏:《编辑学研究的现实路径探寻:从中国编辑学会历届学术年会与理论研讨会主题出发》,《河南大学学报(社会科学版)》,2013 年第 3 期。

至今,先后召开各种编辑史学术研讨会十余次,比较重要的研讨会就有:1993年10月在湖北武汉召开的首届编辑史研讨会,1999年3月在江苏南京、2000年6月在浙江温州召开的编辑史研讨会,2004年5月、2007年11月、2009年11月分别在北京召开的编辑史研讨会等。会议或关注编辑史研究的现状、研究内容、研究方法,或注重编辑史与中华文化、社会变迁的关系等,研究内容从20世纪90年代的具体、微观发展到新世纪头十年的视野开阔、视阈宏大。比如,1999年3月23—25日在江苏南京召开的编辑史学术研讨会,主持会议的是编辑学会会长刘杲,出席会议的有副会长宋原放、吴道弘、高斯、蔡学俭以及顾问戴文葆等专家、学者。会议的主要内容一是交流近两三年来编辑史、出版史研究的成果;二是讨论当前编辑史、出版史研究的经验和问题,提出改进意见。会议一致认为对编辑、出版的历史研究是一项基础性工作,对指导实际工作有重大意义,今后的编辑史研究要重视书、事、人的个案研究,特别是那些重大的有代表性的个案。① 可见,这次会议,不仅总结了以前研究的经验,还明晰了下一段的研究思路。再如,2000年6月15—19日在浙江温州举行的编辑史研讨会,主持会议的是编辑学会常务副会长邵益文,出席会议的有副会长吴道弘、宋原放、戴文葆、蔡学俭、王振铎、刘光裕以及其他专家、学者。会议的中心议题是:探讨20世纪我国编辑、出版活动的特点和作用,以及有关事件、机构、著作和人物的研究。与会者一致认为,研究我国百年出版史,特别是50年来的编辑史、出版史的任务,已经被提到议事日程上来;编辑史研究要求开拓新的领域,提出新的研究课题,特别是要重视个案研究和比较研究,定出个案研究选题,有组织地进行;出版单位的负责人和编辑要重视书稿档案等资料的积累、保管工作,并推动和支持编辑史、出版史的研究工作。② 不仅如此,2006年中国编辑学会换届后,在以桂晓风会长为代表的新一届学会领导支持下,编辑出版史专业委员会还做出决定:每两

---

① 中国编辑学会:《中国编辑学会活动纪事(1999年)》,载《中国编辑研究》编委会编:《中国编辑研究(2000)》,北京:人民教育出版社,2001年,第500—503页。

② 弓:《中国编辑学会召开第三次编辑史、出版史研讨会》,《出版参考》,2000年第15期。

年召开一次全国性的学术研讨会和一次专家学术座谈会,二者隔年交替进行;选取学术会议中的优秀论文,出版编辑出版史研究论文集,原则上每两年出版一卷。截至目前,已分别选取2007年"全国编辑出版史与中华文化学术研讨会"和2009年"中国编辑出版史与社会变迁学术研讨会"两次学术会议上的论文成果,于2009年和2011年结集出版了《中国编辑出版史研究》第一卷和第二卷。

与此同时,中国出版科学研究所、各地的编辑学会以及全国高校学报研究会、出版工作者协会等,也都组织了相关的编辑史研究活动,有的还组织出版了一定数量的高质量研究成果。例如,2009年由中国出版科学研究所承担的国家哲学社会科学基金重点资助项目,国家"十五""十一五"重点图书出版规划项目——《中国出版通史》的编写工作历时8年得以完成。全书共9卷,约400万字,上起商周之际,下迄20世纪末,涵括港、澳、台地区和少数民族的出版史,可谓贯通古今,无所不包,当然,更不用说与出版史水乳交融的编辑史了。

总之,在中国编辑学会、学界有识之士的积极倡导下,在全国范围内的编辑学研究经复苏后的"稚嫩期"到"渐趋成熟的发展期"如火如荼地展开的大好形势下,①近30年的编辑史研究历程,虽然称不上轰轰烈烈、大红大紫,倒也脚踏实地、平稳发展;虽然起步晚于编辑理论和编辑实务的研究,火热程度亦逊于后者,但到底还是在编辑学学科的整体向前发展中逐渐升温,被予以越来越多的重视。毕竟编辑史立体的、性质明确的实践内容,既可以对编辑实践提供最直接的指导,又可以为编辑学理论建构提供多方面的参照。全国范围内的编辑学理论研究、实务研究既然能势如燎原之火,自然也绕不开编辑史研究领域。

二、编辑史研究的争鸣及焦点

一个新的学术领域被探及,最初的状态必定是各说各话,异见纷呈,不同的见解和观点交相碰撞,有统一,有争鸣,最终形成一种或几种

---

① 姬建敏:《从一个栏目的成长看编辑学研究30年》,《河南大学学报(社会科学版)》,2009年第2期。

主流观点,稳定成为这一研究领域的成见。编辑史的研究历程较短,也可算作一个新的领域,各种观点的并存对立也很普遍,但这种观点争鸣的局面并不像编辑理论中的意见相左那么激烈和混乱,这缘于基础理论的最初构建带有较大的主观性,而编辑史的研究针对的是历史的、客观的编辑实践,主观性成分较少。所以,与其说编辑史研究中的争鸣是各家论者的各抒己见,不如说这些被争论的焦点恰恰体现了编辑史研究中的关键所在,即搭建一个全新研究领域的架构时必然要面对的一些热点和难点问题。

(一)编辑史的起源时点

关于编辑史的涵括上限,至今还没有形成定论。在《中国编辑研究》年刊《发刊词》中,无论是编辑理论还是编辑史,其研究对象都"是编辑劳动及其客观规律"。但对于何为编辑劳动,就有了仁者见仁,智者见智的认知了。钱荣贵就认为编辑活动有现代和古代之分,但无论现代还是古代的编辑活动,归根结底都是编辑活动,具备编辑实践的基本特质。基于此,"编"之行为和"编"之思维贯穿于文籍产生之前与之后的历史,结绳记事也"是一种最为原始、最为质朴的'编辑活动'"[①]。而如果以较为规范的外在形式,较为齐全的流程元素来考察的话,"甲骨时代无疑是'文籍之编'的源头"[②]。

靳青万则着重考察了文字产生过程中编辑在提炼、规范、简化、固化等环节中所发挥的重要作用,认为编辑活动是相伴于文字的发明过程而产生的。基于此,编辑史应该以文字的萌芽和形成阶段作为起始点,也就是旧石器时代晚期或新石器时代早期,距今约10000年时间。[③]

姚福申将编辑实践与文字资料的收集和整理联系起来,以此来考

[①] 钱荣贵:《史前时期"实物之编"的思想灵光》,《江苏大学学报(社会科学版)》,2009年第6期。

[②] 钱荣贵:《甲骨时代的编辑审美观及其他》,《南通大学学报(社会科学版)》,2009年第2期。

[③] 靳青万:《中国古代编辑史论稿》,开封:河南大学出版社,1992年,第13页。

辨编辑活动的起源。而目前有考古佐证的最早成熟的文字资料自然应该是殷商时期的甲骨卜辞。甲骨卜辞有序叠放，编次成册，具备明显的编辑痕迹，也体现了一定的编辑规律。但卜辞本身毕竟内容单一，形式简略，属于实用性很强的应用文，与真正的史料典籍尚有差距。但《尚书·多士》中的"惟尔知，惟殷先人有典有册，殷革夏命"又证明殷商时代是有典籍存在的，这些典籍没有实物佐证，但同样在《尚书》中却有保存，被公认的一篇便是《盘庚》。《盘庚》一文篇幅浩长，内容丰富，结构整饬，逻辑清晰，详细记述了商王朝迁都期间、迁都前后商王对臣民的训诫。商王盘庚所处的时代是公元前14世纪，"由此推断，中国的档案编辑工作至少可追溯到三千三百多年之前"①。可见，公元前14世纪被姚福申界定为编辑活动的滥觞阶段。

与上述观点不同，刘光裕对编辑史的起点另有看法。他认为，编辑的产生是出版的需要，即出版的存在是编辑存在的必要前提，而"有了印刷术，然后图书才可以说得上'出版'，才开始有出版业"②，所以，编辑史的溯源上限应该在两宋。

钱荣贵、靳青万、姚福申三家观点的差异缘于他们对编辑实践的对象理解有别，钱荣贵和靳青万的立场有相似之处，他们将编辑活动理解成一种信息的整理和规范化过程，并不一定只针对实存的物质，所以，结绳记事也可以算成编辑活动，文字形成过程中的逐渐规范、简化定形也可以看成是编辑活动。姚福申则将编辑对象指为"文字资料"，并且是有一定内容丰富度、形式上成熟完备的文字资料，基于此，他将编辑活动上溯至上古典籍《盘庚》出现的殷商时代。刘光裕则是结合出版活动来限定编辑活动的，既然出版是编辑存在的前提，而出版又是印刷术发明之后的产物，编辑活动就只能开启于出版正式产生的两宋了。再进一步讲，以上诸说之所以互不一致，根本原因在于不同学者对"编辑"概念的内涵理解不同，前三种观点属于此；或对编辑与出版关系的理解不同，后一种观点属于此。这就引出了编辑史研究中其他两个方面的

---

① 姚福申：《中国编辑史》，上海：复旦大学出版社，1990年，第20页。
② 刘国钧著，郑如斯订补：《中国书史简编》，北京：书目文献出版社，1982年，第64页。

争鸣。

(二) 古今"编辑"概念、编辑史与编辑理论中"编辑"概念的厘清

编辑理论、编辑实务与编辑史三足鼎立构成编辑学的学科体系,三者间彼此贯通、密不可分的关系在"编辑"概念的难以统一以及对研究工作造成的负面影响上体现得最为明显。正因为编辑理论的研究中截至今天也没有形成一个广为接受的、统一的"编辑"概念,基于此而构建的一些理论仍然眼界各异,表述有别。广为认可的、统一的"编辑"概念的缺位除了造成基础理论研究领域的各说各话外,也直接导致了编辑史研究中的歧见并存,一如上文所述的情形。或者也可以反过来说,正是因为编辑史研究长期以来的滞后乏力,没能及时地跟上编辑理论、编辑实务研究的步伐,以致在编辑活动的外延圈定上没能为编辑理论研究中界定"编辑"概念时提供可资参考的足够依据,致使编辑理论研究领域中的"编辑"概念之争既无凭可依,也无据可证,各取所需,众说纷纭,历经二三十年却仍不明晰,歧异甚大。同样的一个"编辑"概念,却深入地同时影响到了编辑理论和编辑史两个研究领域,这既表明了此二者间你中有我、我中有你的不可分割性,同时,也证明了二者间互为基础、互相促进的辩证有机关系。说到底,编辑理论是对编辑史研究成果的高度抽象和哲学概括,而"编辑史研究实际上是编辑学研究的一种历史方法"①。

针对这一问题,个别研究者站在历史和全局的高度提出了一些中肯的意见,较有代表性的是林穗芳先生的观点。首先是"编辑史"与"编辑学"中的"编辑"概念是否需要统一的问题,其次是"编辑"概念在古今不同语境下应该如何界定和对待的问题。

对于第一个问题,林穗芳先生的观点是比较明确的,即"编辑史"与"编辑学"中的"编辑"概念应该统一。因为只要你承认编辑史是整个编辑学学科的一个组成部分,那么,它就是编辑学学科体系的有机构成,搭建这一体系的基本概念和范畴自然也必须内涵一致,外延相同,只有这样才能彼此共通互释,保持理论体系内部的一致和贯通。但不可否

---

① 何皓:《编辑学及其发展方向》,《编辑之友》,1988年第6期。

认的是,编辑史研究中所面对的"编辑"活动在古今不同的语境下是有内涵上的差别的。"编辑"的古义是"收集材料,整理成书",而今义则是从出版活动的视域加以界定的,可以将这两种"编辑"粗略地描述为著作方式之一种和出版工作之一部分。编辑活动的外在形式可以根据性质的不同分为属于著作活动的编辑和属于非著作活动的编辑,与出版紧密相连的是非著作编辑活动,它具有明显的中介特性,有别于著作性编辑活动。显然,只有具有中介特性的非著作型编辑活动才能被划入编辑学的研究对象。那么,具体到编辑史的研究对象呢?这两种性质的编辑活动是否均应涵括,还是仅择其一?林先生认为,研究范围约略等同于著作型编辑活动的"图书编纂史"与"编辑史"同属于"编辑出版史"的二级学科,二者是并列关系,既然是平行关系,从逻辑上讲就不能将"图书编纂史"与"非著作型编辑"并列归为"编辑史"的研究范围,使其成为"编辑史"的一个下辖区域。对于将著述活动分为"原创型"和"非原创型"两种,将"非原创型"的书籍编辑(包括介于"原创型"与"非原创型"之间的编辑活动)归为书籍编辑学研究对象的提法,林先生同样持谨慎态度。他认为:"编辑史要同编辑学一样,以出版业和其他传播业中的编辑活动为研究对象,建立自己的理论体系。"①归结起来,林穗芳先生认为,无论是编辑学还是编辑史,均应该以具有中介性的"出版编辑活动"为研究对象,将著述类型的编辑活动剔除在外,另做处理;同时,编辑学与编辑史在"编辑"概念的界定和研究对象的划归上必须保持一致,以免造成自身的混淆和逻辑上的矛盾。

(三)编辑与出版的关系

造成研究者对编辑活动时间范围的限定存在差异的另一个主要原因就是对编辑与出版关系的认识。在编辑理论的研究中,编辑与出版活动的范围孰大孰小,谁涵括谁的问题由来已久,争论不休。当这种争论迁延到编辑学与出版学这两门学科的历史研究领域时,这种争论看似一如理论研究里的争论,实际上却又有了新的变化。因为理论研究

---

① 林穗芳:《编辑学和编辑史中的"编辑"概念应当保持一致:兼论开展编辑模式历史比较研究的必要性》,《编辑学刊》,1997年第6期。

是一种现时态的横向研究,针对的是某种特定活动,编辑学研究的是编辑活动,出版学研究的是出版活动,而在实践中,编辑与出版又是错综复杂地交合在一起的。有人认为,编辑活动为核心,出版只是其物化、传播的构成环节;也有人认为,出版是核心,编辑只是其中的重要一环而已,编辑为出版服务,附属于出版的通盘行动之中。而在编辑与出版的历史研究领域,情况就不同了。因为一门学科的历史研究,针对的是某一特定活动的历时性存在,强调的是一种纵向的演进式发展。出版的存在历史非常容易确定,事实清楚,有据可查;编辑的历史起点则存在着不确定性,如何确定编辑与出版二者间的关系,决定着对编辑活动起源时点的认定,起源时点的认定又反过来决定着如何定义编辑与出版二者间的关系。

中国编辑学会第一任会长刘杲曾就编辑史与出版史的关系作过明确论述。他认为,编辑史与出版史存在着密切的关系,但二者并不是完全重合的关系,而是有一部分重合。同样,"编辑学不是出版学的一个分支……编辑活动的范围大于出版活动的范围"①。在试图廓清编辑与出版的概念时,应该以现实的编辑出版实践为依据,而不应该简单地遵循"从概念到概念"的思维逻辑。刘光裕也强调了编辑史与出版史研究对象中的交叉问题,但他同样认为这种交叉并不是严格的重叠,编辑依赖出版,出版也依赖编辑,离开任何一方而讲另一方都会不得要领。

(四)孔子等人物的编辑家身份

在编辑史研究领域,目前成果最集中的一个方向大概就是孔子了,围绕着孔子的编辑实践、编辑原则、编辑思想进行的研究可谓林林总总,不胜枚举。但即便如此,关于孔子到底算不算是编辑家的争论迄今也没有一个定论。占据主流的观点不外乎两种:一种是认为孔子在古代从事了大量的编辑活动,是编辑工作名副其实的开先河者,可称作中国历史上第一位大编辑家;另一种观点则否认孔子的活动属于真正意义上的编辑范畴,因此,即便孔子于文化传播上居功甚伟,也难有编辑家之名。

---

① 刘杲:《我们是中国编辑》,北京:海豚出版社,2011年,第202页。

认为孔子是大编辑家的一派主要是依据孔子的编书活动而得出的结论。历史上,孔子曾"删《诗》《书》、订《礼》《乐》、赞《周易》、修《春秋》",并在对这些作品的编纂过程中严格遵循"述而不作"的原则,这与编辑工作的内在精神高度一致。既然"编辑"的定义是"搜集资料,整理成书",那么,孔子编订"六经"恰恰就是在集合了大量前人成果的基础上,通过对比、校勘,加以选择、提炼,遵照某种指导思想,以一定的规则,汇辑、整理成教化万民、行之后世的经典作品,无论是其工作过程、原则方法,还是指导思想、目的效应,都与编辑工作的特点极其吻合。并且,孔子通过自己的实践和倡导,形成了"述而不作""不语怪力乱神""攻(治)乎异端(杂学),斯害也已"的优良编辑传统,为其后两千多年的编辑活动树立了典范。凡此种种,都使得孔子当之无愧地成为我国历史上开创性的大编辑家。

持反对意见者则从两个方面对上述观点加以反驳。其一是,认为孔子的编书活动属于编纂而非编辑。"编辑"概念应该与出版活动密切相连,而孔子编书活动的直接目的是辅助教学,更好地传播儒家思想。《辞源》中"搜集资料,整理成书"的释义是针对古代典籍中的"编辑"一词而言的,今天所言的"编辑"则与近代方出现的"出版"一语密切相关,以古语中之"编辑"含义通释"编辑"一词是不能成立的。孔子的"搜集资料,整理成书"活动,一不以出版为目的,二不合"编辑"今义,实际上只是作为著作活动之一种的编纂行为而已,在古今概念混淆使用基础之上认定其为编辑家,未免过于武断。至于孔子所倡导和践行的"述而不作"原则,其出发点是"信而好古",也就是说孔子"述而不作"的根本原因是"好古",即崇尚周礼周制,以图弘扬恢复,并不是出于尊重事实、客观诚信的考虑。其二是,从历史考据的角度认为孔子并没有集中编订"六经"的行为,既无编辑实践,遑论编辑家之名。关于孔子编订"六经"的说法,基本上都是依据《史记》《尚书·序》中的记载,但这些作品都产生于"罢黜百家、独尊儒术"之后,其可信度有待考证;于今可为研究孔子思想及活动提供确凿证据的《论语》,偏偏未曾提及孔子编订"六经"之事。而对孔子"述而不作,信而好古"一语的主流释义也遭到质疑。古汉语中"述者循也","作""乍"通假,基于此,这句话又可以译解为:"相信和爱好古代的书面材料,遵循它而不使丢失。"如此一来,自然也就与所谓的编辑思想、编辑原则毫无关系了。

其实,近30年编辑史研究中的焦点问题不仅仅限于以上四个方面,参与讨论的人数更不仅仅限于以上提到的学者,仅以"编辑"概念及其历史形态的讨论为例,丛林主编的《中国编辑学研究述评(1983—2003)》里列出名字的学者就有刘光裕、王华良、杨明新、姚福申、王耀先、林穗芳、任定华、邵益文等;① 以"编辑的起源"为例,邵益文的《20世纪中国的编辑学研究》里列出的观点就有起源于殷商、起源于春秋、起源于五代至北宋时期等。② 笔者进行"我国编辑学研究60年(1949—2009)"国家社科基金项目研究的时候,发现几乎参与编辑学研究的大家大都或多或少地涉猎过编辑史研究的内容,如王振铎、张积玉、宋应离、蔡克难等。所谓"窥一斑而知全豹",编辑史研究可谓平淡中有亮点、平凡中见起色,并且"亮点"关乎编辑学研究的核心问题,"起色"彰显编辑学研究的深入和进步。

三、编辑史研究的重要论著

一般来说,一个学科研究水平的高低,大体与学科研究成果数量的多寡、水平的高低成正比。

我国的编辑史研究,尽管起步比较晚,升温比较慢,但研究成果还真的不可小觑。单就出版的编辑史著作来说,在1999年3月江苏南京召开的编辑史、出版史研讨会上就有总结:近几年来编辑史、出版史研究情况不错,出版专著有110种左右,内容涉及断代史、地区史、专题史、书史、书话、编辑史、发行史等方面,但也存在着主要领导和社会的重视不够,缺少发表文章的园地,单行本的出版更为困难等问题。③ 虽说这110种专著包含出版史、书史、书话、发行史等,但它出现在《中国

---

① 丛林主编:《中国编辑学研究述评(1983—2003)》,济南:齐鲁书社,2004年,第341—342页。

② 邵益文:《20世纪中国的编辑学研究》,石家庄:河北教育出版社,2000年,第39页。

③ 中国编辑学会:《中国编辑学会活动纪事(1999年)》,载《中国编辑研究》编委会编:《中国编辑研究(2000)》,北京:人民教育出版社,2001年,第500—503页。

编辑学会活动纪事》里,足见编辑史研究在这110种专著中所占的分量不轻。再说1999年至今又是十多年,专著的数量想必增加不少。如果以1999年为界,前者出版的代表性研究成果有:韩仲民的《中国书籍编纂史稿》(商务印书馆,1988年);宋应离的《中国大学学报简史》(中州古籍出版社,1988年);伍杰的《中国古代编辑家小传》(中国展望出版社,1988年);姚福申的《中国编辑史》(复旦大学出版社,1990年);丁景唐的《中国现代著名编辑家编辑生涯》(中国展望出版社,1990年);靳青万的《中国古代编辑史论稿》(河南大学出版社,1992年);陈昌荣的《列宁的编辑理论与实践》(科技大学出版社,1993年);李明山的《中国近代编辑家评传》(河南大学出版社,1993年);申非的《编辑史概要》(中国农民出版社,1993年);徐登明的《编辑出版家叶圣陶》(中国书籍出版社,1995年);肖东发的《中国编辑出版史》(辽宁教育出版社,1996年);阎现章的《中国古代编辑家评传》(河南大学出版社,1996年);姚远的《中国大学科技期刊史》(陕西师范大学出版社,1997年);曹之的《中国古籍编撰史》(武汉大学出版社,1999年)等。后者有:宋应离主编的《中国期刊发展史》(河南大学出版社,2000年);黄镇伟的《中国编辑出版史》(苏州大学出版社,2003年);宋应离等主编的《20世纪中国著名编辑出版家研究资料汇辑》(河南大学出版社,2005年);肖占鹏等的《唐代编辑出版史》(南开大学出版社,2008年);冯志杰等的《中国编辑出版史研究》(九州出版社,2009年);张玉华主编的《编辑出版家吴道弘》(浙江人民出版社,2012年);秦晴等编的《编辑大家秦兆阳》(人民文学出版社,2013年)等。它们或宏观综论编辑史,或微观解剖某一编辑家的编辑行为与编辑思想;有的研究通史,有的探讨某朝某代的编辑史;有的是论从史出、史论结合的编辑理论总结,也有的是编辑史料、编辑经验的汇集。特别是像姚福申的《中国编辑史》、靳青万的《中国古代编辑史论稿》、肖东发的《中国编辑出版史》、阎现章的《中国古代编辑家评传》、黄镇伟的《中国编辑出版史》、秦晴等编的《编辑大家秦兆阳》等,影响比较大,受关注的程度比较高。下面仅以姚福申的《中国编辑史》和肖东发的《中国编辑出版史》为例,做一简单介绍。

(一) 姚福申的《中国编辑史》

《中国编辑史》（复旦大学出版社，1990年）是我国改革开放新时期最早的一部通史型编辑史著作，曾获第二届吴玉章奖，在编辑史研究领域有着不可忽视的重要地位和重大影响。书的作者姚福申，男，1936年生，浙江鄞县（今鄞州区）人，复旦大学教授，历任编辑专业副主任、《新闻大学》杂志主编等，主要编辑学研究成就是他对中国编辑史研究的贡献。

1. 《中国编辑史》的主要内容

《中国编辑史》包括"绪论""上编古代部分""下编近现代部分"三部分，共分19章。"绪论"围绕编辑史研究对象、编辑活动起源、影响编辑活动的各种因素等一系列具有领起和导引性质的问题进行了简明阐述。"上编古代部分"第一章"世界古代文明与中国编辑工作"主要从文字的出现、上古文献的形成、两河流域的泥版文献、埃及的纸草书、古印度的经文、中国春秋时代孔子为首的编辑"六经"出发，论述了世界范围内编辑的出现与经济发展的关系及中国编辑工作在世界上的领先地位。第二章"中国文献的出现和编辑的产生"主要通过论述我国文字、文献的起源以及甲骨文的发现，指出"殷代已有原始的档案编辑工作"，"中国的档案编辑工作至少可追溯到三千三百多年之前"。[1] 第三章"周代——书籍编订的草创阶段"重点就孔子在编辑史上的贡献、《吕氏春秋》的编辑特点等进行论述，肯定了周代书籍编订的草创之功。第四章是"中国古籍在秦世的两次浩劫"、第五章是"编辑业务的奠基时期——两汉"。在第五章里，不仅介绍了刘向父子在编辑工作上的贡献，还介绍了中国最早的辞书《尔雅》以及辞书的发展过程；不仅介绍了司马迁《史记》及《汉书》的编撰特点，还介绍了纸的发明、科技书的发展等。作者认为，"书肆的普遍出现，表明两汉时代书籍已经像日用必需品那样，成为社会生活中不可缺少的东西……《七略》和《汉书·艺文志》正是这种整理工作的成果，它标志着汉代书籍的编辑水平已经达到

---

[1] 姚福申：《中国编辑史》，上海：复旦大学出版社，1990年，第20页。

了一定的高度"①。第六章是"中国文化在魏晋南北朝时代的进展"、第七章是"隋唐——编纂活动的发皇时期"、第八章是"飞跃发展的五代两宋编辑出版事业"。尤其是第八章，全方位地论述了宋代我国编纂活动、出版活动、雕版印刷、活字印刷、目录学等的大发展。第九章"元明两代编辑与出版工作的进展"主要通过《永乐大典》的纂辑，西欧书籍的翻译，地方志、科技书的出版等，对明代的编辑出版工作进行了总结。第十章"清代编纂工作及其经验教训"除了客观总结清代大的编辑活动及其贡献以外，特别指出清代文字狱、禁书运动对我国编辑出版的阻碍。

"下编近现代部分"第一章是"鸦片战争前后的编译出版工作"、第二章是"维新运动与书刊编辑"、第三章是"辛亥革命前夜的编辑出版情况"、第四章是"民国初年的出版事业"。尤其是第三章商务印书馆的创立、第四章中华书局的成立等，在作者看来，它们作为标志性事件，在中国编辑发展史上应占有一席之地。第五章是"五四前后的书刊编辑活动"、第六章是"中国共产党早期的出版工作"，前者主要介绍了《新青年》的诞生及其影响、商务印书馆的改革等，后者重点推出了《共产党》月刊、人民出版社、上海书店、长江书店及《向导》《中国青年》杂志等有影响的媒介媒体。第七章是"十年内战时期的编辑出版事业"、第八章是"抗日战争时期的出版界"、第九章是"解放前夕的编辑与出版活动"。最后三章社会环境不同，时代特点不同，编辑出版的活动也各有千秋。作者一再强调邹韬奋、张元济的编辑贡献以及生活·读书·新知三联书店的编辑特色等内容，足见它们在编辑史上具有重要的地位。

2.《中国编辑史》的特点及意义

显然，《中国编辑史》包括"绪论"和19章，上编10章是古代编辑活动，上起文字初创、文献始定，历经汉初与唐宋之兴，下迄晚清；下编9章则从鸦片战争时期起，历数近代出版、现代出版直至新中国成立前的编辑出版活动。全书具有贯通、辩证、唯物、创新等四个特点。

（1）贯通。这部书是第一部系统的、完备的、通史性质的编辑史著作，可谓首创。它之前虽然有戴文葆的《历代编辑列传》和韩仲民的《中

---

① 姚福申：《中国编辑史》，上海：复旦大学出版社，1990年，第94页。

国书籍编纂史》,但它们都不是以全部的编辑活动为研究对象进行的通史研究,《历代编辑列传》是人物纪传体的形式,《中国书籍编纂史》也仅限于书籍这一有限的介质。《中国编辑史》则"研究人类知识收集和整理工作的历史",纵贯古今,触类旁通,以一个内涵明确的"编辑"概念为选材依据,爬梳辨析,取舍剪裁,既关涉宏阔,又一以贯之。

(2) 唯物。该书的指导思想和研究方法是唯物的、历史的,这体现在两个层面上。一是方法论层面,或曰技术层面,作者遵循着言必有据、论有实证的严谨态度,既不主观臆测,也不轻下结论。二是历史主义的审视眼光,作者并不孤立地去研究具体的编辑模式演进、载体介质变化、技术方法革新,而是将其统统置于社会的经济、政治、文化的大视野下加以考察。无论是孔子的编纂"六经",还是刘向的古籍校定,唐、宋两朝国家规模的大型编纂活动,晚清洋务运动中的集中译介,都是一定时期社会经济、政治作用下的结果,作为文化事业之组成部分的编辑出版活动势必与社会其他要素紧密相连,共成一体。

(3) 辩证。该书对一些历史编辑活动的定性、代表性编辑人物的评价是较为公允客观的,既未受意识形态色彩制约,也没有囿于局限性的眼光,能够站在历史的角度,以发展的思路,全局的视域客观公正地加以评判。清代《四库全书》的编纂,规模庞大,卷帙浩繁,但清朝统治者以惯有的文化钳制等狭隘思维对很多既有古籍进行了许多主观篡改,故意曲解和遮掩一些作品中的正面思想,其行为恶劣,影响消极,也给编辑传统注入了许多负面的元素;但作者还是充分肯定了这部丛书的正面意义,认为它"为我们保存了很多珍贵的文化遗产……就中国文化建设而言,《四库全书》的编辑还是功大于过的"①。即使对于胡适提出并认同的"整理国故",作者也公允地认为"不能简单地扣上'对抗马列主义传播、对抗革命运动'的帽子","除了脱离现实斗争这一消极因素外,在学术研究上还是有一定价值的"②。这种良莠分明、辩证分析的态度,在编辑史研究中是非常可贵和值得提倡的。

(4) 创新。从总体上说,《中国编辑史》作为编辑史研究领域的第

---

① 姚福申:《中国编辑史》,上海:复旦大学出版社,1990年,第224页。
② 姚福申:《中国编辑史》,上海:复旦大学出版社,1990年,第323页。

一部通史型著作，本身就是一种创新，在很多方面都确立了新的模式、结构、典范和方向。作者开宗明义地将编辑史的研究对象限定为"人类知识收集和整理工作的历史"，并明确地将这里的"人类知识"解释为"文字资料"，进而将中国编辑活动的上限追溯至商朝的盘庚与小辛时代，即距今3300多年前。确定了历史起点后，作者将整个编辑活动的历史按照物质载体和媒介技术特征划分为三个阶段：殷商与西周时期（公元前17世纪至公元前8世纪）、春秋到西晋时期（公元前8世纪到公元3世纪）、西晋至今。第三个阶段又可以划分为手抄时期（约公元3世纪到10世纪）、手工印刷时期（约公元10世纪到19世纪）和机器印刷时期（始于19世纪）。从横向来看，全书涵括广泛，条块明晰，既有对体例范式的追本溯源，又有对编辑代表人物的评述纪传；既有对重大编辑活动的铺陈演说，又有对前因后果的条分缕析。宏观上有分期架构，提纲挈领，细节上则涉猎广泛，林林总总，从类书、丛书到家刻、坊刻，从发凡体例、奠基模式到载体演变、技术更新，从金木竹石到纸张缣帛，从简策图书到报刊，既有对历时性发展规律的总结归纳，又有对细节知识的发掘普及。

《中国编辑史》作为新时期第一部通史型著作，在编辑史研究方面开了个好头，在编辑史研究历程中意义特殊，不可忘却。

（二）肖东发的《中国编辑出版史》

《中国编辑出版史》（辽宁教育出版社，1996年）是北京大学新闻传播学院教授、著名编辑出版史及图书学专家肖东发主编的，是国家教委"八五"规划教材、新闻出版总署重点项目"普通高等教育编辑出版类规划教材"之一，也是继姚福申的《中国编辑史》之后我国编辑出版史研究的又一部力作。肖东发作为资深编辑学研究家，出版有《中国书史》（书目文献出版社，1987年）、《中国图书出版印刷史论》（北京大学出版社，2001年）、《中外出版史》（中国人民大学出版社，2010年）等著作。发表有《中国出版史研究的回顾与展望》（《出版科学》2002年第3期）、《中华文明的起源与早期传播活动》（《出版发行研究》2009年第4期）、《活字印刷术的发明及其在宋元时代的发展与传播》[《北京大学学报（哲学社会科学版）》2000年第6期]等论文。其研究领域广泛，研究方向偏重于编辑、出版、文化、编辑出版教育等。

1.《中国编辑出版史》的主要内容

《中国编辑出版史》共由10个部分构成。"绪论"主要探讨了中国编辑出版史的学科体系、研究历史和现状、历史分期和总体特点。作者认为，编辑出版史研究应该从社会文化背景入手，重点研究历朝历代编纂机构、编辑活动、著名编辑家、重要出版物及图书的生产过程、形成制度、贸易流通等问题。该书在全面总结我国编辑出版史研究现状的基础上，将我国编辑出版史分为编辑出版萌芽时期（上古至西周）、草创时期（春秋战国）、奠基时期（秦汉）、初兴时期（魏晋南北朝）、发展时期（隋唐五代）、壮大时期（宋、辽、金、元）、兴盛时期（明及清前期）、变革时期（清后期）、斗争时期（中华民国）等。

第一章是"编辑出版的萌芽时期（上古至西周）"。该章主要探讨了文字的产生、图书的起源、早期的文字载体、原始的编辑活动四个方面的内容。作者认为，我国图书起源于夏朝。我国早期的编辑活动起源于商代，以史官的典籍整理为主要标志。第二章是"编辑出版的草创时期（春秋战国）"。该章主要探讨了春秋战国时期的图书编辑活动。作者认为，春秋战国时期是我国编辑活动的草创时期，并重点以孔子为例探讨了大编辑家孔子的编辑活动及其特点，以及战国时期的文献编辑活动。在此基础上，该章还对战国时期的图书形制——竹帛简牍制度进行了详尽分析。第三章是"编辑出版的奠基时期（秦汉）"。该章主要探讨了秦汉时期的图书编辑活动。作者重点分析了两汉时期的图书机构、编校活动、图书贸易、图书形制，并认为两汉时期刘向等人的编校活动最为引人注目，是中国历史上第一次大规模的图书编校活动，不仅对我国后来的图书编辑活动产生了重大影响，还奠定了我国图书分类的方法。第四章是"编辑出版的初兴时期（魏晋南北朝）"。该章主要论述了魏晋南北朝的图书编辑机构、编辑活动、图书收藏与复制、图书发行和图书形制。作者认为，在秦汉时期书籍编辑活动发展的基础上，魏晋南北朝时期图书编辑活动更加活跃，不仅规模剧增，而且编著形式不断创新，出现了类书、别集、总集、韵书、姓氏谱、佛经文献等诸多新的出版物。第五章是"图书编辑出版的发展时期（隋唐五代）"。作者认为，隋唐五代是我国图书编辑出版的大发展时期。该章重点论述了隋唐五代的图书编纂机构、编辑活动、雕版印刷术发明、图书贸易和图书形制,尤其对雕版印刷术的发明进行了深入论述,指出了雕版印刷术发明的条件、时间和意义。"印刷术的发明是中国编辑出版史上的一件大事,也是人类社会发展的一个里程碑,它极大地促进了人类文化和整个社会的进步。"①"有了印刷术,图书才可以说得上'上版',从此开始有了不断发展的印刷出版事业,知识才得以广为传播,珍贵的典籍方可千载流传。"②第六章是"编辑出版的壮大时期(宋、辽、金、元)"。该章重点论述了宋代的图书编辑机构和编辑活动、图书出版事业、图书形制、图书发行,同时还对辽金元时期的图书事业进行了论述。第七章是"图书编辑出版的兴盛时期(明及清前期)"。该章重点论述了明清时期的编辑活动、图书出版、印刷技术、图书形制和图书发行。作者认为:"从明初至19世纪中叶为前期,这一时期从政治、经济到文化方面都出现了兴盛一时、盛极而衰的景象,中国传统的编辑出版事业也随之进入加速发展阶段。"③在谈到这一时期的编辑活动时,作者认为,类书的编纂、丛书的编纂都显示着这一时期图书编辑活动走向兴盛。第八章是"图书编辑出版的变革时期(清后期)"。该章重点论述了近代编辑活动、出版活动和图书发行。作者认为,近代是我国社会大变革时期,也是图书编辑出版的大变革时期:一是出版技术变革深化,二是出版生产方式变革显现,三是出版文化呈现出新的景观。第九章是"图书编辑出版的斗争时期(中华民国)"。该章重点论述了现代图书编辑活动、现代私营出版业、现代印刷技术发展和中国共产党领导的出版发行事业。在谈到这一时期的编辑活动时,作者对这一时期的教科书编辑、书刊编辑、古籍整理、新文学编辑等进行了深入分析,同时,还对这一时期以商务印书馆、中华书局等为代表的现代出版机构进行了详尽论述。

2.《中国编辑出版史》的特征与意义

(1)通史特色,史论结合。《中国编辑出版史》是编辑史研究的通史之作,是对中国编辑出版史研究的总体概括和宏观描述,它以编辑出

---

① 肖东发:《中国编辑出版史》,沈阳:辽宁教育出版社,1996年,第211页。
② 肖东发:《中国编辑出版史》,沈阳:辽宁教育出版社,1996年,第212页。
③ 肖东发:《中国编辑出版史》,沈阳:辽宁教育出版社,1996年,第297页。

版发展的历史演进为线索,全面客观地呈现了中国编辑出版事业发展上千年的历程。这部书在写作的过程中重视史论结合,既强调史的叙述,又重视论的展开,呈现出史论结合的编写特色。比如,在谈到中国图书文献的起源问题时,作者是以学界研究的客观现状为依据,较为审慎地提出自己的观点;在谈到雕版印刷术的起源时,作者也是论述充分,有理有据,逻辑严谨。

(2)编辑出版研究并重。与此前的《中国编辑史》《中国编辑史论稿》等著作不同,该书强调编辑史、出版史研究并重。在谈到一个时期编辑活动的同时,还对其出版活动进行了深入论述,呈现出编辑出版史研究一体化的特色。作为编辑出版史研究的一部力作,该书在深化我国编辑学研究中占有着重要地位,它提出的编辑出版史分期、通史写作体例,编辑出版研究融合的特色,都对它以后的编辑出版史研究起着重要的引领作用。

四、编辑史研究的成就、问题与方向

显然,自20世纪80年代编辑学研究复苏、兴起开始,学界对编辑史的研究就慢慢起步了,20世纪90年代以后,研究的人相对增多,研究的内容也相对丰富,比如,对编辑起源的研究,对编辑史理论的有关研究,对编辑史的系统研究及各个朝代的编辑史、编辑家研究等,成果也相对增多,研究越来越受到重视。

(一)编辑史研究的成就

1. 优秀成果越来越多

编辑史研究尽管没有编辑理论、编辑实务研究成果丰盈,但其成果尤其是优秀成果呈逐渐增多趋势,除了上面提到的一些编辑史研究重要著作之外,研究的文章更是数以千计。在"中国知网"的"中国学术期刊网络出版总库"中,以篇名中含"编辑史""编辑出版史"检索,检出期刊文章分别为62篇和2655篇,研究成果涉及编辑史研究的各个领域,通史、断代史、古代编辑家、近现代乃至当代编辑群体、编辑个案等。研究内容的"扩张",研究领域的拓展,不仅使研究成果丰富多彩、琳琅满目,而且也使优秀文章大量涌现,如刘光裕的《编辑史研究的几个问题》(《编辑之友》1989年第1期)、俞润生的《刘知几对古代编辑史的贡献》(《编辑学刊》1991年第4期)与《对编辑史、出版史的一点想法》(《中国出版》1999年第6期)、吴道弘的《编辑史、出版史研究述评》(《出版科学》2002年增刊)、于翠玲的《媒介演变与文化传播的独特景观——中国编辑出版史的认识价值》[《河南大学学报(社会科学版)》2006年第1期]、杜建华的《2009年编辑史研究概述》(《编辑之友》2010年第10期)、章宏伟的《戴文葆先生与编辑史研究》[《济南大学学报(社会科学版)》2013年第1期]等,都曾在不同时期引起不同的反响。

2. 研究队伍越来越精干

从发表文章的作者情况看,20世纪八九十年代老一代的专家学者居多,如宋原放、林穗芳、蔡学俭、刘杲、邵益文、王振铎、宋应离等;进入新世纪以后中青年作者逐渐脱颖而出,如张积玉、范军、李明山、蔡克难、于翠玲、吴平、李频、阎现章等,尤其是一些年轻博士的加入,更使编辑史研究锦上添花,如吴赟、潘文年、钱永贵、段乐川等,他们不仅把新锐的思想、创新的理念融入编辑史研究中去,而且还使编辑史研究的作者队伍越来越年轻、越来越高端、精干,充满朝气。

3. 发表编辑史研究成果的媒体越来越多

且不说以出版史研究见长的《出版史料》发表的出版史、编辑史研究文章有多少,单就当今最火的"北大核心"和"南大CSSCI来源期刊"来说,无论是具有社科背景的《编辑之友》《出版发行研究》《中国出版》《中国编辑》《出版科学》《编辑学刊》等,还是具有科技背景的《编辑学报》《中国科技期刊研究》等,几乎全都开辟有编辑史研究的栏目。它们作为编辑学研究的主战场、主阵地,推出了大量的编辑史研究文章,成就了不少的研究人才。另外,高等学校编辑出版学专业的师生作为编辑学研究的生力军,高校学报也成为编辑学研究的重要平台,发表的编辑史研究成果也不在少数。以《河南大学学报》"编辑学研究"栏目为例,1985年至今,据不完全统计,就发表编辑史研究文章40多篇,高质量的文章就有《孔子——我国编辑事业的开山鼻祖——兼议我国编辑工作的起源》(1986年第5期)、《刘知几的编辑观——中国第一部古典编辑学〈史通〉述评》(1991年第2期)、《文化价值:宋代编辑繁荣的原因》(1992年第4期)、《略论茅盾的编辑思想和实践》(1994年第3期)、《持之以恒 必有所获——论中国编辑史出版史研究》(2001年第1期)、《中国编辑出版研究学术史简论》(2008年第2期)、《文化传承与智民之梦——21世纪前半期现代化进程中商务印书馆的社会责任观》(2009年第2期)、《论王振铎的编辑学研究及其理论建树》(2014年第1期)、《论宋应离的编辑出版史学研究及其成就》(2014年第2期)等。发表编辑史研究成果的物质载体越来越多元,越来越集中。

(二) 编辑史研究存在的问题

尽管相对于编辑学基础理论研究和编辑实务研究,编辑史的研究显得最为便捷和省力,但在实际的研究过程中却恰恰是编辑史研究存在的问题比较多,也比较明显。

1. 重视程度不够,缺乏建设性研究

相对于编辑理论研究和编辑实务研究来说,学界对编辑史的研究重视程度非常有限,尽管从组织上看,有中国编辑学会下辖的编辑出版史专业委员会,但专业委员会的活动参加的人数少,活动次数也远没有达到常态。重视程度的不够,导致研究力度大打折扣,不管是从出版的专著、发表的文章看,还是从研究力量、研究水平看,与编辑学理论研究、实务研究根本无法相提并论,特别是建设性的优秀之作比较少,这不能不说是一大硬伤。王振铎先生曾在《编辑学研究重在建设:〈中国古代编辑家评传〉序》中指出:"目前,我国的编辑学,在学科建设上,遇到的首要问题,并不是缺乏资料,也不是缺乏'大批判',而是缺乏实际研究的行动,缺乏建设性的理论思考和成绩。我们面对大堆古代和现代的编辑出版资料,却没有下功夫去认真整理、分析、筛选和归纳,没有从中抽绎出富有概括力和说服力的理论。"[1]编辑学研究中的很多争论由来已久,久而不决,究其原因就在于缺少实证性的研究成果作为评判的依据,缺少对中国古代编辑经验和编辑实践的深入总结。因此,在今后的编辑学研究领域中,很有必要提升对编辑史研究的重视程度,加大

---

[1] 王振铎:《编辑学研究重在建设:〈中国古代编辑家评传〉序》,载王振铎:《编辑学理与媒体创新》,开封:河南大学出版社,2010年,第479页。

建设性研究,也许当编辑史研究的成果丰富到一定程度时,理论领域中的一些质疑和歧见也就自然而然地水落石出、不言自明了。

2. 研究力量薄弱,研究成果分散

与编辑学学科中的理论和实务研究相比,目前的编辑史研究,还存在着研究力量薄弱,研究成果分散等一系列问题,不管是典型的个案分析,还是重要的史料解读;不管是系统的通史梳理,还是局部的突围,"点"和"面"的研究都存在着比较大的开拓空间。尤其突出的是编辑史与编辑理论的研究没有充分结合起来,二者间已有研究成果在互为借鉴的使用上也显不足。以历史研究推动理论研究,以理论研究深化历史研究,两者互为动力,互设选题,有机结合,彼此交融的理想状态还需要进一步推动来实现。

(三) 编辑史研究的努力方向

针对编辑史研究中存在的问题,结合编辑学学科的构建和发展趋势,许多学界同人都对下一阶段的研究方向提出了建设性的意见。

中国编辑学会第一任会长刘杲不仅表示"我举双手赞成加强编辑史、出版史的研究",而且还列出了编辑史研究中需要格外注意的几个问题:学术争论问题,编辑史与出版史的关系问题,编辑史与编辑学的关系问题,编辑史与文化史、经济史、技术发展史、政治史的关系问题等。[①] 此外,他还建议扩大编辑史的研究面,进行中外比较研究、期刊出版的研究等。编辑学会第一任常务副会长邵益文认为要坚持用历史唯物主义观点研究编辑史、出版史,对人、对事、对机构和出版物都要实事求是,不搞"炒作";编辑史、出版史的研究著述要大、中、小并举。[②] 靳青万还创造性地提出了加强对少数民族编辑史的研究,加强编辑史

---

① 刘杲:《编辑笔记》,石家庄:河北教育出版社,2006年,第323页。
② 邵益文:《为推动编辑研究和出版繁荣而努力:中国编辑学会第二届常务理事会工作报告摘要》,《编辑之友》,2001年第3期。

与天文历法、音乐艺术关系的研究。① 也就是说,对于今后一个时期的编辑史研究,需要做的是既要重视编辑史研究中的个案研究,又要重视编辑史研究中的系统连贯性的研究;既要注意"点"的突破,又要注意"面"的开拓,加大研究力度,"点""面"结合,全面发展。

总之,我国浩如烟海的文化典籍、丰富优秀的编辑成就是编辑史研究取之不尽、用之不竭的宝藏。只要脚踏实地去研究,认认真真去挖掘,编辑史的研究就不可能不进步、不发展。毕竟在我国编辑学学科建设已有60多年,编辑史研究也有30多年了,有60多年的编辑学研究做依托,30多年的编辑史研究经验为积淀,今后的编辑史研究一定会百尺竿头、更进一步,对此我们充满信心。

原载于《河南大学学报(社会科学版)》2014年第6期;人大复印报刊资料《出版业》2015年第1期全文转载,《新华文摘》2015年第5期论点转载,《北京大学学报》"文科学报概览"2014年第6期论点转载

---

① 靳青万:《编辑学应是一门独立学科:论刘杲先生的编辑学学科思想》,《河南大学学报(社会科学版)》,2012年第4期。

论古籍编撰活动中的编辑思想

吴 平①

思想的意义在于让人们懂得如何利用总结得出的规律来理性地认识问题、分析问题，编辑思想在文籍中的运用即是它价值的实现。从某一方面来说，有公开出版物就有编辑思想，编辑思想在出版物中无处不在。只不过有的思想清晰明确，有的思想粗疏含糊，有的思想隐蔽一些，有的思想则更为张扬一点。编辑思想是编辑观念的集中体现。编辑观念则是人们对编辑工作作为一种社会文化现象和社会文化活动的一般看法和基本观点。研究中国古代编辑思想要建立在对编者及所编作品研究的基础之上，既要看到相同背景下共性的指导思想，也要承认编辑思想归根结底是人的思想，有丰富性和独特性。具体到每一位编辑的编辑思想，是指他对编辑工作的性质、特点、规律、作用、运作过程以及与作者、读者关系等的一般看法。编辑思想家是对客观现实的认识有独创见解并能自成体系的人。编辑思想体系是由若干关于编辑工作意识或编辑出版思想构成的一个整体。

关于中国编辑思想史的研究大多以个体为主，或讨论一本书的编辑体例，或研究某一朝代的编辑思想，或分析某一编辑家的特色等。20世纪80年代，胡光清先生曾在《编辑之友》上发表过《中国古代编辑活动和编辑思想的一般特点》《中国古代编辑发展历程》以及"中国古代编辑思想史论"系列文章，对古代编辑思想进行过比较系统的研究，产生过比较大的影响。吴道弘先生也曾提出将编辑史与编辑思想结合研究

---

① 作者简介：吴平，理学博士，武汉大学信息管理学院教授，博士生导师；武汉大学副校长。研究方向编辑出版学。

的观点。但由于中国编辑思想博大精深,古代典籍浩如烟海,研究的空间和前景非常大。本文拟从古代文籍的内容与形式两方面分析蕴含其中的编辑思想,以期引起大家对该领域研究的关注。

一、文籍内容、性质、类别是历代编辑思想展示的凝聚点

自有文字以来,中国历朝历代文籍汗牛充栋,卷帙浩繁,内容丰富,包括政治、经济、民族、语言、文学、艺术、史学、哲学、法学、外事、科技、农学、医学、方志、民俗、谱牒以及宗教经典等。从一般文字记录到正式图书出版自有必然性和内在联系。从单本文籍到某类典籍,内容、体裁、类别上都可反映出一定的编辑思想,即为什么会产生此类文籍,为什么会出现此类图书,为什么会采用此种编撰方法,等等。

按四部分类法,经、史、子、集各类文献构成了中国历代编撰的文籍,其中蕴含着古代各族人民在生活实践中不断积累起来的宝贵经验教训及其卓越思想、文化、艺术的创造才能。四部分类将"经"列为四部之首,既有着在分类法中使之起到统领作用的原因,更是因为经部图书可以"经天地、纬阴阳、正纪纲、弘道德"①。而编撰经部图书,后者无疑是其重要的指导思想。

《后汉纪》与《汉纪》"立典有五志"的编辑思想不同,强调"通古今而笃名教"。《后汉纪·自序》中说道:"丘明之作,广大悉备。史迁剖判六家,建立十书,非徒记事而已,信足扶明义教,网罗治体,然未尽之。班固源流周赡,近乎通人之作;然因籍史迁,无所甄明。荀悦才智经纶,足为嘉史,所述当世,大得治功已矣。"在此,袁宏分别对《左传》《史记》《汉书》和《汉纪》进行了分析评论,但认为它们对于"名教之本,帝王高义,韫而未叙",即从"笃名教"的编辑思想出发它们是有差距的,因而"今因前代遗事,略举义教所归,庶以弘敷王道"。②

---

① 长孙无忌等:《隋书经籍志》,上海:商务印书馆,1955年,第1页。
② 袁宏撰,周天游校注:《后汉纪校注》,天津:天津古籍出版社,1987年,"原序"第2页。

（一）经部：传承经学、弘扬儒家的编辑思想

孔子整理的《易》《书》《诗》《礼》《乐》《春秋》"六经"是经书出版的滥觞。在秦朝末年，《乐》虽遭亡佚，"六经"不幸成了"五经"，但并没影响该部图书在其后书籍出版中的主要地位，经类书籍出版在整个封建社会里一直占据着绝对的中心位置。汉武帝刘彻在"罢黜百家，独尊儒术"思想指导下，极力推崇儒家学说，儒家经典上升为社会统治思想，更推动了经书编撰与出版。随后，《礼》一分为三，《周礼》《仪礼》《礼记》在社会上出现。为了深入阐发《春秋》微言大义，又产生了"左氏""公羊""谷梁"三传，经书由"五经"发展成为"九经"。东汉熹平四年（公元175年），用刻石的方法向天下人公布经文范本，订误正伪，平息纷争，64块"熹平石经"公开"出版"，成为儒家经典教材的范本。唐太和七年（公元833年）至开成二年（公元837年），《周易》《尚书》《毛诗》《周礼》《仪礼》《礼记》《春秋左氏传》《公羊传》《谷梁传》《孝经》《论语》《尔雅》再次刻石，北宋中叶又将《孟子》升为一经，"十三经"得以形成。

经、史、子、集四部书中，称之为"经"书者共13部，约65万字，虽然数量不是很多，但历代释经的著述近万种。这些著述均以阐述经典为主题，在岁月流逝中也成为后人遵从的"经"。所有这些"经"书编辑的缘由无不受一定的编辑思想左右，所有这些"经"书起始的背后无不有推动其出版的力量。正如欧阳氏作《诗本义》15卷，其缘由即是"察其美刺，知其善恶，以为劝诫，所谓圣人之志者本也。求圣人之意，达诗人之旨者，经师之本也"①。它们也成为出版史上一道独特的风景。

东汉以后，思想文化领域发生了很大变化，经学的地位得到了巩固，玄学家不得不依附"六经"、《论语》来发挥玄理，佛教徒不得不尊崇孔子，努力使儒佛合流。即使是在"异说"最兴盛、思想最开放的魏晋南北朝，经学的地位也不曾动摇。在"今文经"学与"古文经"学、"郑（玄）学"与"王（肃）学"的论战与对立中，《尚书大传》《韩诗外传》《春秋繁露》《白虎通德论》《圣证论》《五经正义》等许多著作纷纷出版。特别是作为

---

① 钱曾撰，丁瑜点校：《读书敏求记》，北京：北京书目文献出版社，1983年，第6页。

官方教材的《五经正义》，以"疏不破注"为原则，革除儒学多门、章句繁杂之弊端，逐字、逐句、逐章解释原典，折中南、北学各派观点，形成经义统一的经学。后经官方颁定后，成为士子习经和科举考试的统一标准，也标志着经学史上一统局面的形成。

宋代朱熹在"六经为我"思想指导下编撰了《四书集注》，出版了《易本义》《诗经集传》《尚书集传》《礼记集说》等区别前代笺注之学，注重并最终形成了义理之学——"宋学"。唐宋时期，《周易正义》《尚书正义》《毛诗正义》《周礼注疏》《论语注疏》《春秋公羊传注疏》等形成《十三经注疏》合刊本，对其后的思想文化产生了深远影响。明末清初，顾炎武、黄宗羲等在"经世致用"编辑思想指导下，"凡文之不关于六经之指当世之务者，一切不为"①。打破传统经学教条，主张经学与社会现实结合起来，形成考据经书，研讨训诂的所谓"乾嘉学派"。在这种社会风尚下，《尚书古文疏证》《易图明辨》《诗毛氏传疏》《周礼正义》《仪礼正义》《春秋左传正义》《论语正义》《孝经注疏》《尔雅正义》《尔雅义疏》《孟子正义》等纷纷问世。

《四库全书》类目反映出这种高度弘扬儒家著作的精神，儒家著作被放在突出的位置，儒家经典被放在四部之首，其"经"部包括易类、书类、诗类、礼类、春秋类、孝经类、五经总义类、四书类、乐类、小学类十个大类；礼类又分周礼、仪礼、礼记、三礼总义、通礼、杂礼书六属；小学类分训诂、字书、韵书三属；即使在子部中也把一般儒家著作放于子部之首。经书出版取得如此之成就，首先是代表国家意志的出版思想十分强势，"机神之妙旨，圣哲之能事"，"显仁足以利物，藏用足以独善"，统治者充分认识到尊儒重道的重要性，大力倡导"学之者，将殖焉；不学者，将落焉"，"仁、义、礼、智"能治国也。在这种儒家思想为正流的积极引导下，在历代统治者的支持与推崇下，"经"类出版物的兴盛也就不足为奇了。

（二）史部：蕴含思想、富有特色的编辑方法

"古者天子诸侯必有国史"，故中国古代史籍文献极为丰富。据梁

---

① 吴枫：《中国古典文献学》，济南：齐鲁书社，1982年，第91页。

启超《中国历史研究法》估计"应在十万卷以外"。公元前722年,编年体史籍《春秋》问世后,"摭《春秋》之文以著书"者"不可胜纪"。① 墨子曾说:"吾见《百国春秋》。"②闵因说:"昔孔子受端门之命,制春秋之义,使子夏等十四人求周史记得百二十国宝书。"③这"百二十国宝书"即是鲁、齐、晋、秦、楚、宋、卫、陈、蔡、曹、燕等各王国的史籍。可惜,"秦灭先王之典",存之甚少。中国封建社会官修史书从汉武帝建元年间设置太史公开始,历朝都有专门机构、专门人员修撰史书。除此之外,私人修史也十分普遍,这不仅丰富了史籍数量,也提高了史籍的地位。从古籍分类类目上来说,史学从六艺略春秋类的"附庸"迅速膨胀,逐渐独立,地位紧接经部。

史书编撰体裁十分有特色。纪传体、编年体、纪事本末和历代政治制度类史籍的编写方法客观地记录了大量史实,真实客观,公正可信。

纪传体创始于西汉司马迁的《史记》。此后,历朝历代纂修的正史都以此为典范。正史即是由宫廷史官记录的有别于民间野史的、以为人物立传的方式来记叙史实的史书。纪传体分本纪、列传、世家、书、表、志等部分。"本纪"用来叙述帝王,"世家"用来记叙王侯封国和特殊人物,"表"用来统计年代、世系及人物,"书"或"志"用来记载典章制度,"列传"用以记载人物、民族及外国。无论是《史记》《汉书》《后汉书》《三国志》"四史",《晋书》《梁书》《宋书》等"十三史",还是增加有《南史》《北史》《新唐书》《新五代史》的"十七史",明朝国子监刊刻的"二十一史"以及开明书局影印的"二十四史"等,都属纪传体。《史记》开创了中国通史纪传体的编辑方法。对传说中的黄帝以及汉武帝(太初四年)约三千年间的历史按本纪(12篇)、表(10篇)、书(8篇)、世家(30篇)、列传(70篇)五大部串联起来,共计130篇,约52万字。

南宋郑樵的《通志》是一部纪、传、表、志俱全的大型纪传体通史,取

---

① 司马迁:《史记》卷14,上海:上海古籍出版社,1997年,第358页。
② 任继愈、李广星主编:《墨子大全》第81册,北京:北京图书馆出版社,2004年,第789页。
③ 何休注,徐彦疏:《春秋公羊传注疏》,上海:上海古籍出版社,1990年,第7页。

名《通志》实为"通史"之意。《通志·总序》解释说:"古者记事之史谓之志……今谓之志,本其旧也。"从郑樵的史学实践来看,其纪传部分仅是"即其旧文,从而损益",大抵只是删录袭用诸史旧文,并无多大价值。其创新部分主要在《二十略》。《四库提要》论之云:"大抵门类既多,卷繁帙重,未免取彼失此。然其条分缕析,使稽古者可以案类而考。又其所载宋制最详,多《宋史》各志所未备,按语亦多能贯穿古今,折中至当。虽稍逊《通典》之简严,而详赡实为过之,非郑樵《通志》所及也。"

关于"食货"门,《通典》位置靠前;《通志》移之于"选举""刑法"之后;《文献通考》列为全书之首,且增加8门之多,说明马端临对国家经济比杜佑、郑樵更为重视。《通典》中的"礼典"共100卷,占全书篇幅1/2,而《通考》之《社郊考》三门才60卷,不及全书1/5。又《兵考》一门,详列古今兵制沿革,使《兵典》只叙用兵方法的偏差得到改正。相比之下,《通考》特色更为鲜明。

以司马迁《史记》为代表的纪传体史书确立了"以人为中心"的编纂理念,将"通古今之变""述往思来"作为编辑目的和要求,成为其编辑思想的核心,引领中国史学发展进入了一个新时代。至班固《汉书》,"网罗一代""述叙汉德"再创纪传体史籍的编辑方法,也成为后世编纂皇朝史籍的范本。在魏晋南北朝隋唐时期,以"修史取鉴""治心治世"为编辑思想,使纪传史籍纂修日趋伦理化。至宋元,纪传体史籍编辑思想出现了强烈的"正统"之争。随即,"国灭史不可灭"的编辑观念占据上风,直至明清。

编年体是以帝王为中心,按年代顺序记载有关事件的一种史书编辑方法。《实录》即是编年体史书的一种体裁,是按在世皇帝的年号顺序记录所发生事件的。第一部编年体史书《春秋》在公元前5世纪初由孔子编成,采用"以事系日,以日系月,以月系时,以时系年"的编撰方法,记载当时各诸侯国官方的历史,这就是所谓的"百国春秋"。宋代司马光编纂的《资治通鉴》是现存编年体史书中影响最大的一部,共294卷。司马光用了19年的时间(1066—1084年)得以完成。上至周威烈王二十三年(前403年),下至五代周世宗显德六年(959年),司马光将1362年的历史综合成一部以年为经、以事为纬的大型编年体通史巨著,按时间先后记述了自战国至五代错综复杂的历史事件的发生、发展和最后结局,历史人物栩栩如生,典章制度一目了然,各种史实详略分明,成为编年体史书发展相当成熟的标志。

编年体史书的编辑思想既有继承性又有创新性。从《春秋》的"史法""史义",《左传》的叙事与论史的有机结合,到荀悦"通比其事,例系年月"的《汉纪》、司马光"因丘明编年之体,仿荀悦简要之文"和"叙国家之兴衰,著生民之休戚"的《资治通鉴》,再到朱熹《资治通鉴纲目》的"纲举目张""义理为重""辨明正统",编辑思想发展脉络十分清晰。

纪事本末是以事件为中心的史著编辑方法。每事一题,为一专篇,把分散的材料按时间先后加以集中叙述,兼有编年体和纪传体的优点,详于记事,方便阅读。它创立于南宋袁枢的《通鉴纪事本末》。据载:"纪传之法,或一事而复见数篇,宾主莫辨;编年之法,或一事而隔越数卷,首尾难稽。枢乃自出新意,因司马光《资治通鉴》区别门目,以类排纂。每事各详起讫,自为标题。每篇各编年月,自为首尾。始于三家之分晋,终于周世宗之征淮南。包括数千年事迹,经纬明晰,节目详具。前后始末,一览了然。"①此种编辑方法一目了然。纪事本末体史书编纂从袁枢《通鉴纪事本末》的"区别其事而贯通之",到陈邦瞻《宋史纪事本末》的"论次宋事而比次之",再到谷应泰《明史纪事本末》的"广稽博采,勒成一编",编辑方法和编辑思想的变化十分明显。

史籍中,这三种编辑方法占主导地位,各有利弊。纪传式的编辑方法有利于政治、经济、文化等多方面的情况记载,广泛地反映社会各阶层人物的事迹,却将一件事分散于本纪、列传、世家、书、表等各部之中,不能完整、连贯地表述某一历史事件,对事件之间彼此的联系阐述不够。编年体的编辑方法有利于考查事件发生的时间,了解事件之间的联系,也能避免叙事重复,却囿于按年月分列杂陈,不能集中叙述每一历史事件的全过程,如果不能按年月编排的事件则难以载入,且往往详于政治事件而忽略经济文化。纪事本末体的编辑方法最大的优点是每一历史事件独立成篇,各篇按时间顺序编写,能够完整地反映历史事件的全过程,但这一体裁不能表明同一时期各个历史事件的联系。三种

---

① 纪昀总纂:《四库全书总目提要》,石家庄:河北人民出版社,2000年,第1338—1339页。

编辑方法各有千秋,在中国历史典籍编撰中共同发挥了秉笔直书、记载史实、说明史实的作用。

史部图书中,除上述三种主要编辑方法外,有关历代文物典章制度的书籍采用的编辑方法大致相同。被后人合称为"三通"的《通典》《通志》以及《文献通考》的编辑方法也十分有特色。历代学者认为《通典》以精密见称,《通考》以博通见长,而"虽稍逊《通典》之简严,而详赡实为过之。非郑樵《通志》所及也"①。各有独到之处,不可偏废。

唐杜佑的200卷《通典》内分食货、选举、职官、礼、乐、兵、刑、州郡、边防9门,下属1584个子目。每目之下按朝代顺序记述。这9门的排列顺序何在前、何置后渗透的编辑思想颇有讲究:国家的经济措施、选举制度、政府机构三者至关重要,所以"食货""选举""职官"置于前;"礼乐"与"兵刑"2门,一个是维护统治的辅助性手段,一个是保卫统治的强硬举措,均十分重要且不可或缺,故居中;全国的行政区划以及四方邻国,是国家稳定和安全的后盾,"州郡""边防"于是置后。通观全书,食货、选举等9门构成一个完整的体系。编辑思想蕴藏于编辑方法,编辑方法体现了编辑思想。在典章制度的记载中,《通典》往往援引前人有参考价值的议论,取材广博,史料丰富,仅据其注明出处者就有248种。《四库全书总目提要》称其:"博取五经群史及汉魏六朝人文集奏疏之有裨得失者,每事以类相从,凡历代沿革,悉为记载,详而不烦,简而有要,原原本本,皆为有用之实学,非徒资记问者可比。考唐以前之掌故者,兹编其渊海矣。"于是杜佑在诸篇之首都冠以序言,标出"说曰""议曰""评曰"申明己见,作进一步的解释,这些序、说、议、评集中反映了杜佑的编辑思想。

宋朝末年马端临在《文献通考》"自序"中说:"凡叙事,则本之经史,而参之以历代会要,以及百家传记之书,信而有证者从之,乖异传疑者不录。""凡论事则先取当时臣僚之奏疏,次及近代诸儒之评论,以至名流之燕谈、稗官之纪录,凡一话一言可以订典故之得失,证史传之是非者,则采而录之。"以此说明何以是"文",何是为"献"。从中可清楚地表

---

① 纪昀总纂:《四库全书总目提要》,石家庄:河北人民出版社,2000年,第2124页。

明马氏对历史记载的态度,即如何处理史书经传与百家流言的不同,如何更正经书上疏漏的记录,如何考证史书传记中言语的谬误,等等。马端临的《文献通考》"效通典之成规",并加以继承发展。天宝以前,"则增益其事迹之所未备,离析其门类之所未详";天宝以后至宋嘉定之末,"则续而成之",对于《通典》没有论述的经籍、帝系、封建等门类"采撷诸书以成之"。①《文献通考》在《通典》9门基础上扩充为24门:田赋、钱币、户口、职役、征榷、市籴、土贡、国用、选举、学校、职官、郊社、宗庙、王礼、乐、兵、刑、经籍、象纬、帝系、封建、物异、舆地、四裔。前19门仿《通典》成规,后5门为《通典》原书所无,依据其他材料新增。

典制体史书从杜佑的"征诸人事,将施有政"和"统括史志,会通古今",到郑樵的"会通之义,自得之书",再到马端临探讨的"变通张弛之故",恰好反映了典制体史书编辑思想的发展进步。

史部各类对后世产生的影响很大,比如谱牒。上古时期,家谱只为君王诸侯和贵族所独有,是为袭爵和继承财产服务的,魏晋以后,选官、婚姻以至社会交往都要看门第,于是谱牒兴盛,到了宋代,民间开始编撰家谱,主要为了尊祖、敬宗、睦族,至明清两代,家谱修撰的结构已基本定型。完整的谱牒,记载了某一家族在一定历史时期的政治、经济、文化状况,不仅有本族世系和重要人物的事迹,还记载了与家族有关的重大历史事件以及与家族相关的地方风俗习惯、名胜古迹、年节来历等,具有十分可贵的史料价值。《明太祖乡谱诏》云:"朕承天底定,抚辑承民,宵肝兢兢恐难保,又咨尔意兆,各具天良,务立矩,度之防快,睹维新之命,溯芳规于及祖考,懿行于前贤,敦厚本原,懋昭上理,虽扎乐俟诸世以而孝弟木,诸人心苟能自克振拔,则可治之,不淳如或即此奋心,亦何不古,率土钦哉,毋负腾意。"其意为从家谱中追本溯源,从祖先父辈那里寻找治国之道,实行前辈的德贤,忠诚本源。元代著名学者柳贯曾说过:"大抵家之有乘,犹国之有史,郡邑之有志也。史不修,则国之治乱兴亡,不可得而见,志不纂,则郡、邑之政治得失,人才出处不可得而见,然郡、邑之与国、家一理也。"(《柳贯诗文集》)清代著名史学家章学诚也说过"夫家有谱、州有志、国有史,其义一也",把家谱与国史、方

---

① 马端临:《文献通考》,北京:中华书局,1986年,第3页。

志相提并论。

（三）子部：由独立的思想流派发展成经学附庸

子部书是以先秦各派学说思想体系为主的儒家、墨家、道家、名家、法家、阴阳家、纵横家、农家、杂家九个学术思想流派和一个小说家流派为主体形成和发展起来的，它产生于春秋战国时期的诸子百家著作。

子部书籍在各古籍分类法中的位置上下动荡，或紧跟经部，或在史部之后，这反映出各朝代及目录编辑者对其地位重要性认识的态度。

《汉书·艺文志》中首列"六艺略"，著录易、诗、书、礼、乐、春秋、论语、孝经、小学九类图书，它们都是儒家经典或与儒家经典有关的著作，体现了汉武帝"罢黜百家"之后，儒家经典在政治、学术上的指导作用，故被安排在最突出的位置，单独为一略；紧随其后的是"诸子略"，主要反映诸子思想流派和小说家流派，著录儒、道、阴阳、法、名、墨、纵横、杂、农、小说十家著作，此时，西汉去古未远，诸子书保存还比较多，西汉后期虽尊崇儒学，但对诸家学说也还是兼收并蓄的，不像后世那样极端，故诸子列在第二大类。西晋荀勖的《晋中经簿》将六略改为四部，即甲部录经书，乙部录子书，丙部录史书，丁部为诗赋等，经部之后即是子部，位居第二。东晋李充所编《晋元帝书目》根据当时古籍的实际情况，将史书改入乙部，子书改入丙部，位于类列第三。南朝宋时王俭编《七志》，将"诸子类"列于第二。梁阮孝绪撰《七录》，将"子兵书"列为第三项。

《隋书·经籍志》排列经、史、子、集四部，这部实际上由唐初名臣魏征所编的目录，正式标注经、史、子、集四部的名称，细分为四十个类目。经、史、子、集四部分类略具雏形，子部位居四部之三，为四部分类中重要组成部分之一。从此，四部分类法以及子部序列为大多数史志、书目所沿用。其子部包括儒、道、法、名、墨、纵横、杂、农、小说、兵、天文、历数、五行、医方十四类。至清编撰《四库全书》，巩固、统一了四部分类名称及序列。《四库全书》中子部包括先秦诸子、两汉经学、魏晋玄学、宋明理学、清代朴学等著述及部分佛教类、道教类、古代小说等十四大类。

从"诸子略"第一，到甲部之后乙部子书，再固定经、史、子、集，子书范围不断扩大，数量不断增多，地位却不稳定。汉武帝以前，子书地位与儒家经典齐名，汉武帝之后，"罢黜百家，独尊儒术"，经学地位直线上升,子部书籍升降矛盾,隋志之后,降为第三。这充分说明在封建社会,除儒家经典之外,其他一切学问都是经学的附庸,从统一图书类目到统一社会思想。由于经学成了仕途的敲门砖,文化成了士族的专利品,诸子学说逐步衰落了,作为实用技术的军事、天文、数学、机械、医学等也受到鄙视,著作日益减少。这种变化发人深省,固然反映出封建统治阶级对儒家经典的重视和对百家思想之流派的滞视,同时,也是此种意识在目录类书籍编辑中的具体体现。

(四)集部:作品内容与创作手段即编辑思想的体现

集部图书主要指古代诗文词赋的著作,如《乐府诗集》《古诗集》《全唐诗》《古文观止》等。它来源于《七略》中的"诗赋略",只是"诗赋略"只包含辞诗赋,没有包含诸子散文、小说,后者归入了"诸子略"。南朝梁阮孝绪说:"顷世文词总谓之集,变翰为集,于名尤显。"①他于《七录》中设"文集录",分楚辞、别集、总集、杂文四类,专用于著录文学作品。《隋书·经籍志》改《七录》"文集录"为"集",成为四部分类法中的集部,分为楚辞、别集、总集三类。《宋史·艺文志》的集部在上述三类外又加了文史一类,专用于著录诗文评、史评类的典籍;《明史·艺文志》收断代的别集、总集、文史三类书籍;直至清《四库全书总目》,下分楚辞、别集、总集、诗文评、词曲五类,成为中国文学书籍归类的最后总结。

集部类目从春秋战国时代诸子百家形成之始,鲜明的学术观点反映在文学作品中,随之形成了不同的学术和文学派别。诸子散文大都立论鲜明,言辞犀利,感情丰富,表达方式灵活,具有很强的感染力。魏、晋以后,个人文集及总集、选集的编纂日益兴盛,这些选集、别集虽然主要是文学作品,但不仅有诗赋,也有政论、奏表、杂文等。唐以前的大部分文集已经散失,保存下来的极其有限。据齐鲁书社《中国古典文献学》作者所说,上海图书馆编辑的《中国丛书综录》中,统计唐朝文集共有278种,约在千卷以上;台湾《宋人传记资料索引》中,统计宋代文

---

① 袁咏秋、曾季光主编:《中国历代图书著录文选》,北京:北京大学出版社,1997年,第177页。

集见于著录的有700余种,陆峻岭编的《元人文集编目分类索引》统计元朝总集、别集、文集等共324种;①明清文集占历代文集总量的90%以上,明人约2000种,清代约5000种。纵观文集,其内容既涉当代掌故,又关前哲事实;既可厘清学术流别,也可把握群籍义例;既可考证古刻源流,又可核史传差误,牵涉历代社会政治、经济、文化、民族、中外关系等方方面面。

文集确有代表性,历代文编更是编辑思想的集中代表。集部书籍编辑思想集中体现在出版文籍之内容、文编篇章之选择和对笔记小说的充分肯定等方面。

每部书编辑之缘由是分析其编辑思想的有效途径。然而,古籍历史久远,许多集部书籍由谁编辑、是谁出版掌握不易。但分析已出版作品的内容形式,也可了解编辑意图,有利于把握编辑思想。

集部书籍中有许多属"圣贤发愤之所为作",既是作者反映心绪的工具,也与编辑思想有相通的关系。《史记·太史公自序》中说:"夫《诗》《书》隐约者,欲遂其志之思也。昔西伯拘羑里,演《周易》;孔子厄陈蔡,作《春秋》;屈原放逐,著《离骚》;左丘失明,厥有《国语》;孙子膑脚,而论兵法;不韦迁蜀,世传《吕览》;韩非囚秦,《说难》《孤愤》;《诗》三百篇,大抵贤圣发愤之所为作也。此人皆意有所郁结,不得通其道也,故述往事,思来者。"司马迁《报任安书》亦说"退论书策,以舒其愤,思垂空文以自见",均是如此。集部书籍中也有许多真实地反映了现实生活,如《诗经》《楚辞》《聊斋志异》《红楼梦》等。笔记小说反映的内容十分广泛,有历史琐闻、考据辨证,也有杂俎传奇。

文编是按照一定的原则和方法对一类或多类文集进行的汇编。如清代,从700余奏议、文集中选录有关经世致用的文章2236篇,首列学术、治体、吏政、户政、礼政、兵政、刑政、工政八大类,大类下再分子目。正文前列"姓名总目"三篇,介绍被选录各家的简历及其著作,无文集、奏议而选自他书的话也作说明。文编刊行后产生了很大影响,翻刻者不断,并出现了许多补编、续编和新编本。

《全上古三代秦汉六朝文》是中国上古至隋代文章之总集,清代严

---

① 吴枫:《中国古典文献学》,济南:齐鲁书社,1982年,第111—112页。

可均辑校。全书741卷,收作者3400多人。嘉庆十三年(1808年),清朝开馆编辑《全唐文》,严氏认为仅唐一代文籍不够,还应包括唐以前文章,发愤独自编纂,27年后终于完成。该书收录范围包括别集、总集、史书、类书、金石、拓片,等等,广搜博采;全书以"文"为编选对象,载文而不载诗;所有"文"按朝代先后排序,分为《全上古三代文》至《全隋文》十四集,有些朝代不明的文章,单列《先唐文》一集,与清代官修的《全唐文》相接。同一朝代的作者,以帝后、宗室、贵族、百官、群雄、士庶、列女、释道、阙名等次序排列。由此,可知集部书籍的编辑,乃是对现实书籍编辑内容的补充,因对现实文编之不满足,感觉不完整,故另起炉灶。无论出于何种目的,文编都自有一套编辑方法,且均十分得当,为后世文编奠定了较好的基础。

  集部书籍中,笔记小说占有相当重要的位置,出版中的数量与质量都带有编辑关注的独特眼光。笔记小说是中国小说的鼻祖,是一种带有散文化倾向的小说创作形式,它兼有"笔记"和"小说"的特征。如果认可考据辨证性质的书籍就是笔记小说的话,笔记小说汉代就已经出现。如班固的《白虎通义》等。魏晋南北朝时期,集部的主体——"小说"开始具备一定的雏形,志怪类小说大量出现。如干宝的《搜神记》、葛洪的《西京杂记》、刘义庆的《世说新语》等,均被后世称为笔记小说。唐代笔记小说"虽尚不离于搜奇记逸,然叙述宛转,文辞华艳,与六朝之粗陈梗概者较,演进之迹甚明,其尤显者乃在是时则始有意为小说"①。宋代笔记小说十分发达,小说辨证类的笔记,真实可靠。明清时代,小说的发展可与任何一个朝代媲美。明代胡应麟将小说分为志怪、传奇、杂录、丛谈、辨订、箴规六大类,范围更加广泛。清代,纪晓岚的《阅微草堂笔记》和蒲松龄的《聊斋志异》使笔记小说重放异彩。纪晓岚的《阅微草堂笔记》叙述带有白描性质,清新、流畅,是一种文人化的笔记小说。蒲松龄的《聊斋志异》表现出浓厚的民间文学色彩,用夸张的情节和细节描绘出非凡的鬼狐世界,借用寓言产生象征意义,人物形象浓墨重彩,语言个性,特色鲜明。

  总之,书籍出版是作者与编辑(编著合一的情况下二者合一)将编

---

① 鲁迅:《中国小说史略》,北京:人民文学出版社,1952年,第75页。

辑思想与书籍内容有机地结合在一起的结果。书籍内容只有与编辑思想相一致时才可能得到进一步的整理、印制，否则不能进入出版环节。经、史、子、集各部的编辑意识，或反映在具体图书的选题中（如总集、别集的形成），或表现在编辑手法上（如史部文籍独特的编辑方法），或互相衬托（子部地位的上下衬托经部突出位置），或众星拱月（经部图书日益扩大的范围和强势），正是鲜明的编辑思想才使得书籍具有生命力、影响力和收藏流传价值。

二、图书形式、体例结构是编辑思想的集中体现

（一）图书形制是内容的反映，也是编辑思想的凝练

古籍是知识的载体，文化的结晶，也是可供鉴赏的文物。欣赏理解古籍的魅力，人们多是从内容出发，无论单张文籍还是多页装订本，内容的价值毋庸讳言。然而，形制上的内在意蕴也是妙趣无穷的。一些古籍善本雕刻精致细腻，设色沉穆古雅，字字分明、页页生辉，散发出浓郁的艺术气息。书籍形式美自有其生长的环境。如当人们欣赏书法名家写刻的本子时常常会被其精美的书法艺术所陶醉，而书法艺术之外还有多方面的内蕴也是可以回味的：字体字形与内容结合的适合度，文字与版框之间的和谐关系，版框、开本等形制本身的艺术欣赏性，正文与注文是否用不同的颜色加以区别、线装是六眼订还是八眼订……编辑多会追求印刷外观的整体效果。在中国古籍印刷中纸墨的构成也是考虑的重要元素。纸墨是否精良，是否初次印刷，用的何时何处产的墨，等等，这些也决定着书籍产生的时代。因为古籍的古色古香随时代而有所不同，宋刻墨色香淡，元代用墨则多不如宋，明清更次之，虽然也有刻印俱佳者，但用的是调和出来的墨。

图书形式是图书当然的组成部分。所有出版物都有形式。图书形式是图书美的要素。先秦，人们在契刻的龟板上，捉刀为笔，用挺拔的力度将文字刻画在材质上，刻痕入木，凸凹清晰，极具立体感，形式美分外突出。这些刻印出版的书籍流传至今，已不仅仅是普通的书籍了，同

时也是文物和珍贵的艺术品。但其编辑思想依然随处可见。历史文籍除阅览、收藏功能之外也还有巨大的研究功能,更具增值潜能。再如商周时期依附在青铜器上的铭文,镌刻的方位、字体与器皿上的纹饰、图形相互呼应,精致和谐,世代相传,也一定程度上代表了编辑的思想。

(二) 不同载体的文籍,材料使用与编辑思想保持统一风格

图书形制是编辑思想的反映,是编辑思想在形式方面的具体体现。当编辑有了清晰、系统的策划思路后,会将书籍的开本、使用材质、封面表现手法等一以贯之地表现出来,形成与内容一体的出版物。现代书籍设计如此,古籍亦然。如过去称之为"卷"的,有卷轴装的,也有帛书的。帛书曾记皇室贵胄之言行,也用于祭祀祖先和神灵,而称作"卷"的书中除一部分儒家经典外,还有天文、历法、医卜等著作。《墨子·明鬼篇》上说:"故先王之书,圣人之言,一尺之帛,一篇之书,语数鬼神之有也。"虽然不是直接地记载编辑思想,但透过它的内容可知它多是比较重要的书籍。于是,在帛书上或织或画上"朱丝栏""乌丝栏",有红有黑,有界行有栏框,既整齐美观,又便于书写,可谓书籍思想在内容与形式上的有机结合。

中国古代文籍中无论何种载体的形制都与编辑思想、文籍内容有不可分割的联系。上述帛书如此,即使是石头制成的碑碣亦然。唐初,诏命经学大师贾公彦、孔颖达订正经籍。至文宗大和年间,在郑覃、唐玄度的建议下,依汉故事镌石太学,计有《周易》等12种经书。共刻114块碑石,每石两面刻,共刻经文650252字。每碑经石高约1.8米,面宽0.8米。下设方座,中插经碑,上置碑额,通高约3米。开成石经的版面格式与汉魏石经不同,每碑上下分列8段,每段约刻37行,每行刻10字,均自右至左,从上而下,先表后里雕刻碑文。每一经篇的标题为隶书,经文为正书,刻字端正清晰,按经篇次序一气衔接,卷首篇题俱在其中,一石衔接一石,故不易凌乱。可见当年刻石颇费思量,其形制也与"经"之内容相合。

(三) 编辑思想十分明确的图书在外观形态上也具突出个性

中国历来都有尊儒重教的传统,无论官方还是普通百姓都对图书

怀有敬畏、崇拜之心。这种心情反映在书籍编撰思想中也就将它作为一重要的工作认真对待，如明成祖朱棣为了炫耀文治，笼络士大夫，即位不久便修纂书籍，并清楚地说明了修纂宗旨："天下古今事物，散载诸书，篇帙浩穰，不易检阅，朕欲悉采各书所载事物，类聚之而统之以韵，庶几考查之便如探囊取物……尔等其如朕意，凡书契以来，经史子集百家之书……备辑为一书，毋厌浩繁。"①显然，编撰《永乐大典》即是想得到一部大型类书。在这种编辑思想指导下，它的外观构造、编排形式都统一考虑。如认为"统之以韵"方能易于考察，毋厌浩繁、备辑众书方能达到"如探囊取物"之目的。这种编辑思想直接影响到《永乐大典》的修纂体例，它以《洪武正韵》《回溪史韵》为纲，依照"用韵以统字，用字以系事"的方法，按韵分列单字，单字下详注音韵训释，备录篆、隶、真、草字体，然后列出含有该字的词汇。它全面采摘书契以来的百家之书，编排成为一部大部头的书。希望将各种典籍中的有关资料，一字不改，整段整篇，甚至整部编入以满足"探囊取物"。

如此一部编辑思想十分明确的书，在外观形态上自然也有十分高的要求。全书采用包背装，四周双边。每半页8行，大字单行十四五字，小字双行不顶格28个字。版心上下均为大红口，红鱼尾。边栏、书口、象鼻、鱼尾都为手绘。上鱼尾下题"永乐大典卷×××"，下对鱼尾间写页次。版式结构上看庄重大方，疏密得当。全书正文为墨色，引用书名及书口文字用红色，红黑鲜明，便于阅读。载体材料采用的是厚度均为0.12毫米的白棉纸，洁白柔韧。除标题首字用多种篆、隶、草体书写外，正文为楷书，端正整齐，洒脱精神，成为写本中之精品。在插图方面，人物故事、博古器物、宫室建筑、园艺花木、山川地图等，均用传统白描笔法，生动逼真，工致精美，极具美感，与内容相互呼应，融为一体，也更加强化了《永乐大典》的编辑思想。

再如，历史上最大的一部官修丛书——《四库全书》，是清乾隆三十八年(1773年)专门设四库全书馆修撰的。当时，任命皇室郡王及大学士16人为总裁，六部尚书及侍郎为副总裁，下设总纂官、总阅官、总校

---

① 杨士奇：《明太宗实录》，台北：台湾中研院历史语言研究所，1962年，第393页。

官等300多名,缮写人员数千名,历10年工夫得以完成的。乾隆三十七年谕曰:"朕稽古右文,聿资治理,几馀典学,日有孜孜。因思策府缥缃,载籍极博,其钜者羽翼经训,垂范方来,固足称千秋法鉴,即在识小之徒,专门撰述,细及名物象数,兼综条贯,各自成家,亦莫不有所发明,可为游艺养心之一助……或逸在名山,未登柱史,正宜及时采集,汇送京师,以彰千古同文之盛。其令直省督抚会同学政等通饬所属,加意购访,……家藏抄本,录副呈送。庶几副在石渠,用储乙览,从此四库、七略益昭美备,称朕意焉。"对于这部可以代表官府修史水平的巨著,当然会在美观与实用上考虑。为了便于识别,采用分色装潢,经部绿色,史部红色,子部月白色(或浅蓝色),集部灰黑色。四部颜色依春夏秋冬四季而定。而作为全书纲领的《四库全书总目》则采用代表皇权的黄色。从认真程度上看,尽管是在全国征集的数千文人学士,又耗时10年,然而,工整的正楷抄书,连同底本共8部字体风格均端庄规范,笔笔不苟,如出一人。所以,无论是内容上还是形式上编辑思想都是十分明确的。当然,它看似"稽古右文",实则"寓禁于征",在整理文化的同时也摧毁了一部分最具有爱国思想的文化典籍。

《天工开物》的编次反映了"贵五谷而贱金玉"的编辑思想。书中首排与食衣有关的农业各章,其次是工业各章,最后是有关珠玉部分,重农、重工、重实学的编辑思想体现无遗。全书有文有图,文字简洁,插图生动,别具一格。123幅插图展示了工农业方面有关器物的生产过程,像提花机、钻井设备、轧蔗机、大型浇注锤锻千斤锚、阶梯式磁窑、玉石加工磨床等。所绘内容结构准确,比例恰当,立体感强,依其图样与数据,即可将所绘的各种机械设备重新制造出来。全书除个别章节引用前人著述外,绝大部分内容都是作者在南北各地调查所得,从生活资料、生产资料到民用机械、国防武器,应有尽有,"穷究试验"的研究方法对所述技术给以理论上的解释,使之区别于一般的技术调查报告。《天工开物》堪称我国古代不朽的科技巨著。

(四)插图是编辑思想的表达方式

"书"是从"图"发展过来的。文字产生以前人们交流表达的方式中就有各种各样的图形。当"图"慢慢演变成表示文字的"书"时,文字逐渐成熟丰富,并成为人们交流过程中主要的符号。《周易·系辞》上有"河出图,洛出书,圣人则之"的记载,说的是伏羲根据"图"和"书"画出八卦,成为后世关于《周易》来源的传说。可见"图"与"书"之渊源关系。中国最早的图书形态都是图文并存的,有图有书。即使是在狭窄的简策上面人们也会数枚连成一片地呈现出完整的图形。① 阮孝绪在《七录序》中说,《七录》中收录有6288种图书,44526卷,其中内篇有图者775卷,外篇有图者100卷。② 说明在魏晋南北朝以前的写本中有插图的图书已经相当多了。随着佛教书籍的增加,出现了许多配以文字说明的插图,一部书中出现了几十幅,甚至上百幅与文字相配合的插图。如《佛国禅师文殊指南图赞》中有53幅插图;《天竺灵签》每签上有一图③;《水陆道场神鬼图像》(明成化年间刻本),存图100多幅。插图可以像文字一样表达编辑思想。对于不识字或识字不多的人来说,看到书中插图便可知道书中所说之意,因此,隋唐时代,佛教书籍上图下文的插图艺术得到很大发展,编辑多利用插图宣传、美化图书,更多的图像本通过插图让不识字的教徒接受教义。编辑通过刻刀将生活中的小河流水、花草瓜果、菩萨禅师、亭台楼阁、佛珠宝玉等栩栩如生地表现出来,禅意文意,意境深远,尽现图中。

雕版印刷术兴起,书籍出版业得到空前兴旺和繁荣。《旧唐书·经籍志》上记载唐以前图书3000余种,51000多卷;《新唐书·艺文志》记载唐朝以前图书4600余种,73000卷;《宋史·艺文志》上记载宋以前图书已达9800余种,近120000卷,可见雕版技术带来的发展。与此同时,医书、史书、兵书、戏曲小说等都附有插图,或以图解经、以图明史,或以图释文、以图美化书籍,起到了强化书籍编辑思想的目的。明朝,戏曲小说得到极大发展,也带动了书籍插图艺术的繁荣,成为书籍插图本发展的鼎盛时代。当时,不仅北方、南方插图形成不同风格,在南方

---

① 徐小蛮、王福康:《中国古代插图史》,上海:上海古籍出版社,2007年,第5页。

② 阮孝绪:《七录序》,载《影印文渊阁四库全书》第1048册,上海:上海古籍出版社,1989年,第264页。

③ 据《中国古代插图史》第46页记载:郑振铎先生发现这本书时,已残缺,从第5开始至第92结束。每签上有一图,下为签文。

也分建安派、金陵派、武林派、新安派（徽派）等不同流派，各派风格不一，争奇斗艳。到明万历年间，可以说已登峰造极，光芒四射，几乎无书不插图，无图不精工。最有特色的是使用了套色的技术方法，发明了"饾版""拱花"印刷工艺，可以做到五彩缤纷却不灿然夺目，求其浓中为淡、淡中之浓的效果。

《古今图书集成》是一部大型类书，举凡天文地理、人伦规范、文史哲学、自然艺术、经济政治、教育科举、农桑渔牧、医药良方、百家考工等无所不包。全书按天、地、人、物、事次序展开，规模宏大、分类细密、纵横交错、图文并茂，因而成为查找古代资料文献的十分重要的百科全书。《古今图书集成》中有许多插图。雍正在《古今图书集成·序》中说："朕绍登大宝，思继先志，特命尚书蒋廷锡等董司其事……凡厘定三千余卷，增删数十万言，图绘精审，考定详悉，书成进呈。"在《古今图书集成·凡例》中说："古人左图右史，如疆域山川，图必不可缺也。即禽兽、草木、器用之形体，往籍所有亦可存以备览观，或一物而诸家之图所传互异亦并列之，以备参考。"可见插图在该书编辑中也是十分受重视的。32典中除"家范典""氏族典""选举典"和"铨衡典"没有插图外，其他都有插图。有的插图的确不多，如"岁功典"1幅、"坤舆典"3幅、"交谊典"1幅等，很多"典"插图达数百上千幅，如"历法典"519幅、"考工典"988幅、"草木典"1009幅等。

清朝插图艺术远不及明朝，在多次大规模的禁书后，插图艺术也衰败了下来。在民间刻书渐没落时，清朝官刻本中插图也更加受人推崇。画家参与书籍插图创作，使之保持了官刻本的荣耀，也为编辑思想在书籍出版中的贡献做出了榜样。

原载于《河南大学学报（社会科学版）》2012年第2期，人大复印报刊资料《出版业》2012年第5期全文转载

我国编辑出版学教育30年研究

王建平[①]

从1984年胡乔木同志倡议创建编辑学专业,1985年北京大学、南开大学、复旦大学编辑学专业开始招生起,到2015年,我国的编辑出版学专业教育已经走过了30年。30年来,我国的编辑出版学专业从无到有,从小到大,经历了从仓促上马到蓬勃发展的历程。研究这一历程,不仅是对过去30年编辑出版学教育的回顾与总结,而且也可对未来编辑出版学教育提供借鉴。然而,检索数目众多的编辑出版学教育研究,有对编辑出版学20年教育的总结,10年教育的省思,"十一五"教育的回顾,近年来教育研究的述评;有编辑出版学专科、本科、研究生各个层次教育现状的调查与分析,有课程建设、人才培养、问题对策的研究等;唯独没有对30年编辑出版教育的整体观照。鉴于此,笔者不揣谫陋,试对此进行研究。

一、我国编辑学教育的开始与发展

(一)我国编辑学教育开始的时间

任何一门成熟的学科门类都产生于作为其研究对象的实践性活动之后。编辑出版活动几乎与人类活动的文明历史一样悠久漫长,但与这项实践活动相对应的专门学科被明确地提出并自觉进行推广却是很

[①] 作者简介:王建平,河南大学新闻与传播学院教授。研究方向古代文学、编辑出版学。

近的事了。《当代新学科手册》收录了60年来人类文明社会所诞生的253门新学科,但不包括编辑出版学。直到1990年,《中国大百科全书》(新闻出版卷)出版,出现了"编辑学"词条,这是编辑出版类词条首次在大型工具书中出现。

至于编辑学专业教育的起点,学界的看法不尽一致,大体有三:一是认为"1956年中央工艺美院开设书籍装帧设计本科专业"是我国高等编辑出版教育的滥觞;二是以武汉大学开设图书发行专业和北京印刷学院开设出版印刷专业的1983年为起点;三是以国家教育部批准北京大学、南开大学和复旦大学创办编辑学专业,1985年开始招生为标志。最后一种观点的认可程度最高,接受者最众,原因即在于这一年里编辑出版教育的新进展不仅是国家最高教育机关的意志体现,而且向学科的核心又靠近了一步,是彻头彻尾的"编辑学",而非编辑出版实践活动上下游的某一个环节。就其培养对象看,培养的是具有学士学历水准的编辑出版专业人才,包括专业教学人才和科研人才;从教学内容看,是系统总结、研究和传授编辑出版实践长期积累的经验,以及用科学方法概括形成的编辑规律、原理、知识和技能,实施造就编辑劳动力的再生产任务,为编辑实践活动培养合格的劳动者。

(二)我国编辑出版学教育发展的两个阶段

关于我国编辑出版学教育的发展历程,研究者迄今为止没有给出清晰的时段划分。笔者认为,30年的编辑出版学专业教育,应该以1998年为分界点,分为编辑学教育(1985—1997年)和编辑出版学教育(1998至今)两个时期。

1. 编辑学教育时期(1985—1997年)

20世纪80年代初,出版业发展的主要特征是图书报刊品种数量的急剧的增长,书刊种类增长需要大量的编辑人才,与此相对应,就有了以编辑学为主的编辑学专业教育。具体来说,1983年6月6日,中共中央、国务院发布了《中共中央、国务院关于加强出版工作的决定》,明确指出"加强出版队伍特别是编辑队伍的思想建设、组织建设和业务建设,培养一支革命化、年轻化、知识化、专业化的队伍,是摆在我们面前的严重任务"。1984年3月至6月,著名宣传理论家胡乔木多次提出在我国部分高校试办编辑专业的建议。1984年7月23日教育部会同文化部出版局召开座谈会,以教育部党组名义向胡乔木递交了《关于筹办编辑专业的报告》。7月25日,胡乔木复信教育部,明确表示"编辑之为学,非一般基础课学得好即能胜任"①,同意在高校开设编辑学专业。1985年北京大学、南开大学和复旦大学三所高校开始招生,拉开了我国编辑学高等教育的序幕。紧接着清华大学、中国科学技术大学开设科技编辑专业课程,武汉大学、河南大学、四川大学等也相继开办了编辑学专业。1986年又有上海、河南、陕西、四川等几所大学和科研机构借新闻、法学、文学等学科的名义开始招收攻读编辑学专业的研究生。以河南大学为例,1985年7月,经学校和上级主管部门批准,河南大学学报编辑部开始筹办编辑学硕士研究生的招生工作。12月10日,《光明日报》登出100多字的招生消息后,短短两三个月时间,就有108名考生报名。1986年2月,经过考试,学报编辑部首次录取了3名研究生。1987至1988年又陆续招收了3名。与此同时,自1986年起,又招收了24名编辑学课程进修生。② 和河南大学几乎同时,1987年武汉大学在图书馆学名下开始招收出版学专业硕士研究生,这标志着我国编辑学教育在最初的启动阶段发展势头良好。

但正像所有新生事物都不是一帆风顺的一样,在1989年前后最先开办编辑学专业的三所重点大学却出了点"状况":1989年复旦大学新闻系停办了编辑学专业;不久,北京大学中文系也将此专业交给了图书信息管理系,教师改了行;南开大学中文系虽然在坚持,可长期处于教研室一级的地位。为什么会这样?笔者以为,一与编辑学专业高等教育是在未经学术研讨和学科论证的前提下匆忙开办、缺乏充分的教学条件和市场调查有关;二与计划经济条件下,出版社人才机制的改革进展缓慢,第一届编辑学专业大学生毕业,就业遇到了"瓶颈"有关;三与三所重点名校的领导者并未把这个新生的幼小专业作为一项学科建设

---

① 胡乔木:《关于编辑学和在大学试办编辑专业》,载宋应离、袁喜生、刘小敏编:《中国当代出版史料(6)》,郑州:大象出版社,1999年,第267页。
② 宋应离:《编辑学研究与编辑出版专业教育二十年追忆》,《中国编辑》,2007年第1期。

的任务来抓,任其自生自灭有关,并且这一点最为重要。但是从全国范围来看,正如新闻出版署副署长卢玉忆所说:"短短几年,初步形成了职前教育与在职教育并重,多层次、多渠道培养编辑出版人才的崭新局面。编辑出版专业的建立引起了国内外的重视,它是中国出版史和中国教育史上一件创先例的大事。"①

进入20世纪90年代,依据社会主义市场经济条件下编辑出版业实践的需要,1993年,国家教委颁布的我国本科高校目录中,编辑学专业已被正式列入,位于一级学科"文学"下面的"中国语言文学类"下面。② 至此,我国编辑学专业教育获得了政府层面的正式确认,进入了百花竞艳的大发展时期。在这一时期,编辑学专业不仅在清华大学、武汉大学、南京大学等全国知名重点大学招生,而且还在河南大学、上海大学等地方院校招生;不仅在教育部指定的大学招生,而且还在一些未经教育部指定的大学招生;不仅招本科生、双学位生,而且还招硕士研究生;不仅设立编辑学方向,而且还在武汉大学、北京印刷学院设立了图书发行学方向。如此"疯长",到1997年3月,已经有包括北京大学、南开大学、清华大学、中国科技大学、四川大学、南京大学、北京师范大学、河南大学等在内的15所高校建立编辑学专业,其中本科13个,双学位制2个。已有一支相当规模的教师队伍,其中专业教师173人,兼职教师70人,大部分为教授和副教授。开设50余门专业课程……从事编辑学研究和教学的大约有数千人,发表了论文数千篇,出版了专著数百种和教材几十种……已培养本科、第二学士学位的毕业生1000多人。③ 特别是人才市场的由冷变热,需求量逐年增加,像武汉大学出版发行专业的学生出现了供不应求,河南大学编辑专业的学生就业状况良好等,从实践上奠定了学科发展的基础。再加上从事编辑学专业教育的高校和教师积极进行编辑学学术研究,全国高等教育学会和刚成

---

① 卢玉忆:《重视编辑出版专业人才的培养》,《求是》,1992年第17期。
② 《国家教委关于印发〈普通高等学校本科专业目录〉等文件的通知》,"附件二:普通高等学校本科专业目录05学科门类:文学050110编辑学"(教高[1993]13号1993年7月16日)。
③ 刘杲:《建议设立编辑学专业硕士点》,载刘杲:《出版笔记》,石家庄:河北教育出版社,2006年,第308页。

立的中国编辑学会多次组织召开编辑学学术研讨会等,从理论上也推进了编辑学专业教育的发展。

2. 编辑出版学教育时期(1998至今)

正是基于编辑学专业实践上得到了社会的认可,学科理论上发展很快,该专业的本科教育在1993年得到了国家教委的正式确认以后,1998年,借学科调整之际教育部颁布的"普通高等教育本科专业目录"中把"编辑""出版发行"等出版类专业合并为统一的"编辑出版学"方向,学科门类仍在"文学"下面,只不过从"中国语言文学类"调至"新闻传播学类"下面,将其培养目标明确为"具有系统的编辑出版理论与技能、宽广的文化与科学知识,能在书刊出版、新闻宣传和文化教育部门从事编辑、出版、发行的业务与管理工作及教学与科研的编辑出版学高级专门人才"。至此,编辑出版学专业本科教育培养目标得到统一和确定,以前所说的"编辑学"专业开始被"编辑出版学"专业取代,从学科教育发展史的角度来说,我国进入了编辑出版学教育阶段。

这一阶段,在教育部高教司的大力支持和有关高校的共同努力下,国务院学位委员会还于1998年批准北京印刷学院出版系和河南大学文学院招收新闻传播硕士研究生,研究方向为编辑、出版、发行。编辑出版学研究生教育结束了长期以来"借窝生蛋"的局面,在培养高层次专业人才方面,迈出了可喜的一步,实现了本科教育和硕士研究生教育的双丰收。1999年,曾任新闻出版署人教司司长的李牧力在总结了1984年以来我国编辑出版教育的七点成绩后说道:"经过15年的努力,把一个充满生机,发展前景广阔,与中国出版业发展相适应的朝阳专业——编辑出版专业带到了21世纪的门槛。"[1]

编辑出版学专业作为21世纪的朝阳专业,乘着20世纪90年代大发展的东风,在转型变革的十几年中,其发展势如破竹。到2009年,我国设置编辑出版学本科专业和开设编辑出版学课程的高校216所。[2]

---

[1] 李牧力、孙文科:《我国编辑出版学专业的建设与发展》,《河南大学学报(社会科学版)》,1999年第6期。

[2] 李建伟:《中国编辑出版学本科教育现状研究》,《编辑之友》,2009年第1期。

在研究生教育方面,共有7所高校在8个办学点招收编辑出版学或类似专业博士研究生,47所高校在54个办学点招收编辑出版学或类似专业硕士研究生。① 不仅如此,2010年国务院学位委员会还公布了北京大学、南京大学、武汉大学、中国传媒大学、复旦大学、南开大学、四川大学、河南大学、河北大学、安徽大学、湖南师范大学、华中科技大学、北京印刷学院、吉林师范大学14所高校获得首批出版硕士专业学位授权点,2011年将列入全国研究生统一招生专业目录。这不仅说明编辑与出版整合后的编辑出版学高等教育发展之迅速,而且也说明继1998年我国编辑出版学本科教育得到教育部确认、硕士研究生教育得到认可后,2002年武汉大学信息管理学院招收出版发行学博士研究生也得到事实上的认可。特别是2010年国务院批准招收出版硕士专业学位,标志着出版研究生教育正式列入我国的研究生教育体系,更使得编辑出版学专业的学科层次、学位层次不断完善。本、硕、博办学层次的全覆盖,学硕、专硕培养类别的全占有,足以表征我国编辑出版学发展的规格越来越高,研究生定位越来越科学。

不过,需要说明的是,除复旦大学新闻与传播学院招收的是编辑出版学方向的博士研究生以外,武汉大学、北京大学、南京大学、中国传媒大学、北京师范大学和上海理工大学均是利用国家规定的在一级学科授予权下可以自主设置学科专业的政策而自行设置的相近专业。迄今为止,编辑出版学仍未被国务院学位委员会列入"授予博士、硕士学位和培养研究生的学科、专业目录"中去,编辑出版学也没有被晋升为一级学科。正因为这样,编辑出版学博士教育中专业名称和所授予的学位也不统一。但不管怎么说,编辑出版教育博士点的设立,为我国编辑出版业和编辑学研究、编辑出版教育培养了一批高素质的管理人才和科研、教学人才,使编辑出版学高层次教育有了新的机遇和新的上升空间。

以上编辑学教育、编辑出版学教育两个时期,社会环境不同,特点也不一样。第一个时期是创始阶段,它是以编辑学教育的兴起起步,以

---

① 张志强、潘文年:《改革开放以来的出版研究生教育:成就、问题与对策》,《编辑之友》,2008年第6期。

编辑学本科教育以及双学位、硕士研究生班等为重点迎来的发展。其中,1993年编辑学纳入国家教委颁发的"普通高等学校本科目录"是个标志性事件。第二个时期是把编辑与出版整合,以出版业的改革与转型、数字出版勃兴等为契机,迎来了编辑出版学硕士、博士高层次教育的发展。其中,1998年的硕士生招生、2002年的博士生招生、2010年的专业硕士学位是三个重要事件。如果说,中国的改革是"摸着石头过河"的渐进式改革,那么,中国30年的编辑出版学专业教育也可作如是观。

二、我国编辑出版学教育的成绩与特点

(一) 编辑出版学教育30年来取得的成绩

从20世纪80年代编辑学正式进入大学课堂到2015年,我国的编辑出版学专业教育得到了稳步的、长足的发展,取得了巨大的成绩。

1. 编辑出版学学科体系日趋完善,学科地位逐渐确立

所谓学科体系,就是由一定的学科链构成的某种相对独立的知识体系。每一门科学都有与其内容相适应的逻辑表现形式,都要表现为一定的学科体系。编辑出版学学科也不例外。从1985年至今,我国的编辑出版学的学科建设取得了重大突破,从最初的依托于汉语言文学、图书馆学、管理学等学科,发展到今天已经成为相对独立的、不可替代的学科体系(包含编辑出版学的基础理论、编辑出版史、各编辑出版部门的技术方法知识等)。编辑学、出版学、编辑出版史、图书报刊编辑、网络编辑、图书营销学、出版发行学、出版经济、出版文化、编辑管理等,这些由不同媒体编辑出版活动的不同侧面和环节构建起来的学问,形成了一套完整的、系统的、特色鲜明的学科链条,有机地、系统地搭建出了编辑出版学的学科体系。尽管截至今天,在教育部有关的"学科专业目录"中,编辑出版学依然被置于新闻传播学的下一级学科,但是,它的独立的学科属性已经内在地、顽强地滋生着它特有的学科内涵,学科地位进一步明确并不断提升。1993年,编辑学纳入国家教委颁发的"普通高等学校本科目录";1998年,编辑出版学纳入教育部"普通高等学

校本科专业目录",弥补了我国现有的人文社会科学学科目录体系的缺失。特别是以1998年国务院学位委员会批准北京印刷学院出版系和河南大学文学院招收方向为编辑、出版、发行和编辑学硕士研究生为起点,到2002年武汉大学、2003年北京广播学院(现为中国传媒大学)等院校以出版发行学、编辑出版学为名招收博士生,2010年国务院批准14所高校招收出版硕士专业学位,编辑出版学已经或正在突破传统学科层次的局限,艰难而坚定地向更高一级的学科层次迈进。

2. 形成了多层次、多规格的编辑出版教育格局,教育体系相对完整

目前,我国编辑出版专业教育的基本框架已经构建起来,专业教育层次相对完整,形成了专业门类齐全(包括编辑、出版、印刷、图书发行等)、教育层次多样(包括博士、学硕、专硕、双学士学位、本科、专科、在职培训等)、教育方式灵活(包括正规学历教育、函授、职大等)的编辑出版专业教育体系。特别是以编辑出版学为方向的正规学历教育,"目前设置编辑出版学专业和开设编辑出版学课程的高校216所,涵盖国内大部分省、市、自治区……值得注意的是,部分民办高校也开设了编辑出版学专业,如浙江万里学院、西安欧亚学院"[①]等。可见,我国的编辑出版学专业不仅为编辑学研究和编辑出版事业的发展提供了各级各类的专门人才,而且也满足了不同地区、不同层次的社会需要。

3. 形成了各具特色的专业培养模式,毕业生就业前景越来越好

学科创建之初,各高校的编辑出版学专业教育依托于所在学校的学科资源,在长期的发展中,基本形成了各具特色的专业培养模式,探索出了一条符合各个学校特点的编辑出版学专业教育之路。比较有名气的如河南大学的编辑学教育、武汉大学的发行学教育、北京印刷学院的出版学教育等,它们都依据自己的办学特点和业界对相关人才的需要,形成了自己的"王牌"专业和"王牌"培养模式。另外,创办福建省高校第一家编辑出版学本科教育的漳州师范学院,2005年获得批准,2007年开始招收第一届学生,至2013年已招收7届共500多名本科

---

① 李建伟:《中国编辑出版学本科教育现状研究》,《编辑之友》,2009年第1期。

生,已有3届200多人顺利毕业,就业率年年高达100%。① 如此"八仙过海各显神通",形成了一系列各具特色的专业培养模式和相当一部分响当当的编辑出版学教育基地。

4. 形成了一支优秀的、热衷于编辑出版教育的师资队伍

师资队伍是办学的基础,教师队伍建设是编辑出版学专业发展的重心。没有教师,编辑出版学专业教育就是纸上谈兵,没有合格的具备专业素养的教师,也不可能建设好编辑出版学专业。1985年编辑学教育开创之初,"专业教师不过30多人",且大部分是"拉郎配",或"拉"中文专业的老师,或"拉"新闻专业的老师。到2005年,"专业教师在1200人以上"②;2015年,专业教师队伍进一步壮大,且高职称、高学历者成为中坚力量。以武汉大学信息管理学院出版科学系为例,现有专职教师14人,教授11人,副教授2人,讲师1人;其中博士后4人,博士13人,9人先后到美、法、日等国从事访问研究,5人到台湾南华大学从事客座研究。③ 如此高素质、高水平、高学历的教师越来越多,形成了一支数量庞大的战斗在教学第一线的优秀教师队伍。

5. 培养了大批合格的编辑出版人才,繁荣了编辑学学术研究

正因为有这些高素质、高水平、热衷于编辑出版教育的优秀教师做支撑,我国编辑出版教育30年来为编辑出版业界和学界输送了数以千计的优秀毕业生。到2007年,仅武汉大学毕业硕士生人数就有200名,在读78名;河南大学有110名,在读90名;南京大学100名,在读25名;北京师范大学100名,在读50名;北京印刷学院60名,在读60名;北京大学56名,在读30名;南开大学32名,在读17名……20所招收编辑出版专业研究生高校的毕业生总数是720名,在读生是530

---

① 资料来自创办漳州师范学院编辑出版学专业的靳青万老师。
② 刘拥军、李宏葵:《编辑出版学专业20年发展追溯》,《出版发行研究》,2005年第2期。
③ 王晓光:《武汉大学出版科学系现状》,载方卿、徐丽芳、黄先蓉主编:《三十而立:武汉大学出版学教育30周年纪念文集》,武汉:武汉大学出版社,2013年,第17页。

名。① 出版硕士专业学位研究生,以南京大学为例,2010年获批,同年开始招生,2011年录取36人,2012年录取33人,2013年录取31人。② 至于本科生毕业人数,据有关学者的个案调查,1999—2004年6年北京大学毕业编辑出版专业本科生126名,2000—2003年4年武汉大学毕业177名。③ 如果按这个数字来算的话,30年、200多所高校,毕业生数量可想而知。有如此多受过编辑出版专业教育和熏陶的合格劳动者输送给编辑出版业界和学界,对于提升编辑创构活动的层次和质量,推进编辑学研究的深入和发展,提供了源源不断的人才支持。

不仅如此,由于我国编辑学教育最初的教师大都是编辑学研究的开拓者和积极分子,因此,从我国编辑学专业教育开办之初,有关编辑学的学术研究就在高校蓬蓬勃勃地开展了起来,据不完全统计,1978—2004年的20多年间,编辑出版学专业教育的教师撰写的科研论著(含教材)达60余部,论文3845篇,研究报告1500余篇,各种层次的科研项目450项。④ "1993年—2009年期间有关于'编辑史、出版史'等史论研究的国家社科规划课题共计195项。"⑤这不仅为我国编辑出版学专业教育的强劲发展提供了养料,而且也为编辑学研究提供了重要的智力保障。特别是高等院校成立的专业研究机构,几乎成为编辑学理论研究的摇篮,"学院派"的称呼也由此而来。"学院派"重理论挖掘、重学理分析,业界重实践探讨、重现实解剖,学界与业界的研究遥相呼应,共同推动了我国编辑学研究的深入,繁荣了编辑学学术研究。

曾任新闻出版总署人事教育司教育处处长的李宏葵总结说:"20多

---

① 李建伟、张锦华:《我国编辑出版专业研究生教育现状研究》,《河南大学学报(社会科学版)》,2007年第2期。

② 张志强、王鹏涛:《出版硕士专业学位研究生培养工作初探:南京大学出版硕士培养工作的回顾与展望》,《科技与出版》,2013年第11期。

③ 盛洪:《我国编辑出版学科高等教育发展研究》,武汉大学硕士学位论文,2005年。

④ 盛洪:《我国编辑出版学科高等教育发展研究》,武汉大学硕士学位论文,2005年。

⑤ 李建伟:《编辑出版学建设的"十一五"回顾及"十二五"展望》,《中国出版》,2011年第3期。

年来,经过产学研各界,特别是有关高校的不懈努力,我国已经初步形成了多专业、多层次、多渠道、多规格的出版专业教育格局,形成了一支庞大的出版学教学与科研人才队伍,发表和出版了大量论文、专著,创办了数十种学术刊物。编辑出版学相关的学术团体、社团组织和研究机构不断建立,每年都开展多次在国内甚至国际较有影响的学术活动。"[1]如果从学科建设和学术研究的角度来说,正是我国编辑出版学教育的全面铺开、持续发展,学科体系日益完善,我国的编辑学研究才能够队伍壮大、后继有人、蓬勃常青。

(二) 编辑出版学教育 30 年来呈现的特点

我国的编辑出版学专业虽然起步较晚,但和其他老牌专业相比,不仅发展势头良好,而且办学特点也较为鲜明。

1. 编辑出版学教育与编辑学研究同步发展

20 世纪 80 年代既是编辑出版教育兴起之时,也是编辑学研究复苏崛起的日子,两条战线水乳交融、齐头并进是这几十年来非常惹眼的现象和鲜明的特征。当此之时,一些研究机构(如出版科学研究所)创立,专业期刊(如《编辑之友》《中国出版》)创办;高等院校编辑出版学专业师生和出版业界的专家通力合作,在学术专著的出版、学术论文的发表、学术阵地的开发、学术队伍的培养等方面都取得了令人瞩目的成绩。有不少高等院校还建立了编辑出版研究机构,如南京大学的出版科学研究所,河南大学的编辑出版研究所,北京大学、河北大学的相关研究所等,通过教研结合,推动编辑出版学专业的发展。一些高校的学报和相关专业的报刊都在"新闻传播学""图书情报学""社会学""文化传播"等栏目中发表编辑出版学理论与实践的研究文章,一些学报直接开辟了研究编辑出版理论和实践的专栏,如《河南大学学报》的"编辑学研究"栏目等。在每一期的编辑出版专业期刊上都能看到高校师生发表的学术研究文章,高校学报的相关文章也大多出自高校编辑出版专业师生之手。30 年来,他们发表的学术论文数以千计,出版的研究专

---

[1] 李宏葵:《对编辑出版学学科建设的三点建议》,《河南大学学报(社会科学版)》,2007 年第 3 期。

著几百部,这在推动理论研究、引发研究热点、组织学术讨论、促进学科建设等方面都发挥了重大的作用。《编辑之友》前主编孙琇在第十届国际出版学会议发言中谈道:"中国出版研究的队伍已经形成了出版界与高等学校的结合,社会科学编辑与自然科学编辑的结合,老中青的结合。这三个结合,是学术研究的实际需要,也是20世纪末中国出版研究态势的一个重要特点,它对学术发展具有很重要的战略意义。"①无独有偶,丛林主编的《中国编辑学研究述评(1983—2003)》也指出:"编辑学研究的另一支生力军是高等学校新闻编辑出版专业的教研力量……高校研究著述的力量是一支不可忽视的力量。综观高等学校的编辑出版学研究,其突出特点是实现了编辑学专业教育、教学与编辑学研究密切结合,编辑实践与编辑理论研究密切结合……"②虽然后者是从编辑学研究的角度总结的,但编辑出版学教育与编辑学研究互为你我、同步发展的特征可见一斑。

其实,回观编辑出版学专业教育30年来的发展历史,可以发现,哪个阶段我国编辑出版学研究进行得好,哪个阶段编辑出版学教育就飞速发展;哪个阶段编辑出版学研究得不好,哪个阶段编辑出版学教育就萎靡不振、发展迟缓。可以说,编辑出版学研究是编辑出版学专业教育活的灵魂,没有编辑出版学研究,就没有编辑出版学专业教育,更谈不上编辑出版学专业的发展。

2. 编辑出版学教育和出版产业相互支持

编辑出版学教育是建立在编辑出版产业基础上的一门新兴学科。一方面出版产业的支持是编辑出版学专业发展的重要条件。学科教育没有开办之前,奔走、呼吁、谋划、倡导者大多是职业出版人和与出版产业关系密切的出版管理者、领导者;学科教育开办之初,最早的专业教师或从事过编辑出版实践活动,或直接受聘于业界,第一批全国通编教材几乎全是出自业界大家之手,如《书籍编辑学概论》的作者阙道隆、徐

---

① 肖东发、许欢:《我国编辑出版学教育的回顾与展望》,《河北大学学报(哲学社会科学版)》,2003年第1期。

② 丛林主编:《中国编辑学研究述评(1983—2003)》,济南:齐鲁书社,2004年,第11—13页。

柏容、林穗芳，《科技书籍编辑学教程》的作者庞家驹，《期刊编辑学概论》的作者徐柏容，《出版学概论》的作者袁亮等。学科开办之后，学生实习基地的建立、动手能力的培养、学科体系的设立、学科发展的方向等更离不开与之相关的出版产业，如北京大学编辑出版专业与北京大学出版社，武汉大学出版科学系与湖北省出版局等，后者不仅为学生实习提供基地和指导，还分别在北京大学、武汉大学设立了编辑出版奖学金或奖教金，社长、总编与教师一道讲课，为培养编辑出版人才做出了实实在在的贡献。难怪有学者指出，"如没有新华书店总店和湖北省新闻出版局的支持，武汉大学不可能在20世纪80年代就创办编辑出版学专业。没有新闻出版署和中国出版工作者协会的支持，北京印刷学院的编辑出版学专业也不可能从无到有，并迅速发展"[1]。正是高校编辑出版专业积极与出版单位开展多层次、全方位的合作，双方建立了良好的合作关系，编辑出版学专业教育才能够茁壮成长。

另一方面出版产业发展迫切需要高素质人才，高素质人才的培养，有赖于编辑出版学教育的发展。回观30年的编辑出版学教育，不仅为出版业培养了数以千计的本科生、硕士生、博士生，还给出版单位培训了数量众多的干部、员工。有学者指出："培养造就一支……合格的编辑出版队伍，是出版业发展的关键中的关键，是出版业能否更好前进的当务之急。"[2]这么多年来，出版业正是因为有编辑出版学教育的支持，有源源不断的编辑出版专业毕业生和硕士、博士高层次人才的加盟，才能够青春焕发、健康繁荣。"问渠哪得清如许，为有源头活水来。"不管是从编辑出版学专业教育的角度看，还是从出版业发展的角度看，中国编辑出版学高等教育的发展历史，都是二者互相支持、密切合作、产学研结合、共同发展的写照。

3. 编辑出版学教育与编辑出版实践紧密结合

编辑出版学作为一门应用性比较强的新学科，它是在多学科知识

---

[1] 刘拥军、李宏葵：《编辑出版学专业20年发展追溯》，《出版发行研究》，2005年第2期。

[2] 邵益文：《出版教育要适应出版发展需要》，《河南大学学报（社会科学版）》，2006年第3期。

的基础上,以编辑出版实践的理论升华为核心形成的。因此,与编辑出版实践的紧密结合,既是编辑出版学科发展的基本条件,也是其学科性质、学科内涵的具体体现。回顾30年的学科教育,20世纪80年代编辑出版学教育的开始,与出版业品种增多急需编辑出版人才有关;20世纪90年代编辑出版学教育的发展,与编辑出版业市场化变革急需发行人、营销人、策划人有关;21世纪的十几年编辑出版学研究生教育迅猛发展,则与出版业转型、数字媒体崛起急需高精尖专业人才有关。正是日新月异的编辑实践活动的推动,编辑出版学专业才从无到有、从小到大,发展越来越完善。也就是说,一个没落的行业不可能催生一个迅猛发展的高等专业教育,而编辑出版学教育与编辑出版实践紧密结合,则符合一切以实践为特点的专业教育发展的普遍规律。

再者,从编辑出版学专业发展的重点案例看,凡是编辑出版学专业教育搞得好的高校,大都与编辑实践活动结合紧密,如河南大学的编辑学专业、武汉大学的发行学专业、北京印刷学院的印刷出版学专业等。教育必须跟上实践的步伐,甚至超前一点更好,哪个高校最先反映了出版业的发展方向,它就会快速发展;哪个高校落后于出版业的发展,它就会停滞萎缩,甚至被淘汰出局。与编辑出版实践紧密结合是编辑出版教育30年来发展的一个基本经验,并且这一经验不会随着时间的变化而弱化,反之会越来越强。毕竟市场经济、媒介融合、数字出版等编辑出版实践的变化一日千里,编辑出版教育也只有培养出一日千里的实践需要的行业人才,才是专业教育发展的康庄大道。

4. 编辑出版学教育与其他传统学科相比更注重实践性、应用性

与中文、历史、教育、哲学等传统学科相比,编辑出版学专业更强调理论联系实际,更注重实践性、应用性及动手能力的培养。编辑出版教育发展30年来,哪一高校在课程设置、办学层次、培养方向等方面主动与业界接轨,在教育教学、实践操作环节急出版企业所急,学生学以致用,毕业生就业率就高;反之,就业率就低。比如,杭州电子科技大学的编辑出版学专业,2005年以前课程的设置中语言、文学的课时数较多,紧跟媒介技术发展的课程设置几乎为空白,2007届、2008届、2009届就业难度较大,就业单位五花八门;后为了适应媒介融合的形势,网络

编辑成了主要培养方向,2010、2011两届毕业生综合就业率为100%。① 同样,哪一阶段毕业生就业率高,编辑出版教育就发展迅速;反之,则发展缓慢。实践操作能力、动手能力作为编辑出版专业学生的基本能力,对其培养和重视程度,已经影响到编辑出版教育的发展进程,从这一角度出发,实践性、应用性也可算作编辑出版教育的一个显著特色。

三、我国编辑出版学教育存在的问题与对策

(一) 我国编辑出版学教育存在的问题

虽然编辑出版学专业教育30年来取得了很大的成绩,但相对于那些成熟的老学科来说,发展的时间毕竟不长,年轻、稚嫩,不可避免地存在着一些问题,并且有些问题还很棘手。

1. 学科地位与性质模糊

诚然,从目前来看,我国编辑出版学的学科地位在全国学科之林中已经确立,但令人感到不解的是,总有一种尴尬的状况伴随着编辑出版学的专业教育,比如,学科名称不同,所学课程不同,挂靠院系不同;本科专业为新闻与传播学下的二级学科,研究生教育变成与其他学科并列的三级学科;研究生教育甚至出现一所高校有两个招生点的情况,"北京大学、武汉大学、南开大学、南京师范大学4家单位的编辑出版学专业办学点分设在同一学校的不同院系,存在课程设置重复、教学资源浪费的问题"②,如此等等。所谓名正才能言顺,编辑出版学却恰恰相反,经历了一波波的热捧和繁荣,却总也找不准自己的位置,虽然至今已有30年的大发展,但围绕编辑与出版概念的大与小、包含与被包含的关系,编辑"有学"与"无学"等问题展开的争论竟仍然还能听到,这不

---

① 林新华:《媒介融合背景下编辑出版学教育的问题与对策》,《杭州电子科技大学学报(社会科学版)》,2012年第3期。

② 张志强:《关于将编辑出版学列入研究生专业目录的几点思考》,《河南大学学报(社会科学版)》,2006年第3期。

能不说是一个莫大的悲哀,不能说不荒诞。而这些问题的存在,即使不能说全部,至少也在一定程度上是由编辑出版学的学科地位模糊不清,学科性质归属不明造成的。

编辑学的本科教育自1985年便正式开始了,但1993年,本科教育才得到国家教委确认;1998年,教育部在将编辑学与出版发行学等相关学科合并之际,调整为"编辑出版学",再次列入"普通高等学校本科专业目录"。编辑出版学硕士研究生的实际培养从1987年便开始了,但同样是无名无分的挂靠性质,俗称"借窝生蛋"。10年之后的1997年,中国编辑学会会长刘杲在全国政协八届五次会议上提出"关于建立编辑专业硕士点"的提案。同年,国务院学位委员会对提案做出答复,允许"把编辑学作为新闻学或其他相近学科的一个研究方向,培养编辑学方面的科学人才",此标志着编辑出版学硕士研究生教育在正名之路上前进了一步。1998年,国务院学位委员会批准河南大学和北京印刷学院设置编辑出版学硕士学位授予点,但也只是一种政策许可,编辑出版学迟迟没有被列入国家"授予博士、硕士学位和培养研究生的学科、专业目录",其从属地位及身份模糊的问题仍然未得到根本解决。学科定位不明,归属不清,必然影响学科教育的发展。

2. 学科建制不统一、不规范

长期以来的学科定位不清使得编辑出版学专业教育的发展缺少明确的方向,难以在全国范围内形成统一的指导方针和合理完善的配置格局,一定程度上限制了专业教育更好更快的发展。这些问题突出反映在以下几个方面:

(1)教育理念。编辑出版学专业教育在理念上存在的问题,通过其培养出的人才的社会接受程度即得以体现。在30年的教育实践中,以本科学历为主体的数以千计的编辑出版专业毕业生走出校门,在社会各媒介机构中的受欢迎程度难以令人满意。大部分的编辑出版机构在人事招聘中,往往并不将编辑出版专业的毕业生作为首选,他们宁可选择其他相关专业的毕业生再加以培养锻炼,也不相信"科班"毕业生能胜任他们的工作、满足他们的需求。这样的认识不仅普遍,而且多次被实践检验过。北京大学编辑出版专业10年前所做的一项社会调查显示:在作为样本的164家出版机构中,仅有15%表示愿意吸收编辑出版专业的毕业生加入。① 清华大学新闻与传播学院 2009 级课题组在 2012 年仍发文指出："大多数出版社在采访中均表示,在招收人才的时候都不会优先考虑编辑出版专业的毕业生。甚至有出版社明确表示不会招收编辑出版的学生,因为'不知道安排在哪个部门'。"②科班毕业生虽然顶着专业人士的光环,但他们在实际工作中其实并不专业,相关专业知识不足,实际动手能力也不强,这与编辑出版学专业教育身处学院式教育的大环境下秉承了太多的陈旧教育理念密不可分——沿袭了多少代的"一对多""满堂灌"课堂式传授方法,批量生产式的求共性而舍个性、重考分而轻创意的教学氛围,置编辑出版工作极强的实践性和信息化特点于不顾,闭门造车,培养出一批又一批并不实用的"传统型人才"。

(2) 结构层次。20 世纪 80 年代,编辑学高等专业教育的勃兴是以大量招收本科生开始的,然后逐渐扩展到研究生培养层面,直到 2002 年才有了博士点的设立,也就是说,目前国家正规层面的编辑出版教育形式还不够丰富,本科生、硕士研究生的教育一直居于主体,占有极大比重,其他的教育形式包括专业学位、博士研究生和一部分职业技术类教育,所占的比重都很小,存在的时间也不是很长。

在编辑出版专业教育方面,人才培养的结构层级应是非常全面和立体的,从博士研究生、硕士研究生、本科生、专科生再到职业技术学校和社会培训班培养的学生,学位级别各异、学制长短不一、学习方式多种多样,针对的人群也是各具特色,使编辑出版专业教育最大限度地满足产、学、研等各个方面的要求,仅靠编辑出版大学教育来完成多种类型、多种层次的人才培养任务可能有点理想化。编辑出版教育的形式应该是多样化和全覆盖的,而作为承担高等教育的高校应该提升层次,将教育目标瞄准高端人才的培养,升格办学的规格。

(3) 课程设置。由于学科定位的不明确,设立编辑出版专业的不

---

① 许欢、肖东发:《关于我国编辑出版专业教育的论争与调查分析》,《中国出版》,2004 年第 10 期。

② 清华大学新闻与传播学院 2009 级课题组:《我国编辑出版专业本科教育的市场契合度研究》,《现代出版》,2012 年第 2 期。

同院校将其挂靠的院系也不尽相同,这就使得在很长一段时间里,不同院校在编辑出版专业的课程设置方面各行其是,自成一家,缺少统一的标准和应有的规范,课程设置不统一,主干课程不统一,甚至有相当一部分学校因人设课,课程内容经常加以调整变动,缺乏科学性、系统性,前后也不连贯。直到2003年,教育部全国新闻专业教学指导委员会才将编辑出版学纳入教学指导范围,规定了编辑出版学本科教学课程应该开设的10门主干课程标准,使全国范围内的编辑出版学专业在课程设置方面终于有据可依。但从课程设置的总体情况来看,仍然呈现出重理论轻实务、重知识积累轻实践实验的特点,主干课程的覆盖面仍然不够广泛,主次搭配不尽合理,个别课程的细化程度不足,各院校雷同趋向明显,没有最大限度地发挥各自优势,缺乏特色和个性。这样的结果,一方面导致毕业生不接"地气",动手能力差,就业前景不乐观;另一方面由于各高校专业设置不同,学科本身缺少独立性,特色不明,使得编辑出版教育跟不上出版产业的发展,落后于编辑出版实践的需要。

(4) 师资队伍。作为一个存在历史并不是很长的新兴专业,编辑出版专业的教师多半来自其他相近专业,他们大多数没有相关的从业经验,即使有过后期的实习性培训,也多是一知半解,对业界的真实情况缺乏深切的体验,更没有足够多的经验和案例积累。而在编辑出版专业教育相对发达的一些国家,师资队伍的构成是非常多样化的。最典型的代表是日本的出版学校,它是一所民办专科学校,开办近半个世纪以来,培养了大量的专业人才,毕业生供不应求,在社会上享有很高的赞誉度。而学校全职工作人员仅10多人,教学则完全依赖于日本出版协会和杂志学会及日本出版学会,学会中的部分成员兼任学校教师,并负责教材的编写。这些人员作为业界人士,经验异常丰富,将教学与实务结合起来,寓理论于实践之中,教学效果非常之好,借之培养出来的人才既有理论素养,又具备实践技能,可以最大限度地满足实际工作的需要。

(5) 教材建设。编辑出版学专业教育在教材建设方面存在的问题主要表现为教材种类不够全、更新速度不够快、实用性不够突出。自20世纪80年代起,最早创办编辑出版专业的一批高校所采用的教材均是80年代末由国家新闻出版署编辑出版教材领导小组召集业内专家陆续编写而成的,此套教材曾被列入国家教委高等专业教材"八五"规划,包括《书籍编辑学概论》《科技编辑学教程》《期刊编辑学概论》《编辑实用语文》《编辑应用写作》等计17种。这是编辑出版学高等专业教育创办以来,由国家正规教育部门组织编写而成的最正式、最规范、最全面的一套专业教材。之后的2003年,国家教育部借将编辑出版学专业纳入教学指导范围之际,规定了编辑出版学专业教学应开设的10门主干课程标准。与此同时,该专业的各种学术性专著也不断涌现,截至2006年上半年,编辑出版学专著和教材已达425部之多,①但系统而有针对性的大规模教材更新建设却再也没有出现过。由于教材建设的滞后,教材陈旧、内容僵化的问题越来越突出。不同院校出于自身考虑,自主选择增添的一些教材,又具有极强的个性化色彩,缺乏对某一领域问题的全面、基础性论述,从某种程度上说并不适合作为统一的教材使用。而且,无论是原有的教材,还是从学术著作中遴选出来的一部分替代性教材,都存在着重理论轻实务的倾向,教材中来自业界一线的鲜活、真实的案例少之又少,多的是一些难以切中肯綮的边缘化论述,在开阔学生专业视野、提高其综合素质和专业技能方面作用有限。

(6)教育模式。编辑出版工作本身是一项实践性极强的工作,它不太适合"理论—实践"这种简单的知识运用模式,而更适合"理论—实践—理论(更高一级)—再实践"的模式。也就是说,试图毕其功于一役地培养出完全适合编辑出版工作的优秀人才的想法是不切实际的。教育的本质是培养人,培养实践需要的更高级别的专业人才,素质全面的高层次人才。但我国的编辑出版教育现状却不尽如人意,教师在课堂上讲授的是纯粹的编辑出版学理论和技能,无论是理论和技能,不要说是适应学生未来工作的需要了,就是适应当今业界第一线的需要都显得有点过时。许多学生在几年的大学生活中甚至没有接触过报纸或书籍的实际生产过程,图书码洋不会统计、用纸数量不会计算,就更不用提对业界发展态势的了解和看法了。

---

① 李建伟、张锦华:《我国编辑出版专业研究生教育现状研究》,《河南大学学报(社会科学版)》,2007年第2期。

(二) 我国编辑出版学教育的发展对策

针对我国编辑出版学教育存在的问题,笔者在集思广益的基础上,提出如下发展对策:

1. 更新教育理念,提高学科地位

原中国出版集团总裁聂震宁指出,如今的出版业态已经在全球化和数字化背景下发生了极大变化,因而对人才的需求也不同以往,内容供应商、出版市场调查商、出版法律服务人员、出版经济人和出版产业评价人士成为热门人才;同时,在数字化出版、信息化建设、现代物流方面也需要大量的新型人才。① 北京大学肖东发教授则将未来一段时间内编辑出版领域的紧俏人才归为十大类:职业经理人、内容策划者、懂市场熟悉行情的营销人才、版权贸易人才、出版产品形态的整体设计者、古籍整理人才、信息情报人员、熟悉计算机技术又懂出版的网络出版人才、出版经纪人、出版产业评价者。② 理念上的更新本质上即是要适应时代,与时俱进地调整编辑出版专业教育的思想观念,确定一个足够科学正确的方向。具体来说,一方面是要突出编辑出版教育的实用性,无论是组稿、选题、编辑、校对这类最基本的业务,还是图书策划与营销、跨媒介出版物的推送与传播、数字出版技术的开掘与网络资讯平台的建设及运营、产业链的增值等复杂而新颖的环节,都需要实现从理论到实践的最直接转化应用。要使这种实用性有效地贯彻到编辑出版学的教育理念中,就必须在课程设置、教学模式、专业体制等各个方面加以变革,将培养复合型、应用型、创新型出版人才的目标作为编辑出版教育的出发点和落脚点。另一方面,要结合数字化、全球化大势,使整个编辑出版教育向信息化、网络化的方向上靠。首先,基础理论的研究中要整合进电子出版和网络出版等时新的内容;其次,各教学机构应该相应地调整专业设置,优化课程安排,加大电子编辑出版及新媒体编

---

① 隋笑飞:《中国出版业:与改革同行 与世界共舞》,《光明日报》,2007年1月12日。

② 肖东发:《出版人才的需求和出版教育改革》,《科技与出版》,2007年第4期。

辑出版的分量。世界上的一些著名院校已经开始了电子出版方向（如美国纽约大学、韩国金浦大学）、交互媒体出版方向（如牛津大学鲁克斯出版中心、荷兰莱顿大学）硕士研究生的培养，我国的编辑出版教育需要迎头赶上。

另外，除了有正确的学科理念、学科方向外，提高编辑出版学的学科地位，加快编辑出版学作为独立学科体系的建设步伐，是编辑出版学学科建设的当务之急。这一方面需要国家政府层面的重视，尤其是教育部门的重视；另一方面需要各高校进一步提高教育教学的质量，多多培养编辑出版实践所需要的高层次专业人才，相关研究者要加强编辑出版学的学术研究，多出成果，出好成果，夯实基础，为编辑出版学学科地位的提升增加砝码。

2. 调整课程设置，优化培养结构

在西方国家，编辑出版高等教育的课程一般是由富有业界经验并担任过管理职务的"课程协调员"（course coordinators）负责设置的，同时要有行业协会的参与并获得其认可。我国高校要借鉴西方国家的经验，在课程设置中应秉持这样几个原则：设置上侧重，显示个性化；结构上平衡，强调应用性；内容上更新，加强实践性；课程上调整，突出专业性；必修课综合，注重全面性；尤其要注意一定时间段内的稳定性及基础史论、实务与技能、营销及创意相关课程的平衡性；能充分发挥本校优势的独特性等。曾有学者提出"平台＋模块"的课程设置构想，"平台"指的是人文科学、社会科学和自然科学，"模块"指的是专业理论、数字技术、经营管理等，教学中可以根据出版市场大环境的变化和自身的实际情况加以调整，突出某一个或几个模块，以对应现实并形成特色。与此同时，要结合出版业的实际，为培养紧缺人才设置必要的专业课程。比如，目前数字化浪潮汹涌而来，传统的出版业遭遇转型。面对出版业的"变脸"，编辑出版从业人员单纯地具备足够的市场意识、营销能力，或仅仅掌握专业知识、文化技能等都是不够的，而必须要求其既具有正确鉴审文化作品的高超眼界，又具有市场产品研发、推介、销售的能力及网络操作的技术等。而要实现这个"华丽转身"，完成学界与业界的"无缝对接"，在课程设置上，就要适时安排与现代编辑出版人相关的文化、经济、营销、管理、网络、传播、大数据、网络操作等新课程，不仅要求将这些新课程悉数设立，而且还要在量上实现合理的配置。

此外，借助社会上的出版机构或者高校、出版社合作开设的一些专题培训班也应该继续扩展规模，这种学时短暂、学制灵活、教师来源多样、受教主体广泛的人才培养模式更契合"理论－实践－理论"知行合一的规律，尤其适合编辑出版业界人士综合素质的提升和编辑出版专业毕业生的岗前培训。

3. 改进教学方法，完善教育模式

编辑出版人才的培养离不开教育教学的环节。要培养新型的、实用的编辑出版人才，就要尝试和创新各种能增强学生实践能力的教学方法。首先，在教师的选择上，要突出其"实战经验"、实践技术。国外的各级各类编辑出版专业教育机构中，师资构成往往既包括理论型教师，也包括一部分富有实践经验的从业人员，这部分人被称为"访问讲师"，他们可以以现身说法的方式将业界的最新信息或典型案例传递给学生，从而开阔学生的视野，培养他们对编辑出版实际业务的感受能力和创新思维。其次，要重视案例法教学。英国的斯特灵大学出版研究中心在对学生的教学指导中，大量应用案例教学，具体案例的选择并非事先编订好的，而是在课堂交流中结合学生的兴趣点和当下的业界热点随机确定，并进而以师生互动的方式来剖析和了解案例。此外，直观教学、模拟教学、"校社合作"等形式也被大量使用，教学效果非常明显。相较之下，国内在对这些行之有效、知行合一的教学方法的运用和探索方面仍有待加强。

至于编辑出版专业教育的模式，必须从传统的学院式教学转向产学研结合，从重知识讲授转向重实践、重实用的模式上，要将教育理念、办学思维放到全球一体化和"互联网＋"的大背景下，秉承"大编辑、大媒体、大文化"的观念，以实践性教学为根本，以学以致用为原则，运用案例教学、实验教学、直观教学等方式、方法，全面打造编辑出版基础理论深厚、实践操作技能突出、市场营销意识鲜明、创新能力十足，会观察、能思考、懂专业、有能力的全新出版人才，要将理论教学、实验教学、实习教学合理地统一整合起来，形成一个以理论为基础、以实践为核心的综合教学体系。

4. 加强师资队伍和教材建设

教师是教学的主体、是教育的灵魂，教师的水平决定着学生的水平。编辑出版学作为一门实践性、现实性比较强的专业，要求任课教师不仅要学历高，还要技术好；不仅会讲书本知识，还要有职场经验。目前，编辑出版专业的教师大都不缺学历、知识，唯独缺职场经验和实践技术。对此，建议相关高校采用调任、特聘、兼职、客座等多种形式吸收业界人才，充实教学科研队伍。

在教材建设方面，各高校要根据自己的实际，依据学科内容的需要，多出"接地气"、有特色的好教材。教材的编写要理论联系实际，新颖、务实，特别是主干教材的编写，一定要依据核心课程的内涵，符合规范性、前沿性、实用性、复合性的要求。各高校要多出教材、出好教材，逐步形成层次分明、科目齐全、质量较高的专业教材体系。当然，也建议有关部门多组织出版全国通用的高水平教材，以加快推进编辑出版学专业教材建设。

5. 加强学理研究，完善学科体系建设

编辑学会第一任会长刘杲曾说："理论创新是学科建设的灵魂。如果没有理论创新，学科建设势必停滞，甚至萎缩。"①

编辑学研究对于编辑出版专业教育的贡献，不仅在于催生了一个新的编辑学学科，而且在于使这门学科从编辑学专业发展成为越来越完善的编辑出版学学科。编辑出版教育已走过的30年，离不开编辑学理论研究的支持，今后的发展，仍需要编辑学理论研究的鼎力相助，特别是对于学科概念、学科体系、理论与实践的关系等基本问题，需要下大功夫深入进行研究。只有明晰了学科概念，规范了学科体系的构成，拿出让人信服的科学的研究成果，才能确保编辑出版学的地位和根基；只有处理好学科体系中编辑学与出版学、理论与实践等方面的辩证关系，并切实运用到教育教学中去，才能培养更多的复合型人才，推进学科体系的进一步完善。毕竟，研究编辑出版学的理论和学科体系，是创建科学而成熟的编辑出版学学科的基础，它将深化这一学科的理论创

---

① 刘杲：《理论创新是学科建设的灵魂》，载刘杲：《出版笔记》，石家庄：河北教育出版社，2006年，第351页。

新并推动学科建设走向成熟。

原载于《河南大学学报(社会科学版)》2015年第6期;人大复印报刊资料《出版业》2016年第2期全文转载,《社会科学报》"学术看台"2015年12月论点转载,《北京大学学报》"文科学报概览"2016年第1期论点转载

略论民国时期的大学出版

范 军①

中国现代意义上的大学,以清末京师同文馆、京师大学堂、北洋大学堂、山西大学堂、南洋公学的建立以及新学制的施行为肇始。1912年中华民国建立之后,现代意义的高等教育获得了长足的发展。高等学校中无论是公立的还是私立的,抑或是教会大学(教会大学相对于中国政府的学校实际上也属私立),都受惠于当时因政治的动荡、各派力量的制衡带来的较为宽松的学术、思想环境,得益于国外多元教育文化的深刻影响,形成了快速"崛起"之势。②

民国高等教育的创始阶段是从民国元年到1915年。此期的大学一共10所,其中公立大学3所,分别是京师大学堂、山西大学堂和北洋大学堂,而私立和教会大学显得相对较繁荣。五四前后北京大学改制,带动了整个高等教育的革故鼎新和快速发展。从1921年到1926年,公私立大学由13所增至51所,教师和学生人数也有了明显的增长。

南京国民政府建立以后,尤其是在抗战前的十年间,我国的高等教育逐步由规范而定型,趋于成熟。从1928年至1936年,全国大专以上学校从74所增加到108所,在校生人数从25000多增加至近42000人。这十年,高等教育也和国家的其他方面一样,是一个黄金时期。抗战的全面爆发,给正处于蒸蒸日上的中国高等教育造成了巨大冲击。

---

① 作者简介:范军,历史学博士,华中师范大学二级教授,华中师范大学文学院博士生导师。研究方向编辑出版学。
② 王青花:《民国时期中国大学崛起的动因分析》,《安徽广播电视大学学报》,2009年第1期。

但在"抗战建国""战时当作平时看"的思想指导下,高等学校虽然历经磨难,仍然取得了很大的成就。到1945年抗战胜利,全国专科以上学校增至141所,其中大学和独立学院增至89所,在校大学生和毕业生人数与战前比都有大幅度增长。此后发展到1947年,全国总计有大专以上学校207所,其中公立128所,私立79所;按层次分,有大学55所,独立学院75所,专科学校77所;在校生总数超过15万,当年毕业生超过2.5万,均达到民国时期高等教育数量发展的最高水平。

伴随着高等教育的苦难与辉煌,民国时期的大学出版也走过了从无到有、不断发展的光辉历程。在激荡时代思想潮流引领社会文化变革,服务大学教学改革,促进人才质量提升,弘扬学术精神与推出学术成果等诸多方面,民国时期的大学出版都发挥了不可替代的积极作用,谱写了中国现代出版史的华丽篇章。

民国时期的大学出版可以上溯到晚清,南洋公学译书院、京师大学堂译书局和编书处、山西大学堂译书院都可看作是大学出版的源头。稍后还有教会大学的出版活动。遗憾的是,从晚清到民国时期大学出版的历史演进、社会价值以及所做出的突出贡献,一直没有引起出版学术界的足够重视。除了宋应离编著的《中国大学学报简史》(中州古籍出版社,1988年)、姚远著的《中国大学科技期刊史》(陕西师范大学出版社,1997年)从某个角度给民国大学出版一定关注外,现今已经出版的《中国出版通史》(民国卷)、《中国近代现代出版通史》、《民国出版史》、《中国近代科技出版史研究》等专著,均没有对民国大学出版专章专节论述。有关民国大学出版的研究虽然也还有一些史料梳理、专题探究类的论文,比如白化文的《关于"老北大出版组"的研究》、韩晗的《关于"现代中国大学出版业与民营出版业(1840—1949)的比较研究"》等,但总体看比较零散,不成系统,对于出版制度、机构设置、图书刊印、大学出版的历史贡献等方面的研究明显偏弱。有鉴于此,本文拟对民国时期的大学出版从几个方面,包括以往很少有人论及的制度设计,论述很不全面的机构设置以及学术期刊的特殊地位与贡献等,进一步作较为全面系统的探讨,以期引起人们对这个领域的注意,进而展开更加深入全面的研究。

一、制度设计层面：大学出版委员会

民国时期的高等学校一般规模都不大，即便是北京大学、清华大学这些名牌大学。学校教职工人数不多，管理人员更少，机构设置十分精简，运作的效率却比较高。民国大学在机构设置中，不论是一些著名的综合性大学，还是比较好的专科学校，均设有一个专门委员会——出版委员会。仅此就足见大学管理者对出版工作的高度重视。

以北京大学为例，五四运动以后，北京大学组织机构有所调整。1919年12月3日评议会审议通过了《国立北京大学内部组织试行章程》。该章程规定，北大内部组织分四部：(1)评议会，司立法；(2)行政会议，司行政；(3)教务会议，司学术；(4)总务处，司事务。其中，行政会议是学校最高行政机构和执行机构，掌握全校行政大权，负责实施评议会议决的行政方面的事务。行政会议下设组织、预算、审计、聘任、图书、庶务、学生自治、入学考试、出版等常设委员会。各委员会人数5至9人。设委员长1人，由校长于委员中推举之，以教授为限。各委员任期1年。校长为行政会议的议长，主要参加者是各常设委员会的委员长，他们协助校长推行全校大政。

北京大学的出版委员会是在1919年设立的。首任委员长为胡适，委员有李辛白(也是总务处下的出版部长)、张相文、钱玄同、陶履恭、王星拱、张大椿、陈衡哲。出版委员会的主要职责为审查出版书籍，并策划出版部之行政。1924年至1930年，出版委员会因故中止设立。1931年，出版委员会恢复设置，委员长为何基鸿，委员有杨铎、孙云铸、徐志摩、张慰慈、周作人、胡济。1932年出版委员会由刘复任委员长，委员则有马裕藻、孙云铸、江泽函、邱昌渭、赵抃、毛准。1934年的出版委员会人员构成则为：刘树杞、胡适、张景钺、曾昭抡、陈受颐、赵抃、陶希圣、傅斯年、樊际昌。①

查询有关的大学校史资料发现，民国时期的大学(包括专科学校)

---

① 详参王学珍、郭建荣主编：《北京大学史料》(第2卷 1912—1937)第一篇《体制及组织机构》，北京：北京大学出版社，2000年。

设立出版委员会是比较通行的。南京高等师范学校(1914—1927)设校务会议,作为议事机关。它实际上具有一定的立法性质,其决议经校长批准后,行政部门当即执行。为了提高议事效率、科学分工及充分发挥教师的作用,经校务会会议讨论通过后,设立多种专门的常设委员会和临时委员会。各委员会讨论议决的事项,由委员会主任交校长办公处处理。该校先后设立的常设委员会包括以下10个:学校组织系统、学生自治、运动、图书馆、游艺、出版、校舍建筑、校景布置、办事方法研究、招生。出版委员会的主任为深受师生爱戴的刘伯明教授,委员则有杨杏佛、陶行知、柳翼谋、胡步曾、李仲霞。① 国立东南大学(1920—1927)为了体现民主精神、发挥教授作用及提高行政效率,实现各有关机构的相互协调和相互监督,采用了校长领导下的"三会制",即评议会、教授会和行政委员会,校长兼任三个委员会的主席。而行政委员会除了临时委员会外,设9个常设委员会,包括政治训育、群育、招生、图书、出版、卫生、体育、校景、稽核。② 后来以东南大学等为基础建立的国立中央大学(1928—1949),依然在常设委员会中保留有出版委员会的一席之地。③

西北大学早在1913年就成立了出版部,后来又有了出版委员会,中间因战乱等原因出版委员会曾经中辍,1943年学校再次拟议成立出版委员会和复刊《西大学报》,创办《西北建设》。出版委员会于1944年11月正式成立,萧一山担任主席(后改称主任委员),15位著名教授担任委员。其《本大学出版委员会简则》规定该会主要职责为:关于本大学学术刊物之编审、出版的事项。其中还规定该会各种刊物的印刷发行事宜统一由出版组办理。这个体制类似北大,出版委员会为领导管

---

① 南京大学校庆办公室校史资料编辑组、学报编辑部编辑:《南京大学校史资料选辑》,南京:南京大学出版社,1982年,第51—73页。

② 南京大学校庆办公室校史资料编辑组、学报编辑部编辑:《南京大学校史资料选辑》,南京:南京大学出版社,1982年,第104—107页。

③ 姚远:《中国大学科技期刊史》,西安:陕西师范大学出版社,1997年,第543页。

理机构,而出版组(部)则是具体的出版实施机构。① 与北京大学、西北大学相似的还有交通大学。1921年,交通大学就成立了出版委员会。《交通大学大纲》(1921年2月)规定:"出版委员会协助校长审查编译之图书规划,推行出版事宜。"出版委员会又下设出版部具体负责出版事务。

由张学良任校长的东北交通大学也设立有出版委员会,1929年创刊的《东北交通大学校刊》即由该委员会编辑出版。出版委员会编辑部简章中规定:出版委员会编辑部职员设委员长1人,编辑部主任1人,委员6人,干事5人,上述人员由本校教职员及学生中推定。兼任这个委员长的人就是校长张学良本人,足见其对出版的重视程度。而编辑部主任由委员长聘任,经理部主任则由庶务部主任兼任。为了工作方便,出版委员会设常务委员会,常务委员会由委员长、编辑部主任、经理部主任及学生出版部的代表组成,办事细则由常务委员自定。② 这里的学校出版委员会职能与运作方式,又和北京大学、东南大学的同名组织有着明显的区别。

除了公立大学,民国时期的私立(包括教会)大学对出版工作也给予了高度重视,其中一些大学也设置了出版委员会。这方面金陵大学比较典型。为了有效指导各种专门事项,金陵大学设立有教务委员会、校产管理委员会、事务委员会、风纪委员会、出版委员会、学生生活指导委员会、军事教育委员会、体育委员会、宗教委员会、学生消费合作社指导委员会等。这个出版委员会"由图书馆馆长和校长指定的其他7人组成。它将征集学校出版的各种出版物的副本交图书馆保存。在需要时,它将对学校的出版物行使编辑的职权,照看出版物印刷的整个过程包括校对。它将和学生自治会合作负责学校所编杂志的发行。各出版物如以学校的名义出版或声称代表学校,须经该委员会许可,在该委员

---

① 姚远:《中国大学科技期刊史》,西安:陕西师范大学出版社,1997年,第545—546页。
② 宋应离:《中国大学学报百年发展纪略》,载《中国人文社会科学学报年鉴》编辑部编:《中国人文社会科学学报年鉴(2003)》,北京:人民出版社,2003年。

会不在的情况下须经校长批准"①。福建协和大学设专门的机构组织出版发行活动,在学校教务处下面有出版课管理学校的出版事务。为了保证学术著作的出版发行,还在教授会下设立了出版委员会,其职责为"办理本校各种关于学术研究出版事宜"(福建协和大学:《今日的协大》,《协大半月刊》十五周年校庆特刊,1931年)。②

在20世纪三四十年代,还有一些大学设立的出版委员会本身就直接开展编辑出版及发行方面的具体工作,或具有刊物编委会之职责。如,山东大学出版委员会主办的《科学丛刊》(1933年创刊)、《文史丛刊》(1934年创刊);河南大学出版委员会出版的《河南大学学报》(1934年创刊);广东的勷勤大学出版委员会1937年前后编印了《勷勤大学季刊》;私立广东国民大学出版委员会1938年前后就编印过《民风》杂志;山东齐鲁大学1948年的《齐鲁大学校刊》显示,编辑:校刊编辑室,发行:齐鲁大学出版委员会;广州大学出版委员会则于1949年刊行《广大学报》,标为"建校廿二周年纪念特辑","复刊第一卷第一期"。这些杂志均可见到书影,有些还可从网上购买原件。材料应该是很真实可信的。

著名的私立南开大学也很早成立了自己的《南开周刊》出版委员会,这当然和学校层面的出版委员会不同。据《南开周刊》第44期(18周年纪念号)1922年10月25日记载:"出版委员会10月13日假中学教员休息室开成立大会,到会者为赵水澄、王子甘、刘博平、喻廑涧、柳钟文、戴德邻、舒舍予、范仲澐、张颖初、李述庚、蒋逯、刘清泉、邰光谟、周明昌、钱萃丰、许承钰、张鹤寿、刘炽晶、曲天成、朱烹焘、陈冠雄。讨论出版纪念专号、分配值周编辑。集稿为周五,出版为周二。"③

略加比较可以发现,同样是"出版委员会",国立大学如北京大学、

---

① 王运来:《诚真勤仁 光裕金陵:金陵大学校长陈裕光》,济南:山东教育出版社,2004年,第120—121页。

② 陈林:《福建教会大学出版活动探析:以福建协和大学为例》,《福建师范大学学报(哲学社会科学版)》,2006年第6期。

③ 崔国良、张世甲主编:《南开新闻出版史料(1909—1999)》,天津:南开大学出版社,1999年,第54—55页。

西北大学、东南大学,侧重于宏观指导和协调;教会的金陵大学、私立的广东国民大学,其出版委员会还兼有部分出版部的具体工作任务,有的还兼有图书(馆)委员会的主要职能;也有的出版委员会只负责具体指导某一种或两种杂志的工作,类似现在杂志的编委会;此外,另有院系一级设立自己的出版委员会,统筹本单位出版事宜。第一种类型即学校层面的出版委员会,这种出版委员会大多隶属于行政会议,有的则隶属于教授会。民国时期大学的这类出版委员会属于校级层面的顶层设计,从制度和体制上确立了学校特别是校长对出版活动的重视,也从宏观上确立了如何指导和管理出版工作,促进学校教学与科研的发展。而一般由知名教授牵头,委员也由教授组成的人员安排,则保证了出版委员会教育为本、弘扬学术的基本定位。

二、机构设置层面:大学出版部(组或社)

出版之于现代大学并非可有可无的东西。有研究者论及中国现代大学制度形成的标志主要有六项:"一是具有综合性的现代大学的创建,单纯的技术性学院并非严格意义上的大学;二是有稳定的院系设置,大学设置学院、学系有制度性保障;三是设立有各类专业研究机构;四是设立选课制;五是出版社、学术杂志、图书馆、实验室等辅助设施之建立;六是'教授治校'原则之确立。"①由此可见出版社、学术杂志在现代大学中的作用与地位。美国最早成立大学出版部的霍普金斯大学就把出版部(1878年成立)与实验室、图书馆同称为现代大学的"第三势力",强调大学靠教育、研究和出版三位一体的机能发挥影响社会的作用。

但在民国时期,像今天这样成形的相对独立的大学出版社并不多,当时大学的出版机构从设置到发展,也还是处于不断进步之中,且有自身的特点。这里,先来看看那个时代北京大学和南开大学的出版部(社),随后再就其他学校出版部或出版组之类的机构略加分析。

---

① 左玉河:《移植与转化:中国现代学术机构的建立》,郑州:大象出版社,2008年,第59页。

北京大学是设立出版部（组）起步较早、持续时间较长、影响也较大的一家。最初的出版部隶属于总务处。总务处管理全校之事务，设总务长1人，总务委员若干人。总务处的主要分部有注册部、图书部、仪器部、出版部、文牍部等。出版部下设3课：印刷课、售书课、讲义课。关于出版部的具体职能，1918年的《出版部规程草案》作了详细规定：

  一、本部隶属于庶务主任，经理本校印刷出版物，并掌理各科讲义。二、本部出版物必经教授会主任署名交校长或学长核定部数，始能付印。三、校外出版物亦得托本部代售，但须经校长各科学长或图书主任之介绍。四、本部设事务员二人，书记若干人，承庶务主任之命，司理本部一切事务。五、本部设售书处，存置书籍以备出售。六、本部设收发讲义处，存置讲义，预备配发。七、本部售书款项，按月清算，移报会计课。八、本部代售书价之折算，商承庶务主任定之。九、每学年终本部提出事务报告书于庶务主任，由庶务主任转达于校长公布之。十、本部事务所售书处、收发讲义处办事细则，由事务员商承庶务主任定之。十一、本规程遇有不适不备之时，得随宜修改。十二、附则国内外学术团体有以定期出版物与本校交换者，图书馆得嘱托本部寄覆，本部当按月开报寄出清单于庶务主任及图书馆主任。①

从这个规程来看，当时的北大出版部承载了今日大学出版社的部分职责，同时还担负了部分图书馆、印刷厂的任务，在行政上接受总务处的管辖。出版部是学校业务执行机构的组成部分，出版委员会则是学校行政决策机构的组成部分。出版委员会对出版部进行工作上的指导，出版部主任当然是出版委员会的委员。

对北大出版部（组）进行比较全面系统论述的是北大教授白化文先生。他在《我所知的老北大出版组》一文中，或依据亲身经历，或查询有关书刊及文献档案，对民国时期至新中国成立初期北京大学出版组进行了勾勒。他介绍说：

  最早的北大讲义，由图书馆属下的"收发讲义室"负责印刷、管理、分发等事宜。1918年3月，校方公布："本校印刷品日渐增加，

---

① 《北京大学日刊》第259号，1918年11月26日。

现特改'收发讲义室'为'出版部',仍隶属于图书馆。以李振彝为该部事务员。"实际上只是改换名称,表示校方重视而已。工作人员只有一人,隶属不变。可这究竟是新的开端,说明学校重视自己的出版事业了。①

关于北大出版部(组)组建时期的情况与上引"规程草案"似乎有些不一样,这里说的是 1918 年 3 月,规程草案颁布则在是年 11 月,可能是事情有所发展与变化,也可能有些地方白先生是凭听闻,不尽准确,如下文提到的出版部分课、人员等;但此文仍具有重要的史料价值,提供了重要的资料线索。他说:"北大的出版事务繁重,断非一人所能了。到 1920 年,出版部就划分为讲义课、售书课两部门,而且起码有三位职员了。同时开始向商务印书馆订购印刷机器,慢慢地越来越壮大,1929年经由'大学区'阶段恢复为'北京大学'以后,出版部改为出版组,完全脱离图书馆,改由校长直属的秘书处直辖,下设印刷股、讲义股、售书股三股。从此机构定型。后来或称股,或称组,或称部,还是干的那些个事。极盛时代,雇工约百余人,在当时的北京是一个大型印刷发行机构,还承应校外印刷业务。"②至于北大出版组何时升级为出版部,白先生说"没有查到确切史料。估计抗战胜利复校后就升格了。它的实际负责人,大约从 20 世纪 20 年代末就是李续祖。他原是图书馆和化学系合聘管仪器的,后来专任出版组以至出版部的主任"③。事实上,北大出版机构称出版部由来已久。笔者查询:民国七年(1918 年)十一月出版的钱玄同《文字学音篇》,标注的印刷发行者是"北京大学出版部"。《新潮》第一卷第三号[民国八年(1919 年)三月一日]的版权页,标注编辑者:新潮社;发行者:国立北京大学出版部;印刷者:财政部印刷局;总发行所则为:北京汉花园国立北京大学出版部。这说明,北京大学出版部的牌子在 1918、1919 年就已使用了。陈大齐的《哲学概论》1920 年出版,印刷发行者亦署北京大学出版部。1923 年,该出版部刊行有刘师培的《中古文学史》。到 1948 年,北大 50 周年校庆筹备委员会编印

---

① 白化文:《我所知的老北大出版组》,《出版史料》,2003 年第 3 期。
② 白化文:《我所知的老北大出版组》,《出版史料》,2003 年第 3 期。
③ 白化文:《我所知的老北大出版组》,《出版史料》,2003 年第 3 期。

了《国立北京大学历届同学录》《华北之农业（四）以水为中心的华北农业》《国立北京大学五十周年纪念论文集》（文学院第一种）等书籍，刊行者均署"北京大学出版部"。可见，在长达30年的时间里，人们还是比较习惯和喜欢使用北京大学出版部这个名称。无疑，出版物上用"出版部"而不用"出版组"字样，显得也更庄重和正规一些。

白先生认为："1919—1926年，是北大出版部的开创时代；1929—1937年，则是黄金时代。"①出版部（组）的主要业务是影印外国的大学教科书和参考书，印刷、销售本校的书刊，包括教师讲义、报纸杂志等，此外还影印或排印了类似《词源》《曲品》方面的参考书。

据有关资料可知，北大出版部在20世纪20年代初期就已有很可观的成绩了。1922年11月是北京大学25周年校庆，主题是"回顾与反省"。"《北京大学日刊》也报道了二十五周年纪念的各种活动，例如'历史部''出版品部''美术作品部'的展览（其中出版品部就展出在校师生出版的163种学术著作，108种讲义，19种杂志，20种报纸，要是放在今天是一定要说'成绩很大很大'的），学术演讲，中文、法文、俄文的戏剧演出，中、西乐演奏，技击表演，体育比赛，以及放烟火等。"②是年12月7日《北京大学日刊》为校庆"纪念号"，主要刊载"纪念词"，其中教务长胡适的文章《回顾与反省》中说道："我们纵观今天展览的'出版品'，我们不能不挥一把愧汗，这几百种出版品中，有多少部分可以算是学术上的贡献？"他认为北大"开风气则有余，创造学术则不足"。这样的反省、批判，确实体现了真北大的境界，真北大的传统。这里要讨论的问题，主要还是那个时期北大的出版事业。若从1918年北大出版部成立算起，到1922年也还不足5年，实事求是地说，成绩的确是很不错了。上述展览品中，讲义无疑全为出版部刊印，其他专著、期刊、报纸也绝大部分是出版部出版和销售的。作为一家大学出版机构，放在当时的业界也是很突出的。

比北京大学出版部成立更早的是西北大学出版部。1913年，西北

---

① 白化文：《我所知的老北大出版组》，《出版史料》，2003年第3期。
② 钱理群：《想起了七十六年前的纪念》，载钱理群：《论北大》，桂林：广西师范大学出版社，2008年，第194页。

大学就正式成立了出版部。该机构附设有印刷设备,管理和组织有关刊物、著述、章则和教材的出版事宜;它不仅是西北地区也是全国高校中创办最早的出版机构之一。该机构几经变迁,抗战时期改名为出版组,设主任1人,组员若干名,隶属教务处,工作始终坚持了下来。在艰难困苦的条件下,学校尽力保证出版组工作的进行,其中仅1944年第二学期讲义费拨款一项就有15万元,在当时是个不小的数目。到1949年,出版组共编印讲义63种。同时,还编辑刊行《校刊》《西北学术》《西大学生》等刊物,负责新闻简报的缮印与发行。①

通过网络查询民国版图书、期刊,很方便地就可以从封面、版权页上了解到那个时期大学出版机构设置的某些信息。大学出版部的设立,在民国时期是比较通行的。例如,1925年,民国大学出版部刊行了《中华帝制史》(民国大学丛书之一)。1926年,中国大学出版部推出了《六书微》(中国大学国学丛书第一种)。1928年,国立中山大学出版部印行《家蚕生理学》(高等农学丛书之一);1933年,该出版部刊行《毒气与烟雾》一书;1936年,该出版部又刊行了《怎样写论文》。20世纪30年代刊行的苏雪林讲义《中国文学史略》出自国立武汉大学出版部。1941年,四川大学教务处出版组编印了《国立四川大学校刊合册》;1943年,《营养提要》一书由国立四川大学出版组刊行;1944年,《比较伦理学》也由该出版组印行;1948年,《国立四川大学季刊》《国立四川大学周刊》《气象月刊》《国立四川大学一览》等书刊,标明:编辑者 国立四川大学秘书处,发行者 国立四川大学秘书处出版课,经售者 国立四川大学售书处。1942年,《湖大通讯》创刊,出版发行者为国立湖南大学出版组。显然,民国时期诸如此类的大学出版部、出版组、出版课还有很多家。另据《民国时期成都出版业》一书提供,华西协和大学出版部民国二十三年(1934年)在成都华西坝成立,主要职责是编辑出版本校教学所需之教材、讲义等。而民国三十二年(1943年)在成都祠堂街建立的"大学印书局",刊行过《民主主义百科全书》《民主主义理论基

---

① 姚远:《中国大学科技期刊史》,西安:陕西师范大学出版社,1997年,第545页。

础》等。① 笔者从网上搜得1944年的《大学》杂志一册（有书影），封面有"革新特大号""战后民主问题特辑"字样，出版单位署名为"大学印书局"，地址为"成都祠堂街"。这个祠堂街曾经是著名的文化街、书店街。到底是在成都有一家大学印书局，还是"成都大学"下属有一个印书局，还需考证。笔者更倾向于认为大学印书局是一家社会出版机构。

民国时期大学的出版机构以出版社命名的十分少见，南开大学出版社可能是唯一的一家。② 南开大学一向重视出版工作。在南开大学成立初期就曾与南开中学合编《南开周刊》《校风》等；1924年，校学生会成立出版股，专门负责出版活动。1919年11月13日，由学生组织发起的南开大学出版社正式成立。早期的南开大学出版社，主要由学生主办，并聘请教授担任顾问。该社独立进行工作，不隶属于校学生会。出版社的出版物获得公开在国内外发行的许可证是："内政部登记证警字第1339号，中华邮政特准挂号认为新闻纸类。"南开大学出版社设立了自己的出版委员会，由文科、理科、商科、预科各自直接推举7名委员组成，并聘请12名教职员为顾问；还从学生中聘请编辑若干名。出版社由社长领导，下设秘书，并成立编辑部和经理部。编辑部下设言论、学术、文艺、杂俎和校闻5个编辑组；经理部下设发行、印刷、会计、广告4个组。出版社的首任社长范庆奎，秘书王之杰，编辑部主任乐永庆，经理部主任张志刚。

南开大学出版社初期出版的图书，目前能见到的是1930年5月出版的《南开大学向导》，该书详载了本校组织、现状、各院概况、投考手续及最近两年的入学试题等，类似于现在的《报考指南》或《新生导航》。另外，该社还主编有《南开大学周刊》《南开大学周刊副刊》及后来的《南开大学半月刊》等。办社期间，经常出版学术专刊，目前能见到的有《中

---

① 张忠：《民国时期成都出版业研究》，成都：巴蜀书社，2011年，第104—107页。

② 《关于早期南开大学出版社情况的报告》，载崔国良、张世甲主编：《南开新闻出版史料（1909—1999）》，天津：南开大学出版社，1999年，第130页；霍彩素、张敬双、崔国良：《南开大学出版社志稿》，载孙五川、李树人主编：《天津出版史料》（第八辑），天津：百花文艺出版社，1997年；等等。

国经济专号》《社会科学专号》《英国文学专号》等。南开大学出版社一直延续了8年时间,到1936年10月日本帝国主义侵略到华北时,即抗日战争全面爆发前才停办。

除了学校层面设置的出版机构,民国时期大学的一些杂志、报纸的报社、期刊社和编辑部,一些院系、研究所,一些图书馆、教务处,一些教授组织的学术团体,一些学生自治组织、社团,都具有专门或兼顾的出版机构职责。例如,北京大学国学门研究所成立后,在20世纪20年代主要开展的三项工作即:出版定期刊物,包括《国学门季刊》、《歌谣周刊》(后改为《国学所国学门周刊》,不久改为月刊);考古调查和纂著考古方面书籍,印行的有《封泥存真》,待刊的有《甲骨刻辞》等;歌谣之征集和刊印。可见,除了学校层面的出版部(组),其他各个层面、组织也开展了丰富多彩的书刊编纂与出版活动,这方面的情况比较复杂,不再赘述。

三、出版物刊行层面:图书、期刊和报纸

出版物是大学出版活动的最终载体,也是今天考察历史上大学出版事业的重要资料。岁月迁移,物是人非。掩藏在历史尘埃中的出版事实、人物机构及功过得失,往往不得不从故纸堆里去找寻。民国时期的大学出版物,无疑是考察那个阶段大学出版事业的一个重要层面。

民国时期的大学,不仅是培养高级人才的场所,也是研究高深学问的基地。教科书的编纂刊印,学术论著的创作出版,无疑在当时的高等学府中处于一个重要的位置。前面讲出版机构设置已经对此有所涉及。白化文先生对北大出版部刊行书籍之功勋论之甚确当,他指出:

> 印刷本校教授的讲义,是一大宗。许多后来的名著,其初稿都以此种形式在北大印刷过。窃以为,这是出版部的光荣,是它为学术作出过巨大贡献的历史上光辉的一面,必须大书特书的。如前引鲁迅、胡适、周作人的三本书,其定本后来均在正式的出版社出版。鲁迅先生的书是中国小说史开山之作,胡适、周作人的书均列入商务的"北京大学丛书",当时声誉很高。再有,如也列入"北京大学丛书"的,有梁漱溟先生的《印度哲学概论》《东西文化及其哲

学》。列入"新潮丛书"的,有蔡元培先生的《蔡孑民先生言行录》……此外,如刘师培的《中古文学史》,吴梅的《词余讲义》,孟森的《明元清系通纪》,钱玄同的《文字学音篇》,黄节的《诗学》,魏建功的《古音系研究》等等,后来俱成名著,其发轫均在北大讲义中。

但须注意:北大讲义多为其初稿,文物与版本价值超过阅读价值。①

这里,白化文先生将北大出版部在著作出版方面的作用和价值论述得比较到位了。从出版界来看,以1897年商务印书馆的成立为标志,民间出版业在20世纪上半叶快速崛起,除了老商务以外,中华书局、世界书局、大东书局、开明书店、北新书局、文通书局、文化生活出版社、生活书店等都涉足教育出版和学术出版,一些著名大学的教授专家的优秀教材、学术著作最终往往还是给它们正式刊行。前面提到的北京大学25周年校庆期间展出的108种讲义、163种专著,前者应该都是北大出版部所编印,163种学术著作中具体的出版单位就不甚明了了。

类似北京大学及其出版部的图书编印情况,在其他大学中也存在。下面再来看看北洋大学。创建于1895年的北洋大学,是近代天津著书立说、出版发行书刊较早的单位之一。据不完全统计,1895年至1937年间,该校编著、翻译出版教科书就达80种,包括《英文法程》《世界通史》《亚洲地理》《地形测量学》《大地测量学》《实用天文学》《矿物学》《岩石学》《世界矿产与国际政策》等,其中不少都入选了商务印书馆"大学丛书"出版发行。② 福建协和大学教师学术成果颇丰,学术专著很多由国内著名的出版机构,如商务印书馆、中华书局出版。也有一些著述由协和大学的出版机构出版。据陈林《福建教会大学出版活动探析——以福建协和大学为例》记载,1926年至1948年间,由协和大学出版的文献共有50本,包含学术专著、小册子、纪念文集、字典、调查报告、教学参考书、学校章程、中文图书和英文图书等。出版学术专著是协和大学出版物的重要组成部分,有32本,约占总数的64%。这些图书基本

---

① 白化文:《我所知的老北大出版组》,《出版史料》,2003年第3期。
② 王杰、宋彧:《北洋大学出版物之管窥》,载《天津出版史料》(第五辑),天津:百花文艺出版社,1993年。

上反映了协和大学的学科设置和教授的学术专长及专业水平。笔者从网络上查询到的国立四川大学出版组,20世纪三四十年代刊行的大学教材、学术专著,数量、质量皆堪称上乘。

民国时期大学出版的最突出贡献还在报刊,尤其是期刊方面。民国时期创办的学术期刊,大致有三种来源:一是新式学会创办的专业性会刊,二是各大学创办的学报及其他学术刊物,三是独立的专业学术研究机构创办的学术刊物。如果说在图书出版方面,社会上的出版机构还占有绝对优势的话,一到期刊特别是学术期刊领域,大学出版机构就不仅毫不逊色,甚至有更加骄人的成就。"大学专业性学术刊物的创办,是建立中国现代大学制度的重要任务。1912—1916年,中国创办专业性杂志的现代大学,有上海浸会大学(后改名沪江大学)、南京金陵大学、北京清华学校、武昌中华大学、上海工业专门学校、上海仓圣明智大学、北京大学、成都四川陆军测量学校等。其中,以蔡元培创办的《北京大学月刊》较具代表性。"①

那时,无论国立大学,还是私立大学,期刊的编辑出版都十分兴盛。拿教会大学来说,在19世纪末至20世纪上半期创办的学报校刊总数就在500种左右,其中可以查到的中文期刊就有416种。这些刊物中,1919年至1926年创办的有46种;而1927年至1936年创办的学报校刊则多达189种,堪称鼎盛时期。②"众所周知,民国时期最好的学术刊物即所谓'四大名刊物'乃北大《国学季刊》《清华学报》《燕京学报》和《中央研究院历史语言研究所集刊》,内中多半属于大学学报;而现今的学术界公认具有较高水平的学术刊物,几乎都是由中国社会科学院系统主办。这种鲜明的反差,可能并不意味着后者的进步,而只是前者的退步。"③这里,我们略微说说三家大学学术刊物。

《燕京学报》由燕京大学、哈佛燕京学社编辑出版。它创刊于1927

---

① 左玉河:《移植与转化:中国现代学术机构的建立》,郑州:大象出版社,2008年,第337页。

② 王奇生:《中国教会大学学报校刊出版史略》,载章开沅主编:《社会转型与教会大学》,武汉:湖北教育出版社,1998年。

③ 刘超:《中国大学的去向:基于民国大学史的观察》,《开放时代》,2009年第1期。

年6月,至1952年6月终刊,共出刊40期,历任主编有容庚、顾颉刚和齐思和。该刊以发表高水平的学术论文、拥有一流的作者群体和编辑队伍、设置及时反映学术动态的"学术消息"栏目和注重学术评价的"书评"栏目、按时出刊(年出两期,抗战时期除外)、印制精良等特点而受到学术界的高度认可。

北京大学的《国学季刊》,则无论是在研究内容与方法,还是在编辑技巧与形式方面,都开时代新风。1922年北大设立国学门,由章门弟子、著名训诂学家沈兼士任主任,并于次年出版《国立北京大学国学季刊》;胡适撰写了《国学季刊发刊宣言》,刊物大力倡导国学研究,引进新的理论与方法,刊登了众多有分量的研究成果,对推动国学研究产生了广泛而深远的影响。《国学季刊》编辑委员会负责该期刊之编辑审查事宜,并由胡适担任主任委员。这本刊物是以研究国学为目的,却以一种新的姿态出现。编排方式是自左向右的横排,文章也全部使用新式标点符号,刊物的外在形式在学术界引发一次小小的革命。在中国顶尖国立大学出版,讨论国学的刊物,竟然使用"蛮夷"的形式,这一举动震惊当时学术界,同时其在内容上也开启了西体中用的国学研究时代。

《清华学报》创刊于1915年,是第一份以清华学校名义创办的文理综合性学术期刊。严复、黎元洪、梁启超、范源濂、周诒春等政要和社会名流相继为之题写刊名,叶企孙、梁思成、梅贻琦、闻一多、曾昭抡、潘光旦、萨本栋、顾毓琇、朱自清等曾相继任学报编辑。抗日战争期间,随校迁昆明出版。抗战胜利后回迁北平出版。从1915年至1948年,先后共出版90余期。其中1915年至1919年的中英文版学报,发表了百余篇介绍欧美最新科学、技术、教育理论的文章,也连载了到访清华的美国政治学家克罗博士等人宣扬西方民主制度的演讲或专文,还发表了清华科学社有关中国农业、工业技术与教育发展现状的数种社会调查报告。由此营造了五四运动前夕浓郁的科学、民主气氛,也展示了清华学子忧国忧民、科学报国的极大热忱。它是借助留美师资和创办文理综合的中、英文版学报直接从欧美传入最新西学,从而开创了高校学报传播西学的新途径。该刊学术研究水平一流,仅在1924年至1948年间就有30余位国学大师及学界名流在此发表了90余篇代表作,有的专家甚至直接参与编辑学报,从而构筑了旧中国罕见的学术高地,将大学综合性学报的模式推到极致。对于学术刊物、著作编辑出版的作用与意义，清华大学梅贻琦校长有深刻的认识。他曾说："至于非定期刊物，如学术专著，如大学丛书，年有出版，其不经本校印行者尚不计焉。即此可见校内同人努力之一斑，而亦极足以告慰于校友诸君者也。"又说："本校出版刊物，近已日趋学术化，时有转载，或作提要、索引，即外国近来出版之专门教科书籍，亦时有以此种材料为征引之资，此其对于我国在国际学术上地位之提高，实至重且大也。"①

民国年间学术的重镇首推大学，学术出版特别是学术期刊出版的中心也主要集中在大学里。弘扬学术精神，倡导学术创新，推出学术成果，引领学术潮流，这就是民国大学出版的重要价值所在。上述三种大学学术名刊，是从民国大学林林总总的刊物中脱颖而出的"秀于林之木"，有着深厚的学术文化土壤和出版生态基础。据专家统计，北京大学1917年—1949年共创办各种刊物79种，清华大学1914年—1949年创办的刊物有56种，而中山大学1918年—1949年创办的刊物更是多达106种。② 其他各高等学校，无不重视期刊的编辑出版，创办的刊物少则十几二十种，多则五六十种甚至更多。

当时的大学，特别是五四以后，在"科学救国"理念引导下，一些著名大学从学校领导层面，到院系和专门研究机构，再到教授、学生组建的学术社团，纷纷创办各种学术刊物；至20世纪30年代，这股学术期刊潮与全国大兴杂志的潮流汇合，形成"期刊热"。从大学学报的编辑刊行来看，1919年1月推出的《北京大学月刊》具有重要的启示意义。蔡元培在发刊词中阐明创办《月刊》的目的：一曰所谓大学者，"实以是为共同研究学术之机关"。师生对一些学术问题凡"有几许新义"，便可在"月刊以发表之"。二曰破除专己守残之陋见。创办月刊就可"以祛其褊狭之见，而且对于同校之教员及学生，皆有交换知识之机会，而不至于隔阂矣"。三曰网罗众家之学说，开展学术自由讨论。蔡元培主张，月刊当遵循思想自由之原则，取兼容并收之主义，发表各方面的学

---

① 梅贻琦：《致全体校友书》，《清华校友通讯》，1936年第3卷第1—5期。
② 姚远：《中国大学科技期刊史》，西安：陕西师范大学出版社，1997年，第96—98、106—107、323—327页。

术见解,引导学术上自由讨论风气的形成。① 蔡元培个人及北大的重要地位和影响,合乎时代潮流的学术思想和编辑理念,使得《月刊》树立了大学学术刊物的典范,长久地影响学术研究事业和学术出版事业。

  在各个高校中,无论是综合性学报,还是专业性学术期刊,都保持比较高的水准,非一般社会出版机构所能办到。20世纪二三十年代,复旦大学有《复旦》杂志,南开大学有《南开季刊》,法政大学有《法政学报》,辅仁大学有《辅仁学志》,岭南大学有《岭南学报》,武汉大学有《社会科学季刊》《文哲季刊》,文华图书馆专科学校有《文华图书馆专科学校季刊》,北平大学女子师范学院则有《女师大学术季刊》,等等。这些各具特色的高质量学报如学术园地的奇花异卉,活跃着高等学府的学术空气,又向社会、向世界贡献出有中国特质的丰厚成果。五四以来,以大学为依托,还形成了或激进或保守的不同刊物派别,其中既有《新青年》《新潮》等作为大学空间里的思想舞台,又有《史地学报》《学衡》《国风》《思想与时代》等作为大学空间的另类舞台。② 它们展现出截然不同的文化姿态,构成多样化的学术生态环境,相互抗衡,又相互吸纳和促进,共同促进思想的进步与学术的繁荣。

  从上述分析看到,民国时期各大学普遍重视出版活动,把出版工作视为培养人才、改进教学、提升学术水平的重要一环。从理念到制度、机制和机构,出版有所附丽和依托;从校长到教授、学生,出版皆受到关注与重视。从图书到报纸、刊物,大学出版在整个出版业中的作用和地位呈阶梯状上升。需要特别注意的是,整个民国时期特殊的政治和社会环境给予大学出版难得的历史机缘,当然也有磨难。"割据混战,中央和地方政权无暇更无力控制大学、期刊、出版业和中国智力生活方面的其他机构,从而为思想自由与学术自主打开了窗口,为高教、大学的

---

  ① 宋应离:《中国大学学报百年发展纪略》,载《中国人文社会科学学报年鉴》编辑部编:《中国人文社会科学学报年鉴(2003)》,北京:人民出版社,2003年。
  ② 沈卫威:《现代大学的两大学统:以民国时期的北京大学、东南大学—中央大学为主线考察》,《学术月刊》,2010年第1期。

发展提供了一个较宽松的环境。"①今天,如何真正落实"双百"方针,营造学术自主、自由的宽松文化环境,无论对大学还是大学出版界都是十分重要的事情。

与民营出版机构如商务印书馆、中华书局、世界书局等相比,民国时期的大学出版机构都没有能够"做大做强"。一些大书局平衡出版的商业利益与事业属性、经济效益与文化责任,全面涉足教育出版、大众出版和学术出版。这些大书局无一例外都是通过教育出版特别是中小学教科书的出版,来获取丰厚的利润,进而进军出版的其他领域。而当时的大学出版机构一方面是定位与职责所在,加之高等教育招生规模毕竟十分有限,导致市场空间狭小;另一方面也是受到商业出版机构的挤压,它们把主要的活动领域限定在学术出版的范围。大学出版机构的优秀讲义的编印,成为许多一流大学教材和学术专著的孵化器。而在学术刊物(包括部分思想文化刊物)编辑出版中,由于专心、专注和专业,创造了真正的国内一流,同时也产生了重要的国际影响。北大《国学季刊》《清华学报》《燕京学报》《新青年》《新潮》《学衡》《史地学报》等一长串刊名,必将载入中国现代学术发展和现代学术出版演进的史册。

当下,我国的学术出版在国际上没有自己的话语权,自然科学期刊唯西方"权威期刊"马首是瞻;即便是在人文社会科学领域,中国出版的刊物包括大学的学术期刊也没有什么地位,而且越来越呈现所谓"与国际接轨"其实就是以西方尤其是美国标准为标准的趋势。国家新闻出版广电总局邬书林副局长在上海书展"中国学术'走出去'高端论坛"上指出:"我国严格意义上的重要学术创新成果,95%以上是选择在国外期刊上首发的。"②问题当然涉及出版界包括大学出版界未能及时地关注、追踪并出版传播领先的学术成果,但解决这个问题可能根子还不在出版社、期刊社。看来,学术出版的某些方面如学术期刊出版,比起民国时期来,现在有的地方不仅没有什么进步,反而出现了明显倒退,令人深思。此外,数字化对传统出版业包括大学出版的冲击也是巨大的,

---

① 王青花:《民国时期中国大学崛起的动因分析》,《安徽广播电视大学学报》,2009年第1期。

② 陈熙涵:《学术出版为何与科研成果绝缘》,《文汇报》,2013年8月14日。

如何运用自身内容生产上的优势,同时融入新业态的发展大潮,值得深入探讨。读史使人明智,借古尚可鉴今,民国时期的教育理念、学术体制以及大学出版,或许能给我们一些有益的启示。

原载于《河南大学学报(社会科学版)》2014年第2期,人大复印报刊资料《出版业》2014年第5期全文转载

论商务精神的传承：以张元济和王云五的交往为中心

金炳亮①

张元济和王云五年龄相差20岁，性格迥异，志趣不同，两人先后执掌商务印书馆，成就了这家民国时期最重要的出版机构。1948年前后，两人在政治上做出不同的选择——张元济留在大陆，受到毛泽东主席的亲切接见；王云五迁居台北，受到蒋介石重用，先后出任台湾当局"考试院"副院长和"行政院"副院长。长期以来，学界存在褒张贬王的倾向，对两人交往多作"志不同而道不合"之类简单化的描述，缺乏深入研究。事实上，他们的关系十分密切，他们的友谊也超出一般人的想象。张元济是王云五的引路人，王云五是张元济的追随者。如果说，张元济是商务印书馆的旗帜，王云五就是商务印书馆的灵魂。民国时期商务印书馆的辉煌，是以他们为中心共同铸就的。1949年后，两人虽然身处海峡两岸，但晚年王云五仍以两人共同铸就的商务精神为依归，重振台湾商务印书馆。本文试图以两人的交往为中心，探讨商务精神的形成、核心、流变和传承，力求从另外一个维度来呈现商务精神的本质特征和当代启示。

---

① 作者简介：金炳亮，广东出版集团副总编辑，编审。研究方向编辑出版学。

一、商务精神的形成：张元济的胆识与王云五的锐意

商务印书馆在民元前后成功实现飞跃，成为中国规模最大和最著名的文化出版企业，奠定了"文化为魂、守正出新"的商务精神。但是，由于思想上的保守、经营上的失误以及人事纠纷等原因，1912年以后的十年间，商务印书馆发展趋缓。在五四新文化运动中，商务印书馆波澜不惊的表现，与风起云涌的北京大学形成鲜明对比，与其文化重镇的地位极不相称，受到知识界的强烈批评。

对此，商务印书馆核心人物张元济、高梦旦等认为，要改变这种状况，关键在于大胆起用或引进新人，特别是经过新文化运动洗礼的西学人才。但在用人和一系列重大问题的决策上，商务印书馆内部以张元济为首的书生派（改革派）和以高凤池为首的教会派（守旧派）存在严重分歧。书生派多系文化人，重改革创新和向外发展；教会派多属创业元老及其亲朋故旧，偏向保守和固守本地小圈子，"高凤池主张用老人，张元济因为旧人里不能办事的人已不少，主张用年轻人；高主张用平素熟悉的人，张主张用能干的人，不论熟悉与否"①。

张元济想要的是胡适这样留学欧美，回国后引领学界潮流的新派人物，而王云五显然算不上"新人"。所以，当1921年夏天胡适推荐王云五自代时，"自命为随时留意人才"的张元济、高梦旦等人却大感诧异，"竟不曾听见过这个名字"②。不过，胡适在介绍王云五时说的三个优点——道德高尚、读书广博、办事能力强，还是说动了张元济。张愿意引进王云五到编译所，先试用；三个月后，又建议先做副所长，协助高梦旦。由于高梦旦认准了王云五是个人才，相信他必能通过全面改革，打破编译所多年以来的沉闷局面，所以王云五直接接了高梦旦的所长职位。

---

① 汪家熔：《大变动时代的建设者：张元济传》，成都：四川人民出版社，1985年，第186页。
② 胡适：《胡适的日记》（上册），北京：中华书局，1985年，第208页。

1926年，张元济年满60岁，董事会在批准他退休的同时，推举他为商务印书馆的董事会主席（董事长）。张元济继任董事会主席之后，鉴于鲍咸昌年事已高，精力不济，开始考虑总经理的继任人选。同时，他对商务印书馆的管理现状和频繁工潮也颇为不满，他希望继任的商务印书馆总经理至少在这两个问题上必须有所作为。1930年1月，鲍咸昌去世。张元济在综合考虑了内部选拔和外部引入的诸多人选之后，认定其时已离开商务印书馆编译所转赴中央研究院社会科学研究所任研究员的王云五为最佳人选。

　　在编译所所长任上，王云五对编译所进行了全面改革：一是大量引进具有西学背景的新式人才，使编译人员由100多人扩充至300人左右。二是制定严格的稿酬制度，将编译、翻译、自编、外请、撰稿、译稿等情况进行分类，并按质分级，分别给酬；又使版税稿酬逐渐制度化。三是调整出书方向，由小教育向大教育转型，大量出版学生课外读物；一般读物由学术著作（包括古籍整理）为主向学术著作与普及读物并重转型。此外，王云五还在工潮迭起之时勇于担责，负起本不应他担负的责任，化解了许多日益激化的矛盾。

　　应该说，以张元济为首的董事会选择一个"外人"，而不是具有浓厚家族背景的创始人子弟①来担任总经理，主要还是看中王云五的学识和"办事"能力。如果说，在引进王云五之时张元济还有所犹豫的话，那么，聘任王云五担任总经理则是对王云五高度认可之下做出的决定。从引进王云五这样一个连小学都未毕业，且在出版界毫无资历的人到全国最著名的出版机构担任编译所所长，再到出面请回本已离职的王云五回馆担任总经理，张元济都是这一决策的关键人物。这一过程充分体现了张元济的用人胆识。张元济的胆识魄力和王云五的锐意进取，充分诠释了"文化为魂、守正出新"的商务精神。

　　王云五任商务印书馆总经理之后，全面实施科学管理，同样得到张元济的大力支持。随着交往增多，作为董事长的张元济和担任总经理的王云五在出版理念上彼此认同，在工作中配合默契，逐渐建立起良好

---

① 当时夏瑞芳的儿子夏鹏（小芳）、鲍咸昌的儿子鲍庆林都在商务印书馆担任重要职务，是作为接班人培养的。

的私人感情,完成了商务精神的一脉承续。正如王云五所说,1932年"一·二八"事变之后,"菊老知我益深,不仅在公务上无事不尊重余意,力为支持;即私交上亦无话不说,取代了梦旦先生对余之关系地位"①。

二、商务精神的凝聚:患难之交助重建

王云五担任商务印书馆总经理的时间(1930年2月至1946年5月)大致与中国全面抗战的十四年时间(1931年9月至1945年8月)重叠。在此期间,张元济与王云五携手共进,克服重重困难,四度复兴商务印书馆。

1932年"一·二八"事变,商务印书馆馆舍被日军炸毁,经济损失高达1600余万元。东方图书馆40余万册图书资料全部烧毁,其中很多是珍稀的古籍文献,损失不可估量。商务印书馆被迫停业。张元济和王云五为尽快复兴商务印书馆进行了不懈的努力。张元济不顾年迈,重返一线,担任商务印书馆善后委员会委员长和东方图书馆复兴委员会主席。在最艰难的日子,他每日到馆,"竭其垂敝之精力,稍为云五、拔可诸子分尺寸之劳"②。

王云五是商务印书馆善后委员会和东方图书馆复兴委员会主任,作为商务复兴事业的前线总指挥,王云五可以说承受了最大的压力。为尽快复业,商务印书馆决定先将全体职工解雇,复业之后再酌情招录职工。一方面,商务印书馆的经济极其困难;另一方面,职工对此决定又极不理解。而在这最困难的时候,他的老父撒手人寰。数重打击之下,王云五"须发皆白,而仍不见谅于人"③。

在复兴商务印书馆的过程中,张元济为首的董事会成为王云五的坚强后盾。1933年2月24日商务印书馆召开第406次董事会,王云五

---

① 王云五:《王云五文集》伍(下册),南昌:江西教育出版社,2008年,第669—670页。

② 张人凤编著:《张菊生先生年谱》,台北:台湾商务印书馆,1995年,第306页。

③ 王云五:《王云五文集》陆(上册),南昌:江西教育出版社,2011年,第221页。

报告上年公司获得盈余82万元,主持会议的张元济特别提到:"去年公司遭此大难,尚能有此成绩,皆属办事人之努力,极当佩慰。特代表股东向办事人致谢!"①在当年4月5日召开的第408次董事会上,张元济又临时提议:"上年公司办理善后,为期六月,办事人辛苦异常,津贴仅占薪水六折至三折。炮声之中炎暑之下,无一日休息……公司另拨三万元,以一万元酬劳善后办事处常务委员王(云五)、李(拔可)、夏(小芳)、鲍(庆林)四君,二万元酬办事处同人。"②

这一段时间,王云五与张元济过从交往甚密,从张元济日记和年谱可以看出,两人互访(到家)次数较多,经常在一起议事,或一同出门访客、看戏等。1936年6月,张元济70岁生日,为了给一向"避寿"的菊老祝寿,王云五别出心裁地策划出版了《张菊生先生七十生日纪念论文集》作为"寿礼",并亲自起草了征集论文公告,与胡适、蔡元培联署发布。公告之中,王云五满含敬重之情描述了他眼中的张元济:"张先生是富于新思想的旧学家,也是能实践新道德的老绅士,他兼有学者和事业家的特长。"③这是笔者所见对张元济的出版家、学者身份以及其高尚人格魅力最为传神的描述。当年印出的由王云五策划和主编的商务印书馆重大出版项目"中国文化史丛书"的各书封里,都加印了王云五专门写下的话:"张菊生先生致力于文化事业三十余年,其躬自校勘之古籍,蜚声士林,流播之广,对于我国文化之阐扬,厥功尤伟。'中国文化史丛书'之编印,实受张先生之影响与指导。第一集发行之始,适当张先生七十生日,谨以此献于张先生,用志纪念。"④其情深义重可谓溢于言表,令人感喟。

1937年11月上海沦陷之后,王云五先后辗转香港、重庆,主持商务

---

① 张人凤编著:《张菊生先生年谱》,台北:台湾商务印书馆,1995年,第312页。

② 张人凤编著:《张菊生先生年谱》,台北:台湾商务印书馆,1995年,第313页。

③ 胡适、蔡元培、王云五编辑:《张菊生先生七十生日纪念论文集》,北京:商务印书馆,2012年重印本。

④ 张人凤编著:《张菊生先生年谱》,台北:台湾商务印书馆,1995年,第352页。

印书馆的经营业务；张元济领导的董事会及李拔可、夏小芳、鲍庆林等高管则一直在上海坚守。作为经营管理层面的职能部门"总管理处"名存实亡，取而代之的是王云五根据需要临时成立的各种"办事处"和"业务组"。这是战争时期为求商务印书馆业务发展不停顿而被迫做出的一种特殊安排。从中可以看出张元济和王云五为商务印书馆的发展殚精竭虑的务实精神。由于王云五一直滞留香港、重庆，从未回到上海，而张元济在1940年5月曾以74岁高龄和董事长之尊，只身往港，与王云五晤谈，有人据此推测王云五与张元济之间存在不和。① 王云五去世之后，其子王学哲清理遗物，发现王云五一直珍藏着张元济的来信。② 2009年，台湾商务印书馆出版王学哲编的《艰苦奋斗的岁月（1936—1948）：张元济致王云五的信札》，共收入抗战期间张元济写给王云五的132封信。这批信件的刊布，可以一窥两人在抗战时期的种种交往细节。很可惜，王云五致张元济的信，笔者至今也没有见到，只能通过张元济在回信中的引述来了解一些事情的来龙去脉。从这批信件可以看出，张元济与王云五不但不存在任何芥蒂，反而在艰难困苦中更显情深意切。

首先，虽然张元济与王云五千里相隔，但两地人员互动和书信往返极为频繁。张元济致王云五的信函，1938年为30封，1939年为32封，1940年为24封，有些月份多至五六封，几乎是前函未到，后函又发。据此推测，王云五致张元济的信，数量应该也相当可观。如1938年3月31日张元济致函王云五说："岫庐先生阁下：本月十四、十五、十七、廿二、廿五叠上五函计均已达览。"③两人往返书信的内容多为讨论商务印书馆的业务，涉及公司的大政方针、人事安排、财务支出等。太平洋战争之前，沪港两地交通畅顺，李伯嘉、史久芸等商务印书馆骨干都曾衔命访港；王云五虽然不曾返沪，没有参加在上海召开的董事会，但

---

① 汪家熔：《商务印书馆史及其他：汪家熔出版史研究文集》，北京：中国书籍出版社，1998年，第137—138页。

② 这批书信的数量，根据王云五自述，"不下十余万言"。参见《王云五文集》伍（下册），南昌：江西教育出版社，2008年，第980页。

③ 王学哲编：《艰苦奋斗的岁月（1936—1948）：张元济致王云五的信札》，台北：台湾商务印书馆，2009年，第49页。

需由总经理报告的事项,他都事先书面拟好,由李伯嘉代为宣读。因此,商务印书馆的经营管理指挥系统并未因为董事长与总经理不在一起办公而受到影响。

其次,张元济对王云五在艰难困苦中复兴商务印书馆的工作成果和拼搏精神极为赞赏,对王云五由于在经营管理上的一些措施而开罪于人表示充分理解,对王云五推行的各项政策措施全力支持。1937年11月25日,张元济致函王云五,充分肯定他到香港后的工作。"港厂工作力量,自兄整理后,每日可由十万,增至二十万册,不胜钦佩。"①1938年5月12日,面对内部争论颇大的提薪要求,张元济致信表示:"我兄思想精密,或弃或取,必能一言而决也。"②1938年11月29日,张元济在信函中称赞王云五:"处此之时,犹能拼力治事,籍以志忧,此等精神,实不可及,令人钦佩无极。"③1939年8月15日,张元济在读完王云五托史久芸从香港带回上海的30页纸公司经营计划后,立即回函称:"我兄于全局之事,无不思深虑远,措置周详,即沪处编译、印刷、发行诸事,极至细微之处,无不全神贯注,指示周密,至深钦佩。"④为了支持王云五的工作,张元济从上海派了蔡公椿、史久芸到香港协助王云五,又以李伯嘉、史久芸充当联络员,往来沪港,沟通联系。当沪港两地人员因为王云五减薪裁人而对他进行攻击时,张元济在董事会上和公司内外均力挺王云五,并力主对造谣诋毁之人"以法律起诉"。

最后,虽然分处两地,但张元济与王云五在商务印书馆的发展上,思想一致,配合默契。这段时期商务印书馆的重大计划和政策措施都是先经过两个人书信往返,充分沟通之后,由王云五写成书面意见或起草相关文件,再经董事会讨论通过和发布。有些私人之间的沟通,为开

---

① 王学哲编:《艰苦奋斗的岁月(1936—1948):张元济致王云五的信札》,台北:台湾商务印书馆,2009年,第33页。
② 王学哲编:《艰苦奋斗的岁月(1936—1948):张元济致王云五的信札》,台北:台湾商务印书馆,2009年,第52页。
③ 王学哲编:《艰苦奋斗的岁月(1936—1948):张元济致王云五的信札》,台北:台湾商务印书馆,2009年,第61页。
④ 王学哲编:《艰苦奋斗的岁月(1936—1948):张元济致王云五的信札》,台北:台湾商务印书馆,2009年,第72页。

诚布公起见,张元济会将王云五的信函在董事会上宣读或在个别董事、高管中传阅。比如,关于公司 1939 年的股息分红,多位董事要求分到五厘,张元济则"以为公司财政窘迫至此,断难迁就",主张减为三厘,王云五也主张三厘,但考虑到各方利益平衡,表示财政困难他能够克服,五厘也行。最后董事会还是按张元济的提议通过,股息定为三厘。①又比如,对同人怠工的处理。1939 年前后,沪港两地的商务印书馆职工为争取利益多次发生怠工,现场甚至出现争斗闹事场面,王云五处于舆论纷争的漩涡。张元济与王云五一样,"力主从严",同时因为上海情况更为复杂,王云五又不在现场,使得怠工情况有一段时间几乎失控。为此,张元济深为自责,在致王云五的信中表示:"弟于此事无法贯彻其主张,愧对吾兄,负疚无极。"②

张元济与王云五不但在工作上互通信息,互为协力,共同领导商务印书馆在抗战时期渡过难关,而且在生活上嘘寒问暖,互相照应。张元济的信件除了大部分谈工作之外,也有一小部分涉及私事。张元济对王云五家人常有问候,也经常托王云五在港办些私人的事。国民党军撤出上海之后,日军进驻,上海物价飞涨,张元济生活日益困难。1938 年 3 月 2 日,王云五写信表示,以后每月接济张元济 200 元生活费,张元济考虑公司经营困难,因而婉拒不受,但"愈感良朋之相知深也"③。1939 年底,为了应付生活,张元济卖掉房子,搬入"孤岛"租界租房生活。抗战后期,张元济在上海以卖字帖补生计,王云五在重庆为他吆喝,"邀集友人,代订润例",以增加张元济卖字的收入。④ 1942 年 11 月 18 日,张元济与李拔可联名致函王云五,要王云五自当年元月起,每月

---

① 王学哲编:《艰苦奋斗的岁月(1936—1948):张元济致王云五的信札》,台北:台湾商务印书馆,2009 年,第 104 页。
② 王学哲编:《艰苦奋斗的岁月(1936—1948):张元济致王云五的信札》,台北:台湾商务印书馆,2009 年,第 77 页。
③ 王学哲编:《艰苦奋斗的岁月(1936—1948):张元济致王云五的信札》,台北:台湾商务印书馆,2009 年,第 44 页。
④ 王学哲编:《艰苦奋斗的岁月(1936—1948):张元济致王云五的信札》,台北:台湾商务印书馆,2009 年,第 121 页。

给自己加支"战时津贴一千元",用以缓解其一家人在重庆的生活困难。① 抗战胜利之后,王云五一度想变卖上海北四川路的房子,托张元济在上海代为"探询市价"。②

总之,在全面抗战的十四年间(1931—1945),王云五与张元济两人之间关系不仅毫无芥蒂,相反极为融洽。王云五说:"在此时期,我的一切措施,他无不赞助,一方面由于他爱护商务印书馆,他方面也因为我们之间已经建立了深厚的友谊。"③应该说,商务印书馆在抗战期间能够历尽各种劫难而不倒,两人之间的这种患难情谊和工作上的密切配合在其中发挥了重要作用。

三、商务精神的核心:民族大义铸就文化之魂

张元济、王云五两位出版家能够在全面抗战期间患难与共、通力合作,除了共同的事业追求(两人都将商务印书馆视同自己生命),在日本侵略者面前表现出的民族大义和爱国情怀,则是他们共同的思想基础。

1930年6月1日,美国《纽约时报》记者艾朋以《为苦难中国提供书本而非子弹》为题,长篇报道了处于战争阴云密布下的商务印书馆和王云五(其时身在美国)的事迹。面对侵略者的残暴,出版家提供精神食粮,不但是战时的应尽之责,在振奋民族精神方面,其发挥的作用并不亚于子弹枪炮。这一战时出版宗旨,成为张元济和王云五在全面抗战时期四度复兴商务印书馆的强大精神动力。1932年"一·二八"事变之后,已经退休在家主要时间都在整理和点校古籍的张元济第一时间赶回办公室,主持召开董事会紧急会议,商议对策。他以(商务印书馆)"设竟从此澌灭,未免太为日本人所轻"④激励同人。连续数天,他都全

---

① 王学哲编:《艰苦奋斗的岁月(1936—1948):张元济致王云五的信札》,台北:台湾商务印书馆,2009年,第118页。
② 王学哲编:《艰苦奋斗的岁月(1936—1948):张元济致王云五的信札》,台北:台湾商务印书馆,2009年,第211—212页。
③ 王云五:《王云五文集》伍(下册),南昌:江西教育出版社,2008年,第977页。
④ 张元济:《张元济全集》第2卷,北京:商务印书馆,2007年,第549页。

天在馆中服务,表示只要"一息尚存,仍当力图恢复"。王云五也从这一突变中看到了商务印书馆作为文化重镇在国家民族危难之际所能发挥的巨大作用。他说:"'一·二八'事变爆发后,商务印书馆的牺牲是很大的。我认为商务印书馆为能抵抗外侮的十九路军而牺牲,虽然损失极大,毕竟还算值得……商务印书馆因此而牺牲,比之出千万部书以贡献教育文化,其效力尤大。"①

　　董事会的全力支持,王云五的"苦斗",使巨劫之后的商务印书馆很快获得重生。1932年8月1日,商务印书馆总管理处、上海发行所和租界内新设工厂,同时复业。"为国难而牺牲,为文化而奋斗"的大幅标语高悬在发行所大楼外墙,"同人与顾客见者无不动容"②。为了表示对日本侵略中国、妄图毁灭中国文化的愤慨,表达中国人复兴文化的坚强意志,商务印书馆在重印书的版权页上加署"国难后第一版"字样,又出版《复兴教科书》《复兴丛书》作为纪念。同年10月6日,《东方杂志》复刊,王云五在复刊的《卷头语》上说:"我所以不顾艰苦,不避嫌怨,力排万难把商务印书馆恢复,并没有什么高远的目的,只是为我们中国人争一点点的气。"再次表明他复兴商务印书馆是对日本文化侵略的反击。1933年4月,东方图书馆复兴委员会及东方图书馆复兴基金成立,张元济为复兴委员会主席,委员包括胡适、蔡元培、陈光甫、王云五、盖乐(美国)、欧特曼(德国)、张雪楼(英国)、李荣(法国)等人。③ 商务印书馆董事会决议每年从公司盈余的公益金中拨出1/3充入基金,直至东方图书馆恢复对外开放。1933—1934年,商务印书馆连续两年共拨出9万元,张元济个人捐出1万元,充入东方图书馆复兴基金。王云五在国内外组织了9个赞助委员会,接受各项捐赠。1934年10月,德国捐赠大宗名贵德文图书3000余种。1935年6月,上海法租界公益慈善会捐赠法文名著1500余种。仅仅两年多时间,东方图书馆复兴基金已累

---

① 王云五:《一·二八》(在国耻周的演讲),《申报》,1933年5月20日。
② 王云五:《王云五文集》陆(上册),南昌:江西教育出版社,2011年,第223页。
③ 张人凤编著:《张菊生先生年谱》,台北:台湾商务印书馆,1995年,第313页。

积至约 20 万元,各类图书已累积至近 15 万册。

1937 年张元济重新修订了旧著《中华民族的人格》,选取中国历史上著名的舍生取义的民族英雄故事,既是以书言志,表明气节,又是激励国人,振奋民族精神。淞沪抗战时,国民党政府推出"救国捐",稍后又发行"救国公债",上海书业积极捐献,认购 34 万余元,总额在各行业中排名第五,仅次于银行、钱庄、保险和棉布业。商务印书馆和中华书局各认购 15 万元,接近书业认购总额的九成。①

为解决职工生活困难,商务印书馆没有大规模解雇职工,更没有以歇业为名遣散职工。即使工潮爆发,也尽可能满足职工要求。

1937 年 11 月,上海沦陷,国民政府迁都重庆。随后,商务印书馆的出版业务相继在香港与重庆展开。但商务印书馆的总管理处、董事会仍在上海,董事长张元济,经理夏小芳、李拔可、鲍庆林,发行所长曹冰严,以及相当一部分职员也留在上海。从表面看,商务印书馆的决策、管理还在上海,实际上商务印书馆的决策和管理则随着王云五在香港和重庆而"应变"。这是商务印书馆在抗战时期为维持出版业务并振奋民族精神而不得不采取的灵活的"战时出版体制"。"八·一三"事变后,王云五位于上海北四川路的房子周围成为淞沪会战的战区,全家被迫迁入公共租界威海卫路 688 号租住。上海沦陷之后,再次举家迁居香港。

王云五留居香港,既要统筹商务印书馆的通盘业务,又要协调上海总馆留守人员的各种关系。这段时间,留守上海的张元济与迁居香港的王云五书信往来频繁,张元济多次派李伯嘉、史久芸等高管人员到香港沟通,两人通过这种方式,共商馆务,共渡难关。有关战时的管理制度,往往由王云五在香港拟好后,经张元济与留守上海的李拔可、鲍庆林等共同商议,然后实施。重大事项,如确定节约委员会名单及章程、制定记功给奖暂行办法、工人要求提高薪折("八·一三"之后职工薪折减半)、股东要求股息分红升折,等等,张元济一定写信征求王云五的意见,甚至一些像员工在办公室吸烟这样的小事,张元济也写信问王云五

---

① 周武主编:《二战中的上海》,上海:上海远东出版社,2015 年,第 308 页。

"能否发一通告,直捷(接)禁止,若仅仅劝告,终归无益也"①。

事实上,留守上海的张元济常感孤立无援。1938年9月,由于夏小芳请长假赴美,鲍庆林代理经理一职;1940年7月,鲍庆林因身体病况,辞去代理经理职务;1941年7月,李拔可又辞去经理职务,鲍庆林不得不抱病再出,继任经理。张元济把李伯嘉提为代理经理。此时,张元济身边可以一起商量和做事的,只有李伯嘉一人而已。每当他要找人商量商务印书馆的事情,他就开始想念王云五:"公不在此,弟思之不禁徬(彷)徨无计。"②商务印书馆素有工潮传统,工会力量虽在"一·二八"后经王云五暗中做手脚有所削弱,但在"八·一三"后商务印书馆做出不裁员工、薪酬减折的决定之后,不满情绪逐渐酝酿;再加上出版业务主要转去香港,在上海的工人生活更加困难,情绪开始激化。上海沦陷后,张元济就不断受到"同人闹事"的困扰。虽然张元济"力主从严",但甚多阻力。1939年1月23日,史久芸等人正在商务印书馆驻沪办事处吃饭,"忽有旧工人,当场掷粪,污及八人"③。

坐镇香港的王云五就在这样内外交困的处境下,艰难地进行着商务印书馆的复兴事业。对于这段时间的"苦",王云五曾在致胡适的信中谈及:"我这两年的苦真非'一·二八'时所能比拟,那时候痛定便可复兴,这时期则一面破坏一面复兴,一面复兴又是一面破坏,加以疆土日缩,营业日艰,成本日重,运输日难,而生活困难程度日高,同人之欲望亦日大,而'八·一三'以来我的作风正和'一·二八'后相反,全体同人不使一人失所,全部事业不尝一日停顿,因此苦中加苦,不知从何说起。所幸身体尚能支持,'一·二八'后几年内黑胡子变成了白胡子,'八·一三'两年内身体减重三十磅,精神上却还如常。"④

---

① 王学哲编:《艰苦奋斗的岁月(1936—1948):张元济致王云五的信札》,台北:台湾商务印书馆,2009年,第63页。
② 王学哲编:《艰苦奋斗的岁月(1936—1948):张元济致王云五的信札》,台北:台湾商务印书馆,2009年,第67页。
③ 王学哲编:《艰苦奋斗的岁月(1936—1948):张元济致王云五的信札》,台北:台湾商务印书馆,2009年,第77页。
④ 《王云五信三十六通》(1938年10月30日),载耿云志主编:《胡适遗稿及秘藏书信》(第二十四册),合肥:黄山书社,1994年。

上海沦陷之后，商务印书馆在上海非常有限的出版活动只能退入相对还安全的公共租界和法租界，开始艰难的"孤岛"时期的留守出版。"孤岛"时期，商务印书馆在上海的出版业务由临时成立的驻沪办事处经办。一方面，上海物价飞涨，人心惶惶；另一方面，租界当局害怕日军滋事。因此，商务印书馆驻沪办事处主要经营库存图书，还有就是"在上海租界工部局随时警告之下，印刷一些古籍及纯学术的书"①，新书出版则基本停止。张元济想办法补印了战前已预售收款的《景印元明善本丛书》和《续古逸丛书》中的数种珍贵图书。经理李拔可、夏小芳带领小部分编辑人员主要从事《辞源》增订和《清代人名大辞典》编纂工作。面对危机，张元济积极倡言并身体力行节约办事，表示"欲维持公司之生命，开源非易，唯有节流而已"，要求停止供热、停止雇用汽车，减少员工津贴，"盖此后情形全国人民及本公司均非穷干苦干不可"。②

太平洋战争爆发后，日军立即进驻上海公共租界和法租界，查封了商务印书馆位于租界内的发行所、工厂和仓库，抄去书籍460万册、排版用的铅字50余吨，商务印书馆在上海的出版事业由此基本停止。繁荣兴盛的上海出版业，"沦陷之后，却由报社和杂志充任了图书出版的主角。盛衰之判然，令时人有不胜今昔之感"③。曾经是远东最大出版中心的上海书业在抗战期间遭受前所未有的重创和摧残，元气大伤，再未恢复，"书业黄金时代"由此终结。④

日军进驻"孤岛"之后，王云五曾派商务印书馆西安分馆经理借探亲机会赴上海拜访张元济、鲍庆林等，行前要他带话"无论如何，必须坚守国家立场，力拒与敌伪合作；第一不可参入敌伪资本，第二不可以任

---

① 张人凤编著：《张元济先生年谱》，台北：台湾商务印书馆，1995年，第458页。
② 张树年、张人凤编：《张元济书札》（中），台北：商务印书馆，1997年，第543页。
③ 王余光、吴永贵：《中国出版通史》第8卷，北京：中国书籍出版社，2008年，第145页。
④ 周武主编：《二战中的上海》，上海：上海远东出版社，2015年，第307页。

何方式与敌伪合作……万万不可有违反国策之出版物"①。这与张元济的想法完全一致。

商务印书馆在上海留守,比之王云五在大后方碰到的情形,不知艰难几倍。物质的困顿,可以想办法克服;而精神的坚守,却需要更为坚强的意志。尤其是张元济要在日军的残暴烈焰和汪伪的威逼利诱中,一方面保持民族气节,一方面还要维护商务印书馆的火种,这就需要刚柔并济的策略和能屈能伸的手段。

面对日伪势力的步步紧逼,以张元济为首的商务印书馆董事会,在迫不得已的情况下,参与组建"中国联合出版公司",实在是委曲求全的非常之策。在大多数出版业同行变更资本、向汪伪政权注册登记的情况下,商务印书馆始终洁身自好,绝不随波逐流。为了避免外来资本(日资和汪伪资本)侵入,张元济煞费苦心,在沦陷时期,商务印书馆不开董事会、股东会,资本构成始终未曾改变。

王云五对于上海沦陷之后坚决维护商务印书馆"火种"的董事会给予高度评价:"上海沦陷后公司备受敌伪胁迫、危害,但在菊生先生暨各位董事主持下坚决抗拒,始终不屈,不开股东会,不改选董事、监察人,不更改组织,甚至连公司的股本都未增加。我们实在可以自豪。诸位看看处在当时恶势力下工商机构改组的有多少,但本公司始终没有改组,增资的有多少,但本公司始终没有增资。这不能不归功于菊生先生和其他几位董事。"②

抗战期间,商务印书馆的资产被大量损毁和掠夺。据汪家熔的估算,扣除急速飞涨的通货膨胀因素,直到1947年,商务印书馆的实有资产仅及其股本500万元的1/3,而股票行市也仅及原值的1/3。③ 在极为困难的情况下,张元济、王云五带领商务印书馆在"一·二八""八·

---

① 王云五:《王云五文集》伍(下册),南昌:江西教育出版社,2008年,第819页。
② 汪家熔:《商务印书馆史及其他:汪家熔出版史研究文集》,北京:中国书籍出版社,1998年,第171页。
③ 汪家熔:《商务印书馆史及其他:汪家熔出版史研究文集》,北京:中国书籍出版社,1998年,第171页。

一三"和日军突袭香港的三次巨劫后,由上海而香港,由香港而重庆,四度复兴商务印书馆。在战争突临这样的大灾大难面前,商务印书馆表现出的英勇不屈,无愧于中国读书界的重镇和中国人精神象征的荣誉。以张元济和王云五为代表的两代出版家在民族危难之际,不顾个人安危和荣辱,以民族大义为重,体现了商务精神的核心价值,铸就了中国文化之魂。

四、商务精神的传承:跨越海峡的文化守望

1948年12月19日,商务印书馆召开股东会,选出新一届的董事会,王云五不再担任董事职务。此时的王云五,币制改革彻底失败,财政部长职务也已辞去,身上还背着共产党"战犯"的罪名,他的心情坏到了极点。他与张元济的友情遂永成记忆,只有各自留在心底了。

1963年底,王云五从香港媒体获知张元济作古的消息(其实张元济于1959年8月14日去世)。当时,王云五无官一身轻,正考虑退休以后是多做些研究和著述的工作,还是再为台湾商务印书馆做些事。张元济去世的消息,促使王云五下了最后的决心:重振台湾商务印书馆。

台湾商务印书馆"来台以还,物力式微,出版事业,有如停顿"①。王云五直指其原因在于主持工作的经理赵叔诚无所作为,"多年来因经理人无所秉承,对于出版业务遂未能发展"②。经过一番运作,王云五被台湾商务印书馆董事会推选为董事长。随后,王云五从出版理念、出书方向及经营管理等方面,对台湾商务印书馆进行了全面革新。短短十年间,台湾商务印书馆从几乎无以为继,发展成为台湾首屈一指的出版机构。王云五在台湾商务印书馆的全面革新,实际上是他对民国时期商务印书馆全方位的继承和发展,是对商务精神的传承。

在张元济为商务印书馆打造的精神气质中,王云五认为自己是当

---

① 王云五:《王云五全集》(19),北京:九州出版社,2013年,第257页。
② 王云五:《王云五文集》伍(下册),南昌:江西教育出版社,2008年,第993页。

之无愧的继承者。商务印书馆的精神气质,在出书层面,是整理国故与传播新知并重;在企业管理层面,是严谨和规范的科学管理;在文化理念上,是追求学术独立,为读者供给优良读物,倡导健康向上的阅读。这几条,是张元济为商务印书馆规划设计和倡导践行的,也是王云五所努力追求的,无论王云五在编译所和全馆系统怎么改革,张元济作为舵手,牢牢把住了这几条,而王云五的一系列改革,则事实上强化了这几条。

王云五主政商务印书馆时期(1930—1946年),大力推行科学管理,实际上是对张元济设计的商务印书馆改革路线的贯彻实施;在出书方针上,他依然贯彻了张元济所制定的以教科书推动教育革新,以学术图书促进文化进步的思想。可以说,在大的方向上,他是完全按照张元济制定的商务印书馆发展战略来走的,这应该是张元济在公司事务上处处尊重和支持王云五的基础。王云五总结商务印书馆在全面抗战时期三次劫难、四度复兴的成功之道时说:"一则有严密的管理规则,二则有相当的人才,三则各同人能够爱护公司。"①"如果说我办商务有什么成功的秘诀,第一是'科学管理',第二是'老板主义'。"②"老板主义"是对公司"负绝对的责任"的态度,是勇于担当、绝不后退的精神。王云五认为,张元济是"老板主义"的榜样,自己做商务印书馆总经理,在精神上传承了张元济的"老板主义"。王云五说:"他(张元济)并不是大股东,可是他当总经理时,却以老板自居。他处处负责任做事。我承袭着他的作风来干总经理。"③

中华人民共和国成立之后,商务印书馆开枝散叶,历经历史的风云变幻,新加坡、马来西亚以及我国台湾、香港的商务印书馆,与北京的商

---

① 王云五:《王云五文集》伍(上册),南昌:江西教育出版社,2008年,第626页。

② 周以洞:《访王云五谈老板主义》,《中央周刊》,第18号,1941年12月。

③ 周以洞:《访王云五谈老板主义》,《中央周刊》,第18号,1941年12月。此处王云五说张元济"当总经理"有误,但"以老板自居"为实。在夏瑞芳逝世至王云五接任总经理的16年间(1914—1930年),印有模、高凤池、鲍咸昌先后任总经理,其间总经理位置也有过空缺;张元济则先后任编译所所长、监理和董事长,但没有担任过总经理。

务印书馆既有历史的渊源,也有各自的经营特色。由于王云五与张元济的私人情谊,及他对商务精神的文化守望,台湾商务印书馆在精神气质上是比较接近民国时期商务印书馆的。王云五去世之后,其子王学哲、其孙王春申先后执掌台湾商务印书馆,商务精神得以继续传承。

另外,虽然分处大陆和台湾,但在晚年从事公益事业上,张元济与王云五做出了相同的选择。张元济和王云五都是早期图书馆事业的开创者和参与者,张元济一手创建了商务印书馆的藏书机构——涵芬楼,并推动其向公共图书馆转型。1925年,涵芬楼更名为东方图书馆,向公众开放阅览。王云五以编译所所长兼任东方图书馆馆长。抗战时期,为保存珍贵的中国典籍,张元济联合一批藏书家创建合众图书馆,又将许多私人珍藏的稀有古籍捐赠给图书馆。王云五则多次表达了自己身后要将全部私人藏书捐赠以便建立一家图书馆的愿望。1972年5月,王云五创设财团法人"云五图书馆"。其本人捐出100万元和一部分股票(价值约100万元),另由台湾商务印书馆捐出40万元,他的学生们捐赠10多万元,作为云五图书馆的首批资金。图书馆用地是王云五早就买下的一块土地,面积50多坪(1坪约为3.3057平方米),就在台北市新生南路三段十九巷8号王云五住宅对面(王云五生前手订遗嘱,其住宅在他及夫人去世后捐出,供云五图书馆扩建之用)。1974年10月2日,云五图书馆对外公开借书及开放阅览,完全免费。图书馆的基本馆藏是王云五来台之后搜购的4万余册图书和200多种中外杂志,台湾商务印书馆免费提供的样书样刊,以及社会热心人士的捐赠。

1985年,张元济图书馆在浙江海盐(张元济故乡)落成,早年曾在商务印书馆工作过多年的陈云同志题写了馆名。以商务印书馆两任主政者命名的图书馆分别在海峡两岸向公众开放,显示了商务印书馆作为文化传承者超越意识形态的强大生命力。

余论:张元济与王云五的名利观

商务印书馆史研究专家汪家熔认为,商务印书馆前后有三位独当一面的人:夏瑞芳、张元济和王云五;职工在背后分别称呼"夏老板""菊老""王云五"。三种称呼反映了商务印书馆职工对三任主政者不同作风、性格的看法和感情。从性格上看,张元济刚毅,而王云五较为圆滑;张元济疾恶如仇,而王云五更善于隐忍;张元济大公无私,而王云五私心较重。不过,在工作作风上,两人又颇为相似,即在工作上雷厉风行,执行力较强;强调科学管理,用制度管人管事。性格上的不同并未成为张元济和王云五私交的障碍,反而为他们工作上的互补提供了良好的条件。

张元济对"办事"同人慷慨大方,对自己则颇为苛刻。退休之后,他对于馆中报酬从来分文不取,而对于商务印书馆的工作,则从来视作义务。虽然"不在馆中办事已有多年,其实每日在寓为馆所办之事,比之在馆时,有过之无不及,而对于报酬分文不取。就其亲自校订之书,出版后送其一二部作为纪念品,亦必谦逊不受"①。张元济在主持编译所工作时,策划和组织编辑出版《辞源》《中国人名大辞典》《中国古今地名大辞典》《中国医学大辞典》,均属商务印书馆的标志性出版工程。在图书出版时,张元济却不署名,署名的是具体主持编辑工作的陆尔奎、藏励和、谢观。"遇公司有重要问题时,立即挺身而出,尽力帮助。平时疾恶如仇,数十年来不知不觉养成一种风气,稍知自爱者,无不禽然成风。"②张元济无疑是商务印书馆内外的道德标杆。

王云五是上海洋行买办出身,有着广东人的精明和上海人的算计,长期在商界奋战,深受商业文化的浸润,有着强烈的名利思想。他发明四角号码检字法,虽说一开始就宣布放弃专利申请及经济上的收益,但他要求所有应用者必须注明"采用王云五氏四角号码检字法"的字样。因此,所有采用四角号码检字法编写的字典、词典工具书,附有《四角号码检字法》,都标有"王云五发明"这五个字。商务印书馆的许多集体项目,如各种丛书和教科书,王云五都要挂名,什么主编、总编辑、总编纂、总纂述之类,不一而足。"在他掌握商务的实际活动以后,'王云五主编'五个字是商务出版物封面和内封上的'最常用字'。"③王云五主持或自己动手编著的工具书,为了表示自己拥有著作权,当然更是为了商业上的利益和进一步的社会影响,

---

① 张人凤编著:《张菊生先生年谱》,台北:台湾商务印书馆,1995年,第328页。
② 张人凤编著:《张菊生先生年谱》,台北:台湾商务印书馆,1995年,第328页。
③ 汪家熔:《张元济》,上海:上海辞书出版社,2012年,第309页。

干脆把自己的名字放在书名里,《王云五大辞典》《王云五小辞典》《王云五新词典》《王云五综合词典》《王云五小字汇》《云五社会科学大辞典》,等等。1967年,台湾商务印书馆重建位于台北市重庆南路一段37号的办公大楼,更以"云五大楼"命名,"以余二三年来使商务书馆起死回生……以表敬意并志纪念"①。上述他自己出资成立的奖学金和图书馆,也无一例外地以他自己的名字命名。

如果说,王云五在经营思想和管理理念上与张元济多有共通之处的话,在对待名与利上,则与张元济形成鲜明的对比。然而,纵观二人一生,不管意识形态如何变化,性格、作风如何大相径庭,也并不影响两人相交相知的情谊。这一点,在王云五晚年对待张元济的态度上尤为明显。1963年,王云五听说张元济去世(实际上是1959年,因两岸信息阻隔,王云五一直不知道),立即写了纪念文章《张菊老与商务印书馆》,追忆两人之间的交往和情谊,这说明张元济在王云五心中的地位,并没有因为两岸意识形态的对立和两人政治立场上的分道扬镳而改变。1979年7月25日,也就是王云五去世前的十多天,他还为张元济著《涉园序跋集录》撰写了跋——这是一生著述不辍的王云五写的最后一篇文章。里面写道:"余于民国十年以后加入本馆,为第三任编译所所长,渐与菊老为忘年交,无话不谈。"②

2017年,在商务印书馆创立120周年之际,商务印书馆总经理于殿利在谈到商务精神时说:"我们各有所学,我们千差万别,是共同的理想和追求把我们编织在一起。"张元济和王云五两代出版家共同奠基的商务精神,必将继续传承并且发扬光大。

原载于《河南大学学报(社会科学版)》2019年第4期,人大复印报刊资料《出版业》2019年第9期全文转载

---

① 王云五:《王云五文集》伍(下册),南昌:江西教育出版社,2008年,第1039—1040页。
② 王寿南编:《王云五先生年谱初稿》(第四册),台北:台湾商务印书馆,1987年,第1853页。

沈知方晚清时期出版活动考论

王鹏飞①

在民国出版史上，沈知方被称为"出版怪杰""书业巨子"，他创立的世界书局与商务印书馆和中华书局一起，在民国出版界鼎足而三。但相对于张元济、王云五、陆费逵以及夏瑞芳、章锡琛等同时代的出版人而言，沈知方的身影显得模糊黯淡，尤其是1957年世界书局在中国大陆宣告结束之后，沈知方与世界书局的研究长期沉寂，不少论述难免有以讹传讹之误。对此，笔者对沈知方的家世和民元之前的出版活动进行梳理，以厘清这位出版奇才的早期面目。

一、沈知方的家世

沈知方，字芝芳，1882年11月28日出生于浙江山阴县仓桥街味经堂。1912年，山阴县与会稽县合并为绍兴县，沈知方后来也时而被称为浙江绍兴人。对于自己的家世，沈知方曾在两个地方叙及。1911年沈知方编纂出版《国朝文汇》，序言中写道：

予家夙以书世其业。先曾祖石楼公嗜书成癖，抱残拾遗，博搜精鉴，每得善本，珍比琳琅。先祖素庭公继之，馆谷所入，辄以购书，颜其堂曰味经。藏书之名藉甚，东西浙与鄞之范氏、杭之丁氏、湖之陆氏相骖靳，远近之货书者踵相接也。

1934年4月，卸掉世界书局总经理职位的沈知方，印行了自己的藏

---

① 作者简介：王鹏飞，文学博士，河南大学新闻与传播学院教授，院长。研究方向编辑出版学。

书目录《粹芬阁珍藏善本书目》，在该书自序中说：

> 家本世儒，有声士林；先世鸣野山房所藏，在嘉道间已流誉东南；而霞西公三昆季藏书之富，尤冠吾越。近世金石大家赵撝叔（之谦），于所著《补寰宇访碑录》自序中，尝尊霞西公为彼生平第一导师。名流雅望，有如是者。

两篇序言提及"先曾祖石楼公""先祖素庭公""霞西公"，是沈知方对自己家世少有的夫子自道。霞西公，就是清朝嘉道时期的著名藏书家沈复粲（1779—1850），字霞西，晚号鸣野山房主人。沈复粲一生嗜书如命，虽然没有科举功名，但与两位长兄藏书不辍，成为浙东大家。沈复粲的生平，同乡学者宗稷辰在《沈霞西墓表》中有所记载：

> 乾隆中，东南收缴禁书，吾越相戒无藏笥，士竞趋举子业，故科目盛而学术微，其以余力读古书者，百不一二焉，独沈氏三昆隐于书肆，反得究心于学。三昆中，其季子有志希古。因之得名龙山九老中，所谓霞西翁名复粲者也。君幼时，贫不能事科举，勤力以养亲，母疾则刲肱，父疾则尝粪，躬行初不令人知，其心得于经史百家，人亦罕知之者。比壮且老，所博览甚富，以书田之获，默务收藏，盖积万卷者倍蓰，数十年搜讨几遍，而于大儒大忠孝尤爱重残文剩字，护惜如异珍。……余近年归里，与君始定交，以为吾越之献在是，夫岂阿好哉？君以道光三十年二月，哭兄致疾，遂不起，年七十有二。①

沈复粲的长兄，即是沈知方的先曾祖沈石楼。沈石楼之子沈玉书，是沈知方的祖父"素庭公"。沈玉书，字素庭，会稽郡诸生，编著有《同书》《广同书》等。沈玉书小有诗名，有《常自耕斋诗稿》存世，徐世昌编纂的《晚晴簃诗汇·卷一四一》收录二首。沈玉书与堂弟沈昉（字寄帆，沈复粲之子）及同乡文人李慈铭友善。对于沈玉书，《越缦堂日记》咸丰四年五月曾记"为沈素庭诗集作跋"。咸丰八年（1858）十一月二十九日记载沈玉书去世："素庭名玉书，年十五入庠，能读书，喜诗，所作殊富，亦有佳者。为时文，下笔颇捷，气体亦清澈。岁科试，屡冠其曹……今

---

① 沈复粲编：《鸣野山房书目》，上海：古典文学出版社，1958年，第5—6页。

年以瘵疾殁。"①

沈玉书和沈昉都没有获得举人以上的功名,加上沈复粲去世 8 年之后,沈玉书就壮年而殁,没能把父辈的藏书发扬光大,鸣野山房的藏书也逐渐散佚。晚清桐城藏书家萧穆在《敬孚类稿卷十·记章氏遗书》一文中说章学诚遗书的钞本"为其乡人沈霞西家藏本。沈氏藏书数万卷,约直四万金,后其人亡家落,多散之扬州等处"②。潘景郑在《鸣野山房书目序》中说沈复粲"生平撰述亦富,惜存者至少。光绪间,上虞罗振玉氏访碑越中,晤其族裔锡卿,就访所著《越中金石广记》,弗可得……未及藏书簿录,是罗氏当日访书于其后人亦未之见也"③。可见,非但藏书外流,连沈复粲自己的著述,也散落殆尽了。

罗振玉访书时拜会的沈锡卿,即为沈知方的父亲,他 1915 年 3 月 11 日病逝于上海。1915 年 3 月 17 日,《申报》登载沈知方昆仲发布的讣告:"哀告者先严锡卿府君痛于民国四年阳历三月十一日即阴历正月二十六日卯时 寿终申寓正寝……棘人 沈芝芳 仲芳 兰芳 莲芳 泣血稽颡。"根据沈知方长孙沈柏宏先生的讲述,沈锡卿是一位前清的举人,早年开过私塾,当年山阴县走出的翰林蔡元培,曾经受教于他。后来蔡元培就任总长,掌校北大,依然执弟子礼,偶有回绍,都会去沈家拜望。④在沈知方儿媳应文婵的回忆中,沈知方的父亲又名沈锡禹,他为了谋生,曾在绍兴城里苍桥大街摆设书摊,售卖一些传统读物。⑤

沈知方的弟弟沈仲涛(兰芳),也是一位藏书家,以"研易楼"知名当世。山河鼎革之际赴台,晚年将大部分藏书捐赠台北的故宫博物院,获蒋经国褒奖,后来印有《故宫博物院藏沈氏研易楼善本书目》。沈知方的侄子沈骏声,1928 年后担任大东书局的总经理,也是现代出版史上

---

① 张桂丽:《李慈铭年谱》,上海:上海古籍出版社,2016 年,第 53 页。
② 萧穆:《敬孚类稿》,台北:文海出版社,1969 年,第 229 页。
③ 潘景郑:《鸣野山房书目序》,载潘景郑:《著砚楼读书记》,沈阳:辽宁教育出版社,2002 年,第 232 页。
④ 沈柏宏先生说,这些都是他的叔祖沈知方的弟弟沈仲方亲口告诉他的,尤其蔡元培每次回绍兴去拜望的场景,历历在目。见 2017 年 9 月 22 日上海访谈。
⑤ 映芝:《文化事业中一段掌故:忆述世界书局创办人沈知方》,载映芝:《书斋志异:映芝散文集》,北京:中国友谊出版公司,1984 年,第 115 页。

呼风唤雨的人物。沈知方之子沈志明,1936年在沈知方协助下,于上海四马路(现福州路328弄5号)创办了启明书局。上海解放之际离开大陆,赴台之后,又办有生意不错的印刷厂,后被迁台的国民党政府征收。

至此,沈知方的家世有了一个大致脉络。沈氏家族前后几代,都从事着出书、藏书、印书等相关的行业,若加上先祖们已经淹没的著书生涯,可以说与书相伴,以书为生,已经成了沈知方家族浸入骨髓的意识和荣耀。有这种家族理念,1897年,沈知方16岁的时候,被父亲送到绍兴的旧书坊奎照楼学徒。

二、学徒生涯:绍兴奎照楼

在晚清的绍兴府城,奎照楼书坊小有名气。1903年8月,蒋百里在日本东京主编的《浙江潮》第八期"调查会稿"栏目下,有"绍兴府城书铺一览表",里面罗列了"特别""万卷书楼""墨润堂""会文堂""聚奎堂""奎照楼""永思堂"7家书铺。其中奎照楼一行写道:

店名:奎照楼;开设年月:二十年前;书籍新旧:新十之四,旧十之六;规模:平常;住址:水澄桥,程度:下。①

7家书铺之中,奎照楼的开设年月与墨润堂、聚奎堂一起被定为20年前。其中墨润堂创于1862年,目前所见聚奎堂的图书,也有1863年的版本。照此来看,奎照楼大约也不会相差太远,至少目前所见就有光绪六年(1880)的奎照楼刻本。就规模而言,奎照楼在7家书铺之中属于一流,处于"平常"等级,下面还有万卷书楼"太狭"和永思堂"极狭"的评价。不过在"程度"的评价上,因为奎照楼旧书售卖占据了十之六七,新书只有十之三四的份额,与聚奎堂和永思堂一起,被新锐刊物《浙江潮》给予"下"的恶评。

奎照楼的主人,是王小炳。当时绍兴藏书家董金鉴的《竟吾随笔》抄本中,对他的刻书有"代售——王小丙,中池奎照楼主人"的启示,同时书中还夹有一张庚子年奎照楼书籍发票,列着董金鉴向这家绍兴书

---

① 调查会稿:《绍兴府城书铺一览表》,《浙江潮》,1903年第8期。

坊所购书籍清单。① 奎照楼是一家旧式书坊,有着传统的生意眼。从士子的科卷,幼童的启蒙读物,到民间的偏方,都是这家书店的刊刻内容。与当时大多数小型书坊类似,主要集中在大众读物和一般的市面流通内容,并无明确的出书门类。沈知方在奎照楼时期的学徒生活,他的好友平襟亚有过这样的描述:

> 科举时代他还年轻,跟随几位书业老前辈,带了考篮往各行省、各码头赶考场,向举子们兜卖《大题文府》一类的书本。由于他足迹遍各地,深入民间,留心书业经营,所以对于书籍的行销网了如指掌,只消一见书名,略看内容,便能肯定指这本书应该销往南方或北方,广州可销多少册,汉口可销多少册,北京可销多少册。他的这种眼光是从经验中得来的。②

这种赶场经历,培养了沈知方过人的图书营销能力。不少世界书局旧人回忆,沈知方在奎照楼一年以后,到了余姚的一家旧书坊继续学徒;也有人说这家书坊为玉海楼书坊。不过尚未发现原始的记录材料。沈知方在家乡旧书店的时间不长,大概不到两年的时间,1899年沈知方18岁的时候,为了反抗父亲给他安排的一门亲事,③离开了度过少年岁月的浙东名城绍兴,逃婚来到上海。

三、初到上海:广益书局和会文堂书店

到了上海以后,沈知方选择了最熟悉的旧书店作为安身立命之地。他首先进入的是广益书局。广益书局1900年由魏天生、杜鸣雁、萧伯润、李东生等合伙创办,初名广益书室,出版科举考场用书和童蒙读物,生意萧条。1904年8月1日的《申报》新闻报道,英租界棋盘街的明权

---

① 鲁先进:《会稽渔渡董金鉴藏书刻书考略》,《图书馆杂志》,2012年第1期。
② 秋翁:《六十年前上海出版界怪现象》,载宋原放主编:《中国出版史料》近代部分第3卷,武汉:湖北教育出版社,2004年,第278—279页。
③ 根据沈柏宏先生的讲述,沈知方奔赴上海的主要原因是逃婚,他不愿意和父亲沈锡卿强行安排的夫人圆房。不过在他后来娶了正式夫人之后,沈知方又把这位绍兴女子接到了上海,成为他的六房妻室之一。

书社发生火灾,烧到近邻广益书局乃止。经此变故,濒临倒闭的广益书局交由魏天生的堂弟魏炳荣担任总经理,此后才开始大有起色,一直延续到共和国成立。魏炳荣长沈知方三岁,早年曾在上海鸿宝斋书局习业,世界书局的老员工朱联保称他为沈知方的师兄,后来魏炳荣还成为世界书局的联合创始人。沈知方在广益书局的工作,是担任跑街一职。在晚清的商业中,负责对外销售的分为两种:一种是"跑单帮",一些小本生意者,自己手提肩扛,把一些货物从一地辛苦运到另外一地,赚取其中的差价。另一种是"跑街"。在交通闭塞信息不畅的晚清时代,一些精明的商人发现通过观察各地的商业信息,进行"中介"式服务,依然能够赚钱。相比主要从事货物贸易的"跑单帮"来说,主要从事信息交易的"跑街"付出的体力要少,更多的是凭脑子和经验做生意。沈知方由于个人的天分和前期的经验积累,很快在跑街中声名鹊起。

另有记载,沈知方初到上海之后,还进入过会文堂书局。① 会文堂书局,前身是创办于清光绪二十九年(1903)的会文学社,由书商沈玉林联合晚清立宪派领袖汤寿潜等筹建,地址设在上海河南中路三二五号。沈知方后来说他到了上海之后,与来自绍兴的沪上贤达汤蛰仙(寿潜)往来颇多,应该就是这一阶段建立起来的联系。会文堂书局出版石印线装的诗文集和演义小说,也出版教科书。会文堂书局在出版界的影响,主要有二:一是1903年会文学社刊行的《普通百科全书》,由留日学生范迪吉主持编译,线装100册,约300万字,曾被称为中国现存最早的具有现代意义的百科全书;② 二是会文堂书局出版的演义小说,以蔡东藩先生的《中国历代通俗演义》系列为代表,影响甚大。会文堂的出版物,注重插图,曾受到鲁迅先生的注意,鲁迅在1935年5月22日致孟十还的信中,希望新文学作家们能留心这种方式。世界书局后来首创连环画,与沈知方在会文堂的任职生涯不无草蛇灰线之意味。

沈知方初入上海选择进入的广益书局和会文堂,与其学徒的绍兴奎照楼联系紧密。1907年6月23日《申报》刊登了《最新绘图幼学故事

---

① 王震、贺越明:《中国十大出版家》,太原:书海出版社,1991年,第151页。
② 陈平原:《晚清辞书视野中的"文学":以黄人的编纂活动为中心》,《北京大学学报(哲学社会科学版)》,2007年第2期。

琼林》等一些插图书籍的广告,其中写道:"上海总发行棋盘街会文学社……浙绍水澄桥南首奎照楼总发行",会文学社充当奎照楼在上海的发行总代理。而早在1903年3月10日《申报》第7页的广告栏中,就看到广益书局与会文堂一起担任过《新译法史揽要》的总发行。这也反映了当时中小出版业的普遍生态,即各自的业务和人员之间经常串联互助,并不像商务印书馆与中国图书公司等巨头那样,有轩轾分明的区隔。沈知方以及同时代的陆费逵等人,在这一段时期,经常同时出入于多家中小型的出版机构之中,也就成了自然不过的事情了。

四、名局岁月:商务印书馆

1900年,夏瑞芳在交通路对马路曹素功的原址,开设了沧海山房,专门负责发行。1902年,商务印书馆正式设立印刷所、编译所和发行所。除了延聘张元济等鸿儒进入编译所,发行所也大力聘用富有推销能力的人才,沈知方在这个时期进入商务印书馆。商务印书馆元老高凤池回忆:

> 俞志贤君,吕子泉君,沈知方君,都于此时进馆。俞君已在十年前故世。吕子泉君现任大东书局经理,沈知方君现任世界书局经理。三君都是在老书坊里杰出人才,赶考场的,能力很好,也替公司赶过考场。于此时期发行所的业务也渐渐发达起来。①

沈知方进入商务印书馆以后从事发行工作,在商务工作多年的茅盾在回忆录中有所提及,"世界书局的创办人沈知方,原和陆费伯鸿一起,在商务印书馆担任发行部工作(陆费为部长,沈为其助手)"②;另一位与沈知方有过交集的民国名医陈存仁,则直接说沈知方在商务印书馆担任的是教科书推销部主任。③ 由此可见,沈知方在商务印书馆主要就是奔走营销,替公司"赶考场"。有文章说,沈知方没有跑多久,"夏

---

① 高凤池:《本馆创业史》,载宋原放主编:《中国出版史料》近代部分第3卷,武汉:湖北教育出版社,2004年,第52页。
② 茅盾:《亡命生活:回忆录〔十一〕》,《新文学史料》,1981年第2期。
③ 陈存仁:《银元时代生活史》,上海:上海人民出版社,2000年,第255页。

瑞芳又让他改做顾问工作……每月给200元薪水,有事请他一起商量,出出主意"①。工作更清闲了,薪水比大多数编译部门的人还高,在商务内部引起不少非议,说沈知方在商务什么也不干,还拿高薪。夏瑞芳闻听此言后为之缓颊,说"我不是不知道他有点懒散,但他的才气宏阔,我们非留用他不可,假使一旦让他离去,将来必定是个商务劲敌"②。

夏瑞芳对沈知方的评价,出自沈知方儿媳应文婵女士的回忆,或不无溢美之意,但沈知方在商务时期并不如愿,却是一个事实。19世纪40年代的这段文字,可以看出一些眉目:

> 这时候,陆费伯鸿已正式脱离商务,做了中华的局长了。只有沈知方却因合同未满,未便脱离,同样的,商务亦未便辞退他,不过不论大小事务都不让他与闻了。他不免感得无聊。每天来到所中,将马褂一脱,即溜至后弄相识的人家去叉小麻雀,直至散值时,回到所中,穿上马褂回家。故一般同人戏为他题上一个绰号,叫作脱马褂先生。他也付之一笑。③

对于自己的出版眼光和发行才能,沈知方自视甚高,民国出版界大都知道沈知方基本看不起同业中人。但他读书时间不长,没有科举功名,和居于商务印书馆中心地位的编译所诸君似乎处于相看两厌的尴尬境地,很少见到这些文人对其有所记载。对于商务印书馆的生涯,沈知方提及不多,似乎也只对夏瑞芳有一种知遇之感。1939年4月,沈知方在去世前半年所写的《语译广解四书读本刊行序》中,提及自己的出版生涯,对此阶段一语带过:"辍学经商,在上海与夏萃芳先生办商务印书馆。"如果从1902年开始算起,到1912年底离开,沈知方在商务印书馆前后有10年的时间。朱联保曾说:"创办中华书局的陆费逵,创办世界书局的沈知方,创办大东书局的吕子泉,创办开明书店的章锡琛,都是商务出来的。可见商务培养和输送的人才不少,商务不愧为旧上

---

① 王震:《记世界书局创办人沈知方》,载宋原放主编:《中国出版史料》近代部分第3卷,武汉:湖北教育出版社,2004年,第480页。

② 映芝:《文化事业中一段掌故:忆述世界书局创办人沈知方》,载映芝:《书斋志异:映芝散文集》,北京:中国友谊出版公司,1984年,第115页。

③ 华民:《沈知方在商务书局的绰号》,《海风》,1945年第31期。

海私营书业的'老大哥'。"① 当然,沈知方、吕子泉等进入商务印书馆的时候,已经是名满江湖的"老书坊里杰出人才",是商务印书馆作为优秀人才引进的,也可以说并不是商务印书馆的培养之功。但有一点不可否认,就是进入商务印书馆的时候,沈知方的名望和出版视野主要是在旧书业,然而到了1913年,沈知方直接出任中华书局副局长,以及后来又创办世界书局,这种新书业的视野,可以说是在商务印书馆里熏陶出来的。后来世界书局的架构,也采用了编译所、印刷所、发行所三套班子的模式,更说明了商务印书馆对于沈知方的意义。

1903年10月,沈知方借助商务印书馆中日合资增加资本的时机,成为股东之一,但并未进入核心层的董事会。对于不甘人下的沈知方来说,自然不安于一个受人指使的跑堂职位。因此,在供职商务时期,沈知方又私下主持了乐群书局,并合办了国学扶轮社,这成为民国之前沈知方出版生涯真正的独立尝试。

五、铩羽首秀:乐群书局

乐群书局全称为乐群图书编译局,创办于1905年底,经理人汪惟父,也写作汪惟甫。乐群书局创立之初,出版一些文学书籍,创办了近代四大小说杂志之一的《月月小说》,并使之在近代出版史上有一席之地。乐群书局创办不久,沈知方介入,开始出版教科书。1906年4月9日,《申报》即刊载有《赠书致谢》为名的教科书广告:"《蒙学修身教科书》,是书两册,为蒙学第一年学期教科书,计凡40课,意主德育,而以浅近平实之语出之,儿童读之,最易感觉。编辑者为山阴陈世型氏,印行者则上海乐群书局也。"此后几个月,又有《绘图时务三字经》《初等小学修身教科书》《小学珠算教科书》《初等小学经学》《初等动物学》《最新伦理学》《初等植物》《初等物理》《初等蒙学体操》等十几种教科书在《申报》上次第做广告。

晚清民初的教科书市场,实为出版业的财源之地。有了教科书的加持,乐群书局骤然发达。1906年10月,乐群书局盘入上海官书局,

---

① 朱联保:《漫谈旧上海图书出版业》,《出版与发行》,1986年第5期。

采购印刷设备,"承印各种书籍仿单等,并承印五彩月份牌、钱票钞牌以及各种图画"①,并仿照商务印书馆的格局,设发行、印刷和编译三个部门,发行部设在书局原址棋盘街金隆里口,俨然一副大出版业的派头。然而好景不长,到了1907年春天,乐群书局便陷入了致命的危机之中。1907年《月月小说》第13号,报癖的《论看〈月月小说〉的益处》中透出一些消息:

> 小子今年四月曾到上海一趟,因为是他社里的一个义务记者,所以歇息了两天,就叫部人力车,往社里去瞧瞧。谁知去得不凑巧,正碰着社里起了风潮。这风潮一闹,就把个名誉很大的、销场很广的《月月小说》出至八期,便中道而止。

查阅当时的报刊,就发现这个使得《月月小说》中道而止的风潮,便是商务印书馆对乐群书局提出的教科书版权诉讼。1907年3月7日,《申报》曾以《严惩翻印教科书》进行报道:

> 商务印书馆执事夏瑞芳,投公共廨,控乐群书局主沈芝芳翻印教科等书出售,有碍版权,求提究办。前晚,谳员关太守提案讯问,夏供:乐群书局出售之书,计教科舆图等,均翻自商务书馆,请究讯之。沈供:书中词意,大同小异,并非照翻,以后改过,求思薄罚。太守判交保,限十天,罚银一千两,贴偿原告亏耗,仍候签差,将已成未售之书,吊案销毁。

乐群书局败诉之后,罚款毁书,元气大伤,只能偃旗息鼓,消失于上海的出版界之中。乐群书局主办的《月月小说》也在1907年5月出版第8号之后,一度停刊,5个月后才由群学社接办。日本学者樽本照雄编的《清末民初小说年表》显示,1908年之后乐群书局出版的小说图书不见踪迹,正是书局歇业的反映。经此一役,沈知方出版生涯的第一次独立尝试,以复制商务架构的气势开始,以教科书版权的官司败诉告终,铩羽而归。与夏瑞芳的诉讼之后,沈知方继续挂名于商务印书馆,不过显露的叛逆之心和经营能力,大概是夏瑞芳慨叹"假使一旦让他离去,将来必定是个商务劲敌"的原因。

---

① 郭浩帆:《关于〈月月小说〉:〈月月小说〉及其与乐群书局、群学社之关系》,《出版史料》,2002年第2期。

六、文化情怀：国学扶轮社

乐群书局之外，沈知方这一时期更重要的出版活动是和吴兴的王均卿（文濡）合伙创办国学扶轮社。《上海出版志》记载，国学扶轮社创办于1902年，但该社所见的出版物，都在1905年以后，尤以1910—1915年较多。① 1916年后，国学扶轮社被商务印书馆收购，就很少见到该社署名的出版物了。

国学扶轮社的核心作者东吴大学教授黄人，称沈知方"国学扶轮社主人沈粹芬"②，汤寿潜也说"里人沈粹芬创为国学扶轮社"③，可知沈知方在社里的主事地位。沈知方创办国学扶轮社，与乐群书局翻印教科书意图赚取第一桶金不同，更多的是一种出版人的文化理想。香港大学龚敏教授曾言：

> 作为出版商人的沈知方虽以利益为旨归，但既然能招致黄人、王文濡等合作创办出版社，可见彼此在实际的经济利益以外，定然还有着一些文化、教育等理念上的契合，决然不至于在一部辞书的利益上作短视的投机，这从在黄人生前印行的《国朝文汇》《普通百科新大辞典》，以及身后由王文濡在一九二六年代为印行的《中国文学史》等大部书籍的出版，在在可以显示国学扶轮社的创办目的，并不是沈知方个人的谋私行径。④

这种看法可谓慧眼，其实"沈粹芬"的自号，已经显示出沈知方早期潜藏的出版文化自觉。国学扶轮社的出版业务，以刊行中国传统文化读物为主。合伙人王均卿长于国学，加上国学大师刘师培等人的参与，出版过一些质量颇高的大部头书籍，如《列朝诗集》56册，《国朝文汇》

---

① 陈平原：《晚清辞书视野中的"文学"：以黄人的编纂活动为中心》，《北京大学学报（哲学社会科学版）》，2007年第2期。

② 黄摩西：《普通百科新大辞典》序，上海：国学扶轮社，1911年。

③ 汤寿潜：《国朝文汇序一》，载沈粹芬等辑：《清文汇》，北京：北京出版社，1995年，第1页。

④ 龚敏：《西学东来与黄人〈普通百科新大辞典〉的编纂》，载项楚主编：《新国学》第7卷，成都：巴蜀书社，2008年，第345页。

200卷,《古今说部丛书》60册,隋至晚清的女性文学总集《香艳丛书》80册,《适园丛书》16种,以及《说库》《明清八大家文钞》《续古文辞类纂》等,都在当时流传甚广,后来不少出版社也时有翻印。这些出版物中,有两本大书值得一叙:第一本是《普通百科新大辞典》,它体现了沈知方敏锐的商业眼光;第二本是《国朝文汇》,该书融入了沈知方浓厚的文化情怀。

1911年,黄人(摩西)主编的《普通百科新大辞典》出版,严复为之作序:

> 国学扶轮社主人,保存国粹之帜志也,其前所为书,已为海内承学之士所宝贵矣。乃今以谓徒于其故而求之,犹非保存之大者也,必张皇补苴,宏纳众流,而后为有效也。

严复的话显示了国学扶轮社当时的士林声誉,"今以谓徒于其故而求之,犹非保存之大者也"的断语,说明这一时期的沈知方,已经不满足于简单的再版或者翻印,开始展现创新的出版家思想。对于《普通百科新大辞典》,沈知方颇为用心。他礼聘黄人担任总编,黄人擅长诗词,长于文史,主编过晚清小说名刊《小说林》,又精通英语和日语。《普通百科新大辞典》每一个中文词条下面,也往往署上该条的英文原词,显示出编者中西汇通的架势。语言相对通俗,同时配了不少插图,提供阅读的愉悦。《普通百科新大辞典》1911年5月出版,到7月就加印到第三版。当年11月,国学扶轮社新出《文科大辞典(修词学之部)》,卷首有《普通百科新大辞典》的出版广告:

> 本书参考专门学书千余种,提要钩玄,会通中外新旧各种学术名词,成一精粹完备之辞典。分门别类,详加考核,而科学新名词则多附以西国原文……叠印三版,早已售罄,兹届四版,特备预约三千张,早购为幸。①

晚清时期,思潮激荡,东洋和西洋所代表的现代知识体系,成为当

---

① 《文科新大辞典(修词学之部)》,版权页信息为:辛亥孟冬(查为1911年11月21—12月19日间)出版;文科新大辞典,全书十二册,定价洋八元。编辑者:国学扶轮社;校印者:中国词典公司;印刷者:作新社;发行者:上海棋盘街平和里中国词典公司;发行所:上海棋盘街平和里国学扶轮社;分售处:各埠大书坊。

时国内学人争相模仿的对象。如果说,前文所及会文堂书局1903年版《普通百科全书》是对日本学术的一次借鉴的话,那么,国学扶轮社《普通百科新大辞典》的出版,就是对以狄德罗《百科全书》为代表的西洋辞书模式的中国化尝试。"黄摩西的百科词典无论在学术上还是经济上都是一个巨大的成功"①,显示了沈知方卓越的选题眼光。主编黄人"国学扶轮社主人沈粹芬发心欲编词典,漫以相属"的陈词,说明中国第一部真正百科全书《普通百科新大辞典》的问世,其发端正在沈知方。

另一部大书《国朝文汇》,今名《清文汇》,署名沈粹芬等辑。该书发轫于光绪三十四年(1908)之春,告成于宣统二年(1910)之秋,费时三年。沈知方起意编纂《国朝文汇》,有很强的家族使命感。沈知方在《国朝文汇序四》中,提及祖父沈玉书的未尽遗愿:

> 先祖于学无所不窥,而尤笃嗜古文辞。架上所贮,文集最夥,尝谓文至国朝而极盛,作者辈出,类能遗貌取神,去疵存粹。有周秦之神智而不诡僻,有东西京之博雅而不穿凿,有魏晋六朝之新隽而不纤薄,有唐之闳肆而不繁缛,有两宋之纯正而不陈腐,学者取径,行远自迩,当先从事于本朝……拟征同人,编成总集,而有志未逮,遽赴修文。伟业存诸悬想,遗训俟诸后人,噫可恸也。

祖父沈玉书的遗憾,成为沈知方策划《国朝文汇》的家学动因,加上发现当时不少选本"自矜门户,动遗筌蹄,颇为学子所诟病"的不足,于是萌发了编纂《国朝文汇》的想法:

> 粹芬拘瞽之质,失学少日,夙夜惴惴,常以未绩先志为恨。稽固海上,偶与当代贤达汤蛰仙、郑苏戡、缪小山诸先生纵谈及此,共切赞成,老友王君均卿尤欣然引为己任。因出先人所藏,兵燹未尽者若干种,补购者若干种,友人赠遗者若干种,商定体例,次以时代。②

汤寿潜在《国朝文汇序一》中说自己也想编这样一部书稿,但是"迫

---

① 米列娜:《一部近代中国的百科全书:未完成的中西文化之桥》,《北京大学学报(哲学社会科学版)》,2007年第2期。

② 沈粹芬:《国朝文汇序四》,载沈粹芬等辑:《清文汇》,北京:北京出版社,1995年,第4页。

于路役,此事遂废",因此见到"里人沈粹芬创为国学扶轮社,裒合群彦,辑为国朝文汇"的工作,颇为感动。加上黄人、王均卿等人的大力协助,使编纂《国朝文汇》的设想变得切实可行。对于这部清朝文学的集大成之作,沈知方采取了一种开放的编辑方针:

> 不立宗派,用箴前人最录一二家(如宋牧仲编《侯魏汪三家文》是),或专主一派(如姚氏《古文辞类纂》于八家震川后专录望溪、海峰是)之陋,悉心甄录,得一千三百余家,文一万余篇。卷帙之巨,视《皇清文颖》《国朝文录》《湖海文传》《国朝古文汇钞》等数倍之。①

这种编纂思想,造就了《国朝文汇》兼容并包的宏阔气象。《国朝文汇》选文1356家,收录作品5500余篇,是最大的一部清代文章总集。"兹集不拘成格,意在兼收,最录一千三百五十六家,在总集中,此为大观"②的编者自述,诚为不虚之语。时至今日,虽然只有百年时光,已经有不少散佚的清代文学篇目端赖《国朝文汇》得以流传。汤寿潜当时指出,该书"又独不取宗派之说,欲以备一代之典要,而观其会通,其书之高出于播芳文粹,盖可预言"③。北京出版社后来影印时在出版说明里也说,"收罗广博,汇集全备,是本书一大特色……不拘成格,意在兼收,为本书另一特色"。百年前后近乎相同的两种表达,正说明了沈知方在《国朝文汇》中体现的广博理念。

在具体的编纂和校对上面,黄人说"句梳字栉,书眉乙尾,引绳墨,立模型",相当辛苦。负责总校对的嘉定人金聿修在《国朝文汇跋》中记述更详:

> 同人自惭孤陋,惟常抱一保存国粹、爱惜书籍之心,孜孜矻矻,力求无过。先取旧本新本互对,求其两方符合,复注重新本,磋磨文义,字字句句,宛如自己构造。抽蕉剥笋,回澜住洑,稍有疑义,

---

① 沈粹芬:《国朝文汇序四》,载沈粹芬等辑:《清文汇》,北京:北京出版社,1995年,第4页。
② 沈粹芬:《国朝文汇序例言》,载沈粹芬等辑:《清文汇》,北京:北京出版社,1995年。
③ 汤寿潜:《国朝文汇序一》,载沈粹芬等辑:《清文汇》,北京:北京出版社,1995年,第1页。

复对原本,而困难即从此生。即如上所云者。往往一名词之疑,同人聚讼二三日,一字之补,搜讨古籍数十种。

这种校对风格,颇有清代朴学之风,也奠定了国学扶轮社在民初出版界的声誉。多年以后,对于沈知方策划出版的《国朝文汇》,著名学者钱仲联曾说"清代诗文,载自今日,一代完整的选本,只有黄人、沈粹芬《国朝文汇》,徐世昌《晚晴簃诗汇》两种"①,可见其在文化传承上的价值。对于小本经营的国学扶轮社而言,并无徐世昌总统众多的幕僚和门客资源,但创办之初沈知方便不顾成本,倾力出版《国朝文汇》这种资料性的大书,如果没有一定的文化理想,势难措手。这也从一个侧面看出,后来被脸谱化为只重利益的沈知方,在出版生涯之初即展现出来的文化诉求。

《国朝文汇》出版后两年,商务印书馆专门订立章程,禁止董事会成员和所有职工经营与商务印书馆所经营相同的商业,经报告董事会同意者例外。② 这份章程的问世,与沈知方、陆费逵等商务员工脚踏几只船不无关系,也成为沈知方1912年底脱离商务印书馆的主要原因。1924年进入世界书局的刘廷枚回忆说:"因他(沈知方)与人合办乐群书局、国学扶轮社等出版社,与商务业务相抵触,并与该馆主要负责人之一张菊生在发行业务方面见解分歧,致不能久安于位,即转与陆费逵等合创中华书局。"③1913年2月,沈知方出任中华书局历史上唯一的副局长,从而开始了他影响深远的民国出版生涯。

原载于《河南大学学报(社会科学版)》2018年第4期,人大复印报刊资料《出版业》2018年第10期全文转载

---

① 钱仲联:《梦苕庵论集》,北京:中华书局,1993年,第170页。
② 郑逸梅:《国学扶轮社、秋星出版社的史料》,《出版史料》,2004年第2期。
③ 刘廷枚:《我所知道的沈知方和世界书局》,载全国政协文史资料委员会编:《昔年文教追忆》,北京:中国文史出版社,2006年,第98页。

泮林革音：出版评论与民国出版文化观的形塑

曾建辉[①]

出版是继承、整理、传播和累积文化的一个重要手段，它在承载文化内容的同时，其自身的编辑、加工、印刷、发行等环节也属于文化范畴，所以出版文化是社会文化大系统中的一个重要组成部分。作为伴随着出版活动而产生的文化形态，出版文化所包含的内容相当广泛，它既包括以出版作为中介的内容文化，也包括以出版作为工具的物质文化，它构成了出版业内部管理和外部管制的背景环境，具有稳定性、整体性、规范化等特征，并利用准则、规范、惯例、标准、习俗等形式在相当程度上支配着具体的出版实践活动。出版业的变化会引起出版文化的变化，同时，出版文化的演变也会造成出版业的连锁反应。民国时期中国出版业发展迅速，一度繁盛。与之相应，对当时各种出版活动及其密切关联的制度、经济、文化现象予以解读、阐述、讨论的评论文章也蓬勃兴起，遍地开花，其批评的触须几乎涵盖了与出版相关的每个方面，评论主体、受众群体的广泛性也让个人意见迅捷转换为民众呼声，在广泛传播造成的声势下极易得到社会各界尤其是出版业界的回应。借此，出版评论对出版文化产生重要的影响，它是出版机构与社会、读者、政府、市场连接的纽带，展示着出版活动与外界因素的冲突、碰撞、调适、整合，并在自身不断规范与成熟的同时改造、形塑着这一时期的出版文化观。

[①] 作者简介：曾建辉，文学博士，广西师范大学新闻与传播学院副教授。研究方向编辑出版学。

一、民国时期出版评论的批评规范逐步确立

出版评论是近代新式出版业发展的伴生物,随着出版业的壮大而日渐成熟。民国时期变化多端、跌宕多姿的出版现实为出版评论提供了厚实的生存土壤和丰沃的内容材料。与此同时,与繁荣并存的无序、混乱的出版失范行为又在滋长蔓延,虽非主流,但亟待调控和约束。出版评论作为政府强制管理之外的一种柔性补充手段,能够对出版活动进行客观分析、理性鉴定,从而实现拨乱纠偏功能,推动出版业进入健康有序发展的轨道。基于此,不少有识之士在看到出版界乱象时,都撰文疾呼强化出版工作和书报刊的批评活动,认为出版评论对于出版业和公众都是必不可缺的,非常重要、非常有益。茅盾在目睹了教科书市场的廉价大倾销后,心生感触:"凡事有了竞争然后有进步,但粗制滥造的出品也往往因竞争而愈多;因此,不存私心的严正的批评愈加成为必要。"①他认为公正客观的关于教科书的评价有助于学校、教师在琳琅满目的图书中做出合适的取舍选择,这对于儿童教育和教科书出版市场都是十分必要的。杜衡不赞成社会上对图书的鱼龙混杂、坏书居多是由于读者盲目喜好坏的、臭的内容所致的说法,"这种对读者的责难,严格地说,是不甚公正的",要改变出版界的这种状况,最需要的是"一个出版界的公正的检察官","如果能有一个公正的、有势的、配得上指导青年而又为青年所信仰的评论机关,那总会使投机的出版家们稍稍知道一点慎重",②而且低劣的图书即使再利用广告打着文化学术的牌子,效果也就会大打折扣,很容易被读者识破。有力度、有价值的出版评论对于出版业的健康持续发展,对于阅读市场的培育和发展都有着不可估量的积极影响。周全平列举清理出版界的方法时第一个就是强化出版评论的功能:"应由智识阶(级)起来把目下的出版物严格的审定一下,痛苦地指出它们的荒谬,同时也把有价值的东西提出来,让出版

---

① 茅盾:《教科书大倾销》,《申报·自由谈》,1933年7月15日。
② 杜衡:《对于最近出版界的感想》,《生生》,1935年第1期。

界晓得一些畏惧,让读书人有个选择的标准。"①然而,当时的出版评论却呈现出不堪重负的状态,缺失内在的准则和规范,这也就极大地磨削了其应有的功用和意义。在此境况下,出版评论本身就成了外界批评的对象。也就是说,作为一种追求价值和道德叙事的评论文体,它在对评论对象——出版业及其相关的活动和产品——进行价值与道德的考察与批判之前,必须做到批评方式和内容的规范性以及批评叙事的理性与道德性。

民国时期的出版评论显然没有跟上当时出版业发展变化的节奏,面对着风云变幻的社会环境和繁杂多元的读者需求,日新月异的出版技术和汗牛充栋的图书报刊,眼花缭乱的出版实践和错综复杂的出版现象,在民众需要出版评论的时候,它却不合时宜地缺席和失语了,放弃了纠正与指导出版业的责任。罗家伦就曾呼吁在杂志上多设批评专栏:"对于书籍的批评,更是要紧,一面应当把世界上有价值的书籍,多多介绍过来,一方面将中国现在市侩流氓害人的书籍,一律打倒,免得青年上当。"②但现实却恰恰相反,"为读书人选择之资的书报评论一类出版物,则极为欠乏,简直可以说没有"③,"在各国都有若干种出版界的专门刊物,居着指导和批评地位,公正无私地去督促他们。并且在那些刊物中,谁都可以发表合理的言论。在我们中国,可说是绝无仅有"④。《一般》杂志也指出,"书报评林"栏目的设置是因为"想到国内出版批评的缺乏和重要,觉得多些反而好"⑤。在有限的几种出版业的专门刊物中,质量也不能让人满意,不是沉迷于晦涩冗长的理论阐释,就是商业味浓厚的广告式宣传,既不能指出和纠正出版界的缺点,也不能让读者得到购书与读书的指导。"看见申报上大广告有徐翔穆主编神州国光社出版的《读书与出版》出版了,据说是'读者的良师益友',也是'出版界的清道夫',于是特地走到河南路去买了一本来,展读之下,

---

① 霆声(周全平):《怎样去清理出版界》,《洪水》,1925年第5期。
② 罗家伦:《今日中国之杂志界》,《新潮》,1919年第4期。
③ 《致读者》,《清华周刊》,1914年第18期。
④ 万里:《由中国出版界说到书报专刊》,《循环》,1932年第45期。
⑤ 《编辑后记》,《一般》,1926年第1期。

果然名不虚传,不过所谓'读者的良师益友',友则友矣,良和益则未必也;'出版界的清道夫'者,夫则夫矣,匹夫而已,清道云乎哉?"①连影响颇大的《申报·出版界》专栏也被外界指责篇幅太小,迁延过时,"比'美丽牌'广告篇幅还小的副刊","才每星期供给你建设中国文化的养料一千数百字",如此评论力度谈何推进出版业进步,"《出版界》的使命是推动中国出版界的,但是每星期用一千多字抄些古已有之的诗文来完成这样的大业,恐怕是不易事吧"。② 细化到出版评论的内容上,"捧杀"和"棒杀"的趋向也让人们对出版评论的公正客观性产生怀疑,加深了对当时出版界的不良印象。在引发出版界"反黑风暴"的评论《漆黑一团》中,作者描绘了漆黑一团的出版评论,对恭维捧场式的评论进行了抨击,不无讽刺地写道:"如今批评的信条:第一是捧场,第二是捧场,第三还是捧场。捧场!这是多么合时批评的信条啊!"③

鲁迅将出版界盛行的这类评论嘲讽为"商贾式批评"和"广告式批评",一旦轻信中了其符咒就会发现"许多许多是并不是滋养品,是新袋子里的酸酒,红纸包里的烂肉,那结果,是吃得胸口痒痒的,好像要呕吐"。还有一种就是如同民国文化界流行的批判铿锵、文辞激烈的论战文字式的恶意式批评,如同鲁迅形容的那样恶意的在嫩苗的地上肆意的跑马,"社会科学的译著又蜂起云涌了,较为可看的和很要不得的都杂陈在书摊上,开始寻求正确的知识的读者们已经在惶惑。然而新的批评家不开口,类似批评家之流便趁势一笔抹杀:'阿狗阿猫'"④。这类出版评论采取的是"抡起两柄板斧不分皂白乱劈一阵"⑤,唬吓他人的论调,没有严正的批评,只有无理谩骂的口腔宣泄,将出版机构、出版人、作者、读者高树为"道德标杆",把自己当成是"精神无瑕"且先天免疫的医生,高高在上地挑剔、批判着各种出版物、出版活动。"国人批评常因挟嫌或立于反对派的缘故,牵涉个人私德而肆口谩骂。试一检阅

---

① 清道夫:《读书乎?出版乎?》,《出版消息》,1933年第9期。
② 孔远之:《所谓"出版界"》,《谈风》,1937年第19期。
③ 为法:《漆黑一团》,《洪水》,1925年第1期。
④ 鲁迅:《我们要批评家》,《萌芽月刊》1930年第4期。
⑤ 茅盾:《批评家的种种》,《文学》,1933年第3期。

报纸杂志此类之往例甚多。商榷学理是何等郑重的事,偏效村儿口角,泼妇骂街的行为,岂不难堪。"①这样一来出版评论就"变成只是恶意的嘲讽……变成只是挖苦人家几句,或者旁敲侧击,写几句俏皮话,使人家不知批评的真义之所在"②。"这些文章皆针对着一个目的,即是向异己者用一种琐碎方法,加以无怜悯不节制的嘲讽与辱骂。"所以这类不分青红皂白,一棍子打死的毫无自省精神的出版评论,缺乏一种真正直指人心、振聋发聩的力量。"把读者养成欢喜看戏不欢喜看书的习气,文坛消息的多少,成为刊物销路多少的主要原因。"③导致的后果就是出版评论刺向出版业的利剑失去了锋芒,不能促进出版界实质性的从内在认知到外在表现向积极方面的转化,反而侵蚀、淘漉了出版评论的理性底色和文体气质。

如何改善出版评论"捧评""骂评"盘踞的状况,让出版评论发挥其应有的作用呢,确立出版评论的批评规范就显得极其重要。李大钊早在1917年就指出执笔成文、发表言论之说应当拳拳服膺,严矢勿失,"一在察事之精,一在推论之正。二者交备,则逻辑之用以昭,而二者之中,尤以据乎事实为要"④,意为评论的根本在于事实的真实和推论的准确,不做无事实之论和无稽之演绎。宋介在分析批评应有的正确态度时,将"真实"置于"忠厚""责任"之前,放在首要位置,指出"不杂什么虚伪的意义,或私情的激动在内,只本其理智所及,把文艺或学术上的错谬,切切实实,指示出来"⑤。这句话里除了强调真实之外,还突出了"理智"在评论中的重要性。理性的批评是出版评论价值体现和责任实现的基本条件。"社会上各种的'出版物',我们应当先用拣选的识力,而后再下'批评'的文学,才能得着进益",而这种能让出版业和读者都获得进益的评论,一定有正当的、耀眼的理性光芒,"批评须要作有理性的'批评'。若是随便说话,反失去了批评的价值","所以现在的'出版

---

① 臧启芳:《出版与文化》,《学艺杂志》,1923年第6期。
② 为法:《漆黑一团》,《洪水》,1925年第1期。
③ 沈从文:《谈谈上海的刊物》,《大公报》(天津),1935年8月18日。
④ 李大钊:《真理之权威》,《甲寅日刊》,1917年4月17日。
⑤ 宋介:《批评之批评》,《晨报副刊》,1925年6月3日。

物',我们若以严厉的眼光去批评它,我想必定有不少文字,要受淘汰。那受批评的,要有反省、觉悟的努力。被淘汰的,要有彻底的改革"。①此外,批评的方法和态度要严谨端正,"不问社会上的阻碍,他人的怨恨,批评家总是按着真理,秉公出来话公道话"②。"批评原具两种功用,一鼓励出版,二监督出版,然批评文字必须以学理与事理为依据,方能引起多数人的讨论研究。批评态度必须严正,才能具监督的效用。"③总而言之,理性的出版评论才能产生足够的效力,对质量低劣的出版物有淘汰的效果,对低劣出版物的生产者有提醒、劝勉、警告,督其改变的促动作用。正因为缺乏真实、理性,造成了出版评论"捧场"和"棒打"的风气,以至于造成出版文化的质的贫弱。在方济看来,改善的办法就是评论者们要负起自己的责任来,他指出:"犀利的批评家,能够影响作者的写作倾向,能够转移一时代的风尚,能够推进出版文化……批评文学应该建立起来,对于有毒的作品予以当头棒喝宣布它们的末日;对于有希望的作家应予以奖励,帮助他们走向成功之途。"④

由此可知,民国时期出版评论是在评论主体对自身评论实践反省和变革的基础上,加上来自外界对出版评论的批评即对批评的批评的建构力量,逐步确立起一套从评论理念到评论实践较为完整的规范体系。这其实是一个环环相接、层序渐变的过程。首先,出版评论主体的文体意识逐步增强,对出版评论的地位、功能认知日渐清晰化。他们深刻体味到承载和传播各种信息和意见的出版评论,能够对民国出版业中令人目不暇接、迷惘困惑的新现象、新问题、新观念进行有效的解读、分析和指导,具有独特的价值和作用。也正如此,借助勃兴的报纸、杂志等大众传媒,出版评论成为当时诸多"时代之文体"之一。其次,客观理性的批评原则被广泛认同和接受。出版评论不再是简单粗暴的感性评估和道德判断,而是以一种知识分子的写作方式,进入到出版实践的前沿,以兼具批评性和建设性的文本参与到出版活动中去,真正实现了

---

① 剑青:《"出版物"与"批评"》,《南开周刊》,1922年第35期。
② 罗家伦:《今日中国之杂志界》,《新潮》,1919年第4期。
③ 臧启芳:《出版与文化》,《学艺杂志》,1923年第6期。
④ 方济:《出版文化质的改善》,《文友》,1943年第11期。

对评论内涵的理解和实现。这两方面融进评论实践,让出版评论活动渐趋自律,渐成规范。这突出表现在出版评论摆脱了过去那种类似"作淫书者鬼神所必嗔,雷霆所必击,灾害所必至,铁钺所必诛"的街头市井式的"骂评"。另外动辄"伟大杰作"的赞誉式"捧评"也不断减少,出现了大量具备理性精神和辩证思维的典范文本。在对错误行为和不良现象的质疑、指责、抨击和否定的同时,也有对某些做法、经验的肯定、褒扬、倡导和推广。既有否定性、批判性、反思性的语词,也充满肯定性、建设性、倡导性的表达。

随着民国时期的出版评论持续规范和成熟,批评的品质与效果得以大大提升,而且干预、制约、监督和指导出版业的积极影响日益显现,成为出版界树立正确出版文化观的一股不可缺少的推动力。

二、出版评论引导建立正确的出版价值取向

民国出版是文化人和知识分子云集的行业,他们自觉地将出版业与学校教育、文化传承、国家命运紧密联系在一起,"觇人国者,每喜以教育的兴替,为估断的依据;而教育之兴替,则不只侧重学校的多少,而亦应注目到出版物的如何"①。出版物的量、"质"直接牵扯到民族文化、社会前进的步伐。这种出版理念的盛行,使得出版业成为优良传统文化典籍、杰出学术创新著作、得力研究工具辞典、优质民众精神食粮的最重要的一个策源地。从量的层面来说,中国的图书出版数量是相当可观的。但不少出版评论对当时的出版数量很不满意,认为与美英法德日等国家相比,中国的出版业实在太弱小了,应加倍努力。王云五、舒新城等人都在出版业的总结中列举了世界主要国家出版物数量,得出的结果相差甚远,瞠乎其后,我国每年出版物数量尚不及荷兰、比利时等小国。再与出版物数量与国家人口相比,其结果也不容乐观,依然靠后。王云五在论及国势与出版物关系时,认为衡量国势强弱的标准,最可靠的计量尺度是出版物,"因为出版之数量多,可以表示曾受教

---

① 牛亦未:《一九三五年出版界的总检讨》,《新北辰》,1936年第1期。

育者之多；出版之程度高，可以表示学术之程度高"①。在出版数量上，虽然薄弱，但除掉战争期间，在相对和平的时代，还能实现年年有所增长，让读者欣慰。然而出版物的"质"的方面，令人长叹不息，灰心丧气，书店里装满了各式书籍，内容贫乏、恶劣者占据大部分。"各家出版的书籍，大多数是男女恋爱史，性史，武侠小说，神怪小说……这些书店老板们却还到处自以为高尚人生，羞耻也不识！但话儿又得说回来，好的书也有些，不过不出百分之一二。"②"书报摊红红绿绿大大小小的书报杂志，鲜艳夺目，一片茂盛气象，看了真令人喜悦，可是这喜悦当你走到那书报摊的面前站立以后，认识一下它的内容的时候，便不得不感觉到还得暂时保留。"③戈公振也批评出版界所出的书刊"以流利与滑稽之笔，写可奇可喜之事，当然使读者易获兴趣。唯往往道听途说，描写逾分，即不免诲淫诲盗之讥。若夫攻讦阴私，以尖刻为能，风斯下矣"④。当有人为出版界的"杂志年"而欣喜时，有评论却直言量的增加不足为喜，"质"的欠缺让人担忧：

  所谓如"雨后春笋"出现的刊物，在形式上尽管有不少的在考究封面怎样美丽好看，广告登得怎样高明耀目，但是它的销路终不能因这些形式上的考究而有所开展，内容的腐陋，幼稚，污浊，浅薄，终不能因这些形式上争妍而能克服的，以如此之事实，与其说这"杂志年"表示着出版界的好现象，毋宁说这是出版界最大的失败的表现，因为化费了许多的资金，财力，结果，只是说了些虚伪含糊不切实际的话，倒反搅乱了群众的心神，把他弄得更加糊涂更加莫明其妙不知西东了。⑤

这明确地告诉出版界量的增加并不代表"质"的提升。相反，没有内涵的出版物数量的增长，不但不能起到普及知识、传播文化的目的，

---

① 王云五：《出版物的国际关系》，载王云五：《旅渝心声》，上海：商务印书馆，1945年，第264页。
② 刘颐道：《怎样才是真真的书业商人？》，《新知十日刊》，1939年第1期。
③ 甄士：《读物和毒物》，《中坚》，1946年第1期。
④ 戈公振：《中国报学史》，北京：中国和平出版社，2014年，第248页。
⑤ 牛亦未：《一九三五年出版界的总检讨》，《新北辰》，1936年第1期。

那些诲淫诲盗、财运黑幕、求仙迷信的书籍反而会败坏风气,误导青少年,这种出版物虽多何益?目前没有好的作家涌现、没有好的作品出版成了大家一致的看法。所以,出版物"质"的改善和提升比量的增加显得更加重要,也更为急迫。针对出版价值取向偏离的问题,外界普遍认为是出版过度商业化,出版机构放弃文化责任造成的。"据这几年来我们的观察,出版家真能当'出版'为一种事业而干的,实在很少。大部分,都是犯了一种商人的气息,没有远大的眼光,没有充实的信用,没有负责的精神,只图目前小利,不顾长久得失。"①一般的出版机构或营业者,只有少数能明了自己首要之责任在于普及文化,大部分只看到出版业的商业性质,唯利是图,以发财为目的。所以为谋利维持营业,可以不问出版物的内容如何,将来能有什么后果,甚至某些书商为求畅销,刻意迎合读者的低级趣味,充斥不堪入目的内容。从出版物的内容价值来评价,当时的出版界可谓是"漆黑一团"了,生产的不是读物,而是含有麻醉性毒素的"毒物"了。身为图书杂志审查官员的印维廉在评论中正告出版界:"不但有毒性的出版品我们要拒之千里之外,就是营养太少的精神食粮,不论它的味道如何鲜美,还是不要收印。出版界同仁,都是靠此为生,如果说不以赚钱为目的,那是欺人之谈;但是赚钱固然要紧,而一个国家民族的心理健康,更是要紧啊。"②如果出版商不进行自我约束,外界不进行必要的监督管理,任由商业化的恶性膨胀,接下来必然会导致出现更多的功利化、享乐化、庸俗化、低级化的产品,最终伤害的是整个出版行业的职业声誉和精神尊严。基于此,出版评论着力倡导文化价值才是出版业的真正目标,不断宣扬"出版业者虽亦营利事业之一,然其间实含有普及教育与促进文化之二大主义"③,"著作人与出版人乌可徒取快意,不审度情势乎。是故移风易俗,书籍有责,积极言之,在著作人与出版人之道德增进。凡所营作,一以共图利济、裨益社会为归"④,强调出版业在追求商业利润之外,还要保持内心清

---

① 储安平:《一年来的中国出版界》,《读书顾问》,1935 年第 4 期。
② 印维廉:《出版物的营养和滋味》,《中央周刊》,1942 年第 7 期。
③ 味鬈:《民国七年出版界之回顾》,《出版界》,1918 年第 48 期。
④ 汪集庭:《女青年与出版物之关系》,《妇女杂志》,1917 年第 6 期。

明，明白书刊出版要有益于国家与社会的进步、民族与民众的觉醒、教育的提升与文化的积累等，出版从业者都应坚守文化理想、文化使命。

在引导建立正确的出版价值取向的方式上，民国时期的出版评论一方面是针对出版物偏离出版文化和伦理价值的行为进行批判指责，另一方面也在建设性的反思产品改良的方法和路径，最典型的莫过于对"理想的读物""理想的副刊""理想的广告"的分析和讨论。这些关于"理想"的评论不仅表达了对出版的期许和希望，而且为出版界矫正并建立出版物正确价值取向指明了前行方向，给出版界提供了未来发展的想象空间，增添了改进的动力。

在卑劣浅薄、质量低下的书籍盛行的出版界，理想的读物是什么样的呢？张放在评论中写道："我理想中的《南开周刊》就是我们师生一千五六百人关于学生方面及学校方面，有实际的批评，确切的调查，良好的建议，一个发表的机关。"[1]其他的一些出版评论也给出了自己的标准，"最基本的原则是：我们的读物，应当是真的精神上的食粮"，所以理想的读物"一方面应当供给我们知识，另一方面应培养我们的人格"。[2]而对于普通市民大众所需的读物，例如消闲小书或杂志等，最好是不要过度幽默和过分正经，避免一字不改地翻译欧美杂志文章，合适的内容"必须具有新闻性质为主要条件……另外探访些有趣味的新闻，以满足大众的欲望"[3]。至于如何推广"理想的读物"，出版评论也给出了相应的建议，就是充分利用"书报专刊"或"读物专栏"的书评文章向读者推介有价值的出版物。

针对副刊内容良莠不齐，沉闷无趣的局面，又该如何重新设计、改造成为"理想的副刊"呢，民国"副刊大王"孙伏园给出了全面细致的答案。他在《理想中的日报附张》中首先检讨当时的报纸副刊，戏称副刊内容是"无线电的两极端"，要么是一味模仿古人无聊滑稽的作品，要么是搜罗雄鸡产卵、处女产子等离奇新闻，还有一种是借着科学文化的幌子，连篇累牍地登载些卖弄学问、故作高深的教科书讲义式的文字。接

---

[1] 张放：《我理想中的〈南开周刊〉》，《南开周刊》，1922年第34期。
[2] 踏实：《精神食粮的选择》，《时代学生》，1949年第2期。
[3] 伯乐：《大众理想的读物》，《上海人》，1938年第1期。

着他深入主题,描摹了理想副刊的模样:第一,因为"在中国,杂志又如此之少,专门杂志更少了,日报的附张于是又须代替一部分杂志",所以必须增加讨论学术的内容;第二,"日报附张的正当作用就是供给人以娱乐……文学艺术这一类的作品……是日报附张的主要部分",所以副刊的内容必须包含相当数量的贴近市民、贴近生活、贴近实际的文学作品;第三,短篇的批评文字是副刊中不可或缺的组成部分,"无论对于社会,对于学术……对于文学艺术,对于出版书籍,日报附张本就负有批评的责任"。① 在这一理想副刊的指引下,稍有影响力的副刊几乎都在进行改版,一扫过去的旧式文人趣味和颓丧萎靡的风格,成为启蒙民众、宣传新文化的重要阵地。

广告是书刊重要的营销渠道,更是刊物生存的基石和保障。面对报纸副刊、杂志欺诈成风、淫亵盛行的弊病,如何选择"理想的广告"登载呢,出版评论也提供了有效的指导。有评论批评副刊的堕落就是从副刊上的广告开始的,原本以为是值得一看的堂堂正正的副刊,"孰知里面尽是些卖春药,性病特效药等等的广告来充数,再加上许多无耻医生自吹自唱的包医淋病宣言,和瞎七搭八,真假莫辨的疾病问答"②,作者将这种现象斥为"挂羊头卖狗肉"。《医学周刊》主编歔先在评论中发布了理想广告的标准,"要名符其实,不妄自夸张,不愚弄民众……提高广告的身价,恢复广告的信,这件工作的第一步办法也可以说是惟一的办法,是淘汰一切妄言欺人的下等广告","不但违反科学原则的必在淘汰之例,凡不宜向民众宣传的我们都拒绝登载"。③ 理想广告的追求,至少表示了两个意思:一是出版业需要广告,表明出版人具有商业观念和市场意识,这是无可辩驳的事实;二是出版物对广告应有所选择,体现了出版人对文化职责信念的坚守。

---

① 孙伏园:《理想中的日报附张》,《京报副刊》,1924年12月5日。
② 徐日洪:《荷包与文化》,《宇宙风》,1936年第20期。
③ 歔先:《我们理想中的广告》,《大公报》(天津),1930年1月11日。

三、出版评论推动树立高尚的出版职业道德观

"职业道德是所有从业人员在职业活动中应该遵循的行为准则。"①照此推论,出版职业道德就是出版从业者在整个出版工作环节中应遵守的道德规范、价值标准和行为准则。它通常外在的表现为出版物格调高下与质量优劣,对待作者、读者和同行的态度、处理文化责任与经济利益的关系等方面。按照伦理学家罗国杰先生对职业道德组成要素的分析,出版职业道德主要有出版职业理想、出版职业态度、出版职业技能、出版职业良心等方面组成,这些都制约着出版活动的全过程,影响着出版机构的发展方向。有学者指出,职业道德是在职业活动中应该遵循的行为规范及必备的品德,它依靠社会舆论、传统习惯和内心信念来维系。② 所以,出版评论作为外在的规范力量,通过社会舆论的方式发挥作用,影响着出版从业人员的出版职业道德的形成、巩固和内化,帮助他们树立起高尚的出版职业道德观。

众所周知,出版本质是文化产品的商业化,兼具文化和商业的内在属性。这两个属性的排列顺序的不同,是文化在先抑或商业在先,体现了出版职业道德和职业理想的不同,不仅关系到出版内容的选择,也会影响出版经营的运作。民国时期的出版业者多以"文化人"自居,拥有较强的出版工作的文化责任意识和理想信念。张元济、陆费逵等人投身书业就是希望出版能够启蒙民众,提撕国民,达到强国救民的目的。王云五不止一次论及出版是衡量国力、文化强弱的尺度,也说过:"国之盛衰。以教育之优劣为枢机。无良教育。何以得良国民。无良教科书。何以得良教育……为教育根本之教科书。"③言中之意就是从事教育出版的行业是教育的基本倚仗,教科书的出版、书业的发达是国家、

---

① 黄先蓉编著:《出版法规及其应用》,苏州:苏州大学出版社,2013年,第15页。
② 蔡志良:《职业伦理新论》,成都:电子科技大学出版社,2014年,第43页。
③ 王云五:《王云五文集》伍(上册),南昌:江西教育出版社,2008年,第71页。

社会、文化繁荣的标志。正是拥有这种为文化的出版职业理想,出版人才努力奋斗,精益求精,出版了大量堪称精品的系列教科书、文化典籍丛书、新文学经典,民国出版与文化一时瑜亮,交相辉映。当时的出版评论都自觉地将出版与文化紧密联系在一起,不断提醒出版界勿忘初心,牢记文化责任。"书籍出版业,本和其他营业不同,他除掉营业之外,还有个辅导进行文化的责任"①,"书籍杂志等出版物对于国家文化的向上影响力,几乎可以说有着决定的作用"②,"出版是著述的表现,而著述是国民知识能力,总合的系统的反映。由过去的著述出版,遗留了历史演进的迹象,将珍贵的经验传递给后人,基于文化的积累,而推动社会的进展……出版的数量的内容,及读者需求的情况上,都正是一国文化动向之忠实的记录"③。谢六逸认为,一个时代的文化包括其时代的精神物质各方面,文化的发达与否又和精神物质各方面的学术研究息息相关。而这些学术研究的表现和传播的方法,以出版物为最佳手段,"所以凡学术的研究介绍或批评之表现,无论为个人研究或团体研究,不欲藏诸名山则已,否则惟出版物是赖"④。陆费逵在著名的《书业商之修养》中阐明了出版职业道德的重要性,"恶书之害,甚于洪水猛兽,不知害多少人。所以我们当刊行一种书的时候,心地必须纯洁,思想必须高尚,然后才可以将最有价值的结晶品供献于世;否则,不但于道德方面要抱缺憾,即自己良心方面亦受责罚"⑤。陆费逵的言论振聋发聩,促人警醒。有出版从业者在读了陆费逵的《书业商之修养》的评论后,认为"真可算得是我们青年们的'金科玉律'……作我们互相砥砺的指导者",发出"伯鸿先生既引导和指定我们成功的途径,我们大踏步的上路,不断的进前,丝毫不要怕拦阻"的感慨。⑥ 这充分说明了出版评论对于出版从业者树立高尚出版职业道德观的积极影响。

---

① 萃珍:《出版业的道德》,《蔷薇》,1928年第1期。
② 陈北鸥:《出版文化的指标》,《东方杂志》,1943年第5期。
③ 屏群:《一年来之出版界及其展望》,《众志月刊》,1935年第1期。
④ 谢六逸:《文化与出版物》,《时事新报·学灯》,1922年3月17日。
⑤ 陆费逵:《书业商之修养》,《中华书局月报》,1923年第7期。
⑥ 许瘦鹤:《记伯鸿先生的〈书业商之修养〉》,《中华书局月报》,1923年第7期。

另外，对于那些没有崇高职业理想、崇尚商业主义、金钱至上的出版职业观的出版机构进行义正辞严的批评，揭露批判那些因为缺乏出版职业道德而导致的粗制滥造、抄袭盗版、跟风投机、格调卑劣等行为，意图用曝光的方式引起人们疗救的注意，继而开出药方，以期纠正错误，推动出版业普遍性树立正确的职业道德观，达到从根本上规范出版行为，保障出版事业健康发展。杨寿清的长篇出版评论《对于中国出版界之批判与希望》就是这样一篇借批判以刺激出版从业者重拾尘封心底的职业理想与道德观念，找到中国出版界希望的力作。该评论一开头就点明出版界负有振兴文化、革新文化的最大任务和指导人生、创造人生的最大使命。虽然在这两个方面出版界都取得了相当的功绩，但出版界依然是商业主义的天下，出版者急于牟利，不管文化前途，文化责任被出版人排在商业利润的后面。典型的表现就是因陋就简而不求精深，"所编的出版物往往内容贫乏……所取的材料，往往有失新鲜……所出书报中的分析论列，往往不能精确"①，得过且过，缺乏创造流传千载的文化精品意识和眼光。因陋就简的极端化就是粗制滥造，出版新式标点古籍"不管标点之是否确当，更无闲加以科学的整理和系统的编制，以致不但毫无新的意义，而且甚至错误百出"；编译外文书籍"或则对于意义和修辞无闲加以斟酌推敲，或则派给数人分译而对于风格与笔调不去加以统一"，更恶劣的"有东剪西贴，拼凑成书者；有不顾文化价值，而出版什么《××百日通》《会考指导》等胡乱编成以应时者；甚至有为迎合低级的趣味，而不惜拿已有的神怪故事，武侠演义，色情小说，改头换面，换汤不换药，以事诲淫诲盗者"。② 在历数中国出版界缺乏职业理想导致的弊端后，杨寿清再一次申明了出版业的性质和文化责任："出版事业不但是一种牟利的商业，并且也是一种提高国民精神生活的文化事业。在今日成为文化事业之基础的出版事业，对于国

---

① 杨寿清：《对于中国出版界之批判与希望》，载杨寿清：《中国出版界简史》，上海：永祥印书馆，1946年，第77—78页。
② 杨寿清：《对于中国出版界之批判与希望》，载杨寿清：《中国出版界简史》，上海：永祥印书馆，1946年，第81页。

民精神的兴衰,也就是对于民族国家的存亡,显然具有密切的影响。"①这篇出版评论摆事实、讲道理,结构严谨、逻辑清晰,得出出版界亟须重树职业道德,这样才能成就出版职业理想的结论。评论中对出版职业理想的呼吁汇集到抗战后关于出版自由、救济书荒等出版主题的社会舆论中,推动了出版界从观念到行动的大革新、大变化。

　　高尚的出版职业道德的外在表现就是高质量、有价值的出版物,而出版精品的实现就要求出版人员具备高超的出版职业技能。没有出版职业技能支撑的出版职业道德是空中楼阁,空泛不实。提高出版职业技能是树立出版人高尚职业道德的重要组成部分,是出版职业道德落到实处的具体表现。特别是在民国时期,出版行业的门槛较低,出版人素质、能力良莠不齐,强化、提高出版职业技能就十分重要了。出版评论部分承担了介绍、交流、推广出版职业技能的任务,内容涵盖出版业务的方方面面,既能增长书业知识,又有实践上的指导价值。有的介绍西方出版业的经营、出版实例,为国内的出版工作提供借鉴;有的是记录工作点滴,交流出版业务;有的是资深的编辑出版人畅谈工作经历,推广成功经验,甚至有时候会引发全行业关于某一具体业务的深入探讨,在形成共识后,往往能形成某项出版工作的飞跃。像 1926 年孙福熙在《申报》上刊登的《出版事业的艺术》的短评,就引起了一场关于印刷装订与出版艺术的大讨论。包括德恩的《谈书的封面》、慎夫的《书籍的装订与印刷》、骥云的《出版事业的艺术》等文章,内容涉及封面画与文字的排列、书名与出版者名的分布、直行和横行书的标点设置、装订的用料、中缝排字的方式、书式大小与图书性质的关系、版式留空的合适比例等,细致而入微,并列举了商务印书馆出版的图书作为案例,分析其成功或不足之处,有理有据,颇有见地。孙福熙本人也在《北新周刊》发表长篇专题评论《秃笔淡墨写在破烂的茅纸上》,对这场讨论作了总结,批评那些主张形式无关紧要,满足于用秃笔淡墨写在破烂的茅纸上的书的论断,宣扬"书籍印刷与装订……牵引未读者的注意,固定读者所得的印象……我们爱看而且应该看的书,不是这种,而是用艺术印

---

①　杨寿清:《对于中国出版界之批判与希望》,载杨寿清:《中国出版界简史》,上海:永祥印书馆,1946 年,第 82 页。

刷用艺术装订的书"①。文中分析了《呐喊》《骆驼》《扬鞭集》《瓦釜集》《雨天的书》《桃色的云》《苦闷的象征》等在图案、用墨、题名、标点、字体、字号、切边、穿钉等形式方面的特色,对比了不同形式的优缺点,有的放矢,针对性强,颇具说服力。由于这些评论的作者大都有过出版从业经验,从工作中来、到工作中去,专业色彩浓厚,能够很好地指导某些具体的出版工作。这些评论如果整合起来,就是一本优秀的出版工作培训教材。关于童书出版领域的一些具体工作也反映了出版评论对出版职业技能的促进。因为儿童顽皮的天性,对图书总是不能好好地保存与爱惜,所以出版评论建议童书在装订方面,纸的质地应该坚固、耐久,富有韧性,"为欲求形式整齐,书本大小不妨一概改为32开本……图画范本,歌谱在外……装订单线容易散脱,铁丝容易发锈,最好一列用双线订本"②。这个提议一出现,便有不少附和的声音。这也引起了童书出版商的注意,之后许多童书、刊物都采用了32开的开本模式。商务印书馆童书编辑张若英曾在一篇评论中总结了如何编辑一本优良童书的要点,强调在内容方面要根据儿童固有的经验;要适应儿童心理;要适合儿童的程度;要具体的而非抽象的。从形式上文字组织要简单,要明显,要简短;要注意词句反复,少生字,多变化;要有适当的篇幅;要有适当的字体;要有优美的插画;要有良好的纸张。这种类似于儿童分级出版及阅读的主张,也被当时的出版商在一定程度上采纳了。1935年出版的《全国少年儿童书目》就按读者年龄、知识的深浅程度对图书进行了分级,采用书名前加注数字的方式,"1"代表最低年龄层次,适合学龄前的儿童;"2"表示小学低年级,以此类推。这种做法充分反映了出版工作者对职业技能的重视,也折射了出版评论对出版业树立良好职业道德的积极的督促与鞭策作用。

结　语

回看民国时期出版文化观的形成,自然是包括政治制度、经济环境

---

① 孙福熙:《秃笔淡墨写在破烂的茅纸上》,《北新周刊》,1926年第4期。
② 陈独醒:《为儿童读物谨告全国出版界》,《中国出版月刊》,1933年第2期。

等多重因素叠加的结果。但无可否认,出版评论是其中重要的一种影响力来源。良性且理性的出版评论能将出版活动的价值意义、出版行为的判断标准、出版物质量的评价方法、出版管理制度的改进完善,向外界进行充分的表达,并能借助舆论的力量对出版业产生有效的"纠偏"效果,指引出版业在正确的方向上前行。这从出版评论推动五四时期商务印书馆的书刊出版转向以及通过警示和批判世界书局,促使世界书局调整出版结构,减少市井庸俗书刊的生产,增加知识普及性丛书的出版,并着力进军教科书市场两个事例可见一斑。所以,从这个层面上来说,出版评论对现实出版具有积极的能动性作用,是一种净化出版、提升出版的文化力量,能够有力推动塑造具有正确的出版价值取向和出版职业道德观的出版文化机制。

必须指出的是,民国时期出版评论和出版文化的关系中,出版评论对出版文化观的影响并非单向地促动和推进,两者是彼此影响、共同发展的耦合关系,它们之间是有机联系、相辅相成的。一方面出版评论通过对出版与社会关系的批判与思考来参与建构正确、向上、健康、高尚的出版文化观;另一方面出版文化观借助道德、观念等形式深植于出版评论主体,为出版评论树立批评类型和标准,并成为出版评论不断走向成熟和规范的内在原动力。民国时期出版评论与出版文化观之间形成了良性的、动态的"互动互构状态"。同时,出版评论和出版文化形成的合力又反作用于出版业本身,推动着出版业面对变化不定的出版环境不断调适、因应,始终秉持启蒙民众、革新社会的初心,发挥着为国家、民族、社会和民众的发展进步赋智的巨大作用。

原载于《河南大学学报(社会科学版)》2020年第3期,人大复印报刊资料《出版业》2020年第8期全文转载

论出版人的文化类型

范 军[①]

关于出版人的类型,学术界少有明确的划分。汪家熔论及中国古代出版,认为无论是官刻、家刻、宗教刻,还是坊刻,大体可以把出版者归纳为两类:追求文化的出版者和追求利润的书商,姑且可称之为"文化出版人"和"经济出版人"。[②] 博玫比较明确地提出了"职业型出版人"和"理念型出版人"的概念。她所谓的"职业型出版人",是以市场需求和经济利益为出版最终的动力,将出版看成赖以生存的唯一职业的人;"理念型出版人"则指的是更多地秉承知识分子道德精髓者,他们以知识分子的独立精神和自由意志为价值理念。此外还有一种就是以追求商业利润为最大目的的"出版商人"。[③] 这里,作者实际上是把出版人分成了三个类型:职业型、理念型、商人型。

出版历史与现实证明,出版人是可以分为不同类型的,他们有其不同的理想和追求,进而体现出不同的出版风格和文化面貌,这既有出版者个人主观的因素,也有体制机制等方面的因素,同时还受制于社会环境、时代变迁。虽然不同类型的出版人在具体的出版实践中行为有异,从而形成其群体的特殊追求,但优秀的出版人,不论哪一类型,文化都应是他们不可忽视的,唯利是图的商人严格意义上不是出版人。这里

[①] 作者简介:范军,历史学博士,华中师范大学二级教授,华中师范大学文学院博士生导师。研究方向编辑出版学。

[②] 汪家熔:《近代出版人的文化追求:张元济、陆费逵、王云五的文化贡献》,南宁:广西教育出版社,2003年,第33页。

[③] 博玫:《中国近现代出版理念与知识分子现代性转型的内在关系》,《浙江工商大学学报》,2010年第5期。

笔者尝试把出版人分为文化人型、商人型、政治家型和企业家型四个类别,并结合实际案例,分别论述各类出版人的个性特点与不同理念和表现,以期呈现出出版人生动而丰富的面貌。

一、文化为本:文化人型的出版人

"文化人"并不是一个专业术语。所谓文化人,掌握一定的文化知识只是其必要条件,有文化并富有文化的理想和追求才是其充要条件。"文化人"在某种程度上与"知识分子""读书人"可以通用。我们知道,知识水平高低也不是衡量一个人是不是知识分子的最重要标准,倘若没有人文精神和科学精神,即便学位再高、职称再高、头衔再多的人也不能列入知识分子行列。正如陈思和所说:"知识分子有自己的使命与责任,他们与商人的根本区别不在于是否从事营利的出版事业,而在于能不能依循学术文化的传统对社会对人生尽一种道义的责任。"①可以说文化人办出版,也就是知识分子办出版、读书人办出版。而"读书人"也不只是能读书、读过书的人。早在1940年5月1日重庆出版的《读书通讯》半月刊创刊号上,杨玉清就在其《论读书》一文中对"中国读书人"进行了这样严肃的界定:"以读书为混文凭的人,不是读书人;以读书为混官做的人,不是读书人;以读书为时髦、为伪饰品的人,更不是读书人。读书人应该把一切书本上的教训,发为自己的行动。'辅世长民莫如德,经天纬地谓之文'。能辅世长民,能经天纬地,那才真正是中国之所谓读书人。"这里的"读书人"与"知识分子""文化人"内在精神是完全相同、相通的。

在我国,文化人办出版源远流长,并随着时代的发展不断进步与更新。人们一般把宋以降的刻书业分为官刻、家刻(亦称私刻)和坊刻三种。除了坊刻,前两者都与文化人密切相关。官刻往往是用来体现以皇权为代表的国家意志,目的是维护封建王朝统治和秩序,但士大夫知识分子也借此机会利用国家的财力物力来整理古籍,梳理学统,传承文脉。家刻则更多地体现了知识分子"立德""立言"的自在意志,以及对

---

① 陈思和:《试论现代出版与知识分子的人文精神》,《复旦学报(社会科学版)》,1993年第3期。

封建道统、学术传统的自觉维护、继承与弘扬。即便是被有的研究者列入坊刻的出版人也不都是唯利是图的,例如,明代著名刻书家毛晋,就表现出知识分子追求文化理想与面向市场的商品经济的结合。传统的出版人往往集刻书和藏书于一体,更显示出文化的价值与追求,毛晋创设的汲古阁,就是融搜集古籍珍本和出版传播为一体;近代的张元济在商务印书馆开办专门搜集古籍珍本的涵芬楼,出版《涵芬楼秘笈》《百衲本二十四史》《四部丛刊》等大型古籍,正是对前人优良传统的赓续。

  我国近现代第一代出版家大多是优秀的文化人,他们由传统的仕途转到出版领域,对出版业社会地位的提升发挥了重要作用。1905年正式废除了延续千年的科举制度,传统知识分子"学而优则仕"的道路从此被堵死,他们不得不另寻他途以实现自己的价值,一些人被迫进行艰难的转型。早期的王韬、李善兰等人进入报馆书局,从事翻译及编辑出版活动,往往是郁郁不得志的。但后来,随着教育事业的发展,新式印刷技术的引进,现代稿酬制度的建立,中国传统的出版业也向近代化转型。"现代出版事业已经成为知识分子以思想文化为阵地,实现自身价值的重要途径。知识分子在调整了安身立命的学术传统的同时,也调整了生存的方式和实现自我的方式,仕途已经成了可望而不可即的梦幻,比较实在的倒是祖先们筚路蓝缕开创而来的教育事业与出版事业。"[①]随着康有为、梁启超、蔡元培、张元济、陈独秀、高梦旦、杜亚泉、蒋维乔等一大批文人学者主动参与到新式出版活动中,知识分子投身出版业逐渐变得普遍和自觉。用陈思和的话说,他们是凭借出版职业化,在这个可以安身立命的"民间岗位"施展抱负,逐步形成了一个出版业的近代知识群落。中国近现代出版可以说是文化精英们的事业,他们一开始就设定了改造社会、开启民智、服务教育的文化目标。我国近现代第一代和第二代出版人像张元济、陆费逵、茅盾、郑振铎、叶圣陶等投身出版业不是单纯基于谋生的职业选择,而是带有传播新文化、变革旧社会的重要使命。以出版机构而论,作为民国出版业后起之秀的开明书店、北新书局、文化生活出版社,都是最典型的文化人办出版。特

---

  ① 陈思和:《试论现代出版与知识分子的人文精神》,《复旦学报(社会科学版)》,1993年第3期。

别是"二十年代中期开明书店崛起,由叶圣陶、夏丏尊等人主持编务,重新提出了知识分子的人格理想,开明以青年学生为对象,由名家编辑中英文教科书和辅助性读物杂志,'开明'风格影响了整整一代青少年"①。

这种文化人型的出版家在新中国成立后也不乏其人。比如范用,这位年仅15岁就走进了抗日文化队伍,参加我党领导的读书生活出版社,后来毕生从事出版事业的一代大家,虽然学历不高,头衔不吓人,但确实是名副其实的文化人。他主持创办的《读书》杂志,是改革开放后国内最早也最有影响的思想文化评论刊物。作为20世纪80年代思想解放的一个前沿阵地,这本刊物长时期引领思想文化的潮流,甚至一时间"洛阳纸贵",杂志行销甚广,坊间流行有"不读《读书》,不是读书人"的说法。范用策划推出了《傅雷家书》、巴金的《随想录》、杨绛的《干校六记》、叶灵凤的《读书随笔》、朱光潜的《诗论》等优秀图书,文化价值高,文学品位好,市场反应不俗,影响十分深远。三联书店被誉为知识分子的精神家园,正是有范用、沈昌文、董秀玉、樊希安、李昕这样代代相传的文化人执掌大印。

文化型出版人这一"谱系",在当今出版界得以延续,一些品牌出版机构、部分大学出版社,"文化人办出版"仍是其显著特色。他们中许多人本身就是高层次的文化人,也是像范用、陈原、巢峰等出版家一样爱书如命的人,其人生不愧为"为书籍的人生"。陈原甚至认为,出版工作者自我修养第一条,就是"应当使自己成为'书迷'"。"他爱书胜过一切。他为书而生,他为书而受难,甚至为书而死。这种人是十足的书迷。没有这种痴情,成不了气候。打开中国近代出版文化史,举凡张元济、夏粹方、高梦旦、胡愈之、邹韬奋、叶圣陶、徐伯昕、黄洛峰、华应申,以及章锡琛、陆费伯鸿、汪原放、张静庐无不是书迷。为书奋斗终身!"②这些文化人型的出版家对文化有虔诚的信仰和崇高的使命感,他们所坚守的文化信仰,是整个行业存在的合法性基础,也成为超越物

---

① 陈思和:《试论现代出版与知识分子的人文精神》,《复旦学报(社会科学版)》,1993年第3期。

② 陈原:《总编辑断想》,沈阳:辽宁教育出版社,2001年,第9页。

欲主义盛行的世俗世界高擎人文主义大旗的精神高地。

在欧美地区和日、韩等国，出版的商业化、市场化、产业化程度更高，但文化人办出版依旧代不乏人。美国学者J. P. 德索尔认为出版者首要的素质就是"既崇尚精神和艺术世界的价值，也注重经济学范畴的价值"①。曾任普林斯顿大学出版社社长多年的小赫伯特·S.贝利也有过类似的说法："出版业跟其他行业是不同的"，其不同"首先在于他的文化事业的性质。大部分出版商非常重视各类图书的文化作用"。②他们都把出版人精神文化的追求置于最重要位置。德国的西格弗里德·翁泽尔德、美国的萨克斯·康明斯、日本的岩波茂雄等，也都比较好地将文化理想与商业运作结合起来，名垂出版史册。这些人，学历有高有低，经历各不相同，但都"对文化和出版充满热爱、憧憬之情，从某种程度上讲，他们是拥有理想和浪漫情怀的文化人，是真正的文化至上主义者，文化和理想在其心中永远是第一位的"③。法国出版家热罗姆·兰东也是这样一位文化至上主义者，他主持的子夜出版社，规模很小，一年只出版二十多种图书，但所出书籍都很有影响，法国新小说派的形成，与子夜出版社紧密相连。热罗姆·兰东一直是把出版当作一项文化事业来办，人们称赞他是真正的出版家。

二、在商言商：商人型的出版人

通俗地讲，做买卖的行业叫作商业，市场上用来交换的物品叫作商品，做买卖的人则称商人。《现代汉语词典》这样界定"商人"："贩卖商品从中取利的人。"其实，商人本是一个中性的词汇，但人们往往一说商人就想到无商不奸，想到斤斤计较、欺瞒哄骗，似乎出版商也都是奸商。其实这些认识是有失偏颇的。"百度百科"词条"商人"界定似更富有现

---

① J. P. 德索尔著，姜乐英、杨杰译：《出版学概说》，北京：中国书籍出版社，1988年，第19页。

② 小赫伯特·S.贝利著，王益译：《图书出版的艺术和科学》，北京：中国书籍出版社，1995年，第76页。

③ 贺圣遂、姜华主编：《出版的品质》，上海：复旦大学出版社，2012年，"弁言"第4页。

代气息:"商人是指以一定的自身或社会有形资源或无形资源为工具获取利润并负有一定社会责任的人,或者是指以自己名义实施商业行为并以此为常业的人,古代士农工商四民之一。"

学界及业界至今还存在着"出版家与出版商"之争,争论的焦点在于如何在出版活动中处理文化与经济的关系。笔者认为,优秀的出版家应该是有文化同时极具文化情结的商人,从事商业而又极具商业精神的文人。商人型出版人并非唯利是图,不讲出版的社会效益,他们在出版实践中,以自身卓越的商业才能,在合理范围内最大限度地实现出版物的价值,充分实现出版企业的经济效益,避免陷入只讲社会效益无视经济效益的空谈中。对于出版的文化、商业二重性,中外学者都有清醒的认识。法国的戴仁早就指出:"出版社的两副根本面目,理想的一面和商业的一面;一家出版社的名声在很大程度上取决于对二者的调和程度。"① 美国历史学家罗伯特·达恩顿曾经揭示出版业与欧洲启蒙运动的关系,指出《百科全书》的出版是一桩文化的"生意",而且是"18世纪最大的生意之一"②。我国台湾出版家苏拾平对此有进一步发挥:"出版是文化活动,也是商业活动;出版人是文化人,也是生意人;出版有时候是私企业,有时候是公事业;出版既是理想,也是现实。有人说出版是内容提供者(content provider),有人说出版是流行事业,有人说出版该有社会责任,有人说出版是没有围墙的学校。哪些说法是领悟或自我期许,哪些说辞只是口号? 各种相对论本就充满混同色彩,对行业中人来说,关键并不在彼此的冲突,而在如何调和收拢适用。"③ 可见,在出版活动中,文化与经济有如一枚硬币的两面,不可截然分开;出版人中商人型与文化型也绝非水火不容、云泥之别的。

商人型出版家也是出版家的一个群体,我们应该给予他们应有的尊敬,至少是包容。他们在不同的时空条件下,有不同的呈现状态。此

---

① 戴仁著,李桐实译:《上海商务印书馆 1897—1949》,北京:商务印书馆,2000 年,第 4 页。

② 罗伯特·达恩顿著,叶桐、顾杭译:《启蒙运动的生意:〈百科全书〉出版史(1775—1800)》,北京:生活·读书·新知三联书店,2005 年,第 508 页。

③ 苏拾平:《文化创意产业的思考技术:我的 120 道出版经营练习题》,上海:上海人民出版社,2008 年,第 14—15 页。

外,商人型出版家与其他三类出版家有着较为显著的区别,那就是他们一般不是高层次的文化人;当然,相比较而言,商人型出版人比起文化人型、政治家型和企业家型的出版家更加注重商业利益,讲求在商言商,也更容易出现某些偏差。

  无论是在中国,还是在西方,商人型的出版者古已有之。欧洲"早在12世纪,出版商以商业性复制人和书籍销售人的身份出现"①。中国宋元以降的坊刻,其书坊主基本属于商人之列,如明代以刊刻通俗小说获利并闻名的书坊主熊大木、余邵鱼、余象斗、凌濛初等,他们十分熟悉市场,了解受众,经营灵活,推动了通俗文学及大众出版的发展。英国18世纪的约翰·默里(1737—1793)是西方商人型出版家的典型。他原本是一名海军士兵,在1768年成为图书销售商,后来,他通过购买他人书股、联合合伙人注入新的资金、继承遗产,不断壮大,开始从事更高风险、更高利润的出版活动。到18世纪90年代,这位精明的出版商成了文学出版的领军人物。默里的儿子继承父业,继续采取新式的出版经营模式,他的作者包括司各特和拜伦等名家,同时推出大量专门针对流动图书馆的通俗小说,可以说19世纪初的文学革命中没有人比小默里赚得更多。默里父子所做的一切,的确代表了一个新的出版业的出现。20世纪30年代,英国艾伦·莱恩领导的"纸皮书革命",开启了西方出版史的重要变革。艾伦·莱恩第一个看到了平装书的无限潜力——大众的阅读市场,他将原来不受社会重视、没有什么影响的平装书出版做成了一个品牌,在出版形式上大胆开拓,以最专业的态度对平装书进行包装、设计和宣传推广,使得"企鹅丛书"这一品牌一炮打响,产生了巨大的社会影响,也获得了丰厚的经济回报。像这样优秀的出版商,美国出版史上也不乏其人,如19世纪美国的哈珀兄弟,他们创办了哈珀公司(哈珀·柯林斯出版集团的前身),以"文库"的形式出版众多深受市场欢迎的书籍,在营销方面走在了竞争者的前面。②

---

  ① J.P.德索尔著,姜乐英、杨杰译:《出版学概说》,北京:中国书籍出版社,1988年,第1页。
  ② 肖东发、于文主编:《中外出版史》,北京:中国人民大学出版社,2010年,第238—239页。

特定的历史文化语境下，商人型出版人的状态是有差异的。我国现代出版业发端年代是19世纪末20世纪初，此时的中国，民族危机深重，国内矛盾到了临界点，在这样的历史文化语境下，我国的出版家主体主要呈现的不是商人面貌，而是文化人面貌，或者是文化人占据了出版舞台的中心。而在同时期的美国，"出版业显然不需要承担某种文化重建的使命，故而出版人中间也几乎没有那种登车揽辔的文化领袖角色"①，出版家的商人面貌也更为生动，更为主流。

商人型出版家往往不是高层次文化人，而是极具商业天分的平民，例如，俄国近代首屈一指的出版家绥青，他就是一个杰出代表。绥青文化水平不高，14岁便开始了学徒生涯，他有做生意的天分，能够切合实际地随机应变，能敏感地注意到新鲜有益的事物，一些重大决策和看上去十分复杂困难的事情，在他那儿似乎都变得轻松和简单。在长达50年的出版生涯中，他甚至没有经受过大的曲折，即使是沙皇的书报检查官也很少对他过分刁难。他的人生梦想和追求很单纯，无非是"要让人民有买得起、看得懂的，思想健康和内容有益的书。要使书变成农民的朋友，变成跟他们接近的东西"，"把昂贵的书的售价减低，把廉价的书的质量提高"……这些简单的梦想和追求，即便在今天，也令人肃然起敬。对于出版商与其他"纯粹商人"的不同，美国学者理查德·B.谢尔有过清楚的论述："在做出版和销售书籍的决定的时候，出版者自然地更关注经济效益和自己的私利，但是经常还有其他的动机在起作用。当这些动机属于个人的、思想体系的或者知性的范畴时，会使出版者表现出不同的人格面貌，这种不同的面貌与他们在和作者进行交易时显示出的纯粹商人形象形成鲜明的对比。"②出版商和作者都在追求金钱上的报酬和知识上的利益，两者的平衡作用是18世纪出版业的动力源泉。

当然，就一般情况而论，商人型出版家从人格上讲更具矛盾性，其行为也更具复杂性、投机性。如民国时期第三大书局——世界书局的

---

① 贺圣遂、姜华主编：《出版的品质》，上海：复旦大学出版社，2012年，第42页。

② 理查德·B.谢尔著，启蒙编译所译：《启蒙与出版：苏格兰作家和18世纪英国、爱尔兰、美国的出版商》，上海：复旦大学出版社，2012年，第7页。

创办人沈知方,他就是这样一个冒险和投机兼备的出版家。① 在创办世界书局之前,他就曾创办过多家书店,后来供职于商务印书馆,后又从商务印书馆跳出来参与中华书局的创设,自己独立成立世界书局后,其出版物以面向小市民为特色,大量出版深受市民阶层欢迎的通俗书刊。20世纪二三十年代著名的通俗小说家严独鹤、不肖生、江红蕉、程小青、许指严、张恨水等,都是世界书局的作者。书局所出的《红杂志》《红玫瑰》《侦探世界》杂志,都面向市场,定位准确,积极满足市民阶层文化需求,销行一时,沈知方发了不小的财。沈知方确实是一个很典型的商人型出版家或出版商,他是资本主义经营方式下必然产生的一个典型。沈知方是旧式书店学徒出身,文化程度不高,仅读过几年书,却要在本来很需要文化积淀的新式出版业中开拓自己的事业,这样就更需要具有商业的发家精神。他确实很富有冒险精神、创业精神,有事业心和进取心,但他却将资本主义经营方式下投机商的毛病也一并继承了;他十分精明,善于经营,又很狡诈,缺乏诚信。如他在中华书局时为逃避官司而"诈死",发讣告谎称自己病逝;又如,他主政世界书局的时候,为牟利竟然伙同他人伪造《石达开日记》等,赚钱不择手段。他懂得资本的重要,善于筹资,却不善于资本运作,也不太注重信誉,如他向南洋华侨筹资后不能兑现承诺没有资金偿付,逼得像陈嘉庚这样的人都把资本抽回。沈知方确实是一个充满矛盾的文化商人,冒险与投机兼备,缺点与优点并存,抗战时期世界书局的印刷厂被日军占用,日本人企图威胁利诱他与之合作,但遭到坚决拒绝,死后遗嘱继续抗日,表现出一个中国出版人威武不屈的民族气节。

三、担当使命:政治家型的出版人

所谓政治家,一般是指有政治见识和政治才能并从事政治活动的人,多指政党和国家的领袖人物。这里讲的"政治家型的出版人"实际上主要包括两类人,一是职业政治家(或职业革命家)兼施出版工作者,一是具有政治家素养的职业出版人。

---

① 王建辉:《老出版人肖像》,南京:江苏教育出版社,2003年,第101—108页。

职业政治家（或者职业官僚）兼施出版工作在中国和外国都有着悠久的传统。我国古代的官府刻书，其主持者当属于此类。如清代康熙年间，内府殿本曾设立分局——扬州诗局，皇帝命令江宁织造曹寅（1658—1712）设立这个编纂出版机构，刊印包括《全唐诗》在内的各种书籍，它体现的是最高统治者——皇帝及朝廷的意志。到了晚清洋务运动时期，朝廷重臣曾国藩、李鸿章等人在开设以刊印传统经史子集为主的官书局基础上，又新建译书机构，涉足翻译出版活动。这种洋务派官僚主导的出版活动伴随着洋务运动的需要而产生，为洋务运动的开展提供了重要的知识和技术支持。美国18世纪仅次于华盛顿名望的开国元勋、《独立宣言》的起草人之一本杰明·富兰克林（1706—1790）其实也是一位杰出的政治家型的出版人。西方这类出版家其实还有不少。

这种职业官僚或职业政治家办出版在新民主主义革命时期有了新的发展。中国共产党内涌现了一批高度重视、积极主导或参与出版工作的职业革命家。如瞿秋白，从1919年五四运动时期开始，先后创办、参与和主编了《新社会》《人道》《向导》《新青年》《前锋》《热血日报》《布尔塞维克》《红色中华》等一系列党报党刊，为马克思主义在中国的传播，为党的新闻出版事业做出了巨大的贡献。这种革命家、政治家兼施出版，往往出版活动的政治指向十分明确，办报、办刊、出书都宗旨鲜明。这一点，在中国共产党创始人之一的李达身上也有充分体现。1921年9月，李达奉命创立党的第一家出版机构——人民出版社，并任出版社主编。在短短的一年时间里，人民出版社就刊行了《马克思全书》3种，《列宁全书》5种，《康民尼斯特（即共产主义者）丛书》4种，其他著作数种。其中，大部分是马克思主义著作，而且里面有李达编辑重印的陈望道译《共产党宣言》一书，对于传播马克思主义，推动党的思想理论建设发挥了重要作用。

我们讲的政治家型的出版家另外一种便是具有良好的政治家素质的职业出版人。常常提及的"政治家办报办刊""政治家办出版"，其实质都是强调出版人要修炼政治家的素养。在新闻出版领域，"政治家办报"一直是一个重要概念，它高度概括了我们党对新闻出版工作者的政治要求，是政治与新闻出版特殊关联的一种体现。"所谓'政治家办报'

之'政治家',主要是指报人应具有政治家的一些重要素质,如政治头脑、政治眼光、政治智慧等"①,"'政治家办报'之'政治家'更主要不是指某一类具象的政治人的办报,而是指以一种政治家的责任意识、远见卓识与人道关怀来从事新闻传播活动"②。西方文化界、出版界其实也是很强调出版人的政治家素质的,有人就曾指出:"伟大的出版商就是一位文化部长,这个地位是没有政治家资质的人所无法企及的。"③在我国当下,政治家型的出版人应当具备政治意识、大局意识、责任意识,通过出版这个阵地积极参与主流价值观建构,维护国家和民族的根本利益,服务广大人民群众的需求,推动社会的发展和文明的进步。

出版史上政治家型的出版人,大多具有较强的政治活动能力,关注国家和民族的命运,聆听人民大众的呼声。邹韬奋应该是一个政治家型出版家的优秀代表。他在办刊、办报、办书店时,对当时社会上的不合理现象、社会的黑暗面勇敢地予以揭露和抨击,对民众的疾苦深切同情,对抗日救亡运动造声势,为民主政治奋力抗争。面对当局的报刊审查制度、禁止邮寄令、查封令及政府代表的个别约谈,甚至铁窗幽禁,韬奋的表现是软硬不吃,始终保持着有良知知识分子"富贵不能淫,威武不能屈"的骨气和"大公无私的独立精神"。韬奋的不屈精神和大众立场,体现了他"推母爱以爱我民族与人群"的大爱之心与诚意和"诚心诚意为人民大众服务"的事业宗旨。

作为政治家型的出版人,往往还应具有敏锐的政治洞察力,能应和着时代的节拍不断前进。胡愈之就是这样的一个典型。他毕生为新文化运动、为民主建国事业而奋斗,虽然他经历了许许多多的历史事件,赢得了大大小小的头衔与桂冠,但究其职业生活的起点和本色,他是一位出版人。作为一名杰出的政治家型出版家,他是实至名归的。张明养称胡愈之为"中国新文化出版事业的开拓者","他是我国思想文化界

---

① 李乔:《近代新闻史上的"政治家型报人"》,《前线》,2001年第8期。
② 朱清河、张荣华:《"政治家办报"的历史起点与逻辑归点》,《新闻与传播研究》,2009年第4期。
③ 斯坦利·安文著,王纪卿译:《出版概论》,太原:书海出版社,1988年,第246页。

的老战士和革命家,把自己的一切无私地献给革命事业";他"在编辑工作中总是紧跟着时代脉搏的跳动而不断前进。在前进和倒退、是和非、善和恶、美和丑的关键问题上,他观察敏锐,立场坚定,态度鲜明,毫不动摇地站在时代的前列"。① 陈原在《张元济与胡愈之》一文中这样比较二人:"张元济为中国近代出版事业打下基础;胡愈之则在这个基础上继往开来,为当代中国出版事业绘制蓝图。从投身出版事业一直到辞世,张元济始终为商务印书馆奋斗;胡愈之却襄助文化界许多有识之士,创生活书店,办开明书店,设文化供应社以及许许多多进步启蒙杂志。"② 胡愈之团结和组织众多知识分子先进人物,"开拓了当代的文化出版事业"③。从这个比较中,也可进一步看到作为政治家型出版家胡愈之的鲜明特点与独特贡献。

政治家型的出版家还有一种是行走于政治与出版之间者,在人生某一阶段以出版为职业,而在另一阶段则以政治为生,其政治家本色于出版大有助益。陈叔通(1876—1966)就是这种类型的出版家。④ 陈叔通早年热心政治,在民国初期担任过《北京日报》经理、国会议员。1914年,袁世凯解散议会后,陈叔通感觉政治曙光难显,便于1915年应张元济之请加入商务印书馆。深得张元济信任的陈叔通提出设立总管理处,通过编译、印刷、发行的三所会议协商制度,协调事权,使商务初步建立起现代管理的雏形。1920年商务的两位最高领导张元济与高凤池矛盾难以调和、陷入僵局,也是陈叔通从中调停,最后设法化解了难题。陈叔通早年留学日本,思想能与时俱进,且社会交游极广,民初从政经历并在旧国会中崭露头角,使其离开商务以后从事爱国民主运动得心应手。20世纪40年代后期,商务面临重建与何去何从两个问题,在这历史的紧要关头,张元济这位董事长正是在董事陈叔通的协调下,向人民交出了合乎历史潮流的答卷。人们说商务印书馆100多年间,

---

① 胡愈之著,戴文葆编:《胡愈之出版文集》,北京:中国书籍出版社,1998年,"代序一"。
② 陈原:《书和人和我》,北京:生活·读书·新知三联书店,1994年,第186页。
③ 陈原:《书和人和我》,北京:生活·读书·新知三联书店,1994年,第186页。
④ 王建辉:《老出版人肖像》,南京:江苏教育出版社,2003年,第56—61页。

至少出过五六个总理级人物,陈叔通应是其中一位。他参加了1949年第一届全国政协会议,是著名的民主爱国人士,后来担任过全国政协副主席、全国人大常委会副委员长等职。

这里顺便提及,有研究者提出所谓"行政型出版家"——"有很多出版集团的领导者走的是从一个机关到另一个机关的'行政型出版家'的路子,他们更像一个官员,而不是真正意义上的现代出版家"①。这种"行政型出版家"还保留有或县处级,或厅局级,或副部级的行政级别,但严格来说,他们只是"出版官"而不是出版家,也不可与"政治家型出版家"同日而语。

四、创新开拓:企业家型的出版人

所谓"企业",就是依法设立的以盈利为目的、从事商品的经营和服务活动的独立核算经济组织。而"企业家"的原意是指"冒险事业的经营者或组织者"。企业家一般可分为两类,一类是企业所有者企业家,作为所有者仍旧从事企业的经营管理工作;另一类是受雇于所有者的职业企业家,即所谓职业经理人一类。我们讲出版企业家,一般是宽泛地指称出版企业的负责人。出版既是事业,又是产业。作为产业的出版,无疑是需要企业家的。美国学者J.P.德索尔干脆把出版列入"文化工业"之中,他说:"图书出版既是一项文化活动,又是一种经济活动。书籍是思想的载体、教育的工具、文学的容器……但是,书籍的生产和销售又是一种需要投入各种物资,需要富有经验的管理者、企业家参与的经济工作。"②因此,出版业需要企业家、离不开企业家。目前,我国的出版业完成了转企改制工作,绝大多数出版机构实现了身份的转化。有研究者结合我国出版业的实际指出:"在后转企时代,出版企业家实际是新兴出版职业经理人中开疆拓土的领军人物……我们定义出版企业家,即以发现和利用机会、开创并经营新的出版事业的人,

---

① 张海峰:《浅论现代出版家的诞生》,《编辑学刊》,2005年第4期。
② J.P.德索尔著,姜乐英、杨杰译:《出版学概说》,北京:中国书籍出版社,1988年,第13页。

他们在转制大背景下展现出了独特形象。"①无论中外,出版界中这类富有企业家素质与精神的出版家都大有人在,可以称之为出版业的企业家,或企业家型的出版家。

企业家是一种稀缺资源,在他们身上集中体现着一些可贵的精神:冒险精神、创新精神、合作精神、敬业精神、不满足精神和英雄主义精神等;而创新才是企业家精神的核心和关键。企业家在经营企业的过程中,给企业打上了企业家的精神烙印,企业从而具有了鲜明的个性,成为企业家的企业。近现代出版人中确实不乏企业家型的出版家,如夏瑞芳、王云五、陆费逵、史量才、章锡琛、陆高谊、华之鸿等。这个书业企业家的群体,自觉地引进西方先进的产权制度、组织制度、管理制度、企业文化、技术和设备等,具有中国古代传统官刻、私刻者都不曾有的企业家精神。这种企业家精神感召后人,启迪未来。我们注意到,当代经营得比较好的出版企业,其主持者也多是企业家精神充分的出版人。

美国经济学家熊彼特认为,企业家最重要的职能就是创新。在他看来,创新就是把一种从来没有过的关于生产要素和条件的新组合引入生产体系,也就是建立一种新的生产函数,它包括技术创新、市场创新和管理创新几个方面。竞争是市场经济的一个基本特征,企业竞争往往围绕产品和人展开,而人首先是企业家,在出版业是出版企业家。出版作为内容产业,更要注重创新,既要有产品内容的创新,也要有管理体制的创新。新闻集团默多克就很善于求变创新使企业不断增添活力,如他重视高科技与传统媒介的结合,积极创建新媒体。1998年当传统杂志《电视指南》每况愈下时,他将杂志与联合电视卫星集团合并,构筑统一的集印刷、电子、网上共生共存的立体平台,广告大增,获利甚多,取得了巨大成功。王云五也是这样一位富有创新精神的出版企业家,他率先将西方科学管理理念引入中国出版界。1930年,他接任商务总经理时,花了整整半年时间,到一些先进国家进行考察学习。《科学管理计划》是其学习的直接收获,他极力阐述科学管理方法的优良,建议在商务采用和推广科学管理制度和办法。王云五的方案得到了张元济领导的公司董事会支持,商务便开始全面推行科学管理制度,

---

① 所广一:《培育出版企业家 建设出版强国:论后转企时代出版企业家的作用》,《中国出版》,2010年第7期。

虽然几经波折还是得以逐步施行,其正面效果得到显现。成长于中西文化融合、碰撞的大环境下的王云五,博览群书,视野开阔,绝不墨守成规,勇于创新开拓,锐意进取。他被人称为"四百万",也就是创新性地发明了四角号码检字法,策划出版了百科全书,推出了有重要影响的"万有文库"。

与创新紧密相连的是进取精神。优秀的出版企业家也是一个具有强烈的进取精神的群体。出版前辈陆费逵就是一位进取心强烈的出版人。陆费逵不仅身体力行,还注意对企业家精神及修养进行总结研究,写作刊行了专著《实业家之修养》。有学者甚至认为他的实业家修养论"是中外经济思想史上最早的企业家理论"[①]。在该书中,陆费逵将进取精神列为企业家必备修养之一,认为进取精神源于企业家内心的不满足。中华书局民国元年才创办,但它能从一家后起的小书局,最后成长为当时国内的出版界的亚军,向冠军商务印书馆发起了全面挑战,这无疑与陆费逵强烈的进取精神密不可分。书局不仅在书刊方面全面和商务竞争,还在印刷业务上努力开拓,力争上游,到20世纪30年代它终于取代了商务印书馆印刷所全国第一的位置。事实一再证明,进取精神是企业家一切开拓、创新、改革行为的原动力,也是企业家艰苦奋斗、知难而进、愈挫愈勇、攻城略地的成功关键。王云五在商务遭受"一·二八"日军毁灭性打击后,不屈不挠,配合董事会带领全体商务人,克难奋进,迅速渡过了危机并再创辉煌。前面提及的默多克,也是一个充满进取精神、敢于冒险的现代企业家。他不断地扩张、兼并,开创包括新闻、出版在内的新的领域,其务实的经营观念,良好的政商关系,加上充满赌徒个性的"企业冒险家"的旺盛精力,使其传媒帝国创造了一个又一个辉煌。西蒙·里根认为默多克是个十分复杂的人物,但他最贴切的标签只有一张——"赌徒"。[②] 这些都是令人深思、值得出版人好好总结和探讨的案例。

中国过去的出版业特别是图书出版业,最典型的模式是"核心图书产品-卓越出版人-品牌出版社"的三位一体。但是,随着改企转制任务完成,特别是部分出版传媒企业成功上市以后,企业集团的经营呈现

---

① 钟祥财:《中国近代民族企业家经济思想史》,上海:上海社会科学院出版社,1992年,第107页。

② 杨贵山编著:《海外书业经营案例》,北京:中国水利水电出版社,2005年,第67页。

多元化、全媒体趋势,业务范围得以扩展,业务边界得以延伸。出版社原先以内容为主要形式的单一图书经营,转化为资产经营,资本运作,内容产品只是整体资产中的一小部分。企业的投融资行为、收购兼并以及跨地区经营、跨媒体甚至跨行业经营活动日益频繁。① 因此,那种传统的纯粹出版家可能会越来越少。就像上面提到的默多克,还有大家熟知的凤凰卫视的刘长乐,我们可以说他们是传媒大亨、传媒企业家,但不好说他们是出版家,或出版企业家。现今国内出版传媒集团的领军人物如谭跃、李朋义、柳建尧、王亚非、陈昕等,与老辈出版家张元济、陆费逵、王云五等已经有了很大区别。而新媒体行业的一些风云人物如新浪的曹国伟、腾讯的马化腾、网易的丁磊、搜狐的张朝阳、百度的李彦宏,显然是更具企业家精神的传媒企业家,而不是传统的出版企业家,尽管他们的业务板块中也包含有出版,特别是数字出版的内容。

  以上笔者将出版家大致分为四种类型进行了阐述,但这种划分只是相对的。就像老出版家赵家璧很早就说过的:"要当个出版家,先要当个出版商。"②既然连"商""家"都难解难分,那么像张元济这样的大出版家说他是企业家型,还是文化人型,似乎都可以说得过去;像邹韬奋那样的出版家既可归入政治家型,其经营与管理之可圈可点又不逊色于一般企业家。就我国目前出版传媒业现状来看,更迫切需要培养和造就职业化、复合型的出版企业家、传媒企业家。只是鉴于文化企业的特质和社会责任,他们理当更加注重在社会文化追求与投资者财富需要之间寻找到交集,在文化与经济的平衡中达到两个效益的有机结合。

  原载于《河南大学学报(社会科学版)》2015年第3期;《新华文摘》2015年第18期论点转载,《高等学校文科学术文摘》2015年第5期论点转载

---

① 王联合:《出版人经营,还是企业家经营?——改制过渡期的企业管理冲突与协调》,《中国出版》,2012年第16期。
② 赵家璧:《出版家与出版商》,《出版工作》,1988年第2期。

论中国印刷史研究的现状及其重构的基点

郭平兴　张志强①

中国印刷技术历史悠久,"文献记载和考古发掘表明,最初的印刷形式木版印刷在6—7世纪隋末唐初(590—640)已在中国出现……活字印刷出现于10—11世纪"②。之后的很长时段中,印刷技术获得了长足的发展,从技术形式上看,其经历了雕版印刷、泥活字、木活字、金属活字、套版印刷等;从传播范围上看,其东传至朝鲜、韩国、日本,西传至西非、北非、欧洲等。对中国印刷史的研究,始于法国学者儒莲(Stanlislas Aignan Julien),1847年他发表了《关于木雕版、石版印刷及活字印刷的技术资料》,对中国的雕版和活字印刷技术进行了研究。1911年,叶德辉所著的《书林清话》问世,标志着我国学者也开始对中国古代印刷史进行有意识的专题性研究了。改革开放以后,国内相继召开了数次关于印刷史的国际性学术会议,中国印刷史的研究取得了突破性进展。钱存训博士所著的《中国印刷史简目》共选录近人对中国印刷、刻书及其相关版本目录学的著述约五百种,标志着中国印刷史研究取得了不小的成就。

---

① 作者简介:郭平兴,历史学博士,惠州学院政法系教授。研究方向历史学、编辑出版学。张志强,社会学博士,南京大学信息管理学院教授,博士生导师,南京大学出版社研究院常务副院长。研究方向编辑出版学。

② 潘吉星:《中国金属活字印刷技术的起源及其在东亚各国的传播》,载韩琦、米盖拉编:《中国和欧洲:印刷术与书籍史》,北京:商务印书馆,2008年,第21页。

事实上,"中国印刷史的研究在 20 世纪中一直没有中断过"①。纵观 20 世纪的中国印刷史研究,大致可分为四个阶段:新中国成立之前为萌芽阶段,印刷史研究偶有为之;1950 年到 1989 年为起步阶段,对印刷史的研究意义、历史分期、研究对象、研究方法等问题有了初步的探讨;20 世纪 90 年代伊始,逐渐确立了印刷史研究的学术范式;进入 21 世纪以后,随着西方印刷文化史等新的研究范式的传入,问题意识、计量史方法、心态史方法等相关研究路径冲击着中国印刷史理论的传统研究方式,现在这种趋势还在持续。

一、中国印刷史研究的现状

一般而言,某一史学理论的研究范围,应包括对其研究意义、研究对象、研究范围与内容、研究方法、与其他学科的关系等方面的探讨,印刷史研究也不例外。20 世纪下半叶以后,相关学者对印刷史也展开了研究,例如,郑如斯、曹之、张树栋,台湾学者李兴才、黄浮云、张子谦等。彭俊玲从文献梳理与评述角度来考察我国印刷史研究发展历程、印刷史研究的认识观和方法论等,②比较有代表性。但她的论述比较简单,似有言之未尽之感。故本文在她的研究基础上进行相关阐述。

第一,印刷史研究的意义不断深化。对学科研究意义的研究,不仅是要在学术领域里划出自己领地的问题,而且是要论证该学科的研究价值和合法性的问题,印刷史研究也不例外。中国印刷史研究有着非常特殊的地方,其研究始于外国人士,且有他国欲抢夺中国印刷术发明权的问题。在这两个背景下,民族情感意识大大推动了中国印刷史的研究,也突显了其研究的意义所在。当史实得到澄清之后,如何再推进中国印刷史的研究成为重要话题,相关学者从不同学科视角来研究印刷史,显示了现今印刷史研究意义的不同面向,如张树栋等编撰的《中

---

① 张志强:《20 世纪中国的出版研究》,南宁:广西教育出版社,2004 年,第 258 页。
② 彭俊玲:《我国印刷史研究述论》,《图书情报工作》,2010 年第 19 期。

华印刷通史》是"从科技史角度研究印刷史"①的,曹之的《中国印刷术的起源》是文化视野中的中国印刷术研究②等。

第二,印刷史研究的内容不断扩展。学术界对于印刷史研究范围、研究内容的认识,随着印刷史研究的进展,有一个深化、细化的过程。在 21 世纪以前,绝大部分的中国印刷史论述都是围绕着厘清中国印刷术起源、发明与发展史而展开的,其原因一是外人争我印刷发明权对我民族情感的伤害和激励;二是文献与考古研究成果累累。也正因为如此,现已出版多部有关印刷史的通史类书籍,如张秀民的《中国印刷史》,张树栋、庞多益、郑如斯等的《中华印刷通史》等,也出版了多部专题性的印刷史论著,如马贵斌、张树栋主编的《中国印钞通史》,宿白的《唐宋时期的雕版印刷》等。总体而言,中国印刷史的研究逐步加深,其研究逐渐走向从史实的梳理到史论的讨论、从史料的整理到谬误的纠正的态势。

第三,印刷史研究的队伍不断壮大。中国印刷史的研究从开始就有外国学者加入,从法国学者儒莲,到美国学者卡特、钱存训、芮哲非等,他们从不同的角度对中国印刷史进行研究,扩大了中国印刷技术在世界的影响。在国内,1985 年相关高校开设了印刷史系列课程,2001 年中国印刷技术协会成立了专司印刷史研究与宣传的"中国印刷技术协会印刷史研究委员会",并多次召开印刷史学术国际会议,团结了一大批学者对中国印刷史进行学术研究。这些学者有的来自高等学校,有的来自图书馆系统,有的来自印刷界本身,他们从不同的视角进行研究,不断推进中国印刷史研究的深入。

第四,在与其他学科的关系上,印刷史研究主要围绕着与书籍史、出版史等学科的关系而展开。书籍史与印刷史研究的差异很早就进入学者的视野,北大学者郑如斯指出:"两者研究的角度和侧重点是不相同的;在书史研究中,图书是主体……对印刷的研究是第二位的……在

---

① 张树栋:《填补历史空白 弘扬中华文化 再创印刷辉煌:〈中华印刷通史〉面世》,《广东印刷》,1999 年第 5 期。

② 王松茂、姚承春:《文化视野中的中国印刷术:兼评〈中国印刷术的起源〉》,《图书情报论坛》,1995 年第 1 期。

印刷史研究中,印刷术本身的发展变化是主体。图书只是印刷品成果之一种,对图书的研究是第二位的,透过图书探索印刷技术发展的成就和水平。"①台湾学者李兴才也提出"印书史不能越俎代庖印刷史"②,等等。鉴于在雕版印刷时期印刷与出版浑然一体,印刷史与出版史的研究也时常交集在一起,直至近代印刷业逐渐强大,印刷史的研究才出现与出版史研究不同的研究面向:出版史侧重出版物的研究,印刷史则重视技术史的梳理等。尽管如此,但仍有不少出版史学者将印刷史研究纳入其中,如叶再生指出:"铅活字排版和机械化印刷是近代出版史的特征,也是与中国古代出版史时期实行的以雕版为主要特征的手工印刷术,有着本质的区别。"③由此可见,国内对于印刷史研究范围的界定,尚存争议,其概念模糊的背后既囿于中国独特的印刷发展史、相关理论介入式微的缘故,又有传统中国印刷史叙述模式的问题,表现在中国印刷史的扁平化叙述模式缺乏深度叙述等方法的运用。

　　中国印刷史研究虽然取得了一定的成就,但也存在一些问题:在研究内容上,重视古代印刷史研究而轻视近代印刷史研究,尤其是对近代凹版、凸版、平版技术史的研究成果非常少;在研究资源建设方面,印刷史研究资源太过于集中在北京等中心区域,学者张树栋在2010年第七届中国印刷史学术研讨会上曾说:"如果有人要问当今印刷史研究上还存在什么问题的话,我觉得印刷史的立项研究不应都集中在北京,期望各省市的学者能在本地相关单位领导支持下,在本地申报项目,开展研究,让印刷史研究遍地开花。"④在研究成果发表的平台方面,主要集中

---

　　① 郑如斯:《书史研究与印刷史研究的联系与区别》,《中国印刷》,1994年第2期。
　　② 李兴才:《试为印刷术发明年代及印刷史观问题划下句点》,载中国印刷技术协会印刷史研究委员会、中国印刷博物馆编:《中国印刷史学术研讨会文集(2006)》,北京:中国书籍出版社,2006年,第79页。
　　③ 叶再生:《中国近代现代出版通史(第1卷)》,北京:华文出版社,2002年,第2页。
　　④ 张树栋:《三论中国印刷历史研究的过去、现状和前景》,载张养志、施继龙主编:《第七届中国印刷史学术研讨会论文集》,北京:印刷工业出版社,2011年,第257页。

于专业类期刊,在历史类期刊中只有少数刊物会刊载印刷史类的研究性文章,如《文献》《中国典籍与文化》等。总体而言,中国印刷史研究呈现出研究古代的多、研究近代的少,研究技术的多、研究与社会关系的少,单一研究的多、综合研究的少的局面。

二、中国印刷史研究的特点

从理论上说,出版有三大环节:编辑、印刷、发行,印刷史进入学者的研究视野也是情理之中。在现今学术研究视阈中,印刷史研究常常附属于出版史研究之中,其自身的史实并没有得到充分研究。究其原因,与中国出版史的复杂史实以及现今学术研究的条块化分不开。综观现今关于中国印刷史的研究,不论是"印书史"的研究,还是"大印刷史观"印刷史的研究,均较侧重于印刷技术史的梳理,且常与编辑史、出版史、书籍装帧史交叉展开。

第一,在印刷史的核心概念界定方面相对模糊,其中多数概念欠周详,难以涵盖中国印刷史的历史事实,也难以满足现今中国印刷史理论研究的现实需要。受传统文献学等学科的影响,与印刷史相关的概念主要涉及两大类型,一是围绕印刷技术和程序方面的概念,如雕版、刻版、装订等;二是围绕印刷品的形制、考订、流传、存藏等方面的概念,如校勘、分类等。但真正涉及印刷史本身的诸多概念却尚存争议而难成定论,包括印刷、印刷术等,因为这些概念发展至今,随着时代与技术的变化,已被赋予了更多的含义。如何区分当代与近代(大规模集成印刷技术之前)的印刷、印刷术,本身就成为一个学术问题,更别提其他诸如印刷文化、印刷文化史、印刷商业等相关概念了。以印刷文化的概念为例,肖东发在其《中国图书出版印刷史论》《对中国图书出版印刷文化的总体思考》等论文中,并未给出明确定义,字里行间,还明显将印刷文化与出版捆绑在一起。胡潇认为"印刷文化是以文字为媒介的书面文化"①。彭俊玲指出:"所谓印刷文化,即由'印刷'与'文化'的概念组配

---

① 胡潇:《论印刷文化的逻辑构型:关于文本思维的语言分析》,《广东社会科学》,2002年第5期。

所形成的范畴体系……印刷文化不同于印刷史,它不是仅仅对线性的、纵向的历史过程的观照,同时要考察印刷技术、印刷行业、印刷学科等领域与相关的社会、历史、人文等因素互相作用所构成的综合信息与知识场域,研究它们之间相辅相成的建构关系。"① 郝建国则将印刷文化的本质概括为具有"代表一种新的思维方式""代表一种个人化的存在方式""精英化"三大特征。② 虽然不同学者从不同视角讨论了印刷史理论的相关概念,但都没有获得广泛认可,这就难以形成相对成熟的理论体系。因此,应根据中国印刷史的实际,着眼于中国文化传统,规范相关学术概念,这将对深化中国印刷史理论研究大有益处。

第二,在研究内容上,我国印刷史研究主要集中于印书史和大印刷史观两方面。在印书史和大印刷史观的宏观理论指导下,身处不同学科、领域的专家学者(图书版本学界、自然科学史学界、社会科学史学界、出版界、印刷界等)对中国印刷史中的印刷人、印刷物、印刷机构、印刷工艺技术(包括起源和发明等)进行研究。具体而言,对印书史的研究,主要集中在图书馆学界,学者们或利用丰富的馆藏书籍,尤其是古籍,进行印刷史的相关实践环节研究,如张秀民、李致忠等;或利用丰富的理论知识,在高校开设书籍史、印刷史等相关课程,如武汉大学、北京大学的相关学者等。20 世纪 80 年代以后,"随着印刷科技界专家对印刷史研究领域的加入,倡导'大印刷观'、从科技史角度研究印刷史问题的观念逐渐彰显,成为与传统的图书出版印刷史研究的观念相并列的另一流派"③。具有大印刷史观的学者认为印刷史属于科技史,其研究试图从整体的、全面的、全方位的角度来研究中国印刷史,丰富了其研究内容,扩大了其理论体系。

第三,在研究路径与写作实践方面,我国印刷史与出版史、书史研究出现"你中有我,我中有你"的发展态势。综观当今以出版史命名的著述,重视的是出版物的内容和出版机构、出版人物、出版政策等的研

---

① 彭俊玲:《论印刷文化与印刷文化遗产》,《北京印刷学院学报》,2013 年第 1 期。
② 郝建国:《试论印刷文化的本质及其演变》,《现代出版》,2014 年第 4 期。
③ 彭俊玲:《我国印刷史研究述论》,《图书情报工作》,2010 年第 19 期。

究,如叶再生的《中国近代现代出版通史》等;以印刷史命名的著述,则侧重于印刷技术发展史的记述等,如范慕韩主编的《中国印刷近代史》《中国印刷史料选辑》等;相关领域的学者也尝试打破这一壁垒,将三者合而为一进行研究,如肖东发的《中国图书出版印刷史论》及各地编撰出版的出版史志等。之所以会如此,除了印刷史、出版史、书籍史的研究对象有同一内容即书籍(印刷史范围内的印刷品和出版史内的出版物的范畴都不仅包括书籍这一种)的原因外,现代学科发展方式也是形成这种局面的重要原因。学科发展时常显现出与其自身要求相矛盾的现象,一方面容易人为地设置学术界限而割裂学科之间的联系,推动本学科向纵深发展;另一方面又常常声明是要吸收多学科的知识,交叉研究、拓宽本学科的研究领域。出版史、印刷史的相关学科史研究亦是如此,以《中国出版学研究综录:1949—2009》为例,书中"历史出版学与出版历史类综录"的"综合出版史类综录"下设"出版装帧、编排、印刷(复制)史类综录"等;"图书出版史类综录"下设"图书装帧、编排、印刷史类综录"等,每个目下多则数百种书籍,少则数十种,比较典型地反映了当今出版史研究的现状,印刷史、书籍史与出版史研究条块化等特点尤为明显。①

随着学术研究的纵深发展,其学科细分与学科融合并不会像平行线一样,而是相互有所交叉,出版史研究亦是如此。正如有学者指出的那样:"不管是出版史、印刷史还是出版印刷史,其写作模式一般都是分成印刷技术、出版企业(或印刷企业)、出版内容(印刷内容)和国家监管法令这几个部分。"②中国学者对于印刷史的研究,更多侧重于对技术史历史脉络的梳理,强调印刷的技术价值,包括纸张、字墨、印刷技术等,易于出现史料铺陈和述而不作的现象。这种历史写作模式有其优势所在,即可较好地保存史料。但随着研究的深入,印刷史研究必然会受到相关理论的影响,从关注其技术价值发展到关注其文化价值,正如

---

① 李新祥:《中国出版学研究综录(1949—2009)》,北京:中国书籍出版社,2011年,第1—30页。
② 许静波:《当技术遭遇文化:读芮哲非〈谷腾堡在上海:中国近代资本印刷业,1876—1937〉》,《史林》,2011年第1期。

肖东发所说:"研究出版印刷史应该有明确的目的……(出版印刷)研究工作不应满足于对古代图书及印刷技术发明发展源流的揭示弘扬,也不应满足于对历代刻书史实的钩沉索隐,阐述历代图书的编辑、复制、流通、管理等出版环节和系统发展的现象和头绪也仅是研究的开始。"①很明显,这里的"目的"应该是指"问题意识",围绕某一问题而展开相关研究,达到其研究的目的。

三、反省与进路:中外印刷史理论视野下中国印刷史研究重构的基点

结合中西方现有印刷史理论的研究,对中国印刷史理论研究的辨析和检省,无论是指出其研究对象、研究意义,还是申明它的研究方法和研究范式,最后都必须立足于中国印刷史自身的史料与史实上。明确了这一点,接下来的问题就是当代西方印刷文化史研究为中国的印刷史理论建设提供了哪些镜鉴,我们应从中吸取哪些经验和教训,这是当前迫切需要解决的学术问题。基于中国印刷史的历史事实,重构中国印刷史理论,深化和拓展印刷史研究,成为印刷史研究必然的发展趋势。

第一,全方位回归中国印刷实践史研究。中国印刷史独具特色,全面回归印刷实践史的研究,是新时期深化中国印刷史研究的必然要求。印刷史理论在生成过程中,必然会受到其他学科研究方法、研究思路的启迪和影响,这无可厚非、不应排斥,但其前提和基础一定是对中国印刷实践历史的认真研习和深刻把握,缺少了这一点,一切印刷史理论都是没有生命力的。当前,中国印刷史理论建设最迫切和根本的任务是重新校正长期以来形成的以过分强调发展纵向史实梳理、忽视对印刷史本身横向理论研究的研究范式,放下"印书史是不是印刷史""大印刷史观必须从印刷工艺史、印刷科学史角度"研究的争论,让印刷史研究的起点重归印刷实践的历史阐述,既重视印刷史实的梳理,又重视对其

---

① 肖东发:《对中国图书出版印刷文化的总体思考(上)》,《出版科学》,2001年第2期。

理论本身的探究与总结;既注重古代印刷史研究,又对近代印刷史的变迁给予更多的关注。回归中国印刷实践的历史,印刷史理论研究就必然与现今几个学术命题相关联。

首先是"印刷史是不是印书史"这一学术命题。学术界对这一命题存有许多争议,不同的学者站在不同的学科背景下,力图得出自己的结论。笔者认为,这一命题乃具开放性、包容性、时间性,不同的时间段,其答案也不同。如果说 21 世纪以前,强调印刷史不仅是指印书史是为了拓宽研究时间上限、争取印刷术发明权这一民族话语的话,那么当这一切尘埃落定,印刷史的研究还是要回归中国印刷史的历史实践中去的。在近代以前,印书、印报确实是印刷行业的主流,印告白、印会子(钞券)、印纸牌等是次要的,因此,印书史成为印刷史研究的主流无可厚非。进入现当代,印书史只是印刷史中的一个部分,其他多种形式的印刷大量存在,也是事实。

其次是"大印刷史观"这一学术命题。综观现有"大印刷史观"的提法,学界基本上都是认同的,但针对这个"大"的理解却又有所不同。张树栋和李兴才等站在印刷、印刷工艺、印刷科学的角度来探讨印刷史,其所主张的"大印刷史观"陷入了技术决定论的怪圈,忽视了印刷者行为、所处文化环境等内容。武汉大学曹之强调:"'大印刷史观'的关键是一个'大'字。按照这种观点研究印刷史,就是不要老是盯住一个地方,在那里苦思苦想,而是放开眼界,从造纸史、制墨史、制笔史、藏书史、目录学史、教育史、抄书史、书业贸易史、图书亡佚史、佛教史、石刻史、外交史、篆刻史、拓印史、文字演变史、印染史、货币史等多方研究,全面考察。"[①]印刷科技领域的学者往往侧重现今的印刷技术研究,轻于印刷史的研究,因而也鲜有有影响力的研究作品问世。

现当代的印刷术与近代以前的印刷术是存在本质区别的。在现当代,强调技术的力量是可行的,但在近代以前,未必能得到证明。现今印刷史研究的着重点应将印刷术置于中国文化的历史坐标中,从广阔的中国史背景中综合研究印刷术的起源,既要认识到印刷术起源在时

---

① 曹之:《关于印刷史研究的几个问题》,载第二届中国印刷史学术研讨会筹委会编:《第二届中国印刷史学术研讨会论文集》,第 231 页。

间上的延伸、空间上的扩展及影响的多元性等特点，又要认识到印刷术作为文化单元的相对独立、有其自身发展脉络（即科技史、工艺史的影响），同时还受社会、经济、文化的制约，即将印刷术纳入文化史的整体之中进行考察。

第二，坚持民族化方向。印刷术起源于中国，其他国家的雕版印刷和活字印刷都是在中国的影响下发展起来的，这已成为学界之共识。维护中国印刷术的发明权以及金属活字的发明权，是每一位中国学者不可推卸的民族责任。因此，运用大量的印刷实物和文献资料探索中国雕版印刷术的起源时间，研究活字印刷在中国以及其他国家的传播历史，都可以有力驳斥国际上否定"中国发明印刷术说"。基于中国印刷实践的历史以及印刷史理论的研究现状，在最近这些年的中国印刷史研究中，民族性一直包含其中，民族化的特征非常明显。所以，中国印刷史研究的范式，应以印刷史实（包括印刷者、印刷术、印刷品等）为研究对象，重点是对史实进行探讨。

中国印刷文化史研究本身是在印刷技术不断革新的基础上开始的，也具有非常深厚的民族化色彩。比如，对不同印刷技术的看法、印刷书的认识等，是其他国家所难以比拟的，这为印刷史研究坚持民族化方向提供了坚实的史料与史实基础。虽然印刷技术的更新变化，尤其是当代印刷技术中科学与工艺的重要性，会在一定程度上对一个国家或民族的印刷文化传统造成冲击和影响，但这并不意味着印刷文化的民族性丧失，因为民族文化传统的生成经过了长期的凝练、沉淀，具有稳定性，这种稳定性深深地影响着印刷文化，这就是为什么在印刷技术如此发达的今天，依然可见古色古香的古籍复印本、拓本等的原因。坚持印刷史研究的民族化方向，一方面符合中国印刷实践史的真实性，另一方面也显示出中国印刷文化所固有的特性，成为驳斥国外歪曲言论的有力证据。

第三，恰当运用西方印刷文化史的相关理论，实现印刷文化史外部研究与内部研究的辩证统一。如果说史实研究是中国印刷史研究的内部问题的话，那么理论研究则是中国印刷史研究的外部问题。内部研究是根本，外部研究起着架构与调适的作用。长期以来，中国印刷史的研究受到中国传统学术范式的影响，注重"述"而不作，着重于描述印刷实践历史的相关史实,而鲜有相关理论的探讨,现今出现最多的也只是诸如"印书观""大印刷史观"等少量的学术解释文本,这些文本难以承载中国印刷史研究的全部内容。因此,根据中国印刷史实,巧妙地创造一些合理的学术理论工具,将有利于中国印刷史研究的深入。

在西方学术界,随着《印刷书的诞生》出版,西方书籍史研究范式逐渐确立,年鉴学派等相关学派对印刷文化史的研究意义、研究对象、研究范式等理论问题有了深入探讨,显示了与中国印刷史理论研究迥然不同的学术趋向,问题意识、计量史方法、心态史方法等相关研究路径广泛运用于其中。例如,芮哲非在其《谷腾堡在上海:中国印刷资本业的发展(1876—1937)》一书中,就在中国史研究的语境下重新定义并运用西方印刷文化史研究中的"印刷文化""印刷商业""印刷资本主义""文化街"等概念工具,探讨了晚清民国时期"中国人有选择地、慎重地采纳西方印刷技术,并充分继承并发展了自己的传统价值观"[①]的问题。当然,西方学者所创设的学术概念体系更多的是建立在西方历史与文化基础之上的,要将其运用到中国的学术研究中去,需要进行全面的权衡与考察,最好是既不盲目适从,亦不削足适履。

需要说明的是,合理使用西方学界印刷文化史的相关研究范式、理论工具等,并不会否定和弱化中国印刷史研究的回归中国印刷实践史和坚持民族化方向的问题,而是运用其合理的阐释路径,在中国印刷史的发展史实已经基本明确的基础上,深化和拓展中国印刷史研究的理论选择。

不可否认,开展中国印刷史研究难度很大,其原因包括史料,尤其是近代以前的印刷史料甚少,论述的面向较窄,相关学术理论工具不够等。从史料角度来看,印刷技术并未得到传统社会的广泛运用,其保存下来的资料亦是少之又少,正如钱存训先生所指出的那样:"由于传统知识分子对于印刷术的轻视,有关雕版的技术、工具和印刷程序等等的

---

① 芮哲非著,张志强、潘文年、郑毅等译:《谷腾堡在上海:中国印刷资本业的发展(1876—1937)》,北京:商务印书馆,2014年,第370页。

记录,在文献中几乎连片言只语都没有留存。"①从研究范式上看,在很长时段里中国的学术语境中对于印刷史的研究,只重视其技术发展史的梳理,而鲜有探讨印刷技术背后意义的,正如日本著名中国书史研究学者大木康先生所说:"迄今为止,中国的印刷史都是仅仅作为技术发展史而被记述下来的。"②从发展趋势来看,多学科的交融成为一种不可避免的学术研究趋势,美国书史名家梅尔清曾言:"在过去的十年里,中国以外的学者已经自觉摆脱了对版本和技术史的研究,那些过分强调古籍善本与早于古腾堡四个世纪发明的中国活字印刷术的研究方法,都遭到摒弃。"③因此,全面、系统地总结中国印刷史理论,并结合中国印刷史实践,借鉴西方较为成熟的印刷文化史研究的相关理论工具,总结适合中国印刷史研究的理论,才是推进中国印刷史研究的重要途径。

原载于《河南大学学报(社会科学版)》2016年第2期,人大复印报刊资料《出版业》2016年第6期全文转载

---

① 《钱存训博士序》,载张秀民:《中国印刷史》,上海:上海人民出版社,1989年,第2页。

② 大木康著,周保雄译:《明末江南的出版文化》,上海:上海古籍出版社,2014年,第35页。

③ 梅尔清著,刘宗灵、鞠北平译:《印刷的世界:书籍、出版文化和中华帝国晚期的社会》,《史林》,2008年第4期。

期刊史与高校学术期刊史

"读书无禁区":《读书》创刊影响分析

李 频①

《读书》深刻烙印并深远影响改革开放思想文化进程,这源于其创刊号发表《读书无禁区》。惜长期未见对这三者较为深入的关联分析。《中国期刊史 第四卷(1978—2015)》以"《读书》:思想解放的轰鸣与回响"②有所提示,因体例和篇幅限制未能展开。袁伟时将其与《新民丛报》《新青年》《观察》并列为"20世纪中国最好的人文杂志"③。为何如此推崇,未见其详。宋木文在《读书》创刊30周年透露的历史悖论意味深长:"《读书》杂志是改革开放的产物,是拨乱反正的一个成果。这个杂志在创刊的头三四年,在知识界有很大的影响力,有很强的凝聚力,起到了引领学术发展的作用。我现在还留下记忆,《读书》杂志不断地解放思想、不断地提出和解答新的问题,又有好的文风,从不穿靴戴帽,从不说大话、假话、空话,使人愿意看,喜欢看。这是源于领导和主持《读书》的几位老出版老编辑不断地解放思想,坚定地执行了一条解放思想、实事求是的思想路线。""《读书》杂志在成长过程中也有曲折,并

---

① 作者简介:李频,文学博士,中国传媒大学编辑出版研究中心教授,博士生导师。研究方向编辑出版学。
② 李频:《中国期刊史 第四卷(1978—2015)》,北京:人民出版社,2017年,第115—127页。
③ 袁伟时1996年2月16日在致沈昌文的信中说:"如果要我推举20世纪中国最好的人文杂志,我会毫不犹豫地写上:《新民丛报》-《新青年》-《观察》-《读书》。这是四颗最亮的启明星。"(沈昌文:《师承集》,北京:海豚出版社,2015年,第225页)

不是一帆风顺的。在有的历史关头还受到过尖锐的批评。"①可见《读书》集聚了时段性的高度评价与时点性的"尖锐批评"两种不同的思想文化效果,其张力既折射了《读书》丰厚的思想精神内涵,也反映了中国近40年来曲折、复杂的社会变迁,此为其评价悖论的深刻意义所在。如何在改革开放观念史的视域中认识学人时段性的积极评价与官员时点性的"尖锐批评"的认知反差及其意义,这种反差认知与《读书》位列"20世纪中国最好的人文杂志"的内在关联是什么?这就是本文试图回答和解释的问题。

《读书无禁区》是《读书》创刊号头条文章。作为响应"解放思想、实事求是"号召,最早提出的思想文化基本命题,"读书无禁区"成为《读书》的元命题。《读书》在改革开放思想文化史上难以比肩的崇高地位源于斯。读者奔走相告,《读书》刻意为之的讨论历时有年,赞誉为文化启蒙。②"'读书无禁区'——《读书》创刊号上一篇文章的标题,当时自然引发轩然大波,成为'事件',当然,它亦成为新启蒙时代最为标志性的口号、文化知识界的'集体记忆'。"③作为编辑和作者双维互动的结晶体,《读书无禁区》成为改革开放观念史上影响深远而又独具意涵与魅力的"观念单元"④,《读书》期刊、《读书无禁区》文本、"读书无禁区"思想命题三位一体,构成了"《读书无禁区》事件"的核心要素,是本文讨论的历史实践起点。

---

① 宋木文:《〈读书〉杂志创办初期的独特体制和引领作用》,载宋木文:《八十后出版文存》,北京:商务印书馆,2013年,第109页。

② 生活·读书·新知三联书店在回顾本社历史时自豪地宣称:"新启蒙:从《读书》杂志开始。""《读书》是和改革开放的时代脉搏一起律动的,它呼应了这个时代的主题:启蒙。这种精神渗透在《读书》中,又通过《读书》延续到新生代的知识分子身上和笔下。"(邹凯编写:《守望家园:生活·读书·新知三联书店》,北京:生活·读书·新知三联书店,2008年,第22、59页)

③ 邹凯编写:《守望家园:生活·读书·新知三联书店》,北京:生活·读书·新知三联书店,2008年,第27页。

④ 观念史研究这一术语为美国哲学家兼历史学家洛夫乔伊首创:"这一方法首先主张分离出某些构成复杂信条和理论的具有普遍意义的'观念单元'。"(丁耘主编:《什么是思想史》,上海:上海人民出版社,2006年,第5页)

本文认同"《读书无禁区》事件"是有重大历史影响的期刊事件,利用创始主编陈原有意保存的未刊材料,试图解释该事件中刊、文、命题之间的思想、社会影响,以认识、评价《读书》在改革开放期刊史上的地位。

一、《读书无禁区》由来

以《读书无禁区》为中心的思想文本包括两个系列,它们共同构成了以"读书无禁区"为中心的思想观念单元。其一,《读书无禁区》名作及其后续的回应、讨论文本,视如作者之间的思想及其关系。期刊以期为单位连续出版,决定了观念单元思想呈现的次第性,思想深化、升华的阶梯性。期刊以主题、专题为中心,集纳众人之作的"杂志"个性创造了同道在此公共空间切磋、砥砺思想的媒介条件。这也就是说,关涉期刊的思想文化(传播)效果研究,不仅要研究个体的思想,而且要研究与某个体互动的某思想单元的讨论者群体的思想。通过共时性思想的关联分析抵达思想的社会源泉。其二,凝结在期刊之内的编辑思想、作者思想及其关系。期刊是基于作者文稿而再创造的媒介,既媒介化了作者思想,更媒介化了编辑思想,因而期刊作为思想文本既有明示的作者主体,也有暗示(或者说潜隐地存在)的编辑主体,两个主体及其互动要同等重视。

关于《读书无禁区》的由来,《读书》创刊时的编辑董秀玉的回忆是:

> 《读书》在一九七九年的春天破土而出,《读书无禁区》打响了第一炮,成为《读书》思想解放的大旗,也引发了无数的批评。《读书无禁区》一题,最早是陈原先生在讨论选题时提出的,他说:"可否即约李洪林写《读书无禁区》,切中时弊。大胆些,得罪些小人无妨。"当时李先生在中宣部理论局参与中央文件起草小组,正在耀邦同志主持下组织理论务虚会。翰伯指点了李洪林的联络方式,我跑去见到他,他很赞成《读书》的宗旨,一口答应写稿。春节后,跟范先生一起去取稿,李先生说,现在反对的意见很强烈,但这篇稿,他自己用反对者的立场再三审视,不会有任何问题。文章的标题是《打破读书的禁区》。在回来后的会议上,范先生强烈建议还

用回陈原的《读书无禁区》原题,认为更简单明确。大家同意,遂由史枚先生改回。这一改改出了《读书》永久的话题。①

"《读书》永久的话题"暗指《读书无禁区》发表后好几年里的内在争议以及每当运动到来后的"据理抗辩"。《读书无禁区》标题的由来,有沈昌文说②、范用说③和董秀玉说,以董秀玉说更可信。因为董是李洪林稿的约稿、取稿人,她还披露了原始档案。她说:"在约稿之前陈原就已经提出《读书无禁区》,李洪林写来的文章叫《打破读书禁区》,范用和史枚同志觉得《读书无禁区》更为明确和响亮,就将它改回了原题目。"④从董秀玉披露的原始材料看,陈原在为筹备《读书》创刊写的打印件《出点题目》上批示:"可否即约李××写《读书无禁区》,切中时弊。大胆些,得罪些小人无妨。我本来出个题目叫'人要平反书也要平反',可作第二期台柱,触及海关、邮局、图书馆等专政机关。"可见《读书无禁区》标题的首创权属于《读书》创始主编陈原。

关于《读书无禁区》的由来,作者李洪林回忆:

> 一九七九年初,三联书店要出版《读书》杂志,找我写文章。有感于书的命运,于是写了一篇《打破读书禁区》交卷。这篇文章得到编者青睐,选为《读书》创刊号的第一篇。按照习惯,第一篇总是重要文章,自然也就引人注意。一注意就找出问题来了。首先是标题就不地道:《读书无禁区》。读书怎么能无禁区呢?都随便看书,那怎么得了?推而广之,这也无禁区,那也无禁区,不是乱了套

---

① 董秀玉:《范用先生与〈读书〉初创》,载吴禾编:《书痴范用》,北京:生活·读书·新知三联书店,2011年,第11—12页。

② 据沈昌文回忆,改这一标题的是《读书》创办时的执行副主编史枚。他说:"据说创刊号那篇极为叫座的头条文章《读书无禁区》,原来标题是《读书也要破除禁区》,他改为如此。"(沈昌文《出于无能:我与〈读书〉》,载靳大成主编:《生机:新时期著名人文期刊素描》,北京:中国文联出版社,2003年,第182页)

③ 范用的说法是:"生不逢时,《读书》甫一落地,即招来种种责难与非议。起因于创刊号头一篇文章李洪林的《读书无禁区》。文章的标题原为《打破读书禁区》,发稿时我改为《读书无禁区》。"(范用:《泥土 脚印〔续编〕》,北京:生活·读书·新知三联书店,2005年,第139—140页)

④ 田志凌:《1979年4月,〈读书〉杂志创刊,在创刊号上刊登〈读书无禁区〉从此,读书无禁区成为思想界的一面旗帜》,《南方都市报》,2008年12月28日。

吗？其实这标题是编者改的，为的使它更简明。中国的老传统，标题总是很简练，这是个好传统。即使一个长的标题，要挑毛病也是躲不过的。我觉得文章主要是看内容。事实上批评者也主要是反对这篇文章的内容。

……

文章原来的题目是《打破读书禁区》，是杂志编者改成《读书无禁区》的。我曾打算恢复原题，现在既然引起争论，我倒不想恢复原题了。①

前述已实证发表《读书无禁区》是编辑、作者的群体行为集合。如追问文本经典性及其由来，则不仅要理解李洪林作为作者的言论意涵，也要理解陈原等人的编辑意图。双维共进，理解才更为全面。

二、回应时代的问答逻辑

思想由问答构成。对命题求解、评估其思想价值主要锁定三个要素及其关系——语境、问题和答案，有意义的命题是对特定环境中的问题的回答。问题是居于答案之先的思想形态。问答逻辑是柯林武德在其自传中提出的概念，他说："我打算用我所谓的问答逻辑（logic of question and answer）来取代命题逻辑。"②"真正的'思想单元'不是命题，而是某种内涵更为丰富的综合体，在这个综合体中，命题是针对一个问题的答案。"③"一个既定的命题是真还是假，有意义还是无意义，其根据在于此命题所要回答的问题；如果你想知道一个一个既定的命题是真是假、有意义还是无意义，你就必须找出它所要回答的问题。"④

---

① 李洪林：《理论风云》，北京：生活·读书·新知三联书店，1985年，第11—12页。

② 柯林武德著，陈静译：《柯林武德自传》，北京：北京大学出版社，2005年，第38页。

③ 柯林武德著，陈静译：《柯林武德自传》，北京：北京大学出版社，2005年，第36页。

④ 柯林武德著，陈静译：《柯林武德自传》，北京：北京大学出版社，2005年，第40页。

如果认同这是对思想存在方式的有效说明，那么思想史研究最重要的任务便是根据思想者留下的答案去追溯、重构已经消逝的问题，在由答及问的还原、复核过程中重估过往思想在推进人类认知以及相应影响等方面的价值。

改革开放历史的专门课题之一就是，以十一届三中全会决议中"解放思想"为社会背景和动力源泉，清理"读书无禁区"这样思想文化领域总体性观念从强烈冲突到初步确立、从再犹疑到最终确立以致成为常识的时空过程，以理解、认知改革开放的艰难起步，进一步明确继续改革开放的目标与任务。为求解《读书无禁区》的价值，本节试图回答这样一个问题：陈原等人把"读书无禁区"这个命题当作什么问题的答案？

有学者指出"'80年代'的中心问题是'如何避免"文革"的重演？'"，贯穿"80年代"文化思潮演变"各个环节的中心线索是对'文革'的反思"。① 出版界不会回避也难以回避这一现实理论问题。

《读书无禁区》"写在党的十一届三中全会之后，目的是批判'四人帮'的文化专制主义，打破他们设置的精神枷锁，并未主张放任自流"②。陈原也说："《读书》是同'读书无禁区'共生的。这个勇敢的命题，当时令人耳目一新，却又引起某种不愉快的命题，是在开拓一个新时代的真理标准问题激辩前后，针对绝灭文化的'大革命'许多倒行逆施而提出的。"③

思想文本只有以问答逻辑为中心并关联其历史语境的分析与梳理才能够真正得到理解。"历史语境是影响文本之历史意义的成套条件"，它"包括所有外在于该文本并影响其意义的那些条件，而且，这些条件与文本最初的创作是同时代的"。④ 由"文革"结束的历史语境而

---

① 王学典：《"80年代"是怎样被"重构"的？：若干相关论作简评》，《开放时代》，2009年第6期。

② 李洪林：《理论风云》，北京：生活·读书·新知三联书店，1985年，第20页。

③ 陈原：《十五年：记〈读书〉》，载陈原：《不是回忆录的回忆录》，上海：文汇出版社，1997年，第141页。

④ 乔治·J.E.格雷西亚著，汪信砚、李志译：《文本性理论：逻辑与认识论》，北京：人民出版社，2009年，第50页。

提出避免"文革"重演的历史问题是认知认定"读书无禁区"思想价值的必要条件或者说关键步骤。

陈翰伯在《两周年告读者》中依然强调思想的针对性和现实问题的重要性。他说:"我们重申我们赞成'读书无禁区'的主张。在我们的当代史中,人人尽知,确实发生过史无前例的禁书狂飙。'四人帮'垮台后,风沙虽然已过,不敢重开书禁的还大有人在。当时我们针对时弊,喊出'读书无禁区',深受读者欢迎,我们非常感激。"①

"问题和答案在一个综合体中必须是相关的,同'属于'一个整体并在其中占据着各自的位置。"②"读书无禁区"就是出版界的党内理论家提供的如何避免"文革"重演的答案。以"文革"为"后景",以问题和答案为"前景",才能更清晰地理解《读书》期刊、"读书无禁区"命题的思想价值与历史时代意义。

三、重构思想场域及进路

事过境迁40余年,"读书无禁区"的观念已为社会广泛接受。1979年看来专属于少数精英人士的高级观念,只有文化前沿的思想者才有的先锋观念,1981年看来值得政治批判的异端观念已"飞入寻常百姓家",融入社会生活而成为一般常识。其专业性、前沿性的消解象征了社会巨大进步。这就提出了一个重要问题:"读书无禁区"在提出之初意味着什么?在那"拨乱反正"的关键时段,这一观念到底扮演了何种角色或发挥了何种作用?这一问题及答案成为历史地理解这一思想的关键步骤。

昆廷·斯金纳主张,观念史研究不应当将目光局限在文本或观念单元上,而应当集中于关注特定历史时期总体的社会环境,从而"能够将那些重要的文本放在其恰当的思想语境之中,将目光转向这些文本

---

① 陈翰伯:《陈翰伯出版文集》,北京:中国书籍出版社,1995年,第108页。
② 柯林武德著,陈静译:《柯林武德自传》,北京:北京大学出版社,2005年,第38页。

得以产生的意义领域,并进而为这种意义领域作出贡献"①,并认为"这一新方法"是"观念史要具有一种真正的历史特性"②的基本前提。迈克尔·彼蒂斯也说:"对于观念价值的判断必须从属于恰当的历史解释,即这些观念如何、为什么以及在何种程度上流传开来。"③循此研究路径,本节试图一是导入思想论域④解析"读书无禁区"的相关理论结构,并从观念发生学角度追踪"读书无禁区"对相邻相近观念的影响路径,进而呈现以"读书无禁区"为核心的观念群集及其基本样态;二是在社会传播层面导入期刊主编意识及其议程设置,再现《读书》当年所刊发文章的思想结构;进而从这两条路径完成以"读书无禁区"为核心的关联考察。只有回置历史语境并建构以"读书无禁区"为中心的思想论域,才能将改革开放初期思想解放的路径与情境具体化。

(一)"读书无禁区"与改革开放"新的思想论域"

《读书无禁区》的现实反响,众多思想者和学人都留存了记忆,陈原

---

① 丁耘主编:《什么是思想史》,上海:上海人民出版社,2006年,第15页。
② 丁耘主编:《什么是思想史》,上海:上海人民出版社,2006年,第16页。
③ 丁耘主编:《什么是思想史》,上海:上海人民出版社,2006年,第10页。
④ 林同奇认为,改革开放以后中国知识分子"趋向于形成一个新的、共同的思想论域"(the intellectual discourse),"这个新的思想论域始于1978年,成型于1980年代中期。它从一开始就对1949年以来由国家资助、支配中国思想界的老的思想论域提出了富有生命力的挑战……新的论域是1970年代后期基本上由知识分子群体自身所开创的"。[林同奇:《三角张力与人文寻求:中国大陆25年来思想论域之演变(1978—2003)》,载林同奇:《人文寻求录:当代中美著名学者思想辨析》,北京:新星出版社,2006年,第344—345页]

有回忆①,建筑学家陈志华有记忆②。以下的思想历史分析则由宏大而细微、由抽象而具体:

> 一九七九年四月《读书》杂志的创刊(或曰复刊)③,却是我和我的朋友们当时奔走相告的一个事件。创刊号头条文章《读书无禁区》,在我们的感觉中,几乎相当于破冰船启动时发出的一声鸣笛!在此之前,真理问题大讨论已经展开,"思想解放运动"方兴未艾,那当然是非常令人振奋的事。没有那场讨论,只怕"读书无禁区"的论调根本就出不了笼。不过,那场"讨论"毕竟离我们这些小人物比较远,诚如三十年后的今天有人指出的那样,所谓"思想解放"的意义其实一直是在于解放领导干部们的思想。"读书无禁区"的意义当然就有所不同,那是直接针对普通民众的"解禁"。这么说吧,"思想解放"的运动是在为"转向经济建设为中心"的政治路线开道,"读书无禁区"的呼吁则说到底是在为"言论自由"这一公民权利辩护。在当时,两者的分量本不可同日而语,后一种声音

---

① "如果说这篇文章当时震撼了整个读书界,那也许是夸大其词,但是这样的命题确实得到了许多读书人的共鸣。海内外不少读书人好像遇到奇迹。人们奔走相告:啊啊,读书无禁区?啊啊,读书无禁区!自然,有高兴者,就有不高兴者;有拍手称快者,也有忧心忡忡者,有认为是离经叛道者,甚至有认定是脱离党的领导的奇谈怪论者……"(陈原:《〈读书〉起步那几年……:深层记忆里抹不去的人和事》,载陈原:《界外人语》,北京:商务印书馆,2000年,第182—184页)

② "一九七九年,改革了,开放了,但那是个乍暖还寒季节,读书人心有余悸,连说话还得字字斟酌,忽然晴天打霹雳,有人大喊一声'读书无禁区',老天,这不就是《人权宣言》那句'人,生而自由'吗?它体现了'独立之精神,自由之思想',将'历千万祀,与天壤而同久,共三光而永光'(陈寅恪:《海宁王先生碑铭》)。这句呐喊,是三联书店主办的《读书》杂志创刊号开篇文章的标题……所以,一见到《读书》创刊号的广告,冲着那一句'读书无禁区',马上就去订了一年。一卷在手,那滋味比当年走进生活书店坐藤椅读五花八门的书强多了。"(陈志华:《此情可待成追忆》,载《我与三联:生活·读书·新知三联书店成立六十周年纪念集 1948—2008》,北京:生活·读书·新知三联书店,2008年,第26—27页)

③ 陈乐民也在《三联印象》一文中写道:"在当时几乎是唯一的人文性质、复刊不久的《读书》。"(陈乐民:《三联印象》,载《我与三联:生活·读书·新知三联书店成立六十周年纪念集 1948—2008》,北京:生活·读书·新知三联书店,2008年,第32页)

要微弱得太多。但就是那一点微弱的声音,却给我留下了更为清厉鲜明的记忆。十年回顾,二十年回顾,三十年回顾……我总是忍不住要从《读书》杂志的创刊号说起。①

显然,"读书无禁区"代表了改革开放以来持续、强劲的思想潮流,即力图重建其普适性的思想文化观念。而重建的前提又是理解解放思想、拨乱反正的预设及其党中央号召。

(二) 陈原重构"新的思想论域"的自觉

当年读书、出版界存在一组而不是一两个思想疑难,其中的核心问题是"读书无禁区"。只有确立了这一基础命题,才能以此为理论前提和思想基础去解决其他相关的"疑难杂症"。所以陈原在1979至1981年间不遗余力地推广"读书无禁区"的观念,编辑部"一致给出肯定的答复:如果读书设置禁区,那么怎能做到研究无禁区呢? 况且,连读书都设置禁区,怎能响应'解放思想'的伟大号召呢"②。

继《读书无禁区》后,《读书》先后发表了9篇讨论文章③,可见将其设置为思想议程的编辑用心。于陈原这是出于坚定信念、明确动机而做的思想交锋布阵策略,并非用以形成共识、统一编辑部思想。1979年第7期《读书应当无禁区》以回顾缘起开头,最后落实为"读书应当无禁区,这才是正路"。《读书》加了"编者附记":"本刊第一期李洪林同志的文章,原题《打破读书的禁区》,是编者改为《读书无禁区》。这个问题现已引起争论,我们欢迎读者、作者继续发表意见。"主动披露编辑部内幕是出于承担编辑责任? 还是为了把讨论引向深入? 讨论有了起伏波澜。

"读书无禁区"是一个命题,就新中国成立以后的意识形态而言,它

---

① 朱正琳:《老字号的老》,载《我与三联:生活·读书·新知三联书店成立六十周年纪念集 1948—2008》,北京:生活·读书·新知三联书店,2008年,第86—87页。
② 陈原:《〈读书〉起步那几年……:深层记忆里抹不去的人和事》,载陈原:《界外人语》,北京:商务印书馆,2000年,第184页。
③ 李频:《中国期刊史 第四卷(1978—2015)》,北京:人民出版社,2017年,第124—125页。

也是一种提法。读者白先才致信编辑部《这样的提法不恰当》(1979年第6期):"你刊第一期刊登李洪林的《读书无禁区》,是一篇思想解放的文章。但我总觉得'读书无禁区'的提法不尽恰当。"

陈原作为有思想的语言学家,当然知道命题、"提法"话语内涵的细微差异,因而注重联系语境来区别使用。在回忆文章中,他明确肯定这是一个"命题",而"在一次有几位我尊敬的同志在场的汇报会上",做"包揽'错误责任'的检查"时,他用"提法":"如果认为读书无禁区的提法有严重错误,我承担全部责任,愿意接受最严厉的处分。"①他区别措辞未必表明他对当时惯常话语的认同,正好相反,其用意或许正在于提请理性批判。"读书无禁区"这一常识性命题当时引致如此强烈反弹,就因为是《读书》提出了,而不是新中国成立以来最权威的"两报一刊"首倡了这一"提法"。近义词弃取背后的微言大义有助于更清楚地认识陈原作为编辑家的思想品格与编辑行为意义。

从思想论域清理《读书无禁区》发表后接连推出的图书馆开禁、公布畅销书②等主题文章,可见陈原主编殊为难得的前瞻性和战斗性。如果说"读书无禁区"作为一种普世的共同观念在1979年被广泛关注与反思"文革"这样重大而现实的时代问题及其切入点有关,那么伴随着这一观念的深度引介,图书馆开禁、引进国外畅销书制度、学术自由等必然摆到读书界、知识界面前。这种思想观念之间的对话脉络既共同生成以"读书无禁区"为圆心的思想论域,也显示"读书无禁区"所导向的逻辑与理论关联。

《读书》创刊号发表了黄仑的《海关这一关》。1981年就此检讨说:"本文对海关扣书提出意见,这原是可以的和必要的,但文中没有肯定海关同志的工作成绩,并有些文句挖苦讽刺,不是与人为善,文风不正,思想带有片面性。为了纠正缺点,以后发表了海关说明情况的来信和

---

① 陈原:《〈读书〉起步那几年⋯⋯:深层记忆里抹不去的人和事》,载陈原:《界外人语》,北京:商务印书馆,2000年,第185页。
② 《读书》1979年第6期发表秦牧的《定期公布畅销书目》及"编者附记"。[李频:《中国期刊史 第四卷(1978—2015)》,北京:人民出版社,2017年,第124页]

海关工作人员的文章,并按领导指示今后不再发表对海关的评论。"①

在相关论域的思想讨论中,《读书》着力最多、绩效显著且最无争议的当推图书馆解禁。当时图书馆尚未全面解禁,很多"图书馆仍然不敢开门或只敢小开",人民出版社负责人曾彦修"在《读书无禁区》文发后,用笔名写一长文,题《圕书必须四门大开》,供我们发表。当时他的敢于坚持真理实在让我吃惊。"②曾彦修以范玉民为笔名的文章明确主张开放图书馆,少设禁书,《圕必须四门大开》发表于1979年第2期。

有研究表明,在《读书》从1979年创刊到2009年第7期总共364期刊物中,出现"图书馆"字样的文章共有1115篇,其中"提及甚至专门论述图书馆功能、定位及利用等的文章"有1047篇。这1047篇文章中,发表较多的年份分别是1979(56篇)、1980(54篇)、1981(53篇)、1982(56篇)、1983(59篇)、1984(49篇),这6年共发表有关图书馆的文章327篇,占30年间同主题文章总数的31%。③ 刊发文章的数量可见编辑意图和用心。黄克的《借书难》(1979.1)、范玉民的《"圕"必须四门大开》(1979.2)、陈原的《访英书简》(1979.7)、亢泰的《英国的图书馆》(1980.1)、常犊的《要废除专业对口的借阅办法》(1980.4)、万撰一的《"归口"》(1981.8)、冯英子的《书门遐思》(1982.12)等是这方面的代表作。

1980年第6期《读书》头题发表杨茵的《学术自由与自由化》,文章开门见山,提出问题:"学术自由,或者科学无禁区,是一件事情的两面。从肯定的、积极的意义上讲,是学术自由;从否定的、消极的意义上讲,是科学无禁区。"为什么要讲"学术自由或者科学无禁区"? 从1979年创刊号发表《读书无禁区》到1980年第6期发表《学术自由与自由化》,可以看出《读书无禁区》及其讨论对于20世纪80年代初期整个中国思想文化界的深刻影响。

---

① 《读书》编辑部1981年4月20日致国家出版局党组《报告》附件《〈读书〉杂志若干文章的情况和问题》,未刊稿,陈原家属提供。

② 沈昌文:《师承集》,北京:海豚出版社,2015年,第253页。

③ 金武刚、钱国富、刘青华等:《当代中国知识分子的图书馆认同变迁研究:基于《〈读书〉(1979—2009)的文本分析》,《中国图书馆学报》,2010年第4期。

（三）"读书无禁区，出版有禁忌"的悖论解析

黄宗江由"读书无禁"排列"出书无禁""思想无禁"①并止于科学民主，其思想的层递演进关系固然难免期盼向往之类的情感介入，但也无可否认其思想的内在逻辑性以及关联分析的路径启迪意义。

据袁亮回忆，1981年1月13日，国家出版局和中央宣传部出版局一起邀请在中央党校学习的出版部门负责人进行座谈，到会的有省一级出版局正副局长15人，出版社社长、副总编辑、党委副书记9人。在这次座谈会上，"有同志提出，前段宣传'读书无禁区'，影响不好。读书可以无禁区，那出书还能有禁区吗？这样宣传就把问题搞乱了"②。1981年2月19日，中宣部出版局局长边春光在听取《读书》副主编倪子明、沈昌文的汇报时也转述了这次座谈会的相关意见，他说：

> 办杂志可以文责自负，自由讨论，不搞文化禁锢，不打棍子。不要只是一家之言，学术垄断。但对有争议的问题，如读书无禁区的问题，经过充分讨论后，要有一个比较科学的结论意见。关于这个问题，现在还有争论。对有的人是开卷有益，而对另一些人则开卷无益。最近出版局找在党校学习的同志来开会，会上有人说，读书无禁区，出版就无禁区，这样《金瓶梅》就可以出。我们内部反映材料上写了这个意见，上报时勾掉了，因为还有不同意见，还不能做结论嘛。从讨论到做出这种结论意见，可以是半年、一年，乃至二年。要注意：有人有分辨能力，但有的人分辨能力较差，会把讨论中的问题当作正确意见来接受。③

---

① 黄宗江在《但求读书无禁——追踪生活到三联》中说："'文革'后，三联的《读书》创刊，以《读书无禁区》开篇，能不为之喝彩，但得读书无禁，才有出书无禁，思想无禁，便有千呼万唤的科学民主了。又三十载过去了，解禁未？你知、我知、天知、地知。"（黄宗江：《但求读书无禁：追踪生活到三联》，载《我与三联：生活·读书·新知三联书店成立六十周年纪念集 1948—2008》，北京：生活·读书·新知三联书店，2008年，第20—21页）

② 袁亮：《当前出版管理工作需要解决五个问题》，载袁亮：《出版和出版学丛谈》，北京：人民教育出版社，2004年，第466页。

③ 《二月十九日边春光同志谈话》，打印未刊稿。

边春光所说"内部反映材料"指中宣部出版局内参《情况反映》。边春光所谈和袁亮多年后公开的内参文章真实再现了会议前后的观念分歧。这分歧本身实证了"读书无禁区"的思想牵引力和观念延展性。在当时的热议中牵扯《金瓶梅》已见于多种文献。李洪林说：

> 这是一场真正的风波。《读书无禁区》一发表，有人就质问说："小学生能看《金瓶梅》吗？"刊登这篇文章的《读书》杂志很重视读者的不同意见，为此还组织了公开的讨论。见仁见智，各有千秋。作为一个作者，我很喜欢看看这些讨论的文章，虽然自己并不参加争论。不过，对于"小学生看《金瓶梅》"的指责，我觉得应该答复一下，就写了一个短文《〈读书无禁区〉的风波》。①

李洪林在《〈读书无禁区〉的风波》中说："至于《金瓶梅》到底算什么书，以及应该怎样对待，不在这里讨论，反正我在那篇文章中，绝无向小学生推荐《金瓶梅》之意，是清楚的。天日昭昭，此心可鉴。如果看一看那篇文章的全文，多半不会这样指摘的。"②

从"读书无禁区"到"出版无禁区"再到"《金瓶梅》就可以出"，表面上逻辑链环紧密相扣，实际以偷换思想、行为两个不同概念的形式将"读书无禁区"论者逼入了进退维谷的角落。因此，值得在这里做如下两点概念辨析。由于作者、编者均明确否认"向小学生推荐《金瓶梅》"之意，且读书、读书所要求的心智水平能力是两个概念，"小学生能看《金瓶梅》吗"属于诡辩，不予置论。

第一，读书和出版显然是相互关联而又性质不同的两种行为类型。读书固然有朗读、诵读等仪式化的公开行为，更为普遍的是私密性的个人行为，出版则是以传播、共享思想为目的的社会行为，出版如果存在私密性则自毁了其存在的社会基础。

第二，与"读书无禁区"相关联的思想观念类型应该说为数不少。唯其如此，才认可"读书无禁区"是改革开放历史上响应中共中央"解放

---

① 李洪林：《理论风云》，北京：生活·读书·新知三联书店，1985年，第12页。

② 李洪林：《理论风云》，北京：生活·读书·新知三联书店，1985年，第20—21页。

思想""拨乱反正"的号召而提出的事关中国政治、经济、社会发展的总体性观念,唯其是总体性观念且在"文革"结束后第一次出现在中国人思想的视野中,它才能激起如此热烈、深远的社会反响,酿成一次又一次的思想"风波"。在相关联的诸多观念中,备受争议且意识形态部门不能不决策的当属"出版有禁区"。当时意识形态管理部门内的开明开放人士也基本达成共识:"读书无禁区"但"出版有禁区"。有学人言及2003年"刚迁回北京时,因久居海外,对于国内'读书无禁区,出版有禁忌'这种国情,就缺乏具体理解"[①]。这可为"读书无禁区"观念关联及其一定时段内流布、传播的实证。

显然,"无禁区"和"有禁区"构成矛盾,"读书无禁区"和"出版有禁区"构成一体两面的悖论。书来源于出版,在社会关联意义上,"读书无禁区"以"出版无禁区"为理论前提。从逻辑上推演,只有明确"出版无禁区"的前提条件,才能在极限意义上满足"读书无禁区"。如果认同"出版有禁区",那就无法充分满足"读书无禁区"意义上的思想文化需求。如果既在理念上认同"读书无禁区"又在实践上坚持"出版有禁区",那么"读书无禁区"理念下的某些思想文化需求只能从其他社会方面寻求替代性满足,也就是说,"读书无禁区"激发了一个社会对思想和文化的无限需求,而"出版有禁区"则又将一个社会的思想力求规范在一定的、有限的范围内。这种"无限"与"有限"的矛盾一直成为改革开放以来读书界、出版业的根本性矛盾之一,也是出版管理部门一直难以妥善解决的实践难题之一。全球化和"一国两制"的政治制度安排,既在一定程度上满足了"出版有禁区"造成的替代性需求,又带来了一定程度的出版管理难度。数字传播的极致传播力更是相当严峻地挑战了思想开放。人类出版、传播的根本相似性,改革开放以来出版领域根本性问题的持久性,使"读书无禁区"这一思想命题超越特定历史阶段而成为恒远公理。读书无禁区,出版有纪律,传播有规律,进而成为有识之士的共识。

[①] 查建英:《记三联二三友》,载《我与三联:生活·读书·新知三联书店成立六十周年纪念集 1948—2008》,北京:生活·读书·新知三联书店,2008年,第182页。

四、三次转换《读书》性质表述的背后

《读书无禁区》及命题引起如此热议争议,发表这一文章的《读书》又经受了什么样的遭际?其遭际的历史意义是什么?这是本节试图解释的问题。

本节的解释策略首先基于《读书》性质有四种不同表述的话语事实——最早是"书评专刊",然后是"思想评论刊物",再后是"文化思想评论刊物",最后是"评论杂志"。其次,前述四处《读书》性质描述用语①以及相近而又细微的差异折射了该刊在"历史关头"所受到的"尖锐的批评"以及《读书》编辑接受"批评"的对策。再次,《读书》性质表述三次转换的历史行为到底该如何认识? 1981 年《读书》性质表述转换的思想背景是什么?关联到历史境遇的哪些方面?求解的可操作方式是,将四种表述确定为三种转换,然后层递解析三种转换背后的思想背景与行为逻辑。

(一)从"书评专刊"到"思想评论刊物"

《出版工作》1979 年第 3 期发表了署名"《读书》编辑部通讯员"的创刊消息《新创刊的书评专刊〈读书〉即将和读者见面》:"新创办的书评刊物《读书》即将由三联书店出版,第一期可于三月下旬与广大读者见面。"另交代《读书》的办刊宗旨、期刊内容、读者对象等,点明《读书》主要内容有以'书'为中心,讨论文化思想问题的专论"。这消息发稿于 1979 年 2 月 17 日《读书》第一次编委会之前。可见《读书》从最初拟议中的"书评专刊"到后来实际追求的"思想评论刊物"有一个意见转化、共识凝练过程,而办刊人意见转化以及《读书》性质转化的关键是(也只能是)1979 年 2 月 17 日《读书》首次编委会会议。这次会议是《读书》从"书评专刊"到"思想评论刊物"的积极推进因素。《读书》创刊号中

---

① 《读书》1989 年第 12 期《稿约》中说:"本刊为以读书为主题的文化评述刊物,凡与读书有关的稿件,包括书刊评论、新书信息、读书感言、书市杂论以及关于文坛人物的记述等,均所欢迎。"有关这次话语转换,本文不论及。

《编者的话》称"我们这个月刊是以书为主题的思想评论刊物"。《编者的话》"根据党组讨论意见和第一次编委会讨论意见写成"①。可见将《读书》定性为"以书为主题的思想评论刊物"之庄严、慎重,此乃当时出版业大家们集体智慧的结晶。

(二)从"思想评论刊物"到"文化思想评论刊物"

《读书》1981年第1期陈翰伯亲自撰写了《两周年告读者》,文中改称《读书》为"以书为中心的文化思想评论刊物"②。从"思想评论刊物"到"文化思想评论刊物",在形式逻辑上讲是采取增加内涵以缩小外延的话语策略,意在在不改变原有办刊宗旨的前提下,将"思想评论"锁定在思想中的一个领域,也即"文化思想"方面,以试图获取上级认可国家出版局主办期刊的政治正确性。

《读书》"思想评论刊物"的定位引起了有关部门甚至高层领导的关注并带来一定的思想压力。陈原记述一事:"某一年,在某次会上,一位可敬的同志突然说,你们这个杂志还是谦虚一点好,比方说'以读书为中心的思想评论'就有点狂。你们怎能进行思想评论?评论思想不是

---

① 《关于〈读书〉的一些情况:1981年2月19日向中宣部出版局汇报要点》,未刊稿,陈原家属提供。

② 陈翰伯:《陈翰伯出版文集》,北京:中国书籍出版社,1995年,第108页。董秀玉曾回忆此文写作背景和影响:"翰伯先生一九七九年秋曾经中风,但面对压力,毅然亲自拿起笔来,写了《两周年告读者》,重申《读书》坚持'解放思想、平等待人、提供知识、文风可喜'的四种性格;重申赞成'读书无禁区'的主张,明确宣示:'这种探索真理的工作绝不是一代人所能完成的。听凭某一圣哲一言定鼎的办法,更是不足为训',大声疾呼'提倡读书之风,思考之风,探讨之风,和以平等待人之风,期以蔚为风气'。这篇文章再次响当当地表明了《读书》的观点和决心,在思想界又一次引起极大反响。《人的太阳必然升起》《实现出版自由是重要问题》《试论'兴无灭资'》等等文章又相继刊出。"(董秀玉:《范用先生与〈读书〉初创》,载吴禾编:《书痴范用》,北京:生活·读书·新知三联书店,2011年,第12页)

你们分内的事。只有最高权威机关才能发动思想评论。"①以陈原该时段担任国家出版局党组成员的身份,他当然明白"可敬的同志突然"所说的泰山压顶般的分量。沈昌文碰到的类似事件是:"有一天,听一位舆论界的领导人在嘟囔:一家出版社,怎么办起思想评论杂志来了,那不已经有了《红旗》吗!"②将《读书》与《红旗》对举,稍有政治头脑者听到都难免会不寒而栗。

  暂且将前述两事中的政治权力悬置不论,观念预设差异乃"读书无禁区"提倡者和反对者根本性的意见分歧。以"读书无禁区"为观念预设,陈原和《读书》编委会成员共同确立《读书》为"以书为主题的思想评论刊物"。如果坚持"读书有禁区"的预设观念,"读书无禁区"的反对者坚持"思想评论刊物"非《红旗》莫属,《红旗》以外的任何期刊均不得涉足"思想评论"。由此可以认定:《读书》创刊与"读书无禁区"观念传播互为一体;随着"读书无禁区"从"异端"变为平常并深入人心,《读书》自证了在中国期刊史乃至改革开放观念史上少有比肩的重要地位。肯定《读书》"新启蒙"的思想价值亦基于此。

  讨论第二次转换还要依据文本划定时间节点以明确分析对象及其思想关系。"文化思想评论刊物"首见于《读书》1981年第1期的《两周年告读者》,由提前两个月发稿的印制周期推断,提出"文化思想评论刊物"的时点当在1980年10月或11月间。该时点前后有两件事值得关联思考:

  1980年8月16日《读书》举行了第三次编委会。"编辑部汇报出

---

 ① 关于这次会议及其"可敬的同志"劝告陈原后的会议反应,陈原还回忆说:"这次会我在场,翰伯不在场。如果他在场,他会立刻跳起来反驳的。……不料在座好几位同志(完全与《读书》无关的同志)却对此作出了'热烈的反应'——他们纷纷表示,人只要有思想,就可以去表达,也就是说可以去议论。百家争鸣不正是互相进行思想评论么?权威可以评论,老百姓也可以评论,机关可以评论,个人未尝不可以评论。……这么一来,七嘴八舌说开了,没事了,化解了,阿弥陀佛,不成其为问题了。"(陈原:《〈读书〉起步那几年……;深层记忆里抹不去的人和事》,载陈原:《界外人语》,北京:商务印书馆,2000年,第186页)

 ② 沈昌文:《出于无能:我与〈读书〉》,载靳大成主编:《生机:新时期著名人文期刊素描》,北京:中国文联出版社,2003年,第176页。

情况、读者反映。讨论原定刊物性质、任务是否有所改变。大家认为仍应保持原来已形成的特点,着重提高质量。"①陈翰伯就是根据这次会议精神,"亲自执笔"写成《两周年告读者》,后收入《陈翰伯出版文集》。编委会议说明面临内在动力或外在压力要求改变刊物性质、任务。

沈昌文就《读书》向陈翰伯的汇报说明,"当时为创刊号上那篇题为《读书无禁区》的文章,觉得压力太大,请他关注。他要我仔仔细细地说了情况,于是在文章中加了一大段态度鲜明的支持这篇文章的话"②。那一段话以"我们重申我们赞成'读书无禁区'的主张"开头,这也再次表明了《读书》媒介性质与"读书无禁区"的思想关联。

(三) 从"文化思想评论刊物"再到"评论刊物"

"评论刊物"见于1981年10月28日国家出版局党组下发的经过中共中央宣传部批准的《关于加强和改进〈读书〉杂志工作的报告》:"《读书》杂志仍然应当是以书籍为中心的评论杂志。编辑部要加强学习马列主义、毛泽东思想,坚持四项基本原则,努力把《读书》办成一个能广泛联系中等以上知识分子的,在思想上富有启发性的,有材料有观点,不尚空谈的,以书为中心的评介、报道刊物。"③"以书为主题""以书为中心""以书籍为中心"只是话语策略层面的文字技巧,"评论杂志"及其评论对象才是关键所在。分析这第三次转换要锁定的时间区段为1981年1月至1981年10月底。从目前掌握的材料看,有以下几个行为节点值得作为观察点、思想点关联起来思考。

1981年2月19日下午,倪子明、沈昌文去中宣部出版局汇报《读书》情况。边春光、牛玉华、邓从理、孔祥贵4人参加听汇报。倪子明时任国家出版局研究室主任、《读书》排名第二的副主编。这次活动双方都较为重视。在听取汇报方一边,边春光的谈话由有关人士整理出了

---

① 《关于〈读书〉的一些情况:1981年2月19日向中宣部出版局汇报要点》,未刊稿,陈原家属提供。

② 沈昌文:《出于无能:我与〈读书〉》,载靳大成主编:《生机:新时期著名人文期刊素描》,北京:中国文联出版社,2003年,第178页。

③ 《出版工作文件选编(1981—1983.12)》,北京:文化部出版事业管理局办公室,1984年,第412页。

《二月十九日边春光同志谈话》的打印件；在汇报方一边，留存了《关于〈读书〉的一些情况——1981年2月19日向中宣部出版局汇报要点》的手写稿(16开纸5页)和边春光等人谈话要点手写稿2页。汇报稿《关于〈读书〉的一些情况》第1节节题为《办刊过程》，第2节节题为《关于编辑方针和编辑思想的几点说明》。第2节的开头和末尾分别说：

> 刊物的特点。我们觉得刊物一定要办出自己的特点，不要搞成一般化，也难以要求适合各类读者的口味。曾经有建议，让办成辅导青年阅读的刊物。我们觉得对象主要还是大学以上水平的知识分子(作者、编辑、教师等等)，不宜于多登阅读方法的文章(与《书林》略作分工，同《中国青年》不一样)。也有人建议办成专门介绍新书的。但为了培养广泛读者兴趣，仍应范围宽些。

> 以上编辑方针和编辑思想本身，现在看来还是可以的，是符合《读书》原定宗旨、特点的。当然在我们具体编辑工作中，做得不好，存在着问题，要进一步根据工作会议、七号文件精神总结改进。①

可以初步推断：一是倪子明、沈昌文的汇报不是个人意见，而是《读书》编委会或者《读书》编委会核心人员意见；二是当日交谈双方平和、徐缓，重在沟通协商，气氛融洽。

边春光在当天谈话的开始时说："今天找大家来商量商量，第一件事是怎样加强书评的问题。""在倪介绍中提到不拟将现在的《读书》办成'文革'前的《读书》"，边说："恢复原来《读书》杂志的面貌怕是不行的。办了以后，看还是有人看。但要真正办好，怕不行。'文化大革命'前在文化部大楼里讨论过这事。陈原同志主持的。你们现在也很难办，工作很艰苦，当然还是受欢迎的。现在知识面很窄，需要扩大知识面，许多重要著作，最好能搞点有分量的评介。这对许多人有帮助。"在听倪子明介绍《读书》情况结束后，边春光说："《读书》的整个编辑方针，是局党组、编委讨论过的，反复酝酿的，以后根据实践经验如何修改是另一回事，我们今天不涉及这事"，"我不主张办成'文化大革命'前《读

---

① 《关于〈读书〉的一些情况：1981年2月19日向中宣部出版局汇报要点》，未刊稿，陈原家属提供。

书》杂志那样的刊物"。① 由此可推测汇报重心和听汇报重心的某种不一致(或者心照不宣),而这种不一致也未必表明边春光对要《读书》改变编辑方针的相关议论置若罔闻,他在当天谈话接近尾声时还说,《读书》"这个刊物要办下去,是没有问题的。要办好,也是一定的","今天找你们来,就是了解一点情况。我们说不出多少意见。想看看你们的杂志"。②

1981年4月《读书》奉命对已经出版的25期刊物自查,自我检讨有16篇文章③存在或大或小的问题。《读书无禁区》自然居检讨之首,而重申"读书无禁区"的《两周年告读者》亦在检讨之列。④ 后者首句为"此文比较受到读者欢迎,但是也有同志指出,不应当再在这里重申我们赞成'读书无禁区'的主张"。其检讨倒确有陈原话语风格。这16篇文章的检讨文字是否由陈原撰写,因为所见为打印稿,难以确证。

---

① 《二月十九日边春光同志谈话》,打印未刊稿,陈原家属提供。
② 《二月十九日边春光同志谈话》,打印未刊稿,陈原家属提供。
③ 据陈原家属提供的未刊稿显示,这16篇文章的题名、刊期和作者分别是:《读书无禁区》(1979年第1期,李洪林)、《海关这一关》(1979年第1期,黄仑)、《黄色,色情,爱情》(1979年第2期,林大中)、《有赠》(1979年第5期,荒芜)、《定期公布畅销书目》(1979年第6期,秦牧)、《漫谈访美观感》(1980年第5期,萧乾)、《新书录》(1980年第6期,吴颢)、《师友之间:我所知道的朱光潜先生》(1980年第6期,荒芜)、《还〈圣经〉的本来面目》(1980年第9期,杨德友)、《平凡的道理》(1980年第9期,恽逸群遗作)、《廉价品的没落》(1980年第10期,牛洪)、《实现出版自由是重要问题》(1981年第1期,于浩成)、《试论"兴无灭资"》(1981年第1期,孙越生)、《两周年告读者》(1981年第1期,本刊编辑部)、《人的太阳必然升起》(1981年第2期,李以洪)、《为〈论自由〉声辩》(1981年第2期,何新)。
④ 1981年2月19日,倪子明在向中宣部出版局局长边春光汇报时曾说明"《读书无禁区》在第一期发表的情况。文章的内容没有什么问题。文章也提出了'任何社会,都没有绝对的读书自由。……无产阶级的文化政策,当然更不会放任自流','对于专业的编辑、翻译、出版、发行和阅读,一定要加强党的领导,加强马克思主义的阵地。对于那些玷污人类尊严,败坏社会风气,毒害青少年身心的书籍,必须严加取缔。"(《关于〈读书〉的一些情况:1981年2月19日向中宣部出版局汇报要点》,未刊稿,陈原家属提供)关于《读书无禁区》《两周年告读者》的检讨文字,见李频:《中国期刊史 第四卷(1978—2015)》,北京:人民出版社,2017年,第126页。

1981年春夏确是《读书》的艰难多事时段。1981年4月11日,《读书》专职副主编史枚突患脑溢血病逝,"他临终前只是用手指了指书包——他惦记着他夜里带回来的书包,装满了改过的和尚未加工的《读书》杂志下期的稿子"①。陈原于1981年4月19日撰文《记史枚》,认为史枚"是个战士,是出版战线的战士"②。

　　1981年春夏,陈原为《关于加强并改进〈读书〉杂志工作的报告》数易其稿,从保存下来的材料看,可谓殚精竭虑。4月10日前,他起草了《关于加强并改进〈读书〉杂志工作的建议(草稿)》。这"草稿"系陈原用钢笔手写,最后只写了1981年,没写具体日期。但第一页天头另用粗黑硬笔写了"请即打印五份(不要印),都交我。陈10/4"。可据以推断此稿写于4月上旬,姑且称为"4月上旬草稿"。此草稿在4月20日形成打印稿(16开3页,以下简称"4月20日打印稿")。在这打印稿上,陈原留下了30余处手写文字。16篇文章的检讨文字即此打印稿的附件。5月3日,他又以《读书》编辑部名义起草了一份推测是给出版局党组的报告(以下简称"5月3日报告")。"5月3日报告稿"最末一句为:"此外,我们检查了两年来刊物与外界的联系,除了同作者读者外,我刊编辑部与任何非法刊物没有任何联系。"1984年2月20日,中共中央、国务院下发了《关于处理非法刊物非法组织和有关问题的指示》,陈原借机根据中央文件检查汇报本刊工作。

　　在"4月上旬草稿"中,全文不见改变《读书》编辑方针意向。该"草稿"中有关《读书》的性质表述是:

　　　　《读书》杂志仍然应当是以书籍为中心的思想评论杂志,通过评介中外图书,传达信息,交流思想。一般地说,它将不发表离开图书编辑出版的纯理论文章。编辑部要加强学习马列主义、毛泽东思想,坚持四项基本原则,把他办成一个能广泛联系中等以上知识分子的,在思想上富有启发性的,有材料有观点,不尚空谈的,以书籍为中心评介报道刊物。

　　对比中央宣传部批准下发的正式文件后发现,下发文件中删去了

---

① 陈原:《陈原散文》,杭州:浙江文艺出版社,1997年,第141页。
② 陈原:《陈原散文》,杭州:浙江文艺出版社,1997年,第144页。

"以书籍为中心的思想评论杂志"中的"思想"二字,也删去了"通过评介中外图书,传达信息,交流思想。一般地说,它将不发表离开图书编辑出版的纯理论文章"。可见,陈原依然钟情"思想评论杂志",当然,他补充也是强调《读书》"通过评介中外图书,传达信息,交流思想"的期刊功能。

如果说《读书》创刊消息中的"书评专刊"代表了《读书》的初始意图,《读书》创刊号《编者的话》中"以书为主题的思想评论刊物"代表了《读书》编委会的共同意愿,是《读书》的继而定位,《读书》1981年《两周年告读者》改为"以书为中心的文化思想评论刊物"则代表《读书》两年实践所形成的期刊风格,而国家出版局党组"报告""《读书》杂志仍然应当是以书籍为中心的评论杂志"的提法,反映了出版管理部门的新期待新要求,则既模糊(去"思想""文化思想")又坚守(明确"仍然应当是"),看似突兀的遣词用语实则别有缘由。其中的细微变化既折射了《读书》最初两年在思想领域左冲右突的艰辛,也反映了创始编辑们执着于"思想",加添"文化"以显圆融妥协的智慧。因缘际会,历史因此造就了《读书》,"文化思想评论"是整个20世纪80年代的时代主潮,《读书》以"文化思想评论刊物"品格而成为20世纪80年代思潮的风向标。

董秀玉曾披露过要求《读书》改变办刊宗旨的事。① 惜未说破与哪家刊物"合并"?"交出"给哪部门?目前尚不清楚要《读书》改变方针的为哪位人士,从董秀玉回忆中陈翰伯、范用、陈原的反应看,这意见人士为高层领导,目前尚不知晓这位推测中的高层领导意见传达至《读书》编委会的时间。

---

① 董秀玉在《范用先生与〈读书〉初创》中指出:"勒令检讨的指令终于正式下压,有关部门借批资产阶级人性论,责令《读书》检讨,有人甚至要《读书》改变方针,办成辅导青年读书的杂志。当时有两个方案,一为合并二为交出。范先生一见即大怒,跳起来拿起电话就找翰伯,大声嚷嚷:'不行不行,我不同意!'翰伯先生说:'我们也不会同意,这是两种性格的刊物,会写个意见传你看。'改稿上,那两个方案文字上画了一条粗粗长长的黑色斜杠,旁边有陈原先生的文字:'我们对此也反复考虑研究,认为办那样一个杂志,对广大读者的启蒙工作是大有裨益的,要实现这个想法,须请党组统筹安排,另行考虑。'"(董秀玉:《范用先生与〈读书〉初创》,载吴禾编:《书痴范用》,北京:生活·读书·新知三联书店,2011年,第12—13页)

陈原就此留下了思想印迹。"4月20日打印稿"末尾有这样一段话:"至于是否将方针改变为办成辅导青年读书的刊物,我们没有倾向性意见,如果党组作出决定,我们完全赞成,但要做较大的调整,才能适应这种改变。"该件显示,陈原后来又删去了这段文字,手写的替换为"以上措施如果限于人力、物力,暂时未能实现,则建议将《读书》移交团中央续办,以便更有效地进行青年读者的启蒙工作;也可考虑将《读书》合并于《书林》(上海版)"。这段拟替换文字后来又被陈原删去,另写了一段取代:"我们也考虑过是否将方针改变为办成辅导青年读者的刊物,但这样就要对编辑部作较大的调整,才能适应这种改变。如果限于人力、物力,难以实现,可否考虑商请共青团中央接办《读书》,以便更有效地对青年读者进行启蒙工作。也可考虑将《读书》合并于上海的《书林》杂志。"①

"5月3日报告稿"第4条说:

> 如果考虑将刊物的方针改变,将刊物办成辅导青年读书的刊物,对广大读者的启蒙工作是大有裨益的。要贯彻实现这个想法,可以有两种选择——
>
> 甲,可以考虑将《读书》与上海性质略同的刊物《书林》杂志合并(要同上海市出版局商洽),便于加强力量,贯彻中央调整方针。合并后由上海《书林》具体负责,这里的编辑部本来就没有几个人,可以做三联书店编辑室的工作,兼管约一些稿件,供给《书林》。
>
> 乙,为了便于加强思想领导,可以考虑将《读书》商请共青团中央接办,由中国青年出版社管具体工作,这样可能做到事半功倍。②

在上述文字之后,陈原本写有"我们倾向于(甲)法比较可行"。后又删去了此句。作为《读书》的创始主编,陈原舐犊情深,他在思索着,焦虑着,期盼厄运到来时《读书》有一个差强人意的归宿。

1983年3月8日,陈原致信刘杲,信中说:"胡乔木同志关于创办一个指导青年读书的杂志,我认为是很重要的创意或指示,这样一个杂志

---

① 据陈原保存件,家属提供,未刊稿。
② 据陈原保存件手写稿,原件无标题,家属提供,未刊稿。

同现在的《读书》一起,就可以构成一幅分层次的书评刊物了。"陈原还具体推荐了可以胜任新创期刊的编辑人选,"以上诸人都是才人,且有不同程度的出版经验。人不在多,有仙则灵。有两种办法集中:一是索性调在一块,交三联;二是工作借调一起,编制在原单位","这种事都是起头难,真的开个头也不是太难的,不知以为如何?"。① 尽管目前不知胡乔木"创意或指示"的具体内容为何?但陈原的响应是积极的,他致信文化部出版局副局长刘杲就是积极响应的证明。至于胡乔木对指导青年读书的新刊的"创意或指示",从他1983年7月29日在全国通俗政治理论读物评选授奖大会上发表《对出版通俗政治理论读物的意见》可略窥一二。②

值得庆幸的是,面对"勒令检讨的指令"和"要《读书》改变方针"的建议,"几位先生轮流被谈话,一致据理抗辩,风波终于过去。过后,范先生感慨地说:'终究,耀邦同志还在当总书记!'"③。尽管胡耀邦与《读书》具体有何实际关联或文件批示,目前尚未见权威部门或人士披露。

---

① 沈昌文:《师承集》,北京:海豚出版社,2015年,第9—11页。

② 胡乔木在讲话中说:"《读书》月刊是出版局管的吧?编得不错,我也喜欢看这本杂志。但是根据我长期的阅读的印象,我也感觉到,这本杂志不够名副其实。他对于马列主义、中国革命和建设、哲学、经济学、政治学的书籍,偶尔也有介绍,但是非常之少,历史书籍的介绍也不算多,大部分是今日文学书籍,以及在国外出版的书籍,也以文学书籍为多。这当然也很好,中国的刊物介绍外国出版的书籍,表明中国人对于世界各方面的情况很了解,而且很感兴趣。但是,作为一个《读书》月刊,它还应该满足广大读者更多方面的需要,而不是一部分读者的一部分需要。也许我的意见是不正确的。因为《读书》已经形成了它的固定的风格了,它有自己的读者范围,可能不宜改变或至少不宜做大的改变。如果是这样,那么,我就希望出版局能够出另外的刊物。这种刊物应该有更广泛的读者,有更广泛的范围。现在读者需要书,但是到书店买书,临时选择是很困难。他很难知道究竟什么书是他需要的。"(《胡乔木传》编写组编:《胡乔木谈新闻出版》,北京:人民出版社,1999年,第511页。)

③ 董秀玉:《范用先生与〈读书〉初创》,载吴禾编:《书痴范用》,北京:生活·读书·新知三联书店,2011年,第13页。

五、陈原1981年请辞《读书》主编

宋木文在《读书》创刊30周年聚谈会上的发言中说:"陈原是被请出山的,曾几次提出辞呈。有一次陈翰伯问我对陈原请辞怎么看,我说我也说不清楚,但据我观察,不管他怎么说,你都不能表示同意。"①从笔者目前掌握的材料来看,陈原至少3次以书面文字形式请辞《读书》主编,分别是1981年10月12日、1981年12月9日和1983年10月23日。期刊史应该追问的是,陈原为什么请辞,为什么在1981年、1983年这两个年度提出辞职,陈翰伯、宋木文等人不同意陈原辞职固然表达了对他的同情、理解和尊重,《读书》创始主编请辞的思想史意义是什么?

陈原曾撰写《〈读书〉起步那几年……》,副标题为《深层记忆里抹不去的人和事》。从他着意保留的材料综合推断,他最"抹不去"的事就是作为《读书》创始主编出题目让人写《读书无禁区》,因而在1981年4月中下旬以后承受了巨大压力。他"几次提出辞呈"也与《读书无禁区》的巨大社会反响以及高层内部争议、压力有关。

1981年春夏,《读书》"在编辑部内多次进行了严肃的批评与自我批评,总结经验教训,认真改正工作。今后一定要做到与中央在政治上保持一致"②。这"多次""严肃的批评与自我批评"中当关涉《读书无禁区》的选题。陈原曾披露他的"检查要点":

> 如果认为读书无禁区的提法有严重错误,我承担全部责任,愿意接受最严厉的处分。我是这个杂志的主编,从选题到挑选作者到审稿到清样签字,都由我负责。编辑部同人不熟悉这个杂志的格局,他们完全按照我的意见操作,所有错误跟他们无关。③

---

① 宋木文:《〈读书〉杂志创办初期的独特体制和引领作用》,载宋木文:《八十后出版文存》,北京:商务印书馆,2013年,第108页。
② 《出版工作文件选编(1981—1983.12)》,北京:文化部出版事业管理局办公室,1984年,第412页。
③ 陈原:《〈读书〉起步那几年……:深层记忆里抹不去的人和事》,载陈原:《界外人语》,商务印书馆,2000年,第185页。

"读书无禁区"与以"两个凡是"为代表的社会思潮的冲突决定了主编陈原自《读书》创刊就内蕴了一种紧张感。陈原的检查,可推断为这种积淀有年的心境在具体历史情境下的展开与释放。尽管这还有待更详细史料的证实。

六、结语与讨论

传播学家麦奎尔在戈尔丁理论基础上提出了大众传播效果理论坐标图:短期预期效果、短期非预期效果、长期预期效果、长期非预期效果。①《读书》创刊及《读书无禁区》的发表既有短期预期效果,更有短期非预期效果,但只有在长期的时空中才能看得稍清晰。本文借助未刊史料力求把《读书》创刊还原到历史情境、思想脉络中去。以"刊—文—社会背景—思想影响"为框架,以头题文章《读书无禁区》为视角分析、展示陈原等人在历史情境中面对思想问题而采取的编辑策略,编辑思想实施后正反、正负的历史影响等,而尝试一种期刊史研究新路径,从而使期刊史的研究从期刊出版物的物化过程叙述突破到期刊出版人思想的多层多维的关联分析。这一尝试有效与否,还有待时间检验。更值得深思的是,这种方法是否只适合于《读书》这样思想性强的期刊,是否只适合于《读书》这样在创刊号上明确宣示了一种极具时空穿透力命题的期刊,对《读书》以外的期刊,这种期刊史研究方法有无以及多大程度上具有借鉴意义?

"在洛夫乔伊看来,基本的单元观念的数量可能相当有限,各种学说的原创性和新颖性,往往并非来自于构成它们的基本单元,而是更多地来自于这些基本相同的单元观念构建成为复杂的思想系统的组合模式上。观念史考察的就是各个单元观念出现、孕育、发展和组合进入各种思想系统的过程。"②如果认同这样描述的观念史研究进路,如果认

---

① 希伦·A.洛厄里、梅尔文·L.德弗勒著,刘海龙等译:《大众传播效果研究的里程碑(第三版)》,北京:中国人民大学出版社,2009年,第271页。
② 彭刚:《历史地理解思想:对斯金纳有关思想史研究的理论反思的考察》,载丁耘主编:《什么是思想史》,上海:人海人民出版社,2006年,第172页。

同"读书无禁区"乃中国改革开放史上的基本单元观念,以"读书无禁区"为中心展开的观念史考察,既要考察这一观念孕育、首发、分歧的过程,更要考察它发展并组合进某些专门领域、其他专业性思想系统的过程。本文于前者有所尝试,于后者则有待开拓。

在此特别鸣谢刘杲先生1996年鼎力协助调笔者北京就业后,郑重提示笔者研究陈原。并谨以此文敬贺中国编辑学会创始会长刘杲先生90大寿

原载于《河南大学学报(社会科学版)》2021年第3期;人大复印报刊资料《出版业》2021年第7期全文转载,《高等学校文科学术文摘》2021年第5期全文转载

中国期刊媒介研究的学术脉络与拓展进路

吴 赟①

　　传播学大师威尔伯·施拉姆(Wilbur Schramm)的东方弟子、香港中文大学教授余也鲁先生曾说道:"杂志在许多方面很像建筑物,不只反映着每个时代的社会、政治与经济状况,也是时代动向的最好测量器。"②林语堂先生也曾阐述类似观点:"期刊是一个国家文化进步最好的迹象",期刊之社会功能包括"为受过教育的公众服务,监视最重要的潮流和国内外的形势,介绍或提倡新的文艺运动,不断地指导当前的思想和矫正它的错误"。③ "中国期刊在从社会和智力上唤醒中国方面起着深刻的影响。期刊的那种影响渗透社会的每个角落和生活的每一步。中国觉醒的历史确实与少数期刊和少数杰出作家记者的历史联系在一起。"④诚如斯言,期刊不仅是社会传媒体系中的重要成员,而且是一国政治、文化、经济、科技发展的推进器和重要表征,既得报纸媒介之时效,又具书籍媒介之深度,它记录了一个时段之内国家、地区、民族在政治、经济、文学、科技、艺术等诸领域的发展变迁,从中映衬出文化的传播、演进和交融,因之也能感触时代的体温。但是,由于长期以来

---

　　① 作者简介:吴赟,管理学博士,浙江大学传媒与国际文化学院教授。研究方向编辑出版学。
　　② 余也鲁:《杂志编辑学》,香港:海天书楼,1980年,第34页。
　　③ Lin Yutang, *A History of the Press and Public Opinion in China* (Greenwood Press,1968),p.150.
　　④ Lin Yutang, *A History of the Press and Public Opinion in China* (Greenwood Press,1968),pp.164-165.

中国期刊业发展欠成熟,中国的期刊研究是附属于其他研究领域的,如报纸研究等。在中国,"报刊史""报刊研究"通常将报纸与期刊并列阐述,实际上多以报纸研究为主,兼及期刊,而对期刊这一具有自身特性的传播媒介的发展规律研究不足。本文拟对中国期刊研究的历史与成果、现实特点以及拓展空间进行分析,①希望能引起对该领域研究的重视。

一、期刊媒介研究的现实意义与创新空间

现今国际期刊业的发展普遍存在几大态势:一是期刊业随着各国经济的跃进而腾飞;二是网络的兴起将促进期刊市场的发展,网络与期刊互惠互利、互相促进的局面将长期存在;三是期刊分众化发展的趋势明显;四是品牌延伸成为期刊发展的重要战略;五是内容仍是期刊的灵魂和主核,编辑制作仍然是期刊出版的第一要素;六是政治经济体制对期刊的影响越来越大。与此相对应,当代中国期刊业的发展也表现出区域化、品牌化、厚刊化、多版化、产业化、网络化、集团化、国际化等特点。在以经济建设为中心的大格局下,包括期刊业在内的传媒产业已经成为中国国民经济的重要组成部分,受到政府和全社会愈来愈多的关注和重视。

20世纪90年代以来,中国期刊业的产业地位不断提升,这在以下多个方面得到体现:中国新闻出版总署1998年首次评选并公布全国100种重点社科期刊,1999年首设"国家期刊奖",2000年岁末召开全国报刊管理工作会议,确定了组建期刊集团、建设"中国期刊方阵"、打造具有世界影响的名牌期刊的目标;从2000年起,中国的期刊在传统媒体中成为增速最快的广告投放媒介;2000年10月,中国期刊协会以唯一代表中国的全国期刊行业组织身份加入国际期刊联盟②;2002年

---

① 在本研究中,"期刊"和"杂志"是可以相互替代的两个概念,这两个概念强调的侧重点不同:前者强调此类出版物的周期出版特性,而后者则强调此类出版物的内容特点。

② 国际期刊联盟(FIPP)为世界期刊业界于1925年成立的非政府组织。

1月,中国首家期刊传媒集团——《家庭》期刊集团正式在广州挂牌成立,继图书出版业、报业、广播影视业步入集团化发展道路之后,中国期刊业也开始产业化、规模化发展;2007年5月13日—15日,以"杂志丰富你的世界"为主题的第36届"世界期刊大会"(World Magazine Congress)在北京举行,这是中国期刊界首次承办这一最具国际影响力的期刊行业盛会。

尽管期刊业是中国传媒业中极具发展潜力的一环,但期刊业在中国传媒业中仍是相对薄弱的部门。这主要表现在以下几方面:首先,中国期刊业虽然出版品种众多,但总体实力偏弱,较电视和报纸而言,期刊产业发展滞后,经济规模偏小;其次,中国期刊媒介的影响力有限,市场发行量最大的期刊如《读者》《知音》《家庭》等,基本以大众生活叙事为主要议题,而处于主流舆论的边缘地带;第三,期刊业的整体出版质量尚待大幅提高,相当一部分期刊仍处于粗放制作的小作坊状态,人才储备严重不足;第四,中国期刊业与发达国家期刊业相比还存在较大差距,其中最根本的差距来自产业实力和经营管理层面,这两方面的差距直接导致期刊出版水平的差距。而自20世纪90年代以来,国际传媒集团以其雄厚的实力和先进的经营理念,借助各种方式介入中国期刊的广告、发行等领域,力图从中分取一杯羹(早在中国"入世"之前,中国期刊业的版权、广告等业务运作中就已不乏国际传媒资本的身影)。

进入21世纪后,随着中国的"入世"、新闻出版单位改制进程的深入、新闻出版业融资政策的松动以及媒介的融合与竞争加剧,使得中国期刊业所置身的媒介生态环境加速变动,如何协调期刊业"生产力"的增长与"生产关系"(传媒体制、媒介运作机制)的改革,如何看待"公益"与"市场",如何处理"资本"与"产权",如何面对"竞争"与"规制",已经成为中国期刊在发展道路上绕不开的几条基准线。不论是就当前中国传媒体制改革的纵深突破,或是就新时期中国媒介理论研究的深度拓展而言,期刊研究都有其自身的理论价值和现实意义,对期刊个案与类群、期刊机构与产业、期刊人与期刊史等开展的多维视角的研究都是值得关注的领域。

二、期刊研究为时不短的历史与可观成果

在世界近现代文明史上，期刊与报纸、书籍、广播影视等其他媒介一样，是推动社会文化发展、学术进步、思想革新的重要力量。梁启超曾将报刊与演说、学堂并列为"传播文明三利器"。① 期刊作为一种传播媒介，既是物质的，又是精神的，以传播学家麦克卢汉的"媒介即信息"观点看来，期刊本身就在传递着传播者的倾向、受众的文化心理、传播的形式、写作的技法等很多信息。因此，期刊研究领域不仅为传播学、新闻学、出版学等直接进行媒介研究的学科领域所关注，而且，也受到文学、历史学、社会学、信息管理学等学科研究者的重视。例如，在中国现当代文学研究中，报刊研究是一个兼及物质与精神、文化与文学、内容与形式的研究方向，一些现当代文学研究者相当青睐期刊研究，因为在他们看来，期刊的出现，是文学与文化变革的重要基石。

早期的中文期刊先后出现于 19 世纪的东南亚和中国沿海地区。② 1890 年 5 月，美国传教士范约翰提出了一份《中文报刊目录》，其中揭

---

① 梁启超:《传播文明三利器》,《饮冰室合集》(第 6 卷),北京:中华书局,1989 年。该文曾作为《饮冰室自由书》之一发表于 1899 年 9 月《清议报》26 册,收入《合集》时改为现名。

② 目前,大多数研究中国新闻传播史的学者认为,英国传教士马礼逊(Morrison)、米怜(Milne)于 1815 年在马六甲创办的《察世俗每月统记传》(*Chinese Monthly Magazine*)为世界上第一份中文期刊,1833 年由普鲁士传教士郭士立(Gutzlaffs)在广州创办的《东西洋考每月统记传》(*Chinese Foreign Magazine*)为中国本土最早出现的期刊。但是,自 20 世纪 50 年代以来,有一些研究者认为,中国本土的期刊媒介早在此前已经产生,中国最早的期刊出现于 18 世纪末,即在江苏连续定期出版的专门医学刊物《吴医汇讲》。持后一类观点的代表性研究先后有:金寿山:《我国最早的医学杂志:吴医汇讲》,《中医杂志》,1958 年第 1 期;杨斌:《中国最早的期刊:〈吴医汇讲〉》,《编辑学刊》,1992 年第 1 期;于鸣镝:《历史地看:〈吴医汇讲〉是期刊》,《图书情报论坛》,2000 年第 2 期;赵启民:《我国最早的专业性期刊:〈吴医汇讲〉》,《文史杂志》,2000 年第 4 期;钱荣贵:《〈吴医汇讲〉堪称"中华第一刊"》,《编辑学刊》,2004 年第 3 期;王伊洛:《"报"的传承与期刊的出现》,《中国出版》,2006 年第 3 期。

示了76种中文报刊的名称、主编、出版地、创办年月、发行份数、性质（注明宗教、世俗、官方或科学）、售价、出版周期等事项，这大概是最早对中文期刊进行的简单整理与研究。① 至20世纪30年代，中国期刊业已经获得长足的发展，尽管当时中国社会处于激烈动荡之中，但中国期刊业仍获得一段短暂的繁荣时光，中国抗日战争全面爆发之前的1934年被称为民国时期的中国"杂志年"，这一时段的中国期刊业不仅在期刊数量、规模上达到1949年之前的一个巅峰，而且在期刊市场细分、业务运作等方面开始实现"专业化"。1935年的《中国年鉴》根据国民政府内政部注册情况，将期刊统计数字记录为450家，而因为当时大部分杂志没有注册，所以时任商务印书馆总经理的王云五先生估计有900多家，②这些杂志涵盖各个领域，并模仿西方杂志的特色，各有千秋。在这一时代背景下，20世纪二三十年代中国即已出现了关于期刊（杂志）的研究和探讨。1927年，戈公振先生出版的《中国报学史》是中国新闻史研究的一部奠基之作，该书辟有专节对杂志进行分析，如该书第四章"民报勃兴时期"之第三节"杂志之勃兴"、第五章"民国成立以后"之第二节"杂志"均为专门介绍、分析中国杂志的内容，还有个别章节论述了杂志的出版发行状况。③ 1936年，林语堂先生用英文撰写的 A History of the Press and Public Opinion in China（林语堂将此书翻译为《中国新闻舆论史》），是较早对中国舆论演变过程进行研究的一部专著。在该书中，林语堂用专门的一章，即第十二章"当代期刊"论述期刊的特征和重要性，他除强调期刊对开启民智的重要作用外，还对中国与西方杂志的编辑、内容、发行、杂志伦理与新闻审查进行了比较分析。此外，林语堂在《林语堂自传》、《中国杂志的缺点——〈西风〉发刊词》（载于《宇宙风》第24期）等其他著述中也阐述了他的杂志观。戈公振先生和林语堂先生对期刊（杂志）的论述，对于后人从事期刊研究均具

---

① 周振鹤：《新闻史上未被发现与利用的一份重要资料：评介范约翰的〈中文报刊目录〉》，《复旦学报（社会科学版）》，1992年第1期。
② 王云五：《十年来的中国出版业：1927—1936》，载张静庐辑注：《中国现代出版史料》（乙编），北京：中华书局，1957年，第335—352页。
③ 戈公振：《中国报学史》，北京：生活·读书·新知三联书店，1955年。

有重要的参考、借鉴价值。

在20世纪30年代出现的少数出版研究专业杂志,如《中国出版月刊》中,也有一些关于期刊理论的研究。《中国出版月刊》曾开设"杂志论坛"栏目,努力倡导期刊研究;而且,该刊还曾推出《全国杂志刊物的总调查》,为后人研究那一时期的期刊史提供了重要参考资料。①

尽管在民国时期和中华人民共和国成立后的1949—1978年这两个时段中,中国有一些关于期刊的研究和思索,但总的来说,由于受宏观环境的影响,这方面的研究和思索比较零散,未成规模。这两个时段中散见的一些相关著述文献,多为以下两部重要的大型史料丛书所收录:出版家张静庐先生辑录的"中国近现代出版史料"丛书(包括初编、二编、甲编、乙编、丙编、丁编、补编共7编8册,1953—1959年由群联出版社与中华书局陆续出版),出版家宋原放先生主编的"中国出版史料"丛书(包括古代部分2册、近代部分3册、现代部分4卷8册,2001—2006年由山东教育出版社、湖北教育出版社陆续出版)。其中收录的代表性文献有罗家伦的《今日中国之杂志界》(载于《新潮》1919年1卷4号)、陆费逵的《六十年来中国之出版业与印刷业》(载于《申报月刊》1932年第1期)等。

自1978年中国实施改革开放国策之后,随着中国期刊产业的蓬勃发展,中国的期刊研究取得了一系列的成果,并朝着系统、深入的方向发展,这主要体现在:出版了一些有相当分量的期刊研究论著;形成了一批期刊研究的重要团队;一批信息、传播、文化、教育类专业期刊成为期刊研究的重要园地;期刊研究是一个跨学科的研究领域,来自文学、历史学、社会学、传播学、新闻学、出版学、信息管理学等学科领域的研究者从不同的视角对期刊进行了研究,传播学、新闻学、出版学、信息管理学等学科在中国的发展为期刊研究的深化提供了有力支撑;新闻出版行业主管部门、期刊行业协会的积极倡导推动了期刊研究的发展。

《中国期刊发展报告》(社会科学文献出版社推出的"期刊蓝皮书")

---

① 姬建敏:《30年代的出版研究专业杂志:〈中国出版月刊〉简论》,《出版发行研究》,2000年第12期;李频:《〈中国出版月刊〉:开拓期刊理论研究的先锋》,《编辑之友》,2002年第2期。

的主编李频先生曾于1998年、2002年分别发表《期刊理论研究现状与展望》①和《期刊工作研究述评》②，后一篇论文曾被《中国人民大学复印报刊资料》全文转载，在业界有较好反响；河南大学宋应离教授也曾发表过《艰难的探索 竭诚的奉献——新中国期刊理论研究著作评析》③，对1949年以来中国内地的期刊研究著作进行了述评，该文极具学术研究价值。《中国期刊年鉴》（创刊号）收录的《建国以来期刊研究论著目录》《全国各主要大学期刊研究硕士、博士论文题目》也提供了这一领域较多的资料。此外，《中国期刊年鉴》从2002年开始，每一年度均在其"期刊研究成果"栏目中推出期刊专题研究综述、期刊研究论文索引、期刊研究论文观点选摘。上述已有的研究文献在研究、了解中国期刊研究的历史、成果与进展时能够发挥重要作用。

据中国期刊协会出版的《中国期刊年鉴》刊载的数据资料显示，④从2002年至2007年，每年发表于中国各类专业学刊、高校学报和其他报刊的期刊研究论文均在1000篇以上（见表1）。当前中国的期刊研究主要分布在期刊理论研究、期刊编辑工作研究、期刊经营研究、期刊管理与评价研究、期刊类群与个案研究等研究板块上。2002－2007年，上述各领域的期刊研究均有成果，但研究文献绝对数量最多的是期刊类群与个案研究、期刊编辑工作研究两个领域。可见，其一，期刊业是多种形式、多种类别的期刊族群和个体的集合，不同的期刊族群和个体之间有许多共性，但其特殊性也是比较突出的，因此，对期刊进行分类

---

① 李频：《期刊理论研究现状与展望》，《出版广角》，1998年第1期。

② 李频：《期刊工作研究述评》，《出版科学》，2002年增刊。

③ 宋应离：《艰难的探索 竭诚的奉献：新中国期刊理论研究著作评析》，载《现代期刊编辑论丛》(9)，兰州：《女友》杂志社，2001年，第66—80页。

④ 2003年至2007年出版的《中国期刊年鉴》在时间断限上采用跨年式，以相接两个年份的各自6月为起讫点，标示作2002/2003，即从2002年6月至2003年6月。国际期刊联盟（FIPP）每年出版的介绍全球及各国期刊出版情况的 World Magazine Trends，采取的便是跨年度反映期刊信息的方式。《中国期刊年鉴》借鉴这种断限方式，是因为"跨年度反映期刊信息往往比单年度反映更具有连续性、走向性与灵活性"。引自：《中国期刊年鉴（2002/2003）》卷首语。但可能由于数据采集、统计或其他方面的缘故，《中国期刊年鉴》从2008年卷开始，由以往的跨年编写改为按年度修撰。

研究和个案分析便成为研究期刊生态、审视期刊现象的基本程式和重要方法;其二,对期刊编辑活动进行探讨的论文中,除少部分由高校师生和专业研究机构的人士撰写外,更多论文是出自身处实践一线的期刊编辑人员之手,这是期刊编辑群体的主体意识与专业理念的彰显,而这一点正契合了期刊编辑研究从属的编辑学研究在中国兴起、发展的部分动因。①

表1 中国(大陆地区)期刊研究文献的分布情况

研究领域	2002年6月—2003年6月 文章篇数	2003年6月—2004年6月 文章篇数	2004年6月—2005年6月 文章篇数	2005年6月—2006年6月 文章篇数	2006年6月—2007年6月 文章篇数	2007年1月—2007年12月 文章篇数
期刊理论	186	157	74	175	203	254
期刊史	18	32	18	50	48	60
期刊编辑工作	236	220	337	312	364	351
期刊经营	110	179	152	113	135	212
期刊管理与评价	97	106	206	106	154	252
网络与电子期刊	37	87	107	72	109	192
海外期刊研究	29	35	53	70	59	75

---

① 大规模、有组织的"编辑学"学术研究及相关高等教育在中国的出现,一方面得益于中国学术史上积淀已久的丰富的相关学术资源;另一方面,各类编辑活动的蓬勃发展,使得编辑人的专业理念与主体意识被重新唤醒。20世纪70年代末80年代初,这一领域的研究、教育得到了学界、业界和领导层的有力推动。这一情况在中共思想理论、文化宣传战线的资深领导人胡乔木就编辑学高等教育事宜致教育部的信中得到具体体现,南开大学肖舟教授的《读两本教材兼论国内出版学研究》(载于《中国图书评论》2008年第2期)一文曾全文披露此信。

续表

研究领域	2002年6月—2003年6月文章篇数	2003年6月—2004年6月文章篇数	2004年6月—2005年6月文章篇数	2005年6月—2006年6月文章篇数	2006年6月—2007年6月文章篇数	2007年1月—2007年12月文章篇数
期刊类群与个案研究	229	303	436	490	332	404
其他	57	111	92	103	96	189
合计	1005	1230	1475	1491	1500	1989

资料来源:《中国期刊年鉴》(2002/2003,2003/2004,2004/2005,2005/2006,2006/2007,2008年卷),北京:中国大百科全书出版社。

三、期刊媒介研究深度拓展的进路

综观中国的期刊研究现状,仍有不少课题尚待深入探究。囿于学识与所见,笔者以自己研究中的体悟在此试析其中数项。

(一)理论参照系和研究方法的缺失是影响中国期刊研究深化的主要障碍

20世纪90年代以来,中国有学者提出"期刊学""杂志学"的概念,并出版了相关论著。如:《期刊学概论》(倪延年著,南京师范大学出版社1992年版)、《期刊学探识》(李上文、左正洪主编,中国建材工业出版社1993年版)、《简明期刊学词典》(于鸣镝、张怀涛主编,中国物价出版社1999年版)、《杂志学》(许清茂编著,厦门大学出版社2002年版)等。其中,《期刊学概论》一书作者倪延年自20世纪90年代以来活跃于报刊发展史、新闻法制史等研究领域,曾出版《中国现代报刊发展史》(1993年)、《中国古代报刊发展史》(2001年)、《中国报刊法制发展史》(2006年)等著作,是一位对期刊有着较多研究的学者,他在《期刊学概论》中创造性地提出了一个概念——Periodicalogy。《期刊学探识》是以研究期刊和期刊工作为主的论文专集,收录论文92篇。《简明期刊学词典》一书收录了期刊、期刊工作、期刊事业领域内的名词、专著、著者等方面的词条共2000余条以及重要文件20余篇,是中国期刊领域的第一部词典。许清茂编著的《杂志学》系厦门大学新闻传播学院策划的"传播新视野丛书"之一种,该书阐述了杂志编辑的基本原理和杂志编辑工作流程中各个环节的基本原理、技法,间亦涉及报纸、书籍编辑的原理。

在此暂且不论"期刊学""杂志学"是否成立,不论"期刊学""杂志学"是否需要引号,我们应该看到,有一些学科关于期刊的研究,的确形成了一定的知识体系乃至科学定律。例如,在情报学①的学科逻辑结构中居核心地位的文献计量学(Bibliometrics)对期刊的分析研究就是一例。文献计量学是用数学和统计学的方法,定量地分析一切知识载体的交叉科学,这是一个与科学传播关系密切的学术研究领域,近年来全世界每年发表的文献计量学学术论文约400—500篇,今天这一领域早已不再局限于对科学信息传递、交流的分析,在文献计量学的基础上已发展出科学计量学、网络计量学等学科。文献计量学展现出的重要方法论价值,使得文献计量成为情报学的一个特殊研究方法,被广泛地应用于网络信息搜索效率的优化、核心期刊的确定与评价、出版趋向的预测等领域。而文献计量学中的几个核心定律,如表征文献作者分布的洛特卡定律(1926年)、表征文献中词频分布的齐普夫定律(1948年)、确定某一学科论文在期刊中分布的布拉德福定律(1934年)等,都离不开对期刊的定量分析。当然,现今文献计量学、科学计量学、网络计量学的研究对象已经突破期刊信息,扩展至所有的信息资料。

又如传播学领域中,国外有一些研究者通过对杂志进行内容分析,对传播内容的特征进行描述,揭示其重点和变化趋势,这些研究观照的课题有:杂志内容所反映的文化差异,杂志广告中儿童形象的变迁,杂志对妇女形象的刻画是否传播、强化了媒介中的妇女刻板印象,等等。其中较多地运用到了内容分析法、纵向对比研究或跨国度(地区)、跨文

---

① 其对应的英文学科概念为Information Science/Informatics,这一学科兴起于欧美,或称"信息(科)学"。

化的横向对比研究方法,有关研究结论被较多地引用。① 1983 年,Peter Gerlach 对《新闻学季刊》(*Journalism Quarterly*)中发表的与杂志有关的研究进行了分析。② 1995 年,美国的爱荷华州立大学出版社出版了《美国杂志:研究视角与前景》(*The American Magazine: Research Perspective and Prospects*)一书,该书由美国西北大学麦迪尔新闻学院学者 David Abrahamson 主编,它梳理了各种不同视角下对美国杂志的研究,涵盖了杂志的政治内容分析、杂志的经济学和经营管理研究、杂志的定量研究、杂志的全球化和本土化问题、杂志历史研究,新闻学中的杂志课程和教育,等等。该书将这些有关美国杂志的研究统统归入一个"杂志研究"的框架之中,这说明美国等西方国家的杂志(期刊)研究者已经具备了对杂志研究进行学术深化与整合的自觉意识,其间对研究方法的运用较为重视。在期刊研究领域,德国传媒学界开创了历史先河:不仅出现专门从事期刊研究的学术机构和相关刊物,而且创建了一个专门的期刊学研究领域和大学中的期刊学专业。③

在中国期刊研究的成果中,一些专著对理论和研究方法的重视程度相对较高,这些专著主要分布在传播学、新闻学、编辑学、文学、社会学、历史学、文化研究等领域。另外,传播学、新闻学、中国现当代文学、文艺学、社会学等专业的一些硕士、博士学位论文选择了期刊作为研究主题,由于这些硕士、博士接受了较多的理论和方法训练,他们在研究

---

① 情报学,国外这方面的代表性研究有:"Black and White: Disparity in Coverage by Life Magazine from 1937 to 1972"(Mary Alice Sentman, *Journalism Quarterly*, 1983, vol. 60, no. 3), "Cultural Differences and Advertising Expression: A Comparative Content Analysis of Japanese and U. S. Magazine Advertising"(Jae W. Hong, Aydin Muderrisoglu, George M. Zinkhan, *Journal of Advertising*, 1987, vol. 16, no. 1), "A Comparison of Role Portrayal of Men and Women in Magazine Advertising in the USA and Sweden"(Charles R. Wiles, Anders Tjernlund, *International Journal of Advertising*, 1991, vol. 10, no. 3)。

② Peter Gerlach, "Research about Magazine Appearing in Journalism Quarterly", *Journalism Quarterly*, no. 1(1987)。

③ 赵振勇:《德国期刊研究的历史发展与学科尝试》,《河南师范大学学报(哲学社会科学版)》,2005 年第 2 期。

中较为注意对理论和方法的应用。

近年来,真正从传播学角度全面、深入地研究期刊的成果并不多见。洪九来的《宽容与理性——〈东方杂志〉的公共舆论研究(1904—1932)》(上海人民出版社2006年版),通过梳理近代中国刊行时间最长的一份大型综合性期刊——《东方杂志》中有关公共舆论的文章(涉及时代变迁、公共领域、社会变革、中西文化冲突等内容),分析了1904年至1932年这一时段的《东方杂志》如何依靠一批固守理性、宽容、多元、渐进、调和等基本价值观念的知识分子,从而构造了一个温和的自由主义公共空间。刘宁、谭运长、沈崇照合著的《作为大众传播媒介的文学期刊编辑论》(百花文艺出版社1997年版)将期刊纳入大众传播范畴,在传播学理论框架下剖析期刊的编辑出版,该书"有理论性而不失于虚浮,新见迭出而又系统严谨,自成一家之言,是近年来全国期刊理论研究的代表性成果之一,对积极推动全国期刊理论研究既有方法论的启迪,也有理论建树的价值"①。

从新闻学路径进行的研究有:齐爱军以其复旦大学新闻学博士论文为基础出版的《新时期新闻周刊的生存与发展》(山东人民出版社2005年版),从社会转型与新闻改革的视角对中国的新闻周刊进行了深入分析。

在中国的编辑学研究领域,关于期刊(杂志)编辑学的著作较多,影响较大的有:余也鲁著《杂志编辑学》(香港海天书楼1980年版),张觉明著《现代杂志编辑学》(中国书籍出版社1987年版),徐柏容著《杂志编辑学》(中国书籍出版社1991年版)和《期刊编辑学概论》(辽宁教育出版社1995年第1版,辽海出版社2001年第2版,该书为国家"八五"规划教材、新闻出版总署专业系列教材重点项目),陈仁风著《现代杂志编辑学》(中国人民大学出版社1995年版),龚维忠编著《现代期刊编辑学》(北京大学出版社2007年版,该书被列入"21世纪新闻与传播学系列教材"、普通高等教育"十一五"国家级规划教材)。

在以期刊为观照对象的文化研究领域,较为突出的成果介绍如下:徐连明的《差异化表征:当代中国时尚杂志"书写白领"研究》(社会科学

---

① 李频:《期刊工作研究述评》,《出版科学》,2002年增刊。

文献出版社2008年版)以时尚杂志这一"书写白领"为研究对象,借鉴文化研究中的表征理论,通过内容分析、访谈、问卷调查等社会学方法,分析了时尚杂志产生的时代背景、具体内容、建构机制、对白领阶层日常生活所产生的影响及其本质特征,探讨了"时尚杂志何以可能"这一核心问题;李明德的《仿像与超越:当代文化语境中的文学期刊》(中国社会科学出版社2007年版),运用逻辑分析法和归纳法,结合西方的一些理论资源和当下学术界对文学的重要论题来分析文学期刊的发展,其研究围绕文学与文学期刊的关系这条主线展开;刘胜枝的《当代女性杂志的文化研究》(广西师范大学出版社2007年版)选择了《中国妇女》《家庭》《时尚》这三本杂志来代表不同时期的女性杂志,对其文化进行了深入的研究;丁少彦的《意义的构成:美国杂志广告中的女性形象研究》(中山大学出版社2007年版)从文化学角度运用定性分析、定量分析、符号研究等方法对2002年美国杂志广告中的女性形象进行了全方位的研究,揭示了美国后现代消费社会中广告女性形象再现所呈现的多音并存现象及女性身份意义的多样性和复杂性。上述几部专著均是在作者的博士学位论文基础上出版的。

比较有意味的是,尽管中国的一些研究者怀有建构"期刊学"或"杂志学"的热情,目前中国的期刊研究仍然较为普遍地存在理论参照系与研究方法缺失的问题,这一问题尤其突出地体现在相关的研究论文上。2002年以来中国每年公开出版的期刊研究方面的文章不少于1000篇,但不少论及期刊的文章缺乏方法意识和理论深度。

(二)期刊史研究仍是中国期刊研究领域的一个薄弱环节

迄今为止,中国期刊史的研究文献数量偏少(见表1),这一领域的专著也不多见。宋应离主编的《中国期刊发展史》(河南大学出版社2000年版),周葱秀、涂明著的《中国近现代文化期刊史》(山西教育出版社1999年版),姚远著的《中国大学科技期刊史》(陕西师范大学出版社1997年版),宋应离编著的《中国大学学报简史》(中州古籍出版社1988年版),刘增人等著的《中国现代文学期刊史论》(新华出版社2005年版),黄志雄著的《中国现代文学期刊史略》(百花洲文艺出版社1995年版),王燕著的《晚清小说期刊史论》(吉林人民出版社2002年版),赵云泽著的《中国时尚杂志的历史衍变》（福建人民出版社 2010 年版）等是较少的几部专论中国期刊史的代表作。①

除全景式的通史类著作和对期刊类群进行历史研究的著作较少外，目前这一研究领域的不足还在于，研究思路较为单一，研究涉及面较窄，大多数出版文献基本可以归为三类：第一类是期刊资料汇编或介绍，如《1833－1949 全国中文期刊联合目录》、《中国近代期刊篇目汇录》（1－6卷）、《五四时期期刊介绍》（1－3集）、《辛亥革命时期期刊介绍》（1－5集）、《新民主主义革命时期影印革命期刊索引》（抗日战争时期）、《二十六种影印革命期刊索引》、《中国现代文学期刊目录汇编》（上、下）、《中国百年期刊发刊词 600 篇》（上、下）、《中国近代期刊 50 年创刊号大观》、《中国美术期刊过眼录 1911－1949》，此类文献为中国期刊史的后续研究提供了较好的史料基础；第二类是对期刊个案进行的专题研究，如《鸡尾酒时代的记录者——〈现代〉杂志》《文化传播与文学想象——〈新青年〉杂志研究》《宽容与理性：〈东方杂志〉的公共舆论研究（1904－1932）》《读者时代——一本杂志和它所影响的生活》《〈读者〉传奇：一本与时代互动的杂志》《解读〈故事会〉——一本中国期刊的神话》《〈三联生活周刊〉十年：一本杂志和他倡导的生活》《传奇如歌——〈中国青年〉的故事》等，这些著作著述风格不一，有重学术研究的专著，也有着眼于展现某一期刊生命史的文学记述或纪念文集；第三类是旨在普及的出版物或记载逸闻趣事、指导收藏的文化读物，如《现代文学期刊漫话》《漫话老杂志》等。

从上述期刊史研究状况来看，中国期刊史研究的资料储备已相当可观，但还有深入挖掘的必要，在期刊通史类著作的撰述、期刊类群和个案的专题历史研究、期刊媒介组织和期刊品牌发展史研究等多个方面，有待取得更大突破。

---

① 此处所列书籍仅限专论中国期刊史的著作，除此之外，国内外已出版的综论报刊史的著作较多，如方汉奇先生的《中国近代报刊史》（山西人民出版社 1981 年版）等。

(三）数字期刊等新兴期刊媒介研究需要加大力度

作为一种新兴传播方式，数字期刊（包括网络、电子期刊和手机杂志等形式，还有互动杂志、数码杂志、多媒体杂志等概念，其所指是接近或相同的）的出现和迅速发展，不仅使期刊在内涵和外延上发生了重要变革，而且也为期刊研究的深化、重构提供了新的契机和资源。

现有的关于数字期刊的讨论主要从传播学、新闻学、出版学、信息管理学、计算机科学等学科角度展开。从传播学、新闻学、广告学、出版学的角度出发进行的数字期刊研究有：张植禾、相春艳、张晓青的《我国网络电子期刊的发展现状研究》（《现代传播》2007年第2期），詹骞的《我国网络杂志现状探析》（《现代传播》2006年第5期），周雨、岑清的《Metrosexual潮流在中国——对男性时尚电子杂志商业广告的内容分析》（《新闻大学》2009年第1期），严励、胡冯彬的《我国电子新闻期刊分析》（《新闻界》2008年第5期），彭丽的《网络杂志竞争力探析》（《东南传播》2008年第6期），黄梦阮、申睿的《数字期刊的市场现状和发展问题》（《中国出版》2006年第9期），向淑君、孙璐的《期刊数字化与著作权方案》（《中国出版》2005年第10期），何先刚的《3G手机媒体与期刊出版》（《出版发行研究》2008年第3期），万玉云的《数字时代期刊的融合与品牌延伸——以〈青年文摘〉为例》（《出版发行研究》2009年第3期）等研究论文；《中华新闻报》曾对数字期刊、电子杂志问题给予较多关注，该报曾发表了王立伟的《电子杂志：一个需要耐心的行业》（2006年10月11日）、樊兰的《电子杂志赢利模式仍未明晰》（2007年10月16日）、王崇刚的《电子杂志：突飞猛进 攻城略地》（2008年11月7日）等文章。从信息管理学的视角进行的数字期刊研究多聚焦于学术期刊和科学传播方面，如陈传夫、王云娣的《开放存取期刊的分布及获取策略研究》（《中国图书馆学报》2007年第6期），傅蓉的《开放存取期刊的经济机制》（《中国图书馆学报》2006年第5期），李武、刘兹恒的《一种全新的学术出版模式：开放存取出版模式探析》（《中国图书馆学报》2004年第6期）等研究论文。而从计算机科学与技术的视角对数字期刊的研究则侧重于数字期刊的系统程序设计与技术应用分析，计算机专业领域的报刊上也有部分文献从信息与网络产业发展的角度关注数字期刊市场现状和发展前景,如郝峥嵘的《数字期刊显现长尾理论效应》(《中国计算机报》2007年12月10日)、凡晓芝的《电子杂志:逃亡还是坚守》(《计算机世界》2007年11月26日)等。

迄今为止,专门分析数字期刊的专著较少,笔者通过各种途径只搜索出两种:一是北京大学新闻与传播学院师曾志教授著的《网络电子期刊质量控制研究》(北京图书馆出版社2007年版),该书的内容包括网络电子期刊的产生与发展、电子期刊传播模式、电子期刊质量控制、对中国电子期刊发展现状的研究及建议;二是赵乃瑄编著的《电子期刊管理:体系、方法与实践》(大连理工大学出版社2006年版),该书系统分析了电子期刊管理面临的问题、电子期刊管理体系的组成环节和构架模型、电子期刊管理的方法与实践等内容。

数字期刊作为一种新的媒介形态,与之相关的许多问题目前亟待深入探索。例如,有关数字期刊盈利模式、数字期刊信息内容的开放共享、数字期刊知识产权、数字期刊信息传播政策和管理体系等问题的研究,都需要得到应有的重视。

(四) 中外期刊比较研究、海外期刊研究需要增加投入

比较方法是科学研究中的一种重要方法,对于传播研究亦是如此。在传播学领域开展比较研究,不仅能帮助我们开阔视野,启迪思维,发掘资源,吸收先进理念和方法,而且对于传播学研究的发展也将起到推动作用。今日之中国期刊界应当抓住机遇,围绕中国期刊业如何吸引和稳固受众、如何走向世界等一系列主题做文章,在竞争激烈、强手如林的国际期刊舞台上争取更大的发展。知己更要知彼,有比较才能有鉴别,通过比较可以看到中国期刊业自身的优势,发现问题,找出差距,少走弯路。"他山之石,可以攻玉。"运用比较分析的方法能帮助我们认识国际期刊业发展的非均衡性,某些国家现在正经历的事情,在其他一些国家则可能已有相当长的历史。从这一角度来说,比较视野中的期刊研究对于加速中国期刊业的发展有着重要的现实意义。

目前,中国的一批研究者对跨国度的期刊业进行了比较研究,如:殷晓蓉、方筱丽的《都市期刊生态结构的比较研究——以纽约和上海为例》[《杭州师范学院学报(社会科学版)》2007年第2期,该文为上海文

化研究中心资助项目"纽约与上海期刊生态与管理"研究成果之一〕，王积龙的《中美环境新闻杂志的编辑思想差异之比较研究》(《中国出版》2009年第1期)，刘树新、王庆良、杨春的《中美期刊发行代理商服务方式之比较》(《出版发行研究》2006年第7期)，吴赟的《中外期刊经营管理之比较》(《中国出版》2004年第1期)和《中国与发达国家期刊业的实力差距究竟有多大——中西期刊产业实力比较分析》(《今传媒》2005年第7期)，黄耀红的《中外期刊广告经营比较——兼论现代期刊的广告运作模式》(《出版发行研究》2004年第4期)，刘建涛、陈燕的《国内外高端杂志生存空间比较分析》(《中国编辑》2004年第2期)，周蔚华、柯冬云的《中美学术期刊评审机制之比较》(《编辑学刊》2004年第4期)，秦朔的《政策·资本·鸿沟——中美杂志业的比较与思考》(《中国图书商报》2001年6月5日)、《中美杂志比较研究》(《大市场·广告导报》2002年第2期)、《美国杂志出版业考察》(《出版发行研究》2001年第7期)、《走进21世纪的美国杂志》(《出版参考》2001年第21期)等。其中，《南风窗》杂志社原总编辑、上海文广集团《第一财经日报》现任总编辑秦朔所著的中美杂志比较研究系列论文已经成为期刊界引用最多的论文之一。

然而，从近几年《中国期刊年鉴》中所附的各年"期刊研究论文索引""期刊研究论文观点选摘"可以发现，中外期刊比较研究的投入明显不足(见表1)。与这一研究主题最为接近的是对海外期刊的研究。近年的中国期刊研究领域中，对海外期刊研究的文献数量虽然较少，但研究的成果数量在持续增长，且增长幅度在各研究板块中最大。这表明随着中国加快与世界接轨，研究者们越来越多地关注海外期刊，希望能从中得到借鉴，为中国期刊产业的改革和发展提供思路。

对海外期刊的研究主要集中在海外期刊的新形态(如网络杂志、手机杂志等)、新模式(如开放存取、新闻定制等)及海外期刊的运行机制、生存环境和成功经验等方面。中国已出版的以海外期刊为主题的专业书籍有：徐春莲、何海林著的《英国期刊产业前沿报告》(南方日报出版社2007年版)；崔莹著的《办最赚钱的杂志——对话英国名刊主编》(南方日报出版社2007年版)；王栋著的《对话美国顶尖杂志总编》(作家出版社2008年版)；叶新编著的《美国杂志的出版与经营》(中国传媒大学出版社2007年版);戴利华主编的《国外科技期刊发展环境》(社会科学文献出版社2007年版);中国科学技术协会学会学术部主编的《国外科技社团期刊运行机制与发展环境》(中国科学技术出版社2007年版);美国人萨梅尔·约翰逊、帕特里夏·普里杰特尔著,王海主译的《杂志产业》(中国人民大学出版社2006年版);英国人彼得·杰克逊、尼克·斯蒂文生、凯特·布鲁克斯著,陈阳、张毅、赵潇爽等译的《追寻男性杂志的意义》(天津人民出版社2007年版)等。在上述论文和书籍中,有少数对海外期刊研究的文献具有比较研究的痕迹。

  总体而言,中外期刊比较研究尚未形成气候,中国研究者对海外期刊的研究较多地集中在介绍海外期刊的办刊方式或者运作理念上,多为现象描述,少见系统深入的、实质性的比较研究。比较视野中的期刊研究应当在高度、广度和深度上下功夫,深度阐释和理论辨析需加强。具体来说,一些比较研究论文偏重于对国外期刊个体、现象和机构的介绍、描述,缺乏深入的实质性的对比分析;一些论文则停留在材料的堆砌和"河对江、红对绿"之类的简单对比层面,缺乏必要的理论和方法支撑。科学的研究方法和规则的缺失,会使收集材料的过程和研究结论都有屈从成见的痕迹,那么,比较研究的价值有多大也就存在疑问了。①

  原载于《河南大学学报(社会科学版)》2011年第2期,人大复印报刊资料《出版业》2011年第5期全文转载

---

① 吴赟:《在比较分析中深化出版学研究:关于比较出版研究的分析与思考》,《出版发行研究》,2006年第10期。

谈谈坚守以学术为立刊之本
——纪念中国高校学报诞生110周年引发的思考

潘国琪①

东吴大学成立于"新政将兴而未兴,科举垂废而未废"②的晚清末季。成立刚逾五年,即1906年便创办了我国最早的学术性刊物《东吴月报》。《东吴月报》有明确的办刊宗旨,有稿件内容规划,有固定的刊期,有征稿的要求,有征订的办法,有较健全的编辑机构,已初步具备了现代期刊的基本要素。《东吴月报》在曲折前行的路上,积累了不少办刊经验,为中国高校学报百余年的辉煌奠定了基石,其开山之功不可磨灭。借纪念中国高校学报诞生110周年的机会,笔者就坚守以学术为立刊之本做了一些思考。

一、以学术为立刊之本的基本概念

《东吴月报》的"以表学堂之内容与当代学界交换智识"③的办刊宗旨,体现了以学术为立刊之本的思想。这种思想一直为后来的中国高校学报所传承和弘扬,形成为其共同的办刊理念。"学术立刊"中的学术,按照《现代汉语词典》的释义,即"有系统的、较专门的学问"。这种有系统的、较专门的学问的学术,包含科学性、创新性和实践性。科学

---

① 作者简介:潘国琪,北京师范大学学报原主编,编审,中国高校文科学报原理事长。研究方向编辑出版学。
② 《学桴发刊词》,《东吴月报》,1906年创刊号。
③ 《学桴发刊词》,《东吴月报》,1906年创刊号。

性,要求研究主体通过研究,能揭示客观事物的发展规律,获得真理;创新性,要求研究主体在继承前人已有研究成果的基础上,进行再探索,发现新的现象、新的情况和新的矛盾,提出新的理论;实践性,要求研究主体将研究成果推送到生产实践和社会实践中接受检验,如发现不足,则继续探索和完善。这种学术性就是高校学报的本质属性,只有以这种学术性为立刊之本,学报才能立得起、挺得住,才有核心竞争力,才可持续发展。《东吴月报》之后,不论是《北京大学月刊》"研究学术、发挥思想、披露心得"①的编辑宗旨和《金陵学报》"发表师生研究及讨论学术之作品"②的主旨,还是《东北人民大学学报》"不断推进全校的学术研究和学术批判工作"③的办刊目的与《复旦学报(社会科学版)》"反映复旦社会科学系科的教学和科学研究成果"④的定位,都体现了以学术为立刊之本的理念。可以说,这是中国各高校学报对学术高品位价值的共同追求。

二、坚守以学术为立刊之本需要适宜的政治生态环境

无数事实表明,一个社会政治生态环境的好坏,直接影响一个国家经济、科技和文化教育等事业的兴衰,这是一个铁的规律。在我们国家,作为意识形态色彩浓厚的新闻出版事业受政治生态环境的制约尤为突出。新中国建立后,高校学报走过的曲折历程就是明证。如在20世纪50年代中期,随着党的"双百"方针的提出,学术研究和高校学报出现过短暂的繁荣景象,但在其后不久的"以阶级斗争为纲"的极"左"思潮的冲击下,高校学报受到严重干扰。那时,学报主编非但不能坚守以学术为立刊之本,相反,还要花费大量心思多多刊发紧跟形势的"时

---

① 《编辑略例》,《北京大学月刊》,1919年第1卷第1号。
② 《简章》,《金陵学报》,1931年创刊号。
③ 匡亚明:《进一步开展学术研究和学术批判工作:为东北人民大学人文科学学报创刊而作》,《东北人民大学学报》,1955年第1期。
④ 夏征农:《对复旦学报的几点期望:代复刊词》,《复旦学报(社会科学版)》,1978年第1期。

文",结果是学报的学术性越来越淡化,政治性越来越强化,以至于学报成了服务"以阶级斗争为纲"的工具。"文革"期间,学报停办长达七年之久,高校学报事业受到了重创。

"文革"结束后,经过拨乱反正和"实践是检验真理唯一标准"的大讨论,人们思想大解放,我国进入改革开放的新时期,政治生态环境风清气朗,迎来了一个姹紫嫣红的科学春天。党和政府对哲学社会科学及其学术刊物高度重视,出台了一系列方针政策。教育部1978年《关于办好高等学校哲学社会科学学报的意见》将学报明确定性为"学术理论刊物"。在其后相继颁发的《高等学校学报管理办法》和《教育部关于加强和改进高校社科学报工作的意见》等文件中,都重申和强调了高校学报的学术属性。在这种形势下,各高校领导也都高度重视学报工作,创造了许多有利于学报发展的条件;各高校学报编辑部则更是积极贯彻落实教育部文件精神,进一步强化以学术为立刊之本的理念,精心设置栏目,精心策划选题,力求突出本校的学术优势,推出了各自的优秀学术成果,有力地推动了学术研究的深化和学科建设。因而,20世纪80年代至90年代,高校学报不仅数量猛增,而且学术质量也显著提高。

三、坚守以学术为立刊之本需要政府主管部门权威举措的强力推进

我国新闻出版事业是在党的领导下,由政府主管部门直接指导运作的。就高校学报而言,就是要遵循教育部的宏观指导,贯彻其制定的有关政策,以保证学报的健康发展。举例来说,如进入21世纪后,随着改革开放的不断深入,经济的不断繁荣和高等教育规模的扩大,以及文化强国战略的提出,教育部启动了高校哲学社会科学"名刊工程"。"名刊工程"建设的一个核心目标是:"能够在哲学社会科学领域引领学术研究的方向,推出一批在国内外学术界产生重大影响的特色栏目和优秀论文,为推动我国哲学社会科学理论的建设和发展提供新鲜观点、材

料和方法。"①"名刊工程"的启动,使各高校学报受到极大鼓舞,纷纷研究新的发展谋略,寻找新的学术生长点,寻求学界名流和学科领军人物的鼎力支持,力争把学报办出特色、办出水平;各学报编辑则本着以学术为立刊之本的理念,置身于白纸黑字的世界里,以大国工匠精益求精的精神,或斟酌文章的立意,或推敲论证的逻辑,或咬文嚼字,或查证资料,或核对引文……铆足劲提高文章的学术质量。就这样,很多学报推出了一批又一批优秀学术研究成果,极大地提高了学报的学术质量。据统计,10多年来,高校社科学报荣获国家期刊奖、中国出版政府奖、入选教育部名刊、百强报刊和国家社科基金资助期刊的达140多种,已跻身于高端学术期刊的行列,其中的一部分学报以其厚重的内容、鲜明的特色和创新的成果享誉中外。同时,高校学报还涌现出有较高学术含量的240多个"名栏"和特色栏目。可以说,高校社科学报既有"高原",又有"高峰",切切实实做到了以学术为立刊之本。

四、坚守以学术为立刊之本需要有优良的学风

坚守以学术为立刊之本需要有非常优良的学风,有了这种学风,学报就有优质稿源,就有学术影响力,就有存在的价值。然而,在我国社会转型期,受市场经济对利益过度追求的影响,受科研管理过度量化的挟持,使得学术浮躁之风愈演愈烈,令人担忧。有些学人为了某种功名,急于多出成果,但又不甘于坐冷板凳去面对青灯黄卷、下扎扎实实的苦功夫,而是采取短、平、快的策略,闭门造车,东拼西凑,敷衍成篇,只求数量,不讲质量。现在高校都采取科研管理量化措施,教师职称评定、年度绩效评估、晋级考核以及博士生毕业,学术文章不仅成了一个重要的砝码,而且文章的数量和发表刊物的级别都有严格规定。由于与切身利益攸关,又由于一些教师和博士迫于教学工作和学业的压力,他们就想方设法偷巧、走捷径,有的随意命题,空发议论,草率成文;有的甚至弄虚作假,抄袭剽窃别人的成果,以尽快达到量化的标准,得到

---

① 《教育部关于印发〈教育部高校哲学社会科学名刊工程实施方案〉的通知》(教社政[2003]12号)。

职称提升、考核过关、顺利毕业的实惠。这样一来,就使得学术尊严受损害,学术环境受污染,影响甚为恶劣。与之相关的是,高校学报的稿件质量受到严重挑战。据很多主编反映,现在学报的来稿呈现三多三少的状况:空洞无物的多,粗制滥造的多,重炒冷饭的多;言之有据的少,精雕细刻的少,求实创新的少。面对学术浮躁之风造成的如此结果,学报要坚守以学术为立刊之本非常之难。尽管主编和编辑费尽心思采取多种开辟优质稿源的措施,但成效不尽如人意,学报面临着生存难、发展更难的困境。令人兴奋的是,我们的党和政府了解实情,知晓民意。最近,习近平总书记在哲学社会科学座谈会上的讲话和国务院办公厅颁布的《国务院办公厅关于优化学术环境的指导意见》①都高度重视学风建设问题,提出了许多重要举措和要求,下决心营造一个创新求实,坚守学术诚信,完善学术人格,遵守学术规范,维护学术尊严,履行社会责任的风清气正的优良学风。无疑,这对高校学报是一个利好的信息,对学报人是一个福音。虽然实现这一优良学风的目标还需要一个较长的时期,但前景是光明的。我们应该满怀信心,坚定地坚守以学术为立刊之本,为多出学术精品做出自己的一份贡献。

五、坚守以学术为立刊之本需要有科学的学术评价的激励

作为学术论文载体的学报,就其实质而言,是一种精神产品。对于精神产品的学术价值需不需要进行评价?当然是需要的,并且科学的学术评价对学报(包括所有的学术期刊)提高学术质量会起到激励作用。然而,近些年来,学报人在坚守以学术为立刊之本的过程中,遇到了各类欠科学、不完善的学术评价的干扰。细数数,当下具有学术评价功能的核心期刊、学术排行榜单就有七八种之多。而入选核心期刊和学术排行榜单的依据,最主要的是文章的转载率和影响因子,即以量化定学报水平的高下。这些数据好似 GDP 指标,压得主编抬不起头来、

---

① 国务院办公厅:《国务院办公厅关于优化学术环境的指导意见》(国办发[2015]94号)。

编辑透不过气来。于是，有些学报为了提高转载率就想方设法采取诸多投机取巧的对策。如有的只发或多发容易被转载的研究社会科学的文章，而不发或少发难以被转载的研究人文科学的文章——不惜偏离办刊宗旨；有的只发长文，而不发即使是很有学术价值的短文——不惜丧失自家学报的个性特色；有的在目次上搞小动作，如有专题、笔谈之类的栏目，就只在目次内标示一个专题名称而不标示各笔谈者的文章题目——不惜违背编排规范。为了提高影响因子：有的拉帮结盟，由若干家学报组成一个"共同体"，互相引证，互相"受惠"；有的央求或暗示某些作者引用自家学报上的文章，而后以金钱作为回报，也就是说，花钱买引证——不惜损害职业道德。这些不理性的行为，触碰了学报健全的学术神经，影响了学报的声誉。

出现这种不理性行为的原因主要有二：一是某些主编过于看重功利，他们将学报与核心期刊和学术排行榜单过度关联，以种种不当手段提高数据，拼命挤进核心期刊、登上排行榜单，以显示自己的业绩，其结果不仅未能坚守住以学术为立刊之本，反而使学报离开了学术本真，造成诸多负面影响。这方面的教训不可谓不深刻。二是欠科学、不完善的学术评价之过。由于现在的学术评价核心内涵不明、评价标准单一、评价功能异化、同行评价缺失、重定量轻定性等弊端，成了造成不理性行为的根源，干扰了学报事业的正常发展。因此，如何集思广益，结合中国的实际，构建一个科学的、有利于推动学术发展的、具有公信力和权威性的学术期刊评价体系，是当前一个亟待深入研究和解决的问题。一个科学的、完善的学术期刊评价体系，必然会激励各学报苦练内功，不断提高办刊质量，真正将以学术为立刊之本落到实处。

六、坚守以学术为立刊之本需要合理调整高校学术期刊结构

结构是任何事物存在的一种方式，结构合理，便能推动事物的发展，结构失衡，事物的发展就会受到阻碍。高校学术期刊的结构同样存在着是否合理或失衡的问题，这个问题与能否有效坚守以学术为立刊之本密切相关。进入21世纪后，在高校学报的改革中，政府有关主管

部门和学报界一些同仁认为,高校学术期刊结构极不合理,专业期刊过少,综合性学报数量过多,且学术质量不高,极力主张走"专业化"之路。因之,"专业化"成为一种流行语,与数字化、国际化并重。其实,"专业化"问题是一个非常复杂的问题,需要根据中国的国情进行充分论证,既要弄清楚综合性学报的长处和缺陷,也要弄清楚专业期刊的优势和局限;既不要认为综合性学报一律走"专业化"之路是合理的,也不要认为综合性学报一律保持不变是合理的。如何找到一种结构合理的平衡点,这需要从各自的功能和学术资源配置等方面详加论证。找到了合理结构的平衡点,就能很好地坚守住以学术为立刊之本,达到综合性学报和专业期刊双赢的效果。笔者认为,如果片面强调综合性学报都"化"为专业期刊是会有风险的。比如,同一学科的专业期刊数量过多会是什么情况,学术质量是不是一定会高,会不会造成更为严重的同质化现象?据了解,现在全国高校办有近40种教育类专业期刊,但办得好的也只有为数不多的几种,这说明了什么?中国社科院办的《中国社会科学》是综合性学术期刊,其学术水平和影响力都远远超过同样是中国社科院办的《历史研究》和《哲学研究》等专业期刊,这又说明了什么?现在有些综合性学报不顾所掌握的学术资源,盲目地转为专业期刊,结果稿源严重不足,优质稿件更是难求,质量不升反降,很是被动。凡此都说明,并不是一"专"就灵。

高校学术期刊改革中的结构问题是一个很棘手的问题,不改不行,轻易乱改更不行,需要从多方面进行探索。学报人不管是在探索的路上,还是在探索有了结果之后,都应该坚守以学术为立刊之本,确保刊物质量平稳提升。

七、坚守以学术为立刊之本需要学术争鸣的推动

学术争鸣是学术发展和繁荣的主要动力,高校学报人要坚守以学术为立刊之本,更迫切需要学术争鸣的推动。然而,当下学术界的学术争鸣气氛不甚浓厚,很少见到就一些重大学术问题展开的自由讨论和争鸣,显得比较沉寂。高校社科学报也和我国学术界一样,学术争鸣开

展得同样不尽如人意,不论是名校学报还是普通高校学报,都未见提出过引起学术界高度关注的、值得展开讨论的重大学术争鸣问题,同样显得很沉闷。这种局面是不正常的,是应该改变的。笔者认为,高校社科学报要提高学术质量,要引领学术潮流,最重要的举措之一,就是要带头优化学术民主环境,营造浓厚的学术氛围,认真贯彻"双百"方针,积极开展学术争鸣。如果学报能抓住一些有较高学术价值和理论价值的重大话题展开讨论和争鸣,并由此在某些方面推动了学术创新,高校学报就会令人刮目相看。在笔者看来,高校学报应该这样做,也是有条件能够做到的。因为高校有三大资源优势:一是人才资源优势,这里有大师、名家、学科带头人和青年才俊等,是英才荟萃之所;二是学科资源优势,这里有各类基础学科、应用学科、交叉学科和新兴学科等,是学科最齐全之处;三是科研资源优势,这里有各类国家社会科学基金项目,有省部级人文社会科学研究基金项目,有学术研究院所或中心,学术积淀深厚,是主要学术成果产出之地。这种学术环境使得学术思想活跃,容易形成不同的学术流派和不同学术观点之间的争鸣。

从办刊优势看,高校社科学报在全国社科学术期刊中三分天下有其二,并拥有一支约5000人的高素质编辑队伍。而今很多学报主编和编辑增强了开放意识,正在创新办刊理念,探索最佳的办刊模式,特别是"名刊工程"启动以来,学报出现了你追我赶的局面,问题的探讨在深入,彼此之间的合作、交流在加强,这就可能形成共同关注的话题,展开讨论和争鸣。在争鸣中,不同的学术观点,既会有交锋、碰撞,也会有交流、融合,也就是说,争鸣能获得彼此取长补短、互利双赢之效。学报如能争做学术争鸣的领跑者,坚守以学术为立刊之本的实效就会更凸显,学术之花就会更鲜艳。

八、坚守以学术为立刊之本需要重视学术与现实的密切结合

以学术为立刊之本,不是为学术而学术,而是应使学术与现实密切结合,服务社会。这是因为,作为学术载体的学报的终极使命是为人民

服务,为社会主义服务,是传承文明、创新理论、咨政育人和服务社会。最近,习近平总书记又号召科学家们"把论文写在祖国的大地上",也就是说,学术研究要为祖国的强盛和民族的伟大复兴服务。同时,马克思主义的学风也要求学术和现实的密切结合,认为一切科学研究,包括自然科学和社会科学研究,必须同生活、同实际、同社会迫切需要解决的问题密切联系起来。毛泽东在论学风问题时,特别强调把理论运用到实践中去检验理论、丰富理论、创新理论,为革命、为建设服务。革命导师和学术大师们无不以自己的研究成果能够为社会服务而深感自豪,学报人应该将这种学风渗透于编辑工作的始终。需要强调的是,重视学报服务社会和现实,并不是要求学报像新闻报刊那样"紧跟形势",发表一般解读方针政策的"时文",而是要求"聆听时代的声音,回应时代的呼唤"[1],研究现实生活中带有根本性、全局性的问题,并要从理论的高度对所探讨的问题考察其源流、评估其价值、研判其走势,"从其中引出其固有的而不是臆造的规律性,即找出周围事变的内部联系,作为我们行动的向导"[2],从而体现文章的创新性和导向性,凸显文章的理论穿透力。只有这样,学术才能真正做到有效地、深度地服务社会;也只有这样,作为学术成果载体的学报,才会赢得尊严,赢得生机和活力。

其实,服务社会是我国高校学报的一个优良传统,从《东吴月报》提出的"为强种强国之起点",到后来各学报重视把握社会脉动,研究现实中的前沿问题和热点问题,都体现了服务社会的理念。而今,我们学报人要切实传承和弘扬这一优良传统,更自觉地关注生活、拥抱现实、服务社会,为祖国、为人民立德立言,为治国理政提供理论支持。唯有如此,才可以说坚守以学术为立刊之本取得了最理想的成效。

纪念中国高校学报诞生110周年,引发笔者对坚守以学术为立刊之本这个既是老旧话题,又是永恒的话题所作的思考,思考虽然是肤浅的,但从这些思考中,可以认识到任何事物都不是孤立存在的,是与其

---

[1] 《习近平:在哲学社会科学工作座谈会上的讲话》,人民网 http://politics.people.com.cn/n1/2016/0518/c1024-28361421.html,2016年5月18日。

[2] 《毛泽东选集》第3卷,北京:人民出版社,1991年,第801页。

周边相关事物紧密联系的。所以,我们要用辩证的观点,去分析政治生态环境、学术风气、学术评价、学术期刊结构、学术争鸣和学术的现实功能等内外部因素对坚守以学术为立刊之本的有利和不利的影响,从而采取适宜的应对策略,以促进学报事业的健康发展。

原载于《河南大学学报(社会科学版)》2016年第6期,《新华文摘》2017年第4期论点转载

中国高校学报发展的回顾与展望
——对中国高校学报诞生 110 周年的总结与思考

乔家君①

中国高校学报经过了百余年的发展,目前已到了发展的重要关口。"中国高校学报 110 周年纪念暨学术期刊高峰论坛"②适时召开,总结过去,共话未来。关于学报的概念,《现代汉语词典》解释为:学报是学术团体、科研单位或高等学校定期出版的学术性刊物。姚申认为,学报的"学"是名词,学报的"报"是动词,所谓的学报,通俗来说就是学术通报,是学术研究和与学术研究有关信息的通报。学报不是高校的专有词,中国科学院、中国社科院等研究机构都有自己的"学报",如《中国科学》《科学通报》《地理学报》《物理学报》等,都是非常权威的"学报"。"百度百科"解释更泛化,认为学报不仅仅是一种学术刊物,也是一种官方报道本单位或本领域方方面面内容的报纸,如《经济日报》《人民日报》等。中国高校学报是一种特殊的学术刊物,其发展一直与高等教育的发展相辉映,记录着高校发展的兴衰。目前,中国高校学报有 2508

---

① 作者简介:乔家君,理学博士,河南大学二级教授,河南大学环境与规划学院党委书记,博士生导师。研究方向地理学、经济学、编辑出版学。

② 该会议于 2016 年 5 月 28—30 日在苏州大学召开(下称"苏州会议"),会议主题为传承、融合、创新。来自全国的约 190 名期刊界专家学者与会,探讨了新时期学术期刊发展的问题。本文是在聆听与会专家学者高见的基础上,对高校学报发展的点滴思考。文中若没有引文出处,观点均来自本次研讨会。文章完成初稿后,得到了潘国琪、朱剑、喻阳、姚申、高自龙、赵磊、肖宏、荆林波、汪新红、仲伟民、叶娟丽、宋应离、姬建敏等专家的指导,在此一并表示感谢。

种，占全部学术期刊总数的 1/4 强；①人文社科类大致有 1300 多种，与科技类基本相当。

对高校学报发展的总结，从现有研究成果看，有对当前面临形势的评估及演变特征的总结，有对高校学报功能与定位的诠释，有对高校学报与专业性期刊关系的辩论，等等。但基本都是数年前的研究，尚缺乏基于最新发展形势的分析；多偏向于某一特定视角的总结，尚缺乏系统性的梳理。基于此，本文拟对新形势下中国高校学报的发展历程作以简要回顾，试图总结其发展特征，分析当前面临的主要形势及出现的主要问题，并在此基础上提出自己的一管之见。

一、中国高校学报的发展历程

（一）中国高校学报的发端

关于中国高校学报的起源，有着不同的观点。万泉、李扬明、宋应离等认为，我国最早的学报是 1906 年 6 月苏州东吴大学创办的《东吴月报》，②又名《学桴》。王国平、熊月之也曾撰文对此进行了论证。③ 姚远等学者持有不同的观点，认为创办于 1889 年的《约翰声》(The St. John's University Echo)才是中国高校学报的发端。④ 姚申认为，《东吴月报》不是一本真正意义上的学报，1915 年创刊 1924 年复刊的《清华学报》、1919 年创刊的《北京大学月刊》、1927 年创刊的《燕京学报》，这三本学报代表着中国人文社会科学期刊的发端，也是中国高校学报初

---

① 乔家君、刘晨光：《我国学术期刊空间格局及其生态环境评价》，《河南大学学报（社会科学版）》，2014 年第 5 期。

② 万泉：《我国大学学报考》，《辽宁大学学报》，1981 年第 6 期；李扬明：《中国大学学报史述略》，《华东师范大学学报》（哲学社会科学版），1983 年第 3 期；宋应离编著：《中国大学学报简史》，郑州：中州古籍出版社，1988 年，第 32 页。

③ 王国平、熊月之：《最早的中国大学学报：东吴学报创刊号〈学桴〉解读》，《苏州大学学报（哲学社会科学版）》，2006 年第 3 期。

④ 姚远、谭秀荣、亢小玉等：《中国高校科技期刊百年史回顾与前瞻》，《编辑学报》，2014 年第 2 期。

创期的三个代表。姚远、亢小玉则认为,《约翰声》《学桴》《学丛》三刊为中国高校所办的三份最早的文理综合性大学学报。① 徐克敏认为,《亚泉杂志》(主办单位是亚泉学馆)是我国最早的科技期刊。②《北直农话报》(现为《河北农业大学学报》)创刊时间可追溯至 1905 年,也被认为是中国最早的大学学报。③ 在这次"苏州会议"上,发言的绝大多数学者赞同第一种观点,如中国高校学报研究会 4 任理事长一致认为,《东吴月报》是中国高校学报的创始期刊。

之所以出现中国高校学报的发端之争,笔者认为,最主要的一个原因是如何界定研究的主体和客体,如何界定高校,如何界定高校学报;其性质是宗教传播,还是有特定的政治意图,是教书育人、学术研究,还是文化传播、社会服务等;其体裁是新闻,还是研究。以宗教传播、特殊政治目的(为资本主义扩张服务)的期刊由于其非学术性的目的难以称之为学报;主办单位不满足高校的标准也难以称之为学报。由此,《约翰声》《亚泉杂志》《北直农话报》难以称之为高校学报。《学桴》《学丛》均是先办以新闻为主的校报,再过渡或嬗变为学术期刊,考虑到其创立初期的刊文内容(如《东吴月报》第 1—3 期,分图画、论说、学科、时事、译丛、丛录六类,其中论说和学科刊登论文,占接近 1/2 的版面,其他一些栏目带有新闻性、时事性,与今日校刊相似),也难以称之为真正意义上的高校学报。所以,《清华学报》才是我国学术规范、内容完整的第一本真正意义上的高校学报。

(二) 中国高校学报的跌宕起伏

在改革开放前,中国高校学报呈现出曲折式的发展,大致可划分为 5 个阶段,具有鲜明的时代特征:民国时期中国高校学报的萌动,新中

---

① 姚远、亢小玉:《中国文理综合性大学学报考》,《中国科技期刊研究》,2006 年第 1 期。

② 徐克敏:《我国最早的科技期刊〈亚泉杂志〉》,《中国科技期刊研究》,1990 年第 3 期。

③ 黄金祥、姚远、李川:《〈河北农业大学学报〉创刊年代考》,《河北农业大学学报》,2005 年第 3 期;陈浩元、郑进保、李兴昌等:《高校自然科学学报的功能及实现措施建议》,《编辑学报》,2006 年第 5 期。

国成立初期中国高校学报的起步,"文革"时期中国高校学报的停滞发展,改革开放至 20 世纪末中国高校学报量的扩张,21 世纪以来中国高校学报的健康发展与跨越。

第一,清朝、民国时期中国高校学报的萌动与探索。主要受三次重大事件的影响,第一次是中国资产阶级改良派对旧中国的空想与改良。1896－1898 年戊戌变法是资产阶级报刊创办与发展的重要活跃期,先后创办了 27 家期刊,如《时务报》《清议报》《集成报》《蒙学报》《工商学报》《湘学新报》《知新报》《蜀学报》等。① 这些期刊严格意义上讲是"报",而不是"学报"。第二次是 1919 年爆发的五四运动,这在我国思想界、文化界、学术界引起了巨大反响。受此影响,宣传新思想,进行学术交流的学报应运而生,最具代表性的有《清华学报》《北京大学月刊》《燕京学报》《岭南学报》《中山学报》等。第三次是 1931 年的日本侵华事件,掀起了爱国反帝的浪潮,被称为"期刊热"或"杂志年"②,涌现出一大批中国高校学报,如 1932 年创办的《国学季刊》(北京大学),1933 年创办的《安徽大学月刊》,1934 年创刊的《河南大学学报》,1939 年创刊的《西大学报》等;还有一些学报设计专辑,为救亡图存贡献力量,如上海交通大学创办的《交大季刊》出版专辑《抗日特刊》,湖南大学创办的《湖南大学季刊》出版专辑《国际问题特辑》等。

第二,新中国成立初期中国高校学报的起步。1950 年 3 月,哈尔滨农学院(原东北农学院前身)在哈尔滨创办《哈农学报》,该学报是新中国成立以来我国创立的第一家高校科技期刊。③ 1951 年,山东大学创办《文史哲》,它是新中国成立以来较早的专业性的文科学报。尤其是 1956 年,中央提出了向科学进军的口号,毛泽东提出了"百花齐放,百家争鸣"的方针,使我国高校学报的发展进入了第一个重要发展期。但好景不长,1957 年"反右"斗争扩大化,使高校学报将学术问题与政治

---

① 宋应离主编:《中国期刊发展史》,开封:河南大学出版社,2000 年,第 37－54 页。

② 陈江、李治家:《三十年代的"杂志年":中国近现代期刊史札记之四》,《编辑之友》,1991 年第 3 期。

③ 姚远、谭秀荣、亢小玉等:《中国高校科技期刊百年史回顾与前瞻》,《编辑学报》,2014 年第 2 期。

问题混为一谈,片面强调配合政治运动,一些成果缺乏科学分析,片面化、简单化,伤害了一批专家学者,使高校学报发展受到一定的打击。

第三,"文革"时期中国高校学报的停滞发展。"四人帮"反革命集团为篡党夺权控制舆论工具,包括极少数学报在内的学术期刊蜕变为"帮刊",众多期刊则被迫停刊,全国期刊由1965年的790种降至1966年底的191种,1967年仅存27种。①

(三)中国高校学报的规模扩张

改革开放到20世纪末是中国高校学报的规模扩张期。由于前期形成了"学术"上的巨大缺口,再加上科技和人文社科领域的实践发展,迫切需要与之对应的刊物有更大的发展,使得高校学报的数量显著增长。从中国学术期刊的变化来看,1979—1989年,我国学术期刊新增3606种,平均每年新增328种,是迄今为止我国期刊发展史上增长最快的"十年"。1990—1999年间,新增期刊1378种,平均每年增加138种。以高校科技期刊为例,1978—1999年,新创办843种,是1960—1965年的20.1倍,是1966—1976年的12.2倍,占整个高校科技期刊总数的66.1%。②

(四)中国高校学报的健康发展与跨越

21世纪以来,中国高校学报基本实现了跨越式发展,学术质量得以显著提升。随着科学技术水平的提高以及人文社科领域的发展,信息量突飞猛进,各高校学报积极应对、健康发展。据清华大学学术期刊(光盘版)电子杂志社副社长、副总编辑肖宏介绍,中国知网涵盖高校学报、专业期刊等有1万多种,已构建超大型的期刊数据库,在这些数据库中,高校学报的国内外影响不可估量。

---

① 方厚枢:《"文革"十年的期刊》,《编辑学刊》,1998年第3期。
② 姚远、谭秀荣、亢小玉等:《中国高校科技期刊百年史回顾与前瞻》,《编辑学报》,2014年第2期。

二、中国高校学报的发展特征

（一）中国高校学报的质与量并进

第一，中国高校学报数量快速增长。新中国建立初期，文化教育事业得以迅速恢复和发展，一些高校为适应这一形势要求，相继创办了自己的学报。在党和政府的领导下，这些学报以马克思主义为指导，严格贯彻执行党的方针政策，得到了很好的发展。据统计，1965年，中国高校文科学报有40多家，到1988年发展到410家，目前猛增至1300多家，每年发文约14万篇，已成为我国一个非常重要的学术期刊群体。①

第二，中国高校学报质量有所提升。高校学报秉持"以正确导向为立刊之则，以高质论文为强刊之本，以特色栏目为兴刊之重"的办刊理念，办出水平，办出特色。据统计，近20年来，高校文科学报荣获国家期刊奖、中国出版政府奖、教育部名刊、百强期刊、国家社科基金资助期刊的达140多家，已跨入高端期刊行列。② 同时，高校文科学报还涌现出有较高学术含量的240多个名栏和特色栏目，这些名栏和特色栏目在学术界影响很大。

关于中国高校学报的质与量，《新华文摘》总编辑喻阳认为，质更重要，但量也是很重要的，既要有很高水平又要丰产，才是最理想的状态。

（二）中国高校学报的多功能性

第一，传承、保存与创造文化。学术理论期刊的文化功能表现在文本的保存、文化的交流与文化的创造方面。高校学报的文化创造功能是在保存文本、理论文献的基础上，逐渐积累文化，并完成文化拓展的。长期以来，高校学报通过精心组织和策划引导学者创造了新的文化

---

① 宋应离：《中国大学学报创刊百年的历史回顾》，《中国编辑研究》，2007年第2期。
② 潘国琪、毛红霞：《名栏建设的喜与忧》，《重庆大学学报（社会科学版）》，2016年第1期。

成果。

第二，造就了一支高素质的编辑队伍。潘国琪估计，中国高校文科学报当前拥有5000名左右的从业人员，他们经过长期的编辑实践磨炼，已成为一支高素质的编辑队伍。这支队伍具有强烈的使命意识和高尚的职业情怀，对编辑职业十分执着、无比热爱，能与学报同呼吸、共命运。在苏州会议上，有的主编将学报比作自己的孩子，有的把学报比作自己的恋人，他们对学报的挚爱几乎到了献身的地步。

第三，持续培育了新人。高校学报不同于科研机构的专业期刊，积极挖掘、培植后人，这是它的一个重要功能。姚申讲述了一个典型的例子：一位苏州中学教师撰写了《刘向刘歆父子年谱》，反驳了康有为等学者的观点。《燕京学报》主编顾颉刚用了129个版面刊发了这位年轻人的研究成果，①使著名的"钱谱"得以问世。这位青年就是著名的史学家钱穆先生。

第四，科研与社会舆论导向的重要阵地。无论是历史的不同时期还是现在，高校学报都是进行科学研究、引导社会舆论的重要平台。尤其是1300多家高校文科学报在学习马克思主义、弘扬社会主义核心价值观等方面发挥了不可替代的作用。很多高校依赖"学报"这个平台，在不同层次上满足了教职员工的特定需求，发挥着不可低估的作用。

（三）中国高校学报的综合性与特色化

中国高校学报从其诞生就具有"综合性"的性质，如蔡元培在《北京大学月刊》中就鲜明地提出要强化其文理融通、文理不能分科的特性，这也成为高校学报的一大特色。② 即使后来高校学报划分为自然科学版、社会科学版，这些版内部也包括了很多一级学科，仍具有高度的综合性，形成专业期刊无法代替的格局。

部分高校学报以特色求发展，以问题或学科为中心，刊发高质量的

---

① 陈义报：《〈燕京学报〉对学术共同体的构建及对当下学术期刊的启示》，《出版发行研究》，2016年第2期。

② 姚远、亢小玉：《中国文理综合性大学学报考》，《中国科技期刊研究》，2006年第1期。

论文,改变了现有的"全、散、小、弱"局面,实现了"专、特、大、强"的转变,如名栏工程 2004 年启动后,先后已有三批 65 家学报入选"名栏",这就是特色化的表现。

(四) 中国高校学报"顶天立地"的办刊理念与空间不均衡性

高校学报长期致力于学术研究与交流,逐渐养成了特定的办刊风格。主要负责人总揽学报发展走势、加强各学科间的协调;各编辑实时捕捉社会热点、把握学术前瞻,既做到论文、栏目、学报在理论上的"顶天",又长期扎根于具体问题,与实践问题接轨,即"立地""接地气",实现了两者的有机统一。

全国高校学报有 2508 种,主要分布于北京(221 种,占全国 8.8%)、上海(168 种,占全国 6.7%)、武汉(153 种,占全国 6.1%)、南京(106 种,占全国 4.2%)、广州(98 种,占全国 3.9%)、西安、长沙等大城市,①中小城市和中西部地区分布相对较少。呈现出"东多西少,南多北少"的空间格局,地区经济发展水平是影响中国高校学报分布的一个重要因素。

三、中国高校学报面临的形势与问题

中国高校学报目前正全面遭遇到从制度到技术,从表现形态到传播方式,从办刊秩序到评价方式等多环节、多内容、多形式的危机,与初创期的学报相比,正经历着彻底的变革。

(一) 中国高校学报面临的时代形势

中宣部出版局刘建生客观分析了当前的形势。他说:习近平总书记通盘谋划了思想宣传文化战线的整体发展方向。8·19 讲话(2013 年中央宣传思想工作会议)摆正了宣传文化战线重大关系,10·15 讲话(2014 年文艺工作座谈会)、2·19 讲话(2016 年新闻舆论工作座谈

---

① 乔家君、刘晨光:《我国学术期刊空间格局及其生态环境评价》,《河南大学学报(社会科学版)》,2014 年第 5 期。

会)、4·19讲话(2016年网络安全和信息化工作座谈会)和5·17讲话(2016年哲学社会科学工作座谈会)完成了宣传文化系统各领域的战略构想、顶层设计和具体要求,充分体现了中央和国家对思想文化战线的充分重视。如何实现习近平提出的要求,"加强中华优秀传统文化的挖掘和阐发,使中华民族的最基本的文化基因与当代文化相适应、与现代社会相协调,把跨越时空、超越国界、富有永恒魅力、具有当代价值的文化精神弘扬起来。推动中华文明创造性发展、创新性发展,激活其生命活力,让中华文明同各国人民创造的多彩文明一道,为人类提供正确的精神指引"。即"让世界知道'学术中的中国''理论中的中国''哲学社会科学中的中国'","让世界知道'发展中的中国''开放的中国''为人类文明做贡献的中国'"。中国高校学报应积极行动起来,为中华民族的伟大复兴创造相关条件,也就是要运用互联网和大数据技术,加强文献、网络、数据库等基础设施和信息化建设,加快构建方便快捷、资源共享的信息化平台;要抓发展,谋创新,拥有引领发展的主动权,抢占话语权。

(二) 数据终端的推广与冲击

众所周知,高校学报的编辑工作,随着时代的进步,技术的提高,已发生了很大变化,如编辑的工作方式、期刊的出版方式,甚至期刊的发行和传播方式等。近年来,移动终端的推广十分迅速,这是学报面临的一个崭新的机遇,同时也是一个巨大的挑战。大型数据库的出现,使学报的内容传播范围更加迅速、更加广泛。学报在互联网的大潮中如何找到自己的发展方向,武京闽认为,大致有三个选择,一是迎潮而上,二是绕道而行,三是在大潮冲击下消逝。对包括学报在内的传统媒体而言,向数字媒体的转型,应该是一场浴火重生。在这种转型当中,作为传统媒体,要依循互联网规律,顺应读者、作者的需要,改变传统媒体的创造内容、呈现方式、结构组织和叙述方式,建立多元化嵌入式的分发渠道和传播途径,以贴近和满足用户的使用需求。超星集团副总经理汪新红认为,手机已变成了学报的第二张网,可以通过多屏互动、投屏与跨屏控制数据终端。微信有社交,但没有内容;图书馆有内容,但没有社交。作为学报人,若能将形式与内容进行完美的结合,很有可能成为互联网出版的主体。《江海学刊》主编韩璞庚认为,互联网的出现,改变了大多数读者的阅读方式,也改变了作者的写作方式,传统的阅读以读书、读刊为主,而今天读库、读网将越来越多;传统的写作方式以剪刀加糨糊为特征,而今天的写作方式则以电脑键盘、复制粘贴为特征。当然了,作者的思想是最为关键的。

(三)数字化与专业化的导向

在"苏州会议"上,几乎所有的发言者都涉及"期刊数字化"问题。龙协涛认为,数字化其实早已出现,只是那时候的感觉是一叶知秋,而如今呢?已形成了数字化的浪潮,铺天盖地地潮水般涌来。当年是天空飘下几片落叶,如今已是无边落叶萧萧下,既感到是一种危机,也感到是一种形势、一种挑战。韩璞庚认同这个观点,认为人类所有的知识正在被全面数据化,借助移动、互联、传感、云计算等新型技术的迅速发展,实现人类大规模的生产共享。高校学报作为学术成果传播的载体,面对网络化数据化浪潮的冲击与挑战,要冷静地反思与积极地应对,找准定位,调整方向,进一步发挥学术期刊的引领作用,激励思想创新,为中国的健康发展、和谐进步提供强大的智力支撑,真正承担起促进民族文化复兴和民族思想再造的历史重任。

专业化一直是高校学报发展的努力方向。[①] 如 1952 年复刊的《厦门大学学报》(原名《厦门大学季刊》)突显海洋生物学特色,数学、生物版,海洋生物版,自然科学版,人文学科专版交替和分册出版,开当代高校综合性学报特色化办刊的先河。[②] 苏州大学副校长田晓明认为,要强化专业化,包括研究问题的专业化、选题的专业化、研究方法的专业化等,这样才有利于对问题的全面剖析。肖宏则提出出版的专业化,不仅表现为出版的专题化,而且还应加强各环节的细化分工,提高效率。

[①] 朱剑在《清华大学学报(哲学社会科学版)》2010 年第 5 期刊发了《高校学报的专业化转型与集约化、数字化发展:以教育部名刊工程建设为中心》一文,从专业化视角为名刊设计了三套方案,从全国推行效果来看,还不理想,高校学报的专业化还有很长的路要走。

[②] 姚远、陈镱文、许国良等:《建国初期大学自然科学学报及其科学传播》,《中国科技期刊研究》,2008 年第 2 期。

然而,对于专业化,潘国琪却有着不同的看法。他认为,倡导专业化不要绝对化。当前我国高校有文科学报1300多家,是全部还是部分还是大部分学报要变为专业期刊?需要慎重考虑。如果一个学科专业期刊数量过多,质量也不一定会高,也许会造成更为严重的同质化现象。《中国社会科学》是社科院办的综合性学术刊物,其质量和影响力远远超过同样是社科院办的《哲学研究》和《历史研究》等专业期刊。朱剑认为,专业化与综合性的选择,不是学报界的选择,而是读者的选择,学者的选择。

(四)国际化的影响

《清华学报》是早期高校学报国际化的成功典范,尤其开展了与欧美大学的广泛交流,"西学东渐""东学西渐",构筑了中西方文化双向交流的平台。① 近年来,《浙江大学学报》的国际化探索很值得借鉴,如其英文版推出的中文概要与PPT导读,加快了双语传播科研成果的速度,扩大了国际化影响。② 潘国琪认为,国际化不仅仅是高校学报跨出国门和创办英文版,或聘请几位外国专家当编委,或借鉴国外期刊的办刊模式,而应该是双向的,互通互惠的,中国要走向世界,世界也应该走向中国。国外办的世界级的品牌期刊,能吸引中国最优秀学者的研究成果,中国也应该打造自己的世界级的品牌刊物,吸引外国最优秀作者的研究成果。姚申也提出过类似观点。③

(五)学报的科学评价

第一,同行评价是期刊评价的重要方式。首先,学术评价的主体是同行。喻阳认为,并非评价就一定非要同行才能评价,不一定非要专家才能评价。舌尖上的中国就是典型的例子。但业余人士的评价跟专业

---

① 姚远、谭秀荣、亢小玉等:《中国高校科技期刊百年史回顾与前瞻》,《编辑学报》,2014年第2期。
② 张欣欣、张月红:《〈浙江大学学报〉(英文版)在国际影响力提升计划中的新举措:中文概要与PPT导读》,《编辑学报》,2015年第1期。
③ 姚申:《中国学术期刊走向世界的三阶段目标》,《光明日报》,2014年11月3日。

人士评价的精细程度肯定会有很大差异,要适当选择。其次,同行评价也是有差异的。如论文送审过程中,一位专家认为这篇文章全是陈词滥调,毫无新意;另一位专家则认为这篇文章过于标新立异,产生不同的评价效果。再次,要适度公开同行专家评议结果。在期刊评价过程中,部分同行专家的评价会受多种因素的影响,也并非所有的专家评价都是客观公正的。怎样才能实现专家评价的优化?喻阳认为,适度公开专家评议结果是一个较好的选择。专家的评议要被其他人再评议,这样才会对专家造成一定的压力,倒逼专家在评价时仔细、认真。

第二,要正确对待期刊评价机构及其评价结果。当前期刊评价机构有南京大学中国社会科学研究评价中心(CSSCI)、中国科学院文献情报中心(CSCD)、北京大学图书馆(北大中文核心期刊)、中国社科院中国社会科学评价中心(AMI)以及其他多家机构。这些机构公布一定时期的统计结果时,大家都很关注。尽管这些评价中心自己也反复强调这些工作只是一个数据统计结果,只是为图书馆、读者在订阅杂志的时候提供一个参考(如果从这个意义上讲,这些工作做得很好,应该给予充分肯定)。但现实中,很多单位将期刊评价机构的评价结果作为奖惩、升迁的一个标准(这往往不是评价机构的初衷,而是这些教学科研制度自身的问题)。可以看出,期刊、期刊评价机构、社会单位的出发点有着显著差异。

第三,中国学术评价受政策制定者影响大。当前高校管理者过分强调成果国际化,甚至认为英文的成果就是优秀的,导致 SCI、SSCI、EI、ISTP 等至上的不良评价风气盛行。田晓明认为,这实际上是文化自觉的缺失。前一时期,教育部学位中心打算推出 A 刊标准,引起了很大波动。姚申提出了学术评价的"四个有利于"标准,即有利于形成对学者的学术成果和学术水平的基本评价,有利于鼓励创新意识,有利于形成与质量并重的评价机制,有利于抑制浮躁,形成良好的学术风气,[1]使人很受启发。

学报的科学评价也是学术发展与学科建设的重要环节,同行评价

---

[1] 姚申:《学术期刊、影响因子与学术评价:若干问题反思》,《延边大学学报(社会科学版)》,2015 年第 6 期。

是当前评议的主要形式与方式,可以弥补当前评价过于强调量化考核与文献计量的弊端,以及以刊载文来判定成果质量的先天不足。钱蓉提出,学术评价要坚持同行评议的主体地位,并据此形成期刊评价、机构评价、作者评价、论文评价、学科评价等完整的评价体系。① 刘益东则认为,同行评价存在着根本缺陷,对问世不久的创新性成果难以做出及时、准确的评价,据此提出了基于开放式评价的外行评价。② 而叶继元则提出了学术全评价的分析框架,更注重内容和效用的评价,在挑选精英评价专家和大众同行专家的基础上,建议与完善"元评价""申诉"等监督机制。③ 笔者认为,恰当选择评价方法、评价主客体对评价结果具有重要影响。要科学谋划、分门别类地制定具体评价方案,是学报科学评价的重要策略。

(六)体制与文化问题

第一,学报编辑部在高校中的地位往往偏低。田晓明表述了如下事实:在各高校的电话号码簿中,学报编辑部往往后置于学校职能部门与二级学院。从这个角度看,学报人在大学这个学术语境中的地位较低。相关调查也充分证明了这一点。④

第二,快餐文化盛行。随着中国改革开放的推进,西方快餐服务引入中国,形成了快餐文化(fastfood culture)。快餐文化最大的好处是快,但快餐往往是没有营养的,中国社会科学文摘副总编辑赵磊认为,微信公众号的学习是没有办法代替有价值的、系统性的阅读和有深度的学习的。一些学者的研究往往是管中窥豹,盲人摸象,经常变动主题,使整个研究难以构建成一个完整的体系。

---

① 钱蓉:《基于同行评议的复合型人文社科学术评价:以复印报刊资料为例》,《河南大学学报(社会科学版)》,2016年第5期。
② 刘益东:《外行评价何以可能:基于开放式评价的分析》,《河南大学学报(社会科学版)》,2016年第5期。
③ 叶继元:《学术"全评价"分析框架与创新质量评价的难点及其对策》,《河南大学学报(社会科学版)》,2016年第5期。
④ 吴美英:《大数据时代下高校学报办刊困境调查研究》,《科技传播》,2016年第7期。

第三,"自留地"问题突出,高校学报的管理常常存在小圈子问题,熟人打招呼比较普遍。21世纪以来,中国期刊市场化的程度也在逐步加深,中国的学术发展和学术期刊也将面对市场化浪潮的冲击,尤其对"自留地"期刊冲击更大。不少高校学报,由于优质稿件流失严重,往往成为研究生发文的主要阵地,被"誉"为研究生丛刊,科技类高校学报更甚。高校学报的体制改革势在必行,这既是还历史旧账,又是为未来承担责任。①

四、中国高校学报的发展取向

学术期刊需要改革,不改革就没有出路。尤其对边缘化、小众化突出的高校学报更是如此。由政府主导的针对高校学报的强制性制度变迁以及由学报界自发形成的诱致性制度变迁,是推动我国高校学报改革的两股重要动力。② 在这种背景下,中国高校学报要合理安排自身定位,加快转型,注意方式与形式创新,细化评价规则等。

(一) 高校学报要准确定位

第一,明确高校学报的性质。学报为非营利机构,要"富养",这其实就是学报的性质问题。田晓明认为,对待大学出版社要像养儿子一样,要他自己闯社会,自己找市场,要穷养;对待大学学报,要像养闺女一样,要富养。要积极筹划,潜心组稿,仔细考证,广泛交流,真心交友。要耐得住寂寞,忍受住挤压。武京闽认为,大学学报的定位就是学术期刊的发展主线,犹如河道中的航线,引领着各个学报的发展方向。

第二,明晰高校学报的办刊宗旨。首先,原创为先。2016年8月11日,笔者在中国知网篇名中以"征稿"为关键词,搜索到54640条记录;在全文中以"原创""创新""最新""前沿"为关键词,分别搜索出

---

① 仲伟民:《缘于体制:社科期刊十个被颠倒的关系》,《南京大学学报(哲学·人文科学·社会科学版)》,2013年第2期。

② 叶娟丽:《中国大学学报:制度变迁与路径选择》,《南京大学学报(哲学·人文科学·社会科学版)》,2013年第1期。

4935条、14244条、10972条、7639条记录,足见当前发表成果对原创性研究成果的重视。其次,问题导向。学报要解决中国现实中的重大社会问题,社会经济发展中的重大科技问题。再次,内容为王,或称学术为本。刘建生认为,高校学报是学术传播的重要载体,信息化社会、互联网时代虽然影响了其存在与发展方式,但不变的仍是办刊的初衷,即对内容选择、编辑再创造的恪守。最后,思想为魂。《北京大学月刊》的办刊宗旨是以学术与思想为本;1922年创办的《南开季刊》在发刊词中专门强调,南开季刊是为共同研究学术、自由发表思想之机关,办刊人要组织学术讨论以激发思想,并由思想引领时势。学报作为一个特殊的媒介,已成为社会思想轨迹的记录载体。学术理论期刊观察社会实践,研究时代问题,启迪大众智慧,扮演了思想先锋和社会良知的角色。

(二) 期刊-编辑要转型

第一,编辑要转型。韩璞庚认为,学报的编辑理念应从以下几方面实现转型:(1)从社会型编辑向策划型编辑转型。传统的编辑流程来稿登记、分发、审稿、校对、印刷、寄送等,在现代形势下应进行优化,要充分利用大数据策划问题、策划选题,并进行可行性研究,组织专家队伍出版专题论文,扩大影响。如高校学报和超星的战略互动,就是一个非常有意义的尝试。(2)由专能型编辑向综合多能型编辑转型。如信息检索能力、计算机操作能力、多媒体转换能力等。编辑要尽可能地去尝试,用多媒体、数据终端来完成期刊成果的推送。(3)从守护型编辑向创新型编辑转型。要整合大数据,寻找新的理论热点、新的研究方向,要创新编辑流程,创新传播手段。(4)从科研型编辑向组织型编辑转型。传统的编辑是以个体文稿为中心的,现如今要利用各种数据平台,采用新的技术手段来辨识信息、挖掘其价值。(5)从静态型编辑向动态交互型编辑转型。要从原有的静态流程向动态流程转变,传统编辑可称为"主客型"(亦称为主体单向式)的编辑模式。大数据时代已转换成"主主型""主客主型",甚至出现了一个主体对多个主体的交互的编辑模式。①

第二,期刊、编辑引领学术。赵磊认为,作为编辑、作为期刊,应当对学术有引领作用。有的学者会说凭什么由期刊编辑来引领学术,道理很简单,期刊编辑天天在关注这个领域、这个学科,读的文章多,看的文章多,看的多了、见的多了,自然就知道哪个好、哪个坏。《中国社会科学》杂志的做法是举办学术会议,自设议题,组织学者讨论,编辑应当起到这样的引领作用。《燕京学报》早在20世纪30年代就提出了学术共同体,使作者和读者有一种学术皈依感,从而使学术期刊对学术的生产和发展起到一种引领作用。②

(三) 技术推动下的形式与方式创新

第一,传统中融入新元素。如何在对传统的传承中融入新的发展元素,实现创新,确实是一个非常重要又必须面对的问题。赵磊认为,很多期刊人存在忧虑,互联网的时代,新媒体会不会取代传统媒体,挤占其市场。这种忧虑是不可避免的,无论是电子期刊还是纸质媒体,从传播来讲,只是载体而已,纸质的、电子的都不重要,重要的是期刊的内容。

第二,推广双语或多语期刊。我们处在一个速出版的时代,通过新技术可以实现国内外学术界的及时报道和双语解读,实现真正的内涵交流。在过去,无论是中文刊还是英文刊,都面向一种特定的市场。现在通过一种双向的表现方式,真正实现了内容的国内外同步呈现。肖宏介绍,中国知网目前正在尝试,已筛选200家期刊,大致有四种呈现方式:点击看英文全文,点击看中文全文,中英文同屏对照,边看英文边浮动呈现中文,实现了中英文阅读的同屏。从目前来看,还需要对入选期刊进行呈现形式的再创造,如把文章的创新点进行再挖掘,提炼中英文对照的专业术语、核心结论与相应的研究方法等,并通过Google、Facebook、Twitter 的 share 功能在国际社交圈迅速传播。如《浙江大学

---

① 韩璞庚:《大数据视阈下的学术期刊:挑战与对策》,《甘肃社会科学》,2015年第1期。

② 陈义报:《〈燕京学报〉对学术共同体的构建及对当下学术期刊的启示》,《出版发行研究》,2016年第2期。

学报》(英文版)推出的中文概要与PPT导读一样。通过双语或多语期刊，帮助我国科学界提高国际话语权；通过建立优质资源的遴选体系、国际化的编译体系、数字化的出版体系以及网络化的营销体系，使中国的双语期刊尽快走向世界。姚申对此提出了三阶段论，即完善学术期刊的三件套(英文标题、英文摘要、英文参考文献)、创办外文期刊、创办国际性高水平的中文学术期刊。① 其实百年前的《清华学报》就是中国第一本中英文双语学术期刊。②

第三，创建超云平台。云出版是一个重要的方式，要积极打造中国高校学报自己的超云平台，通过这个平台恢复学报人的主体地位。朱剑认为，这样的平台不会仅限定一个学科，即使限定一个学科，也会涌现更多的类似平台，这些平台各有特点，但有一个共同的特征就是绕过现有的学术期刊，直接和学者产生联系。由学者、平台的经营者共同完成新型的学术发布平台。这个危机感将越来越清晰地呈现在期刊面前。据此，朱剑提出了高校学报联合打造"中国高校系列专业期刊"的设想，③郭伟、许国良也提出了高校科技期刊的区域协同发展模式，④提升整体竞争力，并实现良性的学术传播。

第四，实施刊网融合。中国人民大学书报资料中心总编辑高自龙认为，刊网融合是前景非常广阔的一个平台。其目的是开展学术交流、学术评价与学术传播。刊网融合的客体是论文，主体是编辑，刊网融合培养编辑的数字化意识和各种技能。刊网融合的规则最重要的是平等，包括作者、开发者、编辑等；然后要处理好利益问题，平衡数据开发商的利益与学术期刊人的追求。刊网融合的过程中一定要讲秩序，要分层。学术研究、学术出版是小众化的，刊网融合平台则是大众化的。

---

① 姚申：《中国学术期刊走向世界的三阶段目标》，《光明日报》，2014年11月3日。

② 姚远、杜文涛：《〈清华学报〉的创刊及其历史意义》，《编辑学报》，2006年第2期。

③ 朱剑：《构建互联网时代学术传播的新秩序：以高校学术期刊发展战略为中心》，《武汉大学学报(人文科学版)》，2016年第2期。

④ 郭伟、许国良：《媒体融合下高校科技期刊的区域协同发展模式》，《编辑学报》，2016年第3期。

刊网融合要可控。刊网融合平台的投入不容忽视,不仅是资金投入,更是时间投入。刊网融合是积极参与期刊数字化的重要途径。

第五,与研究机构开展合作。学报应依托其母体高校优势学科或人才资源,积极开展与相关学院、科研机构的合作与交流。苏州大学在停刊自然科学版块(包括自然科学版、工科版、医学版)继续加强哲学社会科学版的基础上,先后新办了教育科学版、法学版、《代数集刊》《语言符号学研究》,并且明确确立了每版的主攻领域,不贪大求全。编辑部主办文科版、哲社版和教育科学版,与学校法学部合办法学版,与外语学院合办《语言符号学研究》,与中国科学院数学院合作创办《代数集刊》,而且该刊按科技期刊的国际标准设定其发展目标,出版发行可以在海外,但编辑部放在学校,专注于专业化,争创国际一流期刊。

(四)学报期刊评价走向学科评价

第一,需要构建评价的理论体系。任何实践工作都是建立在理论指导基础之上的,期刊评价体系需要科学构建。当前的期刊评价缺乏相应的理论支撑,中国社会科学评价中心主任荆林波认为,这是我国期刊评价不容忽视的一个短板。

第二,由以刊评文转向以文评刊。要打破以往传统封闭式评价的做法,走向开放与合作,如 AMI 评价指标强化学术的满意度和声誉度,包括刊文的获奖、同行评议等。要强调期刊的学术、国际、政策、社会影响力,逐步走向以文评刊,降低纯定量指标的权重,拓展打分机制和扣分机制。

第三,学科、栏目评价。期刊评价要进一步与学科评价相结合,期刊的总体评价要进一步细化为栏目评价,进一步细化到更为具体的评价。朱剑称其为"专域",为学科域或问题域,是互联网的传播单元。①

第四,评价宜采用精致的折中主义。喻阳提出,学术评价不走极端,精致的折中主义是目前最好的评价方法。所谓精致,实际上是一种平衡;所谓折中,强调的是一种态度,一种看待问题的方式。

---

① 朱剑:《构建互联网时代学术传播的新秩序:以高校学术期刊发展战略为中心》,《武汉大学学报(人文科学版)》,2016 年第 2 期。

结　语

中国高校学报经历了上百年的发展历程,对其回顾与展望是一项浩瀚的系统工程,不仅要注意形式的变迁,更要侧重于其价值取向以及这种取向的演变,真正把握学科乃至学科群的发展脉搏。在高校学报特征、面临形势与问题、发展走向中,要注意高校学报的价值理念、学报与学科发展的辩证关系、学报与学术共同体的关系,以及学术期刊的发展规律。中国高校学报的学术体制、期刊体制以及学报对传统价值和学术期刊规律的认识,都会影响高校学报的定位与发展,在此过程中,要注意高校学报与学者、学术研究的关系等。中国高校学报的发展可谓跌宕起伏,分布明显不均,目前正处于转型期,尤其面对全球化、网络化、数字化、专业化等各种冲击下,高校学报的进一步发展正受到密切关注。

很多学报的创刊词往往写道,学报要振兴学术、锤炼思想,既净化心灵,又励精图治,不忘初心,方得始终。龙协涛倡议,为了这份初心,学报人应定期讨论,重温学报创立时的誓言,不仅要不忘初心,还要经常重温这份初心。众人划桨开大船,敢于突破,敢于质疑。要敢于担当,勇于担当,善于担当。武京闽表示,每一个学报就像是一艘小船,在长河之中前行,但是几千张学报"小船"汇集在一起就会出现百舸争流、千帆竞扬的局面,这些"小船"只要沿着正确的航线努力前行,学报的事业就一定会越来越兴旺,学报的未来就一定会越来越美好。

原载于《河南大学学报(社会科学版)》2016年第6期;《新华文摘》2017年第6期全文转载,人大复印报刊资料《出版业》2017年第3期全文转载

在学术与政治之间
——以《文史哲》的历史变迁为个案

刘京希　郭震旦[①]

《文史哲》创刊于1951年5月1日,是一份在海内外人文学术界深受推崇的老牌学术期刊。作为20世纪后半期乃至21世纪以来人文领域学术思潮的引领者和参与者,《文史哲》见证了当代中国学术事业的风风雨雨和起起落落。[②] 因此,作为我国高校社科学术期刊的一个典型模本,其发展的风雨历程,也足以映射出新中国成立以来学术与政治相互纠葛、影响与约制的复杂关系。

一、学术与政治之关系及其研究回顾

究竟应当如何处理学术与政治的关系,一直以来都是高校社科学术期刊关切并关乎学术事业繁荣与否的重大现实问题。1956年4月28日,毛泽东在中共中央政治局扩大会议的总结发言中说:"艺术问题上的百花齐放,学术问题上的百家争鸣,我看应该成为我们的方针。"[③] 这就提出了一个重要问题,即学术研究与争鸣是否有一个客观的判定

[①] 作者简介:刘京希,山东大学《文史哲》编辑部副主编,教授。研究方向编辑出版学。郭震旦,历史学博士,山东大学儒学院墨子研究所副研究员。研究方向历史学、编辑出版学。

[②] 郭震旦:《〈文史哲〉与中国人文学术编年(1951—2011)》,北京:商务印书馆,2011年,"摘要"第1页。

[③] 逄先知、金冲及主编:《毛泽东传(1949—1976)》上,北京:中央文献出版社,2003年,第491页。

标准,也即究竟如何处理学术与政治之间的关系,学术与政治之间的界限究竟如何把握。由此引发了一场有关学术与政治之关系的大讨论。是时,《光明日报》连续报道了对钱伟长、华罗庚、傅鹰等10位首都著名学者的采访谈话,表达了他们对"双百"方针由衷拥护的心情和如何贯彻"双百"方针的建议。钱伟长认为,"百家争鸣"是科学发展的客观规律,是科学发展的必然道路。但是,必须有共同的基础,即以经过证实的客观事实为依据。华罗庚认为,做到"自由讨论",不等于已经达到"百家争鸣"。"百家争鸣"需要有"家",要是学派,最低也应该有他独创的见解,必须在研究工作中下苦功夫。傅鹰认为,没有"百家争鸣"思想就会僵化,何谈科学发展。开展学术论争,要实事求是。对于学术与政治的关系究竟如何把握,讨论所形成的共识是,不能随意把学术问题上升为政治问题。① 但由于国内政治形势的骤变,学术与政治的关系问题,在随后很长一个时期成为敏感话题而被封存起来。这种不正常的状况一直持续到十年"文革"结束。

1979年3月,邓小平在党的理论务虚会上发表重要讲话,提出必须坚持四项基本原则。同时又强调必须贯彻"双百"方针:"思想理论问题的研究和讨论,一定要坚决执行百花齐放、百家争鸣的方针,一定要坚决执行不抓辫子、不戴帽子、不打棍子的'三不主义'的方针,一定要坚决执行解放思想、破除迷信、一切从实际出发的方针。"②20世纪80年代的学术大繁荣,正是得益于"三不主义"这一尚方宝剑的护持。习近平同志在哲学社会科学工作座谈会讲话中指出:"要正确区分学术问题和政治问题,不要把一般的学术问题当成政治问题,也不要把政治问题当作一般的学术问题,既反对打着学术研究旗号从事违背学术道德、违反宪法法律的假学术行为,也反对把学术问题和政治问题混淆起来、用解决政治问题的办法对待学术问题的简单化做法。"③习近平的这一讲话精神与毛泽东的"双百"方针、邓小平的"三不主义"一脉相承,表达出

---

① 夏杏珍:《"双百"方针研究述评》,《当代中国史研究》,2008年第3期。
② 《邓小平文选》第2卷,北京:人民出版社,1994年,第183页。
③ 习近平:《在哲学社会科学工作座谈会上的讲话》,《人民日报》,2016年5月19日。

执政党对待学术研究和知识分子阶层的一贯思想,但如何持之以恒地将这一总体方针物化为制度规则和法度,始终如一地落实于学术与政治实践,仍是一个急迫的现实问题。

　　学术问题与政治问题的纠葛,同样为学界所广泛关注。用贺麟先生的话说,学术和政治的关系,可以说是"体"与"用"的关系。学术是"体",政治是"用"①。学术不能够推动政治,学术就无"用",政治不能够植根于学术,政治就无"体"。学术与政治既有区别又有联系,二者可以在研究的过程中逐步达到辩证的统一。有学者把学术与政治的这种"体""用"关系植入现实场景,并予以具体化、实在化,归纳为三种情况:一是和政治有直接关系的,如社会主义民主与法制问题,马克思主义有无历史局限性问题;二是有间接的关系,如对部分历史人物的评价问题;三是根本没有什么关系,如考古年代、文物鉴定等。无论学术问题还是政治问题,作为研究的对象,都有一个尊重客观规律和服从真理的问题,都需要靠实践来检验。② 那么,究竟如何平衡学术与政治之间的关系,使二者相安无事,如下观点不失为一种可资考量的协调方式:政治能够影响学术,但不应扼制学术;学术具有政治功能,但不应干扰政治。把学术问题和政治问题正确地区分开来,就需要合理地划分学术与政治的界限:一方面,要防止"学术的自负",科学把握学术问题"知"的范围,集中聚焦于客观事物发展规律的分辨,处理好事实和价值之间的关系;另一方面,也要警惕"政治的自负",科学把握政治问题"行"的范围,防止政治权威成为客观规律的审判者,避免政治权力在学术范围的任意扩展。③ 学术与政治的关系问题,由于既非单纯的学术问题,又非单纯的政治问题,其高度的复杂性和现实性,决定了任何试图一劳永逸地予以解决的想法的幼稚之处。因此,之于这对关系的研究,注定了"永远在路上"的结局。

---

① 贺麟:《学术与政治》,《当代评论》,1941年第16期。
② 宋才发:《学术期刊中的"学术"与"政治"》,《汉中师院学报(哲学社会科学版)》,1990年第3期。
③ 董石桃:《正确区分学术问题和政治问题》,《中国社会科学报》,2016年7月12日。

作为刊布学术成果的园地,高校社科学术期刊与政治的关系极为密切,在学术与政治的关系之中,扮演着极为重要的角色。因此,有研究者认为,在一般意义上说,学术期刊既要把握好"学术性"的基本尺度,从各种不同的见解的比较中找出符合客观规律的认识;又须认识到,"政治性"是一切报刊的共同性——关系到人民的利益的最大的、最直接的社会实践就是政治。① 也有研究者试图通过案例分析,寻绎不同政治环境下学术期刊的生存之道:当政治环境良好时,学术期刊可以发挥其功能,为学术服务;当政治环境恶劣时,学术期刊为了自己的生存,有时不得不牺牲其科学性而为政治服务,这样,学术期刊就失去了学术所具有的独立性和科学性,因此,在多数情况下,学术期刊只能选择停刊。② 如此等等,对学术与政治之关系的研究一直没有间断。

二、时代产儿:创办背景及其政治印痕

1949年10月1日,中华人民共和国成立,马克思主义毛泽东思想成为主流意识形态,人文社会科学的研究风气为之一变。

1951年3月,山东大学和华东大学合并,仍称山东大学。华岗任校长兼校党委书记。1952年11月,华岗会同童第周、陆侃如两位副校长提出,要把山东大学办成有自己重点、有自己个性的学校,要打造自己的特色。他们一致认为中文、历史两系师资阵容齐整,水平较高,教学和科研都已打开局面,并取得了重大成绩,可以作为学校发展的重中之重。半年后,高教部指示各直属高校研究并确定本校的重点学科与发展方向,山东大学遂将中文、历史等专业上报。从此,"文史见长"成为山东大学的学术名片而享誉海内外学界。

新山东大学容纳了民国时期几乎所有有影响的学统和学派,具有雄厚的古典学术研究力量,同时又以与华东大学合并为中介,很快地接

---

① 宋才发:《学术期刊中的"学术"与"政治"》,《汉中师院学报(哲学社会科学版)》,1990年第3期。

② 王晓华:《学术期刊在政治运动中的命运沉浮:以〈文史哲〉、〈江海学刊〉的停刊与复刊为例》,《兰州学刊》,2006年第7期。

受了新观念、新思潮。彻底扔弃旧包袱的社会主义新学术思想和济济一堂的杰出文史人才,为《文史哲》的创办准备了优良的条件。

《文史哲》杂志创刊于1951年5月1日。最初是同人刊物,并无专职人员,而是由文史两系的教师兼任编辑。创刊伊始,《文史哲》杂志就深深地烙刻上时代的政治印痕。20世纪50年代的山东大学"以不守旧、趋时而著名"。新山东大学成立后,迅速由旧大学向社会主义新型大学转变,学习马列主义、毛泽东思想一时成为风尚。据时任山东大学军代表的罗竹风回忆:"遵照中央指示,新解放区的高等院校开设两门政治课:一是社会发展史;二是新民主主义论。两门政治课都是全校性的大课,华岗讲社会发展史,我讲新民主主义论。此外,还学习毛泽东同志新发表的《论人民民主专政》。除政治学习外,还结合土地改革、抗美援朝、镇压反革命三项政治运动,山大人的思想觉悟迅速提高,很快地就和党的方针政策'合拍'了。这是不难设想的,在国民党暴政熬煎下,一旦解放,便释放出无穷无尽的活力,大家变成了社会的主人,理所当然地要充分发挥主人翁的作用了。"这一特征也鲜明地体现于新生的《文史哲》杂志上。《文史哲》创刊之后,发表了大量阐述马克思主义经典作家理论和以唯物史观为指导研究具体历史问题的学术文章,并在一系列重要历史问题上展开争鸣,在国内外产生了广泛影响。

《文史哲》创刊之时,正值新生的共和国百废待兴之际,一大批民国时期的杂志随着政权的更迭而纷纷停刊,在新形势下应运而生的学术杂志只有1949年创刊的《新建设》《学习》以及1951年1月创刊的《新史学通讯》等少数几家,而新意识形态在学术领域的流布与贯彻、新研究方向的开辟、新学术成果的交流、新中国学术人才的培养,都亟须高水平的学术杂志作为支撑,对民国旧学术的改造,更使刊行新学术杂志成为当务之急。所以,《文史哲》甫一问世,就超越山东大学的围墙,迅速聚拢了全国学术界的力量,成为新政权成立后全国范围内的一个学术中心,从而一举奠定了《文史哲》在现代中国学术杂志中的领先地位。据罗竹风先生回忆,"它在当时是与北京的《新建设》、上海的《学术月刊》鼎足而三的"。

《文史哲》的诞生,几与共和国建立同步,全新的政治社会环境以及意识形态场景,注定了其在创办之初,即面临着如何恰切处理、平衡学术与政治之关系的棘手问题。此后,学术与政治之间的纠葛,更是一直伴随《文史哲》前行的步履,甚至一定程度上决定了其历史命运的沉浮。

三、青葱岁月:学术与政治纠葛中的历史沉浮

20世纪50年代,我国史学界有"五朵金花"之说(即五场重大论战),其中至少有三朵即"中国古史分期论战""中国农民战争史论战"和"资本主义萌芽问题论战"是在《文史哲》绽放的,即由《文史哲》所发起和推动展开的。这些重大历史问题的讨论关系到对于中国社会发展规律的认知,更关系到如何用马克思主义历史理论来解释中国历史发展的实际,涉及史学研究的概念范畴和方法论的全面更新,所以引发学界的广泛瞩目。

而著名的"《红楼梦》讨论",更是20世纪50年代《文史哲》所引发的众多论战中的最有代表性的一次,也是一场由学术讨论始而由政治介入终的典型案例,由此把《文史哲》推向了社会舆论的风口浪尖。

1954年3月,"红学"权威俞平伯在《新建设》杂志发表了《红楼梦简论》。刚刚从山东大学中文系毕业的李希凡、蓝翎合写了《关于〈红楼梦简论〉及其他》,对俞平伯的《红楼梦》研究进行了尖锐批判。这是学术新军对学术权威的挑战,因而文章的发表遇到困难。稿件几经周折后投寄给《文史哲》,得到以"扶植新人"为理念的《文史哲》编辑部的大力支持。该文试图以马克思主义为指导,批评俞平伯"未能从现实主义的原则去探讨《红楼梦》鲜明的反封建的倾向,而迷惑于作品的个别章节和作者对某些问题的态度,所以只能得出模棱两可的结论"。他们认为俞平伯在思想上"离开了现实主义的批评原则,离开了明确的阶级观点","是以反现实主义的唯心论的观点分析和批评《红楼梦》";在人物形象分析上,"是对现实主义文学形象的曲解";在艺术手法的把握上,其"所理解的《红楼梦》的艺术方法,也就是记录事实的自然主义写生的方法";在研究方法上"继承和发展了旧红学家们形式主义的考证方法,把考证方法运用到艺术形象的分析上来了","用它代替了文艺批评的原则,其结果,就是在反现实主义和形式主义的泥潭中愈陷愈深"。文章发表后,引起长期阅读《文史哲》杂志的毛泽东的赞赏,并对该文详加

批注。《文艺报》于当年第18期转载。1954年10月16日,毛泽东在致中共中央政治局和其他有关同志的信中指出:"这是三十多年以来向所谓红楼梦研究权威作家的错误观点的第一次认真的开火。作者是两个青年团员,他们起初写信给《文艺报》,请问可不可以批评俞平伯,被置之不理。他们不得已写信给他们的母校——山东大学的老师,获得了支持,并在该校刊物《文史哲》上登出了他们的文章驳《红楼梦简论》。问题又回到北京,有人要求将此文在《人民日报》上转载,以期引起争论,展开批评,又被某些人以种种理由(主要是'小人物的文章''党报不是自由辩论的场所')给以反对,不能实现;结果成立妥协,被允许在《文艺报》转载此文。……看样子,这个反对在古典文学领域毒害青年三十余年的胡适派资产阶级唯心论的斗争,也许可以开展起来了。事情是两个'小人物'做起来的,而'大人物'往往不注意,并往往加以阻拦,他们同资产阶级作家在唯心论方面讲统一战线,甘心作资产阶级的俘虏……这是值得我们注意的。"10月23日,《人民日报》发表了钟洛的《应该重视对〈红楼梦〉研究中的错误观点的批判》,称赞李希凡二人的文章"是三十多年来向古典文学研究工作中胡适派的资产阶级立场、观点、方法进行反击的第一枪,可贵的第一枪"。10月24日,中国作家协会古典文学部召开关于《红楼梦》研究问题的座谈会,提出在《红楼梦》和古典文学研究方面与资产阶级唯心论划清界限,进而运用马克思主义的观点和方法对《红楼梦》的思想性和艺术性作出较全面的分析和评价。此后,在全国掀起了轰轰烈烈的"红楼梦研究"大讨论,"红楼梦研究"成为整个文化学术界的中心话题。

虽然,这场学术争论后来逐渐演化成蔓延全国的对胡适的政治批判运动,但仍然在学术史上产生了深远的影响。《关于〈红楼梦简论〉及其他》在《文史哲》杂志的发表,被认为是新中国成立后运用马克思主义观点研究《红楼梦》的新开端,是《红楼梦》研究继20世纪20年代以胡适、俞平伯为代表的考证派建立"新红学"之后,"红学"史上的第二次飞跃。恰如李希凡在接受采访时所言:"通过这件事,在那么大的范围,有那么多的人说《红楼梦》、评《红楼梦》,的确拓宽了《红楼梦》研究的视野,推动了红学在新的历史阶段下的发展。"学术界普遍认为,《关于〈红楼梦简论〉及其他》对红学的贡献,不能因为后来政治的介入导致了一场错误的批判运动而加以否定。

《红楼梦》大讨论的发起,一方面使《文史哲》获得不期之誉;另一方面,也把它抛进了政治漩涡。"现在看起来,其实那篇文章不过是《文史哲》'敢为天下先'、勇于挑战权威的普通文章","原本只是学术层面的讨论,被政治利用而已"。① 正如胡绳所言:"党发动这两次批判(另一次指批判《武训传》——引者注),提出的问题是重大的,进行这样的工作是必要的。结合实际的事例,开展批评和讨论,来学习如何掌握和运用马克思主义,是知识分子自我教育和自我改造的一种方法。这两次批判,对学习和宣传历史唯物主义和辩证唯物主义起了好的作用,有其积极的方面。但是,思想问题和学术问题是属于精神世界的很复杂的问题,采取批判运动的办法来解决,容易流于简单和片面,学术上的不同意见难以展开争论。这两次批判已经有把学术文化问题当作政治斗争并加以尖锐化的倾向,因而有其消极的方面。"②

当然,在政治压倒一切的那个特殊的时代,没有任何一本学术期刊能够置身事外,固守学术一隅而独善其身。到 1957 年,随着反右斗争的日趋激烈,《文史哲》所刊发的文章,学术性日益消解,政治性、批判性日甚一日。到 1958 年,反右斗争进一步扩大化。与之相应,学术界开始"厚今薄古"的运动,史学界开始"史学革命"。为贯彻"厚今薄古"的政治要求,《文史哲》自第 6 期始进行整改。本期"稿约"中说:为了革新面貌,提高思想性,使本刊符合时代的要求,成为社会主义文化战线上有力的战斗员;为了在这伟大的时代中与全国人民一同跃进,本刊确定以厚今薄古,理论联系实际,百花齐放、百家争鸣——三者为今后编辑方针。由此,大批判文章彻底占据期刊版面的主体位置,期刊的学术性遭受政治性的严重侵蚀。在此背景下,1958 年第 12 期刊登"停刊启事",宣布自 1959 年 1 月份停刊。至于停刊的具体原因,有学者分析,一方面,在于刊物在为政治服务的过程中扭曲了自己的办刊宗旨;一方

---

① 杨敏:《〈文史哲〉的 1950 年代:在学术与政治之间》,《中国新闻周刊》,2011 年 11 月 28 日。
② 胡绳主编:《中国共产党的七十年》,北京:中共党史出版社,2005 年,第 270 页。

面,被指责在贯彻"厚今薄古"方针上做得不够。①

1961年8月1日,停刊两年的《文史哲》复刊,由月刊改为双月刊。此次复刊至1966年"文革"前再次停刊,总计出版28期,其间发表的关于"文学遗产的继承""文心雕龙的研究""孔子的研究""中国古代商业手工业的研究""中国古代哲学家和哲学思想"等专论,都是具有开拓性且不乏创见的研究。1961年9月15日,中共中央批准试行《教育部直属高等学校暂行工作条例(草案)》(简称《高教60条》),条例规定,科学研究工作,必须坚持"双百"方针。在此相对宽松的政治环境下,一直到1963年,《文史哲》杂志刊发了一些以孔子研究为代表的富有极强的学术性的争鸣文章。

1964年6月27日,毛泽东在文艺界整风报告的批语中指出:文艺界各协会和它们所掌握的刊物的大多数,15年来,基本上不执行党的政策,"最近几年,竟然跌到了修正主义的边缘"。在这种不切实际的估计下,文化部和中华全国文学艺术界联合会及所属各协会再次进行整风。随后,即对一些文艺作品、学术观点和文艺界学术界的一些代表人物进行了错误的、过火的政治批判。1966年5月16日,中共中央发出《中国共产党中央委员会通知》,即"五一六"通知,"文化大革命"正式开始。《通知》要求"高举无产阶级文化大革命的大旗,彻底揭露那批反党反社会主义的所谓'学术权威'的资产阶级反动立场,彻底批判学术界、教育界、新闻界、文艺界、出版界的资产阶级反动思想,夺取在这些文化领域中的领导权"。"文革"爆发,中国陷入十年动乱,《文史哲》因之停刊。

其实,自1964年6月毛泽东在文艺界整风报告的批语发表,一直到1966年夏《文史哲》再次停刊,一如1957年至1959年的运行轨迹,《文史哲》经历的都是由学术性逐渐向政治性靠拢、蜕变的过程,最终皆因陷入学术与政治相纠缠的漩涡,以学术为本的办刊宗旨无以为继,而不得不停刊。

---

① 王晓华:《学术期刊在政治运动中的命运沉浮:以〈文史哲〉、〈江海学刊〉的停刊与复刊为例》,《兰州学刊》,2006年第7期。

四、走向成熟：寻求学术与政治的有机统一

1973年，停刊长达7年之久的《文史哲》二次复刊。

1966年"文革"开始，当年全国就有接近600家刊物停刊，出版事业呈现出万马齐喑的局面。1973年4月24日，毛泽东发出《关于恢复一些刊物的指示》："有些刊物为什么不恢复，像《哲学研究》《历史研究》，还有些学报？不要只是内部，可以公开。无非是两种：一是正确，一是错误。刊物一办，就有斗争，不可怕。"随后，山东省革委会责成山东大学筹备《文史哲》复刊。此时虽然处于"文革"后期，政治气候略有和缓，但各行各业仍是"以阶级斗争为纲"，学术研究自不例外。"批林批孔""评法批儒""反击右倾回潮运动"接踵而至。身处政治与学术的夹缝，《文史哲》只好采取了在学术研究与政治大批判之间走"中间路线"的办刊方针，在"积极开展革命大批判，批判修正主义，批判资产阶级世界观，批判学科领域封、资、修的反动世界观"的同时，坚持两个原则，即重申《文史哲》是"山东大学学报之一"，是"综合性学术刊物"；公开倡言"双百"方针。办刊方针中说："贯彻'百花齐放、百家争鸣'的方针和古为今用，洋为中用的原则。通过讨论和实践正确解决科学中的是非问题，认真树立无产阶级的新文风，为繁荣社会主义文化努力作出贡献。"在"1973年复刊的学报中，公开倡言学术刊物与'双百'方针者，唯我《文史哲》而已"。

但这样一条悬在学术与政治之间的"钢丝"，对于办刊人而言，没有一点高超的平衡技巧，断难走通。主持复刊事宜的刘光裕先生曾经回忆称，当年受"以阶级斗争为纲"的影响，刊物处于风口浪尖，动辄得咎，还有没完没了的检讨与检查，所以整日如履薄冰，提心吊胆。这样的状况一直持续到1978年初。①

从复刊号的编排，可以见出编者在政治与学术之间游走的纠结与踌躇。《文史哲》复刊时正值"批林批孔"高潮，复刊号根据当时的形势，决定以批孔为重点，以《红楼梦》研究为次重点。这一期的杂志共刊登

---

① 刘光裕：《1973年〈文史哲〉复刊的回忆》，《文史哲》，2011年第3期。

了 7 篇批孔文章。文学栏有《红楼梦》研究两篇长文。时政文章仅 3 篇,约占 1/10 的篇幅。编辑部尽量弱化政治,冒险没有转载刚刚公布的"十大"文件,没有转载"两报一刊"社论,也没有发表工农兵文章。

1978 年,随着拨乱反正的深入进行,一直以来学术与政治纠缠不清的胶着关系,开始趋向疏离。《文史哲》从该年度第 3 期开始,主要刊登学术性论文。从此,开始了长达 40 年之久的、以学术为本位的历史发展的黄金时期。回首这 40 年的发展史,有几次大讨论值得书写。虽然,每一次讨论的发起,皆属纯然的学术讨论,与政治无涉,但细细品味,每一次讨论的发起,背后皆不乏时代环境的影响,无不映衬出时代发展的欲求。

1984 年,《文史哲》第 1 期发表一组"文化史研究笔谈"。这组笔谈包括庞朴的《需要注意文化史的研究》、蔡尚思的《关于文化史研究的几个问题》、胡道静的《加强和推广对物质文化史的研究》、祝明的《中国文化史与世界文化史》。笔谈文章一致呼吁,改变新中国成立后把历史研究等同于经济史、政治史研究的做法,大力加强对于文化史以及传统文化的研究。吴修艺在《中国文化热》一书中指出:"文化讨论在我国真正'热'起来,是从 1984 年开始的。"[①]庞朴在《文化研究的热潮在回荡》一文中也说:"到了 1983 年尤其是 1984 年,随着体制改革的深入,从总体上研究中外文化已成为迫切的现实需要,于是一个澎湃的文化热潮便在全国范围内形成。"[②]《文史哲》基于敏锐的学术眼光所组织的这组笔谈,堪称席卷 20 世纪 80 年代思想文化界"文化热"的起点。

作为少有的"国家级"的学术工程,"夏商周断代工程"的地位在人文社科领域罕有其匹。由于它的官方属性,且大腕云集,权威性似乎不可置疑。人们被这一工程的超豪华的阵容和多兵种大军团作战的作业方式所震慑。它所提出的"走出疑古时代"口号迅速成为一股强大的思想潮流,席卷整个学术界和思想界,并广泛波及历史、哲学、考古、古文字、古文献等众多领域,大有一统江山之势。这种浩浩荡荡的气势,完全掩盖了这一工程存在的重大偏颇和缺陷。"夏商周断代工程"初步成

---

① 吴修艺:《中国文化热》,上海:上海人民出版社,1988 年,第 21 页。
② 庞朴:《文化研究的热潮在回荡》,《理论信息报》,1986 年 3 月 24 日。

果公布后,遭到海外学术界的尖锐批评和质疑。国内虽有不同意见,但迫于某种有形无形的压力,声音相当微弱,且多藏匿在网络媒体,甚少见诸报刊。面对这一关系中国学术未来走向的重大问题,《文史哲》挺身而出,从 2006 年 3 月起,在一年多的时间里,连续发表了 20 多篇重头文章,就"夏商周断代工程"发起了大规模的学术讨论和学术批评,引起了整个文化界、学术界的强烈反响。《中华读书报》有文章评论:"主流学术期刊针对某一学术话题,展开如此大规模的、系统的学术讨论与学术批评,近年来在学术界实在罕见。而针对近年来在学术界影响巨大的'走出疑古时代'提出如此篇幅的、系统的正面批评,可以说是首次。"[①]业界将"'走出疑古时代'遭受质疑"列为 2006 年人文学术界 6 个重大事件之一,也得到了日本汉学界的高度关注和积极评价。这场引人注目的学术争论澄清了当前古史研究中一些大是大非的原则问题,并试图对古典学发展过程中出现的一些方向性失误进行反思和纠正,这是学界给予这场讨论高度评价的原因之所在。

从 2008 年起,《文史哲》杂志几乎每年举办一次"人文高端论坛",邀请国内最活跃、最有影响力的学者就杂志社提出的人文学术的焦点、前沿问题进行讨论。这种将学术界顶尖高手集中起来,以"华山论剑"的方式讨论重大学术问题的做法已经引起了学术界普遍关注,并且产生了广泛的影响。论坛有关"中国社会形态问题"的讨论被《光明日报》与《学术月刊》两家权威机构列入"2010 年度中国十大学术热点",海外一些媒体如日本著名汉学刊物《东方》等也对论坛的情况作过详细报道。

20 世纪的中国是在反传统中度过的,反孔批儒是这个时代的基调,"文革"中的"评法批儒"将这一基调推向极端。近 30 年来,部分马克思主义学者认为儒学也是中国化马克思主义的来源之一。对此,主流意识形态始终态度暧昧。2014 年 9 月 24 日,习近平在纪念孔子诞辰 2565 周年国际学术研讨会上发表长篇讲话(以及他的系列讲话),终结了这一局面,标志着中国共产党人对儒学认识的历史性转折。儒学要

---

① 祝晓风:《"走出疑古时代"遭遇大规模质疑》,《中华读书报》,2006 年 8 月 30 日。

想复兴,必须走向世界。而要走向世界,并成为国际思想界的主流,或者是被国际学术界认可和尊重,出路只有一条,就是必须与占主流地位的自由主义展开深度对话。在此思想背景之下,近几年来,《文史哲》以高端论坛和专题讨论的方式,围绕"儒学与自由主义的对话"开展学术研讨,引起人文学界广泛而持续的关注。正如萧功秦先生所言,选择"儒学与自由主义的对话"这一主题,抓住了核心要旨。这个主题不是拍脑袋瓜一下子想出来,而是从很多学术观点与学术现象中提炼出来的,体现了《文史哲》杂志的学术洞察力和政治敏锐性。

结　语

从学术的本质与发展规律来看,学术无疑是独立与自由的,失去独立与自由,学术也即失去其存在的内在根据。当然,这里所指独立与自由,显然是就学术与政治的关系而言。但是,学术作为志业,又有其社会使命,对此不能无视和回避。而这个使命,换言之,就是学术的政治和社会关怀。就此而言,世界上根本不存在无政治性的学术。只是,学术的政治性以不失掉其主体性和本真性为价值尺度。失掉其主体性和本真性,而沦为图解政治的工具,学术即丧失其本质和存在之价值。

老子有言:"无之以为用。"从政治的角度看,学术之政治性的"用",不在于其直接、现实之"用",而在于其"无用之用"——所谓大道无形,大音希声。质言之,学术与政治之间是有机的辩证统一关系,既各相独立,保持自我,又互为联系,有机统一。问题是,政治不能因此即越俎代庖,取代学术而存在,或者代行学术的应有职责,甚至把政治结论等同于学术结论。学术的本质在于通过无拘无束的自由而平等的讨论,求得对于论题之理解的深化,和以之为基础的共识的达成。如果不能很好地对政治领域与学术领域予以界分,而是蛮横地把学术问题意识形态化,把政治结论视同学术结论,以政治结论取代学术结论,各种不同的学术看法则无由产生,势必扼杀学术思想的生机和讨论的深化,而陷于政治术语的虚浮和敷衍。

作为一本几与共和国同龄的高校社科学术期刊,《文史哲》适可作为一个深具解剖意义的标本,由其所走过的风雨历程,探查和寻绎隐匿其中的学术与政治之关系的已然、应然与必然。

当下，在我国高校社科学术期刊界，对于学术与政治之关系的理解，广泛存在形式化、表面化的倾向，往往以简单、直白和肤浅的机械式操作，来表达期刊的政治意愿和意识形态性。这种贴标签式的、俗不可耐的形而上学处理方式，在《文史哲》的发展史上，也曾有所运用。虽说是迫于形势的无奈，但也确实深深地违背了其学术为本的办刊宗旨，严重伤害了期刊辛苦积淀起来的良好社会声誉。"往者不可谏，来者犹可追"，《文史哲》曾经的教训足可为今人所镜鉴。

当然，从政策以及行业主管者的角度来说，也应准确理解和把握学术期刊的本质内涵，准确理解和把握学术期刊之学术性与政治性的关系。尤其应当明了学术期刊在政治性上的可能限度，根据学术期刊的不同风格、特色和学科属性，区别对待，个性化引导，而不应"一刀切"地划定"政治性"的标尺，对学术期刊进行"丈量"。否则，不仅学术期刊自身会失去个性和优长，千刊一面，了无生气；而且，在政治性标准的衡量之下，学术期刊一旦丢掉学术性这一立刊之本，也就与时政性期刊无异。

（在本文的写作过程中，得到王学典先生的悉心指导，在此谨致谢忱！）

原载于《河南大学学报（社会科学版）》2017年第6期，人大复印报刊资料《出版业》2018年第3期全文转载

改革开放 40 年高校哲学社科学术期刊的分期、特征与经验

姬建敏①

  自 1978 年党的十一届三中全会开启改革开放政策至今,中国的改革开放已走过了 40 年。这 40 年是中华人民共和国成立以来国民经济增速最快、人民群众获得利益最多的 40 年,也是我国高等教育、期刊出版发展最快的 40 年。高校哲学社科学术期刊作为高等学校主办、定期出版的高层次学术理论刊物,作为我国高等教育事业和哲学社会科学事业的重要组成部分,在这 40 年的发展历程中,不仅从为数不多的小树苗长成了参天大森林,而且也在我国高等教育的发展、哲学社会科学体系的构建中发挥着越来越大的作用。在纪念改革开放 40 周年之际,站在承前启后、继往开来的历史节点上,以客观的、历史的眼光审视中国高校哲学社科学术期刊②40 年的发展历程,大致经历了改革开放第一个十年(1978—1988)的快速发展、第二个十年(1989—1998)的深化改革、第三个十年(1999—2008)的求精求强、第四个十年(2009—2018)的融合发展 4 个时期。

---

  ① 作者简介:姬建敏,河南大学二级教授,河南大学学报编辑部编审。研究方向编辑出版学。
  ② 本文所指的中国高校哲学社科学术期刊指的是中国各级各类高校所办的社会科学学术期刊(包括高校哲学社科学报、高校人文社科学报、高校专业学术期刊、高校学术集刊等)。

一、第一个十年(1978—1988)：
思想解放、规模扩张

1976年10月"四人帮"被粉碎,高校哲学社科学术期刊从多年的禁锢中解放出来,但仍没有摆脱以"两个凡是"为代表的"左倾"思想束缚。《南京大学学报》1978年第1期刊登的《坚持理论与实践的统一——哲学社会科学研究工作中的一个重大问题》一文,《复旦学报》1978年复刊后在第1期"关于真理标准问题的讨论"笔谈中发表的7篇文章,不仅比开新时期思想解放运动序幕的、《光明日报》发表的《实践是检验真理的唯一标准》一文还早几个月,而且点燃了高校哲学社科学术期刊思想解放的火炬。1978年12月,党的十一届三中全会召开,思想解放的星星之火很快燎原。以《复旦学报》1978年10月复刊号上刊登的夏征农的《没有民主就没有社会主义》为代表,高校哲学社科学术期刊喊出了"没有民主就没有社会主义"的时代最强音；回归学术、学术为本,关注现实、关注改革,①百花齐放、百家争鸣,高校哲学社科学术期刊在自由开放、激情燃烧的20世纪80年代,迫不及待地挤上了风驰电掣的时代列车。

1.《关于办好高等学校哲学社会科学学报的意见》发布,基本上奠定了"一校一学报"的出版模式,开启了高校哲学社科学报规模扩张的闸门

20世纪70年代末80年代初,面对全国上下解放思想、拨乱反正的大潮,我国高等教育迅速恢复,1978年6月教育部在武汉召开了全国高等学校文科教学工作座谈会、高校学报工作座谈会,会议制定并颁发了《关于办好高等学校哲学社会科学学报的意见》②。《意见》作为第一个以国家(教育部)名义正式下发的纲领性文件,不仅对学报的性质、作用、任务、功能、原则等做出了明确的指示,"高等学校学报是以反映本

---

① 姬建敏:《新时期我国高校社科学术期刊特征刍议：以1977—1987年为例》,《河南大学学报(社会科学版)》,2017年第6期。

② 教育部以(78)教高1字1160号于1978年11月15日下发全国高校执行。

校教学科研成果为主的综合性学术理论刊物";其基本任务是"在哲学社会科学的广阔领域,提高教学和科学研究水平,繁荣社会主义科学文化";其方针和原则是"百花齐放、百家争鸣""古为今用、洋为中用""实事求是、理论与实践的统一",而且还对学报编辑部的建设、编辑人员的职称待遇给予了明文规定,"学报要在学校党委直接领导下,设立编辑部""学报编辑部一般应相当于系一级或校(院)属研究所一级的学术机构。要挑选有较高的政治水平和理论水平的干部担任编辑部主任、副主任(或主编、副主编),并积极创造条件,按文、史、哲、经、教等专业配备一定数量的专职编辑以及必要的行政人员""编辑人员的职称、级别及其生活条件,均应按相应水平的教师办理"。对高校哲学社科学报的重视和关切,直接引发了全国各级各类高校出版学报的热潮,基本上奠定了"一校一学报"的出版模式,拉开了高校哲学社科学报蓬勃发展的大幕。"忽如一夜春风来,千树万树梨花开",从此学报编辑部迅速成为高校必不可少的特殊组织机构,学报也成为不可或缺的学术媒介。有高校就有学报,高校社科学报很快成长为哲学社科学术期刊中的"老大"。

据《高等学校文科学术文摘》前总编姚申统计,"从1978年下半年到1981年,全国恢复和新创办的人文社会科学、自然科学学报290多种,其中人文社科学报150多种。截至1983年,全国高校已拥有6万多名文科教师,4000多名专职研究人员,130个研究所,300多个研究室,此时人文社科学报发展到208种"[①]。这些学报,既有综合性学报,也有专业性学报;既有改革开放后复刊的老牌学报,也有新创办的学报。如果按学校算,截至1980年底,我国已有"哲学社会科学学报155种……其中综合大学31种,师范大学(含师范学院)49种,师范专科学校47种,语言、财贸院校17种,政法院校2种,民族院校6种,艺术美术院校3种。这些学报直接以校名命名的约130家……还有将近30

[①] 姚申:《中国高校人文社会科学学报百年发展述评》,载张伯海、田胜立主编:《中国期刊年鉴(2005/2006)》,北京:中国大百科全书出版社,2006年,第146页。

所院校的学报另取新名"①。随着高校哲学社科学报数量的增多,1982年教育部建议创办《高等学校文科学报文摘》。1984年《高等学校文科学报文摘》(2003年更名为《高等学校文科学术文摘》)在上海正式创刊,时任教育部副部长彭珮云同志代表教育部在《发刊词》中指出:"为了使全国高等学校与社会各界了解高等学校哲学社会科学研究的新成就、新动向和新问题,推动研究工作沿着正确的方向不断深入发展,我们决定创办《高等学校文科学报文摘》。它的任务,首先是摘录各高等学校学报中有新观点、新材料和新的研究方法的文章,集诸家之精华;同时要反映各学科开展学术讨论的情况……"《高等学校文科学报文摘》作为中华人民共和国成立后创办的第一份真正意义上的人文社科大型学术文摘,既集中展示了我国高等学校哲学社科研究的最新成就,也标志着高校文科学报已经达到了一定的数量,读者在不具备足够的时间和经济条件的情况下,需要通过阅读文摘类期刊来满足阅读高校学报的需求。由高校哲学社科学报到高校哲学社科学报文摘,由种及类,一方面大大释放了学报自身的传播力量,另一方面也一定程度上形成了高校学报由重数量、重规模向重质量、重传播效果转变的出版生态,构成了高校学报文摘与高校文科学报同步繁荣的正比例关系。

与此同时,教育部于1984年4月在北京大学再次召开"高等院校哲学社会科学学报工作座谈会",并下发《纪要》,又一次明确高校社科学报的办刊方向,肯定高校学报的作用,再一次掀起了全国范围内的高校学报创办热潮并加快了各级各类学报研究会成立的进程。1980年12月,东北地区学报工作者协会和华东地区学报研究会成立,1983年5月湖南省高校学报研究会成立,1984年9月湖北省高校学报研究会成立……截至1988年,全国已有黑龙江、吉林、辽宁、山东、上海、江苏、江西、福建、河南、湖北、湖南、广东、广西、贵州、四川、陕西、山西、河北等近20个省市自治区建立了学报研究会。② 这些研究会的成立,推动

---

① 马宇红编著:《中国大学学报发展简史》,兰州:甘肃科学技术出版社,2013年,第248页。

② 宋应离编著:《中国大学学报简史》,郑州:中州古籍出版社,1988年,第316页。

了高校社科学报事业的发展。到 1988 年 11 月，高等学校文科学报研究会正式成立，高校哲学社科学报已经由"1983 年的 208 种、1985 年的 277 种、1986 年的 360 种、1987 年的 393 种，增加到 1988 年的 440 种"①，"全国大学学报总数超过 1000 种，不仅比 1978 年增加一倍以上，而且占全国期刊 6200 种的 1/6 左右"②。尤其是地处全国中小城市的师专、师范学报以及改革开放后才批准成立的地方大学学报，在这一时期遍地开花、"疯狂"发展，既壮大了高校哲学社科学报的队伍，又丰富了高校哲学社科学报的构成。

另外，为了加强人文与自然学科间的相互渗透、交叉融合，这一时期一些理工科院校也创办了哲学社科学报，比如，《清华大学学报（哲学社会科学版）》《同济医科大学学报（社会科学版）》《福建医科大学学报（社会科学版）》《华中农业大学学报（社会科学版）》《西安交通大学学报（社会科学版）》等。还有至今声名远扬的《中国人民大学学报》《华东师范大学学报（教育科学版）》《新疆师范大学学报》《华中科技大学学报》《湖南大学学报》，也都是这一时期的产物。

2. 高校学术生产力的增长，催生了哲学社科专业学术期刊的全面绽放

20 世纪 80 年代，随着我国高等教育秩序的恢复和学科体系的逐渐完善，高校学术研究成果日渐丰富，专业性也越来越强，"一校一学报"的格局以及学报"大综合"的编排设置，已经无法承载日益繁盛的学术生产能力和专业研究的需求，因而各高校也纷纷创办专业学术期刊。以北京大学 1978－1981 年为例，1978 年，法学院创刊了《中外法学》，南亚研究所创办了《南亚研究》；1979 年，经济学院创办了《经济科学》；1980 年，国际关系学院创办了《国际政治研究》；1981 年，外国语学院创办了《国外文学》，图书馆创办了《大学图书馆学报》。这一时期的专业学术期刊可分为两类：一类是由高校实力相对较强的专业研究机构或

---

① 李频主编：《共和国期刊 60 年（1949－2009）》，北京：中国大百科全书出版社，2010 年，第 235 页。

② 宋应离编著：《中国大学学报简史》，郑州：中州古籍出版社，1988 年，第 302 页。

者院系承办,刊物名字大都与所在高校的优势学科、特色专业有关。比如,1980年武汉大学创办的《图书情报知识》,1981年中国人民大学创刊的《经济理论与经济管理》,1982年清华大学创办的《科技与出版》,1983年华中师范大学创办的《教育研究与实验》,1984年辽宁大学创刊的《日本研究》,1985年北京师范大学创刊的《心理发展与教育》,1986年中山大学创办的《南方人口》,1987年吉林大学创办的《当代法学》,1988年山东大学创办的《周易研究》等。二是刊物名字与所在学校特色有关。比如,东华大学的《纺织服装教育》,中国传媒大学的《当代电影》,上海大学的《社会》等。另外,还有一类是刊物名字与所在学校地域特色有关的期刊,这类期刊有专业的,但更多的是综合性学报。比如,西安联合大学的《唐都学刊》,延边大学的《东疆学刊》,安阳师专的《殷都学刊》,包头师专的《阴山学刊》,曲阜师范学院的《齐鲁学刊》等。这些专业的与综合的学术期刊如雨后春笋般出现,不仅丰富了高校哲学社科学术期刊的类群结构,而且也和高校哲学社科学报一起成为改革开放第一个十年中国高校学术期刊丰富多彩的文化景观。

有专家指出:"党的十一届三中全会以来的10年,我国的期刊稳定地发展,期刊出版事业进入了一个空前繁荣的时期。"①这个"空前繁荣",在高校哲学社科学术期刊出版方面也表现得淋漓尽致。据笔者不完全统计,1978复刊创刊的高校哲学社科学术期刊有21种,1979年有48种,1980年有44种,1981年有41种,1982年有30种,1983年有39种,1984年有54种,1985年有64种,1986年有34种,1987年有30种,1988年有36种。在现有的拥有来源期刊最多的8所高校中,中国人民大学拥有10种来源期刊,其中4种出自这10年;北京大学有9种,5种出自这10年;吉林大学有8种,4种出自这10年;北京师范大学、复旦大学、清华大学各有6种,均有3种出自这10年;华中师范大学、华东师范大学各有6种,均有4种出自这10年。如果以南京大学"CSSCI来源期刊(2017-2018)目录"为例进行统计,可以发现"在这554种来源期刊中,高校社科学术期刊有289种,占比52.17%;而在这

---

① 高明光:《新中国的期刊出版事业》,《出版工作》,1989年第4期。

289种高校社科学术期刊中,1978—1988年创刊的有153种,占比52.94%"①。可以说,改革开放第一个十年高校哲学社科学术期刊创刊数量之多、发展速度之快,超过以往任何一个时期,也是改革开放40年来发展最快的十年;刊物影响之大、分量之重,也是以往任何时期都无法比拟的。

当然,由于时代的局限,这十年的高校哲学社科学术期刊也存在着办刊模式不完善、刊物策划不足、季刊多、内刊多、刊文量少等缺陷,尤其是《关于办好高等学校哲学社会科学学报的意见》"以反映本校教学科研成果为主"的定性和一些成人大学、职业大学、函授大学、干部学院学报的"一拥而上",使高校哲学社科学术期刊内向性特色比较明显,学术质量也不是很高。但整体上看,发展快、成就多、百花齐放是本阶段高校哲学社科学术期刊发展的本质特征。

二、第二个十年(1989—1998):深化改革、持续发展

如果说,改革开放第一个十年高校哲学社科学术期刊的发展是急速的、跨越式的话,那么,第二个十年的发展则显得相对平缓。十年间,历经1989、1997年两次期刊整顿的洗礼,高校哲学社科学术期刊以鲜明的政治导向为基础,注重挖掘期刊自身的学术含量和编辑含量,开始了从求多到求强的华丽蜕变。

1.《期刊管理暂行规定》出台以及治滥治散整顿,高校哲学社科学术期刊发展较前期平缓

经过改革开放第一个十年的发展,中国高校哲学社科学术期刊有了继续前行的基础和条件,但起步于20世纪70年代末的改革开放在约十年的时间里给我国政治、经济、精神、文化各个领域带来全面变革和迅速提升的同时,也有一些并不适合中国国情的西方自由主义思潮趁机而入,最终酿成了1989年的政治风波。1988年11月,新闻出版

---

① 姬建敏:《改革开放第一个10年我国高校社科学术期刊研究》,《郑州轻工业学院学报(社会科学版)》,2018年第1期。

署出台了《期刊管理暂行规定》,这是中华人民共和国成立以来发布的第一个对期刊进行全面管理的法规性文件。依据文件规定,针对思想多元化、自由化问题,1989年对期刊进行了治理整顿。鉴于哲学社科期刊的意识形态属性,这一时期的高校哲学社科学术期刊强化了政治导向立刊的宗旨,坚持"两手都要抓,两手都要硬"的原则,既注重从高校学术期刊的特点出发反对资产阶级自由化,又在政治导向正确的前提下修炼"内功",提高编辑素质,提升学术质量。如高校文科学报研究会1988年11月成立,截至1990年11月,共开展学术研讨会、编辑研讨会、理论研讨会、工作研讨会10次,研讨的内容基本上离不开高校文科学报的发展问题。1990年以后,研讨的内容更加偏重学理,比如,编辑学者化探讨,学术期刊特色化、专题化建设等,甚至还将1995年确定为学术年。① 对学术质量的看重,由此可见一斑。

1992年召开的中国共产党第十四次全国代表大会,历史性地确立了社会主义市场经济体制,新闻出版部门为适应经济体制的变革出台了一系列政策措施,助推了期刊业大发展、大繁荣。高校哲学社科学术期刊属于高校、事业单位、学术期刊的特性,决定了它不以参与市场竞争和谋取经济利益最大化为主要目标,与同时期数量猛增、规模暴涨的期刊家族中其他成员相比,其改革仅停留在兴趣式的探讨、试验和有所保留的程度上,其发展不仅比同时期其他社科期刊缓慢,而且也比第一个十年缓慢。正因为如此,当1995年以后,期刊过散过滥的问题日趋严重,过于膨胀的期刊面临调整、压缩时,高校哲学社科学术期刊不仅没有伤到元气,反而还迎来了新的转机。

2.《关于建立高校学报类期刊刊号系列的通知》使大部分高校哲学社科学术期刊改变了内刊身份,实现了质的飞跃

开始于1997年的期刊整治运动,中心任务是治滥治散,根本目的是缩减期刊数量,优化期刊结构,提高期刊质量。据1999年全国新闻出版局长会议文件显示,经过两年多的治理,原有内部期刊10650种,停办3550种,转化为内部资料6090种,停办和转化数量占原内部期刊

---

① 中国人文社会科学学报学会编:《学术·学报·学会:中国人文社会科学学报学会成立20周年纪念》,武汉:武汉大学出版社,2008年,第171页。

总数的91%。全国原有正式期刊8135种,其中社科类期刊3824种,科技类期刊4311种。经过治理,压缩443种,占原期刊总数的5.4%,其中社科类压缩较大,为268种,占社科期刊总数的7%。① 在这样严酷的整治形势下,高校社科学术期刊却"一鸣惊人",发生了大变局。

1998年2月13日,新闻出版署发布《关于建立高校学报类期刊刊号系列的通知》,《通知》规定:"全国现有内部期刊将转化为内部资料,高校内部学报也必须按这一规定转化为内部资料。考虑调整全国期刊结构的需要和我国尚有少数高校没有正式学报的实际情况,经中央宣传部同意,决定建立普通高等学校学报类期刊刊号系列。"②也就是说,本着优化全国期刊结构和支持高等教育事业发展的原则,将一批具备一定实力的高校内部学报转变为正式学报。具体标准是没有正式学报的高等专科学校可将其中一种内部学报转为正式综合性学报,没有正式学报的省级(含副省级)成人高校可将一种正式期刊或内部学报(或内部期刊)转为正式综合性学报。但必须具备这样几个条件:一是学校创办10年(含10年)以上的;二是经省级新闻出版管理部门审批创办5年(含5年)以上的内部学报;三是学报由校领导或学科带头人担任主编或编委会主任,两名以上有高级职称人员专职组成的学报编辑部;四是学报刊登的稿件,2/3以上是本校学术、科研论文或信息;五是学报名称应冠以学校全称。③ 该《通知》还规定:"列入高校学报期刊刊号系列的高校学报,不计入期刊治理的压缩指标及新办期刊指标。"④正因为新闻出版部门的"网开一面",1998年高校学报数量在大行取缔、压缩并举的期刊整治中,数量不仅没有减少,规模反而爆发式增长。"整个20世纪90年代新闻出版署发放的新刊号主要给了高校社科学术期

---

① 梁衡:《1999年全国新闻出版局长会议文件:治理有成效 任务仍艰巨:报刊治理整顿情况通报》,《报刊管理》,1999年第1期。

② 新闻出版署:《关于建立高校学报类期刊刊号系列的通知》(新出期[1998]109号),1998年2月13日。

③ 中国人文社会科学学报学会编:《学术·学报·学会:中国人文社会科学学报学会成立20周年纪念》,武汉:武汉大学出版社,2008年,第231页。

④ 新闻出版署:《关于建立高校学报类期刊刊号系列的通知》(新出期[1998]109号),1998年2月13日。

刊,总计大约 800 多种,即使是在严加整治的 1997、1998 年间,仍然新批了社科学术期刊 77 种……"①这样,高校哲学社科学术期刊在数量上再次达到一个新的高峰。以新创办高校哲学社科学术期刊为例,1996 是 5 种,1997 年是 3 种,到 1998 年突然蹿升为 158 种,其数量超过 1989—1997 年创刊数量之和,不能不说是一个奇迹;特别是对于很多已经存在十多年的学报,由内刊到公开发行,由"黑户"到获得合法身份,不能不说是一次里程碑式的飞跃。

媒介作为社会的皮肤可以迅速感知到社会环境的变化。这十年新创刊高校哲学社科学术期刊的数量,从 1989 年的 18 种,到 1990 年的 9 种,1992、1993 年的 27、24 种,再到 1996、1997 年的 5、3 种,1998 年的 158 种,足以说明出版行政管理部门的相关政策对高校哲学社科学术期刊的发展制约和影响明显。但不管怎么说,回观这十年,持续发展也是客观存在。据陕西师范大学图书馆副研究馆员柯有香等人以《新华文摘》《高等学校文科学报文摘》"人大复印报刊资料"摘转情况为例进行的统计,20 世纪 90 年代前 8 年中,年均转载率达 50% 以上的高校哲学社科学报有 16 家,达 30% 的有 55 家,20% 以上的有 72 家。以 CSSCI 来源期刊引用为例进行的统计,高校哲学社科学报 1998 年在 CSSCI 中被引次数超过 20 的有 45 家,《北京大学学报》《中国人民大学学报》被引次数高达 179。② 不仅如此,以高校文科学报研究会为代表的专业学会根据各级各类期刊的特性,在专业化、特色化建设方面进行了不断的探索,涌现出了《北京大学学报》《外国经济与管理》《河南大学学报》《华中师范大学学报》《殷都学刊》等不同层级、不同类别的优秀期刊。新创办的《法学家》(1989)、《当代经济研究》(1990)、《现代技术教育》(1991)、《东北亚研究》(1992)、《上海交通大学学报(哲学社会科学版)》(1993)、《现代出版》(1994)、《重庆大学学报(社会科学版)》(1995)、《文学研究》(1997)、《华东政法大学学报》(1998)等期刊后来

---

① 梁衡:《1999 年全国新闻出版局长会议文件:治理有成效 任务仍艰巨:报刊治理整顿情况通报》,《报刊管理》,1999 年第 1 期。

② 柯有香等人从 1992 至 1999 年每年会对高校文科学报摘引率进行统计并发表(1991 年的是补充的)。这些数字均出自柯有香的统计。

均成长为 CSSCI 来源期刊。

　　相比改革开放第一个十年，这十年高校哲学社科学术期刊在办刊过程中也出现了几个新变化。一是随着传播技术的进步，期刊传播形态渐趋多样，高校哲学社科学术期刊由纸质版到光盘版，标志着我国学术期刊数字化露出端倪。二是随着广大作者日益丰富的学术论文发表需要，部分期刊开始改版扩编，增加刊物容量，拓展刊物空间。三是个别期刊开始尝试收取版面费。整体上说，改革开放第二个十年高校哲学社科学术期刊，虽经历了"山重水复疑无路"的困境，但终究出现了"柳暗花明又一村"的转机。

三、第三个十年(1999—2008)：转型变革、求精求强

　　1999年至2008年是中国高校哲学社科学术期刊转型变革、快速发展的十年。高等院校的大规模扩招、高校之间的合并重组、高等教育从精英化向大众化的结构性转变，以及文化体制的改革、数字化转型的加速、教育部高校哲学社会科学"名刊""名栏"工程的实施等，都给我国高校哲学社科学术期刊的求精求强、再创辉煌提供了强有力的支撑。尤其是进入21世纪以后，我国高校哲学社科学术期刊的发展进入了一个快速发展的新阶段。

　　1. 高校合并引发了高校哲学社科学术期刊数量规模的动态调整

　　高校哲学社科学术期刊的办学主体是高等学校，姓"高校"、出身"高校"的特点，决定了高校哲学社科学术期刊的发展变革必然受到高校发展变革的影响。20世纪末至21世纪初的十几年，高校扩招、高校合并成为影响我国高等教育事业发展进程的重大事件。据不完全统计，1990—2006年，我国共发生了431次高校合并，涉及院校1082所。① 伴随着高校之间的合并重组，以高校学报为代表的高校哲学社科学术期刊也发生着相互之间的合并重组，刊物合并、刊物更名成为这

---

① 王奕：《我国高校合并有效性定量研究与分析：以40起高校合并为例》，上海交通大学硕士学位论文，2009年。

一时期高校期刊发展的一个重要特征。比如2000年,武汉大学与武汉水利电力大学、武汉测绘科技大学、湖北医科大学合并组建成了新的武汉大学,原来的《武汉水利电力大学学报(社会科学版)》划转到武汉大学学报编辑部,更名为《武汉大学学报(人文科学版)》,原来的《武汉测绘科技大学学报》更名为《武汉大学学报(信息科学版)》,原来的《湖北医科大学学报》更名为《武汉大学学报(医学版)》,原来的《武汉大学学报(哲学社会科学版)》《武汉大学学报(理学版)》《武汉大学学报(自然科学版)》(英文版)保持原名不变,原来的专业学术期刊名称也不变。合并后的高校期刊虽然还保持原有的组织机构,但是期刊名称、刊号等方面都发生了根本改变,期刊的总体数量也因为期刊办刊机构的调整而出现一定程度的波动,像合并后的河南大学学报编辑部就被取消了由原《开封师范专科学校学报》更名为《河南大学学报(教育科学版)》的刊号。此外,学术期刊数量的波动,还表现在专业性学术期刊数量增长方面。2001年4月,新闻出版总署《关于进一步调整高校学报机构的通知》指出:"为促进高校学术的发展和全国学术期刊整体质量的提高,对教育部直属院校中的国内外知名的优势学科,即属教育部人文社会科学或自然科学重点研究基地,或'211'工程重点建设学科领域,或已获得国务院学位委员会一级学科学位授予权的相应学科,可适当发展高效专业性学术期刊。"[①]有此利好消息,有些调整合并后整体力量提升、学科融合加强的重点高校,因应学术发展的实际需要,创办了一些专业性学术期刊。如2002年湖南师范大学创办的《伦理学研究》、南京财经大学的《产业经济研究》、武汉大学的《长江学术》、徐州师范大学的《语言科学》等。

  总的来看,高校合并带来的高校哲学社科学术期刊数量有增有减,整体上则稳中有升。据不完全统计,继1998年高校哲学社科学术期刊创办新刊数量168种之后,2001年新办社科期刊有111种,其中高校学报63种,占56.28%。根据全国高校资料中心统计,2007年,仅高校

---

① 新闻出版总署办公厅编:《新闻出版工作文件选编(2001年)》,北京:中国ISBN中心,2004年,第429页。

文科学报就有1130多家。①

2."教育部高校哲学社会科学名刊工程"实施推动高校哲学社科学术期刊求精求强

伴随着高等学校的结构性变化和做大做强梦想的确立,高校哲学社科学术期刊在高校扩招、高校合并中增量改革取得了很大进展。但是,在快速发展过程中,由于高校社科学术期刊群体庞大,高校学报又层次不一,低档次的学报长期存在内容重复、千刊一面的问题,学报界的"全、散、小、弱"也常被人诟病,这些问题严重影响了高校社科学术期刊的整体学术水平,尤其是影响了知名高校社科学术期刊的做大做强。2001年1月,新闻出版总署发出了《关于进一步调整高校学报结构的通知》,决定"减少一般院校学报数量,扶持和鼓励重点院校、重点学科创立高学术水平的品牌期刊,推进全国高校学报整体质量的提高"。2002年7月,教育部在北京召开了全国高校社科学报工作研讨会,时任教育部副部长袁贵仁作了《新世纪新阶段高校社科学报的形势和任务》的主题报告,会后(2002年9月)教育部很快又下发了《全国高校社科学报工作研讨会会议纪要》和《教育部关于加强和改进高等学校哲学社会科学学报工作的意见》,重点是加强对学报工作的领导管理和支持,启动"名刊"工程,使社科学报实现"专、特、大、强"的目标。2003年11月,教育部正式印发了《教育部高校哲学社会科学名刊工程实施方案》的通知,决定"培育出5—10种国内一流、国际知名的社科学报"②,"推出一批国内一流、国际知名的高校品牌期刊,展示一批反映国内学术水平的优秀成果,造就一支政治强、业务精、学风好的学者队伍"③。是年底,教育部公布了首批入选期刊名单,有《北京大学学报(哲学社会科学版)》《文史哲》等11家;之后的2006年、2011年又评选"名刊"20

---

① 武京闽:《中国高校社科学报的现状与发展》,《成都电子机械高等专科学校学报》,2011年第3期。

② 教育部关于印发《教育部高校哲学社会科学名刊工程实施方案》的通知(教社政[2003]12号),2003年11月6日。

③ 龙协涛:《建设高校学术理论名刊,促进哲学社会科学繁荣:首批入选教育部高校哲学社会科学名刊的11家学报联合倡议书》,《北京大学学报(哲学社会科学版)》,2004年第3期。

家。为了更深入地实施"名刊"工程,2004年教育部又推动实施了"高校哲学社会科学学报名栏目建设工程",评出了第一批包括武汉大学《武汉大学学报(人文科学版)》的"哲学"、黑龙江大学《求是学刊》的"文化哲学研究"等16个名栏目;之后的2011年、2014年又评选名栏目49个。

"名刊""名栏"工程的实施,既为高校社科学报的发展建立了良性的激励机制,也为高校哲学社科学术期刊的发展指明了方向,尤其是其示范作用明显。以获国家奖和入选CSSCI来源期刊为例,1999年首届国家期刊奖,有2家高校哲学社科学报入围,占入围哲学社科学术期刊的15%;2002年第二届国家期刊奖,有7家学报入围,占比18%;2004年第三届国家期刊奖,有16家学报入围,占比36%。再如,入选CSSCI高校哲学社科学报数量,2003年为35家,2008年为67家,比名刊工程前增加了32家。① 不仅如此,"名刊""名栏"工程的实施,也使高校学术期刊的质量建设被正式确立为国家战略,提升学术质量、创办学术精品成为每一家高校哲学社科学术期刊不懈的追求。以河南大学的《史学月刊》为例,该刊2002年在"人大复印报刊资料"转载量排名中位于史学地理类第一名;自2002年起复印量排名稳居首位;2003、2005年,两次获国家百种重点期刊奖;2011年入选"教育部名刊工程"建设期刊;2012年入选首批"国家社会科学基金资助期刊"(全国100家)。其实,又何止是《史学月刊》一家,据笔者不完全统计,1997年首届全国百种重点社科期刊评比,102种(学术理论类15种)中有3种高校哲学社科学术期刊,2000年第二届108种(学术理论类12种)中有1种,2002年第三届90种(学术理论类21种)中有4种,2005年第四届97种(学术理论类23种)中有9种。特别是最新版"CSSCI来源期刊(2017—2018)目录"的554种来源期刊中,有高校哲学社科学术期刊289种,占比52.17%。这表明高校哲学社科学术期刊精品数量越来越多,稳定性越来越强。

另外,值得一提的是这十年关于高校社科学术期刊的编排规范,

---

① 武京闵:《中国高校社科学报的现状与发展》,《成都电子机械高等专科学校学报》,2011年第3期。

1999年执行的《〈中国学术期刊（光盘版）〉检索与评价数据规范（试行）》（也称 CAJ-CD 规范）和全国高校学报研究会颁发的《中国高等学校社会科学学报编排规范》以及 2007 年以后《北京大学学报》《清华大学学报》等执行的编排规范并行存在，孰优孰劣之争，从无间断，也无胜负。应该说，编排规范涉及学术规范化、学术评价、学术共同体等问题，比较复杂。由学术评价到期刊评价，由期刊评价到核心期刊评定，高校哲学社科学术期刊"马太效应"明显，强者入选"核心期刊"获得资助，不仅"已经不再为办刊经费的事情发愁"①，而且取得了良好的社会效益；一般 CN 期刊，稿源不足、资金不够，两极分化现象明显。但整体上来说，由重数量到重质量，做精品、创名刊、发展快是改革开放第三个十年高校哲学社科学术期刊的主要特征。

四、第四个十年（2009—2018）：改革创新、融合发展

承继上一个十年发展快的态势，高校哲学社科学术期刊在最近十年尤其是党的十八大以后，迎来了新机遇，实现了新发展。新机遇表现在：新时代中国特色社会主义社会广泛而深刻的社会变革、宏大而独特的实践创新，使哲学社科学术期刊的重要性日益凸显，面对国家对哲学社科学术期刊扶持力度加大、媒体融合成为国家战略的特大利好以及社科学术期刊生产方式、出版方式、传播方式、评价方式的急剧变革，高校哲学社科学术期刊在期刊界、学术界的价值和作用越来越重要。新发展表现在：国际化、数字化、专业化、特色化多元并存，融合发展已成为最近十年高校哲学社科学术期刊发展的新模式。

1."国家社科基金重点资助期刊"启动与"走出去"战略实施引领高校哲学社科学术期刊做大做强

"国家社科基金重点资助期刊"是继教育部高校哲学社会科学"名刊""名栏"工程之后，哲学社会科学界对提升学术期刊办刊质量的又一个重要举措。2011 年，国家哲学社会科学规划办公室决定从全国人文

---

① 刘曙光：《社科学术期刊的发展现状及展望》，《岭南学刊》，2017 年第 4 期。

社科学术期刊中遴选200种每年资助40万元,鼓励受助期刊"努力建设成为国际知名或国内一流的学术期刊"。2012年6月21日,包括诸多高校学术期刊在内的100家期刊获得第一批资助,《北京大学学报》《北京师范大学学报》《武汉大学学报》等38家高校学术期刊位列其中。2012年11月,第二批100家学术期刊获得资助,其中包含了51家大学学术期刊。两次入选的高校社科学术期刊占比44.5%,其分量不言而喻。至于国家社科基金对学术期刊资助的作用,有学者在实证研究的基础上,归纳如下:首先从办刊经费上来说,解决了我国高校哲学社科学术期刊长期投入不足的问题,提升了受助期刊的学术影响力和社会美誉度,充分调动了受助期刊的办刊积极性,并惠及整个哲学社科学术期刊界;其次从办刊理念与办刊机制创新上来说,建设了开放的公共平台,发挥了引领学术的作用,实现了从编辑办刊到专家办刊的转变,提升了编辑素质;再次从学术影响力提升上来说,期刊被引频次提升,期刊他引影响因子提升。① 不仅如此,由于国家社科规划办公室对受助期刊逐年考评,并明文规定禁止收取版面费,从而改变了中国社科学术期刊的出版生态,扭转了学术发展方向,发挥了哲学社会科学认识世界、传承文明、创新理论、咨政育人、服务社会的功能。

与此同时,2011年11月3日,中共中央办公厅、国务院办公厅转发了《教育部关于深入推进高等学校哲学社会科学繁荣发展的意见》,2011年11月7日,教育部、财政部印发了《高等学校哲学社会科学繁荣计划(2011—2020)》的通知,提出要"重点加强高等学校优秀外文学术网站和学术期刊建设";2011年11月7日,教育部印发了《高等学校哲学社会科学"走出去"计划》。之后的2015年2月9日,教育部和国家新闻出版广电总局联合发出《关于进一步加强和改进高校出版工作的通知》,提出了"推动符合高校实际的期刊编辑部体制改革和机制创新,探索建立期刊编辑部分散组稿审稿、出版企业统一出版发行的运营模式。"党的十八大之后,习近平总书记发表了系列重要讲话,更充分地体现了中央和国家对包括高校哲学社科学术期刊在内的哲学社会科学工

---

① 朱剑、王文军:《国家社科基金资助学术期刊的作用与前景:基于CSSCI数据的分析》,《社会科学战线》,2017年第7期。

作、出版思想文化工作的重视。系列重要讲话包括:2013年8月19日习近平总书记在中央宣传思想工作会议上的讲话;2014年10月15日习近平总书记在文艺工作座谈会上的讲话;2016年2月19日习近平总书记在新闻舆论工作座谈会上的讲话;2016年4月19日习近平总书记在网络安全和信息化工作座谈会上的讲话;2016年5月17日习近平总书记在哲学社会科学工作座谈会上的讲话等。总书记不仅通盘谋划了包括高校哲学社科学术期刊在内的思想文化战线、哲学社科战线的整体部署,完成了哲学社科领域、宣传文化系统各领域的战略构想、顶层设计,而且在2013年,提出了"一带一路"倡议。该倡议将中国的发展与世界的发展融合起来,在促进经济合作的同时,将加强沿线各国的"民心相通"作为"一带一路"建设的社会基础和根本保障。高校哲学社科学术期刊作为一种出版平台,既是中外学术交流与合作的主要阵地,也是中国学术话语权建设和提升的主要场域,在"一带一路"建设实施过程中,积极尝试"走出去"战略,不断拓展"走出去"渠道,或通过创办英文学术期刊,或通过搭建中西互动学术平台,传播中国智慧、中国价值、中国方略。

2015年,教育部和国家新闻出版广电总局发布了《关于进一步加强和改进高校出版工作的决定》以及国家社科规划办开始设立国家社科基金中华学术外译项目,资助包括学术期刊在内的中国学术著作对外翻译出版之后,一些高校哲学社科学术期刊抓住机遇,扩大影响,成就突出。比如,中国人民大学主办的《经济与政治研究》作为我国经济和政治类英文刊物,以传播中国经济政策、政治政策和中国学者的声音为己任,致力于国际化出版,不仅获得了2015年中华学术外译项目,而且抓住了"一带一路"建设为学术期刊提供的发展机遇,加快了高校学术期刊"走出去"的步伐,期刊的国际化程度和国际影响力不断提高。再如,上海大学的《社会》,2005年改版的时候就把国际化作为发展方向,通过编辑人员国际化、编辑标准国际化、作者队伍国际化等举措,向国外传播了中国学术,贡献了中国智慧。《浙江大学学报(人文社会科学版)》实施面向世界的发展战略,通过搭建中西互动平台,中外学者合作"主题研究"专栏,坚持中文刊,辅之必要的英文信息,增加更多英文内容,首试中文学术期刊拥有国际学者多语言版权等措施,被同行誉为全国最早注重与国际接轨的社科学术期刊。

2. 数字化进程加速,融合发展成为高校哲学社科学术期刊发展的主流态势

从20世纪末开始,伴随着传媒技术的日新月异,我国高校哲学社科学术期刊开启了新的数字化发展模式。尤其是最近十年,延续上一个十年高校哲学社科学术期刊尝试建设网络平台、开通主页、提供期刊内容浏览、介绍期刊学术动态和开通编辑在线办公系统、作者投稿系统、专家审稿系统等数字化发展模式外,高校哲学社科学术期刊紧跟传统互联网逐步地向移动互联网转型、以智能终端为代表的新媒体日益受到青睐的时代步伐,纷纷开通微信、微博平台,扩大传播阵地,加快数字化进程。比如,《清华大学学报》的"独立精神"、上海大学《社会》的"社会杂志"等微信公众号,尝试在社交媒体环境下进行学术文本传播。武汉大学信息管理学院主办的《出版科学》微信公众号平台,开设常规性栏目,在社交人际传播中推送刊物精品内容,同时还举办一些线上、线下增刊活动,鼓励用户点赞留言,强化用户为中心的编读互动。上海财经大学期刊社的《外国经济与管理》设有刊文查询、学术交流和关于我们三个菜单,其中刊文查询下设当期目录、过刊检索、刊文检索和稿件查询四个子菜单;学术交流下设学术沙龙、合作办会、视频直播和东方管理四个子菜单;关于我们下设期刊介绍、投稿指南、荣誉、新闻资讯和上海财经期刊社五个子菜单,不仅投稿、查稿、检索各期文章、关注最新动态十分便捷,而且提升了刊物的传播力和影响力。

2014年8月18日中央全面深化改革领导小组第四次会议出台了《关于推动传统媒体与新兴媒体融合发展的指导意见》,媒体融合成为一种国家战略。推进学术期刊的融合发展成为高校哲学社科学术期刊数字化探索的新命题,高校哲学社科学术期刊的生产传播模式迎来了新的重大变革。从内容生产到传播方式,再到流程再造,高校哲学社科学术期刊数字化变革具有系统性和外维性特征。以上海财经大学期刊社的《财经研究》为例,该刊副主编陆蓉认为,在新媒体时代,编辑部的管理功能需要重新定位,新媒体技术应该嵌入期刊管理的全流程,实现流程再造。利用新媒体技术,实现服务功能创新;通过技术驱动,实现

管理功能创新；通过智慧引领，达到引领学术、传播学术的作用。[①] 在此理念指导下，《财经研究》通过创立网络学术沙龙，构建"读者－作者－审稿人"跨时空交流平台；通过出版全流程改造，实现多媒体内容出版；通过构建跨平台传播体系，实行新媒体运营管理机制，探索出了一套适合高校专业性期刊媒体融合的新模式。

其实，中国高校哲学社科学术期刊的数字化发展历程开始于上一个十年。1999年"中国知网"开通，中国学术期刊（光盘版）网络版《中国学术期刊全文数据库》正式发行，标志着高校哲学社科学术期刊发展进入了一个技术发展使学术传播发生历史性大变革的新领域。进入21世纪，网络化、数字化强势渗透，数字化出版打破了时间与空间限制，大大提高了学术传播的速度与效益。面对如此优势，顺应时代潮流，向数字化出版转型成为我国高校哲学社科学术期刊必然的现实选择。这种选择，最初表现为与中国知网、万方数据、维普资讯为代表的数据库平台合作，初步形成了数据库出版模式，内容生产和传播的交互性和便捷性得到进一步体现。数据库出版平台既是我国学术期刊数字化的始作俑者，也是当下学术期刊数字化的主要阵地。尤其是"中国知网"凭借其优质的内容资源、领先的技术和专业的服务，在业界享有极高的声誉。因此，绝大部分高校哲学社科学术期刊在"知网"内容集成优势和快速传播优势的主导下，纷纷成为"知网"数据库出版的重要合作者和参与者。后来，一些高校学术期刊逐渐认识到数据库出版的缺陷性，开始尝试通过自建网站的方式，探索自有数字出版平台，如建立自有网站，在网上发布文章内容，提供网络审稿、投稿服务，进行网络订阅、免费下载等服务，尝试探索建立自主掌控的学术出版数字平台，并推动生产传播流程的数字化再造，努力提升学术传播力。这是我国高校哲学社科学术期刊对数字化出版的又一种探索形式，且参与的期刊很多。2010年以后，伴随着移动互联网快速发展的时代进程，出版数字化转型的方向变得更加清晰可见，从微博到微信，再到APP，基于移动终端的信息平台构建成为传统出版转型的重要突破口和发展方向，高校哲

[①] 李频：《中国期刊史 第四卷（1978－2015）》，北京：人民出版社，2017年，第388页。

学社科学术期刊进入融合转型的深水区:一方面要推进媒介形态的创新,另一方面要使传统纸媒和数字平台"合二为一、融为一体",高校哲学社科学术期刊的体制机制创新亟待"破茧"。从开通微博、微信公众号,到最近几年又有一些期刊与"超星"集团合作并开始进行"域出版"尝试,探索学术传播与知识服务的新形态,再到编辑部门再造,高校哲学社科学术期刊融合变革的步伐越走越快,新事物应接不暇。

总之,从与"知网"合作到自建网站,再到开通微博、微信、APP,尝试"域出版",不仅改变了高校哲学社科学术期刊出版传播生态(纸质出版、一次发行－"知网"切割成单篇、分篇传播－微信、微博自定义内容,或整体推送,或选重点推送)和生产模式(作者独立完成－读者、编辑互动参与－借助新兴媒体技术制作符合新兴媒体用户需求的内容产品,实现互文性与互访性),而且也使高校哲学社科学术期刊的媒介形态(纸媒－电子媒体－数字新媒体)与评价体系(转载、引用－浏览、下载－点赞、转发)趋于多种多样。可以说,数字化进程的加速,传统媒体与新兴媒体的融合,专题化、特色化、国际化、数字化多元并存,构成了2009－2018年高校哲学社科学术期刊发展的鲜明特色和全新景观。

结语:高校哲学社科学术期刊40年发展经验

前事不忘,后事之师,总结过去,启迪未来。如果把改革开放40年高校哲学社科学术期刊的发展比作一条河的话,社会的变迁则决定了这条河的流量、流速和流向。40年来,由于国家政治文化的变革、经济体制的转型、高等教育的进步、传媒技术的裂变,我国高校哲学社科学术期刊的发展时而波澜壮阔、时而细流涓涓,但整体上呈现出大河东去、滚滚向前的发展态势。40年间,历经第一个十年的规模扩张,第二个十年的持续发展,第三个十年的求精求强,第四个十年的融合创新,四个时期、四个台阶、四大进步,由无序到有序、由弱到强,既探索出了一条独具特色的发展之路,呈现了发展进程中的特征与规律、成就与不足,又为高校哲学社科学术期刊未来发展积攒了宝贵的实践经验。这些经验具体表现为:

一是学术质量是高校哲学社科学术期刊的立刊之本。提高办刊质量,推动学术创新是高校哲学社科学术期刊的永恒使命;坚持质量强刊、特色兴刊是高校社科学术期刊发展的不二选择。二是导向正确是高校哲学社科学术期刊发展的前提和基础。只有坚持正确的政治方向和学术导向,用先进科学的思想引领学术发展,高校哲学社科学术期刊才能实现繁荣学术、传承文明、服务社会的功能。三是服务高等教育事业,推进高校社科创新是高校哲学社科学术期刊的重要职责。只有立足高校,服务高校学科、学术、学者,高校哲学社科学术期刊才会具有旺盛的生命力。四是政府主管部门的权威举措是推进高校哲学社科学术期刊发展的有力保障。只有在党的领导下,遵从上级主管部门的宏观指导,贯彻执行其制定的有关政策,高校哲学社科学术期刊的发展才能够健康、有序。五是顺应时代潮流、加快变革创新是高校哲学社科学术期刊发展的动力和关键。当今媒介发展一日千里,学术出版模式发生重大变革,技术决定生态,数字开创未来,高校哲学社科学术期刊只有乘势而上,拥抱数字融合发展变革,优化技术创新,才能为学术出版生产力的解放提供支撑、支持。

原载于《河南大学学报(社会科学版)》2018年第6期;《新华文摘》2019年第6期全文转载,《中国社会科学文摘》2019年第3期全文转载,人大复印报刊资料《出版业》2019年第4期全文转载,《高等学校文科学术文摘》2019年第1期论点转载,《社会科学报》"学术看台"2018年12月6日论点转载,《北京大学学报》"文科学报概览"2018年第6期论点转载